JN412879

최신 개정된 법령 및 출제경향 반영

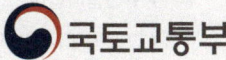 국토교통부  한국교통안전공단 시행

1 DRONE

필기·실기·구술 수험서
조종자 1종, 2종, 3종 자격 시험 교재

무인 3종 겸용 교재

- 무인멀티콥터
- 무인헬리콥터
- 무인수직이착륙기 (VTOL)

본 교재의 내용은 저작권법에 의한 보호대상이며
출판권자와의 서면 동의 없이 전재 또는 복제하는 것을 금지합니다.
이를 위반하는 경우 민.형사상 처벌됨을 유의하시기 바랍니다.

도서출판 KIMSCO

저자 김영춘

[근무사항]
- 해군부사관(수원함/항공사령부) 근무
- 전) 경복대학교, 신안산대학교 외래교수
- 현) 2002~킴스코 대표
- 현) 고양드론교육원 대표원장
- 현) 2004~서일대학교 겸임교수

[자격사항]
- 성균관대학교 디자인석사
- 디자인산업기사, 멀티미디어콘텐츠제작전문가(기사)
- 노동부 NCS확인강사(항공, 디자인, 영상)
- 교육부 디자인실기교사(교원)
- 노동부 직업능력개발 훈련교사(항공, 디자인, 영상, 홍보, 조경)
- 대한드론축구협회 드론축구 지도자
- 무인멀티콥터 조종자, 지도조종자, 실기평가조종자
- 항공교통안전관리자

저자 김나현

- 무인멀티콥터 조종자(1종)
- 그래픽/디자인 지원
- 자료지원

초 판 인 쇄 | 2025년 09월 01일
초 판 발 행 | 2025년 09월 01일

지 은 이 | 김영춘, 김나현
편집/디자인 | 김영춘, 정귀조, 옥외광고인(김철환)
일 러 스 트 | 김영춘, 정귀조, 김나현, 김나은
발 행 인 | 김영춘
감 수 | 센실모(센서기반 드론실기평가자 준비를 위한 단톡방)
발 행 처 | 도서출판 킴스코
홈 페 이 지 | www.kimsco.kr
등 록 | 제 2025-000009호(2025년 2월 5일)
주 소 | 서울특별시 은평구 가좌로 245-1 지층
전 화 | 02-337-1940

정가 : 24,000원

13550

9 791199 139114

ISBN 979-11-991391-1-4

▶ 저자와 협의를 통해 인지는 생략합니다.

▶ 잘못된 책은 구입처에서 교환해 드립니다.

▶ 본 책은 저작권법에 의해 보호를 받는 저작물이므로 무단 전재와 복제를 금합니다.

▶ 본사의 서면 허락 없이는 어떠한 형태나 수단으로 이 책의 내용을 이용할 수 없음을 알려드립니다.

PREFACE 머리말

미래를 향한 도전을 진심으로 응원합니다.

본 교재는 드론 운용, 원리, 기상, 법규 등을 보다 쉽게 이해할 수 있도록 풍부한 시각 자료를 담았으며, 이를 토대로 드론 자격증 필기·실기 시험은 물론 교관 시험까지 효과적으로 대비할 수 있도록 구성하였습니다.

최근 몇 년간 대한민국의 드론 기술은 눈부신 발전을 이루며 다양한 산업 분야에서 핵심 기술로 자리잡고 있습니다. 이제 드론은 단순한 취미를 넘어 농업, 건설, 보안, 물류, 측량, 환경, 군사 등 여러 산업 현장에서 필수적인 도구로 활용되고 있습니다.

미래는 준비된 자의 것입니다.
드론 기술의 발전은 새로운 시장과 기회를 끊임없이 창출하고 있으며, 시대의 변화에 유연하게 대응하고 차세대 기술을 습득하여 이를 산업과 일상에 효과적으로 접목하는 능력은 그 어느 때보다 중요해지고 있습니다.

4차 산업혁명의 흐름에 발맞추어, 여러분이 더 넓은 세상과 무한한 가능성을 향해 나아갈 수 있도록 이 책이 새로운 미래를 준비하는 든든한 초석이 되기를 진심으로 바랍니다.

이제, 하늘을 향한 당신의 첫 걸음이 시작됩니다.

2025년 9월

저자 일동

자격취득 안내

😸 학과시험 안내

① 학과시험 접수
- 인터넷 : 공단 홈페이지 항공종사자 자격시험 페이지
- 홈페이지 : https://lic.kotsa.or.kr/
- 접수담당 : 031-645-2100

② 학과시험 장소
- 서울시험장(50석) : 항공시험처(서울 마포구 구룡길 15)
- 부산시험장(10석/15석) : 부산본부(부산 사상구 학장로 256)
- 광주시험장(10석/17석) : 광주전남본부(광주 남구 송암로 96)
- 대전시험장(10석/20석) : 대전충남본부(대전 대덕구 대덕대로 1417번길 31)
- 화성시험장(26석) : 드론자격시험센터(경기 화성시 송산면 삼존로 200)
- 춘천시험장(10석) : 강원본부(강원 춘천시 춘천순환로 70 만호빌딩3층)
- 대구시험장(20석) : 대구경북본부(대구 수성구 노변로 33)
- 김천드론자격센터(22석) : 경북 김천시 개령면 덕촌리 493-1(덕촌2길 110)
- 전주시험장(6석) : 전북본부(전북 전주시 덕진구 신행로 44)
- 제주시험장(12석) : 제주본부(제주 제주시 삼봉로 79)

※시험장소 및 좌석수는 변동될 수 있으므로 접수 전에 홈페이지 참조

③ 학과시험 응시수수료
- 응시료 : 48,400원(항공안전법 시행규칙 제21조 및 별표 47)
- 결제수단 : 인터넷(신용카드, 계좌이체), 방문(신용카드, 현금)

④ 학과 환불관련
- 환불기준 : 수수료를 과오납한 경우, 공단의 귀책사유 등으로 시험을 시행하지 못한 경우
  학과시험 시행일자 기준 2일전 23:59까지
- 환불금액 : 100% 전액

⑤ 학과시험 일반
- 시험시간 : 50분
- 시험항수 : 40문항
- 시행방법 : CBT(시험종료 즉시 컴퓨터에서 결과확인 방식)
- 시험요일 : 평일, 주말

※시작 시간은 시험일자에 따라 달라질 수 있음

⑥ 학과시험 합격발표
- 합격기준 : 40문항 중 70(점)% 이상 합격(객관식 4지선다형, 50분 시험)
- 발표방식 : 시험종료 즉시 컴퓨터 화면을 통해 결과 확인가능(공식발표 18:00시 홈페이지)
- 합격취소 : 응시자격 미달 또는 부정한 방법으로 시험에 합격한 경우
- 유효기간 : 합격일로 부터 2년간 유효

⑦ 학과시험 원서 접수 문의
- 접수일자/마감 : 시험 2일 전까지(선착순 마감)
- 접수시작 : 시험일로부터 3개월 이전
- 접수변경 : 시험일자/장소를 변경하고자 하는 경우 환불 후 재접수
- 접수제한 : 정원제 접수에 따른 접수인원 제한
- 응시제한 : 시험의 결과 발표 후 다음 시험 접수 가능
- 준비물 : 수험표, 신분증(주민등록증, 운전면허증)
- 접수담당 : 031-465-2100

⑧ 학과시험 면제 기준
- 무인멀티콥터 조종자 증명 소유자 : 무인헬리콥터 학과시험 면제
- 무인헬리콥터 조종자 증명 소유자 : 무인멀티콥터 학과시험 면제

⑨ 응시제한 및 부정행위 처리
- 시험 시작시간 이후에 시험장에 도착한 사람은 응시 불가
- 시험 도중 무단으로 퇴장한 사람은 재입장 할 수 없으며 해당 시험 종료처리
- 부정행위 또는 주의사항이나 시험감독의 지시에 따르지 아니하는 사람은 즉각 퇴장조치 및 무효 처리하며, 향후 2년간 공단에서 시행하는 자격시험의 응시자격 정지

⑩ CBT학과 시험 UI/UX

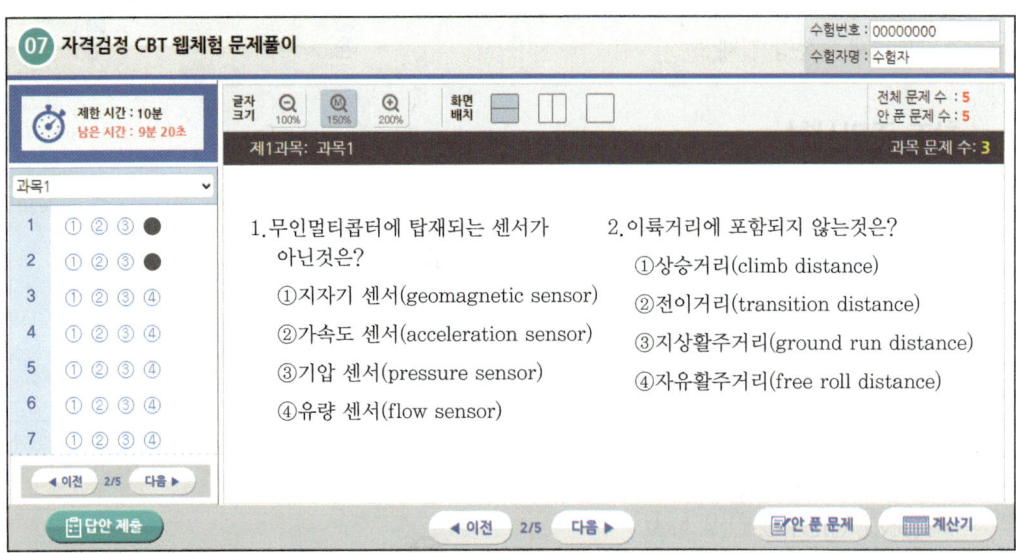

※ CBT 화면은 시험장과 일부 다를 수 있음

🐾 학과시험 접수 방법

① 포털사이트에서 "TS국가자격시험"
　　검색 후 해당 사이트 접속
　　○ https://lic.kotsa.or.kr/
② TS국가자격 사이트 접속
　　○ 우측 상단 포털로그인 접속
③ 로그인을 위한 인증방식
　　○ 간편 인증
　　○ 휴대폰 인증
④ 항공자격 메뉴
　　○ 항공자격 〉 원서접수 클릭
⑤ 교육기관 및 관련정보 입력
　　○ 성명
　　○ 생년월일
　　○ 휴대폰
　　○ 이메일 외 기록
⑥ 응시자격 선택
　　○ 자격종류 : 초경량비행장치 선택
　　○ 자격증 : 초경량비행장치 조종자 선택
　　○ 항공기종류 : 무인멀티콥터 선택
⑦ 시험장 선택
　　○ 응시하고자 하는 장소 선택
　　○ 일자 및 시간 선택
⑧ 결제진행
　　○ 카드결제 무통장 결제

참조 주의사항

○ 개인정보가 사실과 다를 경우 불이익을 받을 수
　　있음
○ 이름, 생년월일, 전화번호, 이메일, 주소가 없
　　을 시 서비스 제한이 발생될 수 있음
○ 영문이름은 기재한 내용 그대로 자격증에 발급
　　이 되니 필히 확인
○ 영문이름은 여권영문이름과 동일해야 함
○ 영문이름 국제법 예시
　　· HONG, GIL DONG(성, 이름)
　　· GIL DONG HONG(이름 성)
　　※ 본 내용은 사이트 개편에 따라 변경될 수 있음

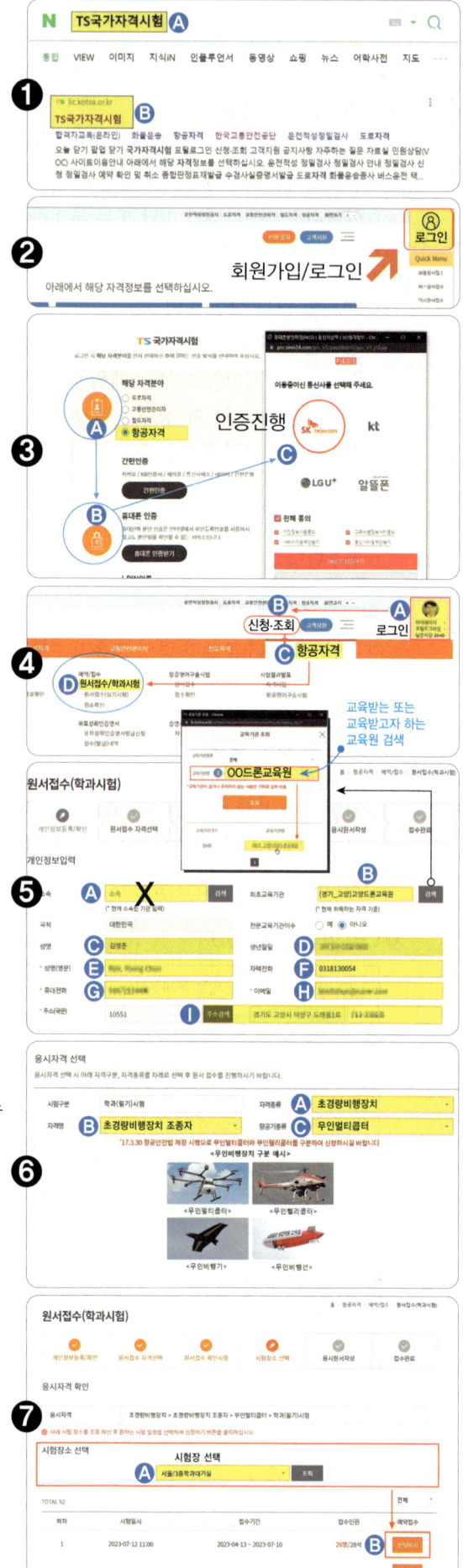

✿학과시험 세목

무인비행장치(무인비행기, 무인헬리콥터, 무인멀티콥터, 무인비행선)

항공운용

1. 비행준비 및 비행 전후 점검
2. 엔진고장 등 비정상 상황 시 절차
3. 기체의 각부의 명칭 및 이해
4. 송수신 장비의 관리 및 점검
5. 배터리의 관리 및 점검
6. 엔진의 종류 및 특성
7. 공중조작 및 비상 절차
8. 비행장치의 안전 및 조종
9. 비행관련 정보(AIP, NOTAM 등)

항공기상

1. 대기의 구조 및 특성
2. 기온과 기압
3. 구름
4. 뇌우 및 난기류 등
5. 착빙
6. 바람과 지형
7. 시정 및 시정장애현상
8. 기단과 전선
9. 일상 기상의 이해 등

항공역학/원리

1. 기초 비행이론 및 특성
2. 비행장치에 미치는 힘
3. 공기흐름의 성질
5. 날개의 명칭, 형태 및 특성
4. 프로펠러의 명칭 및 이해
6. 지면효과, 후류 등
7. 헬리콥터의 기초 이론
8. 조종자 및 인적 요소
9. 무게중심 등

항공법규

1. 목적 및 용어 정의
2. 초경량비행장치의 범위 및 종류
3. 신고 유·무에 따른 초경량비행장치
4. 초경량비행장치의 신고 및 안전성 인증
5. 초경량비행장치의 변경/이전/말소
6. 초경량비행장치의 비행자격 등
7. 초경량비행장치 조종자 준수사항
8. 공역 및 비행제한
9. 비행계획승인 등
10. 초경량비행장치 사고조사, 벌칙

필기시험 유효 기간 및 재응시 조건

- 필기시험 합격 후 2년 이내, 실기 시험을 통과하지 못하는 경우
- 조종자 2.3종 취득한 경우에도 1종 취득 희망 시, 필기합격 2년 이내 1종을 취득해야 함

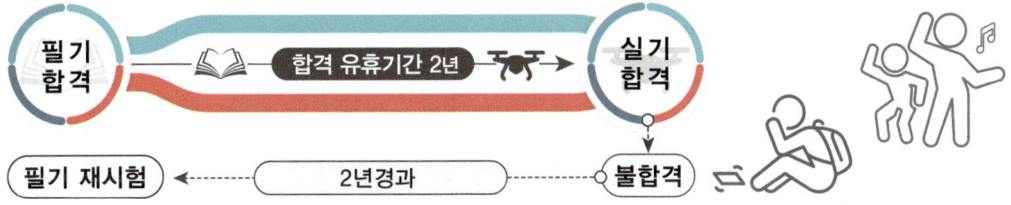

구 분	실기비행 시간 및 응시조건	시험평가 내용	
조 종 자 필기 합격기준 (과목.범위 난이도 동일)	**1종** **25kg 초과 ~ 150kg 이하 조종** ● 1종 기체로 **20h** 이상 비행 　드론교육원에서 비행 후 　－교육원 응시 기체 지참 　비행경력증명서 첨부 　－교육원 교관 동반 필수 ● 필기/학과 시험(1,2,3종 난이도 동일) 　－만 **14**세 이상 응시 가능 　－시험시간 : 50분 　－4지선다 / 40문항 / 70점 이상 　－응시료 : 필기48,400원, 실기 72,600원 　－준비물 : 수험표, 신분증(주민증,학생증) ● 필기시험 합격 전 응시자격 신청 가능	필기	○
		실기 비행	○
		실기 구술	○
	2종 **7kg 초과 ~ 25kg 이하 조종** ● 만 **14**세 이상 응시 가능 　－필기시험 난이도 1종과 동일 ● 1종, 2종 기체로 **10h** 이상 비행 　－기체 및 교관 동반 1종과 동일 ● 필기시험 합격 전 응시자격 신청 가능	필기	○
		실기 비행	○
		실기 구술	○
	3종 **2kg 초과 ~ 7kg 이하 조종** ● 만 **14**세 이상 응시 가능 　－필기시험 난이도 1종과 동일 ● 1종, 2종, 3종 기체로 **6h** 이상 비행 　－비행 실기시험 없음 　(교육원의 비행경력증명서 제출로 자격 인정) ● 학과시험 → 응시자격신청 (적격시) 　－자격증 즉시 발급 ● 필기시험 합격 후 응시자격 신청 가능	필기	○
		실기 비행	⊗
		실기 구술	⊗

자주하는 질문! 조종자의 자격(1종,2종,3종)은 순차적 취득 이 아니며, 1종 즉시 취득 가능
단, 2종. 3종 취득 후 상위(2종,1종) 종목 취득 희망 시 2년이내 취득 해야 필기 면제

구 분	실기비행 시간 및 응시조건	시험평가 내용		
지도조종자(교관)	●만 **18**세 이상 응시 가능 ●1종 기체로 **100h** 이상 비행 　−1종 20h 인정 + 추가 80h 비행 　−1종 취득 후 응시 가능 ●3일 교육 후 학과시험 응시 　−경기, 서울에서 출퇴 가능 　−시험시간 : 50분 　−4지선다 / 25문항 / 70점 이상 합격 　−응시료 : 150,000원 ●재응시 안내 　−불합격 시 1개월 후 재응시 가능 　−재응시(재교육 없음, 학과 시험만 응시) 　−재응시료 : 30,000원 ●드론 교관 활동 가능(비행경력 증명 가능) ●드론 사설교육원 개원 가능	필기		○
		실기	비행	⊗
			구술	⊗
실기평가조종자	●만 **18**세 이상 응시 가능 ●1종 기체로 **150h** 이상 비행 　−지도조종자 100h 인정 + 추가 50h 비행 　−지도조종자 취득 후 응시 가능 ●실기시험 응시 　−화성, 김천 시험장 　−응시료 : 300,000원 　−재응시료 : 110,000원 　−불합격 시 1개월 후 재응시 가능 ●모든 비행 ATTI모드로 시험 ●드론 교관 활동 가능(비행경력 증명 가능) ●드론 사설/전문교육원 개원 가능 ●TS교통공단 평가위원 지원 가능	필기		⊗
		실기	비행	○
			구술	⊗

자주하는 질문! ●조종자 1종 취득 후 지도조종자 응시 가능(2종, 3종 조종자 응시 불가)
●지도조종자 취득 후 실기평가자 응시 가능

❀ 드론 조종자 1.2.3종 취득 절차

학과 시험 접수

↓ 1,2주 소요

- 만 14세 이상 응시가능
- TS국가자격시험 항공자격 홈페이지 접속 (https://lic.kotsa.or.kr/)
- 응시료 결제(48,400원, 불합격 시 재응시료 동일)
- 시험일자까지 접수 후 시험대기 1~2주 소요(선 접수 필요)

학과시험 응시/합격

필기·실기, 동시준비

- CBT 컴퓨터 시험 실시(1,2,3종 난이도 동일, 40문항 중 24개 이상 합격)
- 시험 종료/제출 즉시 합격여부 화면에 출력됨(합격 유효기간 2년)
- 공식결과 18:00시 홈페이지 공지

실기 비행 연습

- 시뮬레이션 비행 및 실 비행
- 의무비행시간 1종(20h), 2종(10h), 3종(6h) 비행 훈련

응시 자격 신청

↓ 3~7일 소요

- 응시자격 신청, 의무 비행 시간 충족 후 신청 가능
- 학과시험 합격 전 신청 가능(단, 3종은 학과시험 합격 후 응시자격신청)
- 의무 비행시간 완료 시 교육원에서 "비행경력증명서" 발급
- 운전면허증 소지자 준비서류 : 적성검사 기간 확인 필요
- 운전면허증 미소지자 준비서류 : 신체검사서 + 신분증[여권/학생증] + 등본
- 관련 서류 스캔 후 홈페이지 업로드

응시 자격 부여

- 비행경력증명서 및 운전면허 외 서류 확인 작업
- 문제없는 경우 "적격", 부적격인 경우 "기각"
- ※기각/반려 시 교육원에 즉시 알려 내용 파악 후 재신청

실기 시험 접수

↓ 1주~2개월 소요

- 1,2종 실기시험 접수 가능(3종 실기시험 없음)
- 의무 비행시간 종료 후 실기접수 가능.
- TS국가자격시험 항공자격 홈페이지 접속 (https://lic.kotsa.or.kr/)
- 교육생 응시 수수료 결제(72,600원)
- 결제 후_ 실기 시험일자 지정(시험 일시 및 장소는 교육원에서 교육생과 협의 후 지정)
- ※시험 일자 및 장소 지정은 교육원에서만 지정 가능

실기시험 [1차:비행평가 / 2차:구술평가]

- 시험 준비서류 : 자동차운전면허증/수험표, 이외 서류는 교육원에서 준비
- 시험용 드론 및 교관 : 시험기체(본인 전용기체 사용 가능) 및 교관 동행
- 비행평가 후 구술평가(5문항 이상 출제)진행

합격자 발표

- 합격여부 시험당일 18:00 전·후 홈페이지 공지
- 실기 채점표 결과 홈페이지 확인 가능
- 모든 응시 항목 "S" 등급 이상 합격

> S : 만족(Satisfactory)
> U : 불만족(Unsatisfactory)
>
> 실기시험은 23개 항목 중
> 모든 항목을 만족으로 받아야 함

자격증 발급 신청

- 홈페이지 신청(수령시 까지 평균 7일 소요)
  (사진 + 수수료 11,000원 + 등기료 추가 결제)
- 방문 신청(현장에서 자격증 수령)
  (사진 + 수수료 11,000원 결제)

(좌측 세로) 3종인경우 응시자격 적격 판정 시 자격증 신청 가능 / 3종 실기시험 없음, 교육원 비행훈련 6시간으로 대체

✪ 드론 지도조종자(교관) 취득 절차

 실기 비행 연습

- 만 18세 이상 응시 가능
- 지도조종자 추가 80시간 비행 훈련 필요
- 의무 비행시간 **100**시간 = 20h(1종 인정) + 80h(추가)
- 의무 비행시간 완료 후 교육원에서 "비행경력증명서"발급

▼ 1,3개월 소요

 입과 자격 신청

- 의무 비행시간(100h) 종료 후 신청 가능
- 비행경력증명서(총괄/상세)관련 서류 교육원에서 발급
- 교육원으로 부터 제공받은 서류, 스캔 후 홈페이지 업로드
- 항공교육훈련포털 홈페이지(https://www.kaa.atims.kr/)

▼ 3~7일 소요

 입과 자격 부여

- 비행경력증명서 및 운전면허 외 서류 확인 작업
- 문제없는 경우"완료", 부적격인 경우"보류"(보완 후 재등록)
- ※보류 시 교육원에 즉시 알려 내용 파악 후 재등록

▼ 1,3개월 소요

 교육신청/수강

- 입과자격 부여된 경우 공지된 교육일정 확인 후 교육 접수
- 항공교육훈련포털 홈페이지 접속 후 신청 (https://www.kaa.atims.kr/)
- 시흥(드론교육센터 or 서울대) 교육장에서 3일간 교육 수강 후 마지막 요일 시험
  - 교육강사 : 해당 분야별 전문가
  - 서울/경기지역 출퇴 가능(이외지역 교육장 주변 숙소예약 필요)
- 교육 및 시험 응시료 결제 150,000원
- 불합격 재시험인 경우 응시료 30,000원

▼

 필기 시험응시/발표

- 3일차 마지막 요일 지필 PBT시험 진행
  - 4지 선다형, 25문항 70점 이상 합격
  - 25문항 중(1문제당 4점), 18개 이상 합격
  - 3일간 출석률 90% 이상인 경우 시험자격 부여
- 시험 결과는 시험 당일 또는 근무일 기준 시험 다음 날 발표
  - 불합격 시 1개월 이후 재응시 가능

▼

자격증 발급 신청

- 홈페이지 신청(수령시까지 평균 7일 소요)
  (사진 + 수수료 11,000원 + 등기료 추가 결제)
- 방문 신청(현장에서 자격증 즉시 수령)
  (사진 + 수수료 11,000원 결제)

😵 드론 실기평가조종자 취득 절차

 실기 비행 연습
- 만 18세 이상 응시 가능
- 실기평가조종자 추가 50시간 비행 훈련 필요
- 의무 비행시간 **150**시간
  150h = 20h(1종 시간 인정) + 80h(교관 시간 인정) + 50h(추가)
- 의무 비행시간 완료 후 교육원에서 "비행경력증명서" 발급

▼
1,3개월 소요

 입과 자격 신청
- 의무 비행연습 시간(50h) 종료 후 신청 가능
- 비행경력증명서(총괄/상세)관련 서류는 교육원에서 발급
- 교육원으로 부터 제공받은 서류를 스캔 후 아래 홈페이지 업로드
- 항공교육훈련포털 홈페이지(https://www.kaa.atims.kr/)

▼
3~7일 소요

 입과 자격 부여
- 비행경력증명서 제출 서류 확인 작업
- 서류 확인결과 문제없는 경우
  "완료", 부적격인 경우"보류"(보완 후 재등록)
  ※보류 시 교육원에 즉시 알려 내용 파악 후 재등록

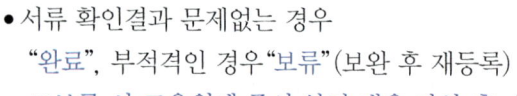

▼
1,3개월 소요

실기시험/교육
오전 실기평가, 오후 학과교육
- 입과자격이 완료된 경우, 시험일정 점검 후 접수 가능
- 항공교육훈련포털 홈페이지 접속 후 신청
  -https://www.kaa.atims.kr/
- 시험장소 "화성드론자격시험센터", "김천드론자격시험센터"
  -실기평가 : 모든 비행을 자세(ATTI)모드로 비행하며,
               평가자 3명 + 센서기반 평가 실시
  -실기내용 : 1.이륙비행, 2.공중정지, 3.전진 및 후진 수평비행
               4.삼각비행, 5.원주비행, 6.비상착륙
  -교육과목 : 오후 1~5시까지 학과 교육실시
               항공안전법, 평가기준, 평가실습
               (학과 교육 이후 시험 없음)
  -수료기준 : 모든 평가항목 "만족(S)" 취득시 합격
- 교육 및 시험 응시료 : 300,000원
- 불합격 재시험 응시료 : 110,000원

▼

 필기 시험응시/발표
- 합격여부 결과 : 시험당일 또는 근무일 기준 시험 다음 날
  -불합격 시 1개월 이후 재응시 가능.

▼

 자격증 발급 신청
- 홈페이지 신청(3일 이상 소요)
  (사진 + 수수료 11,000원 + 등기료 추가 결제)
- 방문 신청(현장에서 즉시 수령)
  (사진 + 수수료 11,000원 결제)

목차
Contents of the book

Contents

드론운용 Drone Operation

비행원리 Flight Principle

항공기상 Aviation Weather

✪ 자격증 취득 시 활용/혜택

구 분		가산점 및 기타
소방직/소방		■ 소방업무 관련 분야 • 조종자 : 1퍼센트 • 지도조종자 : 3퍼센트 • 실기평가조종자 : 5퍼센트
경찰직	경찰	■ 드론분야 일반직 공무원 채용
	해양 경찰	■ 드론분야 경찰관 채용 • 조종자1,2종 : 1점 • 지도조종자 : 2점 • 실기평가조종자 : 3점
군인		■ 드론운용 및 정비병(드론병) 채점기준표 • 1차 서류 50점 - 전공학과 15점 : 항공·드론·전자·기계 등 - 자격증 15점 : 조종자/지도/실기평가조종자 등 - 고교 출석률 10점 : 결석일수 0~6일 이상 차등 - 입상경력 10점 : 최근 2년 이내 드론대회 • 구분 세부 항목 - 지원동기 5점 : 군 복무 의지, 지원 사유 - 면접태도 5점 : 복장 · 예절 · 태도 - 표현력/적극성 5점 : 의사소통 능력, 자신감 - 국가관·안보관 5점 : 안보 의식, 군인으로서 자질 - 드론 운용능력 30점 : 실제 조종 실습 및 직무 수행 능력
기타분야		■ 민.관 운영/개발/연구 분야 • 정부기관 및 자치단체 별정직 • 민간 회사의 드론 분야 각종 업무 • 일부 대학 항공.드론 관련학과 가산점 부여 • 4차 산업 선도를 위한 UAM 기타 개발 연구원

※ 상기 내용은 인터넷상의 내용을 정리한 정보로 매년 기관 및 업체에 따라 변경될 수 있음

※ 드론 병과/부대 근무를 희망하는 경우
　- 입대 전 모집 시 응시 가능(모집시기 부정확, 수시 병무청 확인 필요)
　- 입대 후 드론 부대로 보직 이동 방법 외

 병무청
https://www.mma.go.kr/

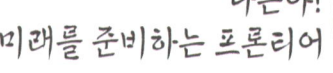

나는야!
미래를 준비하는 프론티어

PART 01

드론운용
Drone Operation

☑️ **암기권장** | 주황색 밑줄 문단
★ 별표 문단/문장

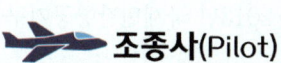 **조종사(Pilot)**
유인항공기를 직접 타고 운항하는 사람

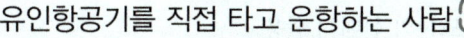 **조종자(Operator)**
무인항공기(드론)를 지상에서 원격으로 조작하는 사람

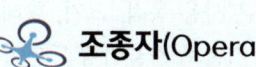 

DRONE
Drone Operation

01 무인항공기

01 — 드론 정의와 분류

1. 드론의 정의 및 역사

① 드론(Drone)의 어원 및 정의

드론은 원래 "꿀벌 수컷" 또는 "웅웅거리는 소리를 내는 비행체"에서 유래된 이름이다. 현재는 무인 비행체(UAV: Unmanned Aerial Vehicle)를 대표하는 용어로 널리 사용

② 드론의 역사

ㅇ 1930년대 : 영국군은 무인 군용 표적기 "Queen Bee"를 개발했으며, 이는 드론의 초기 형태

ㅇ 1990년대 : 기술 발전과 함께 드론은 군사적 목적으로 정찰과 공격에 활용되었으며, 이후 상업, 농업, 재난 구호 등으로 활용 범위가 확대

ㅇ 2013년 국제민간항공기구(아이카오, ICAO) : 드론을 원격조종항공기(RPA: Remotely Piloted Aircraft)로 공식 지칭하며, 국제적 기준과 용어가 정립

③ 드론의 현대적 활용

ㅇ 드론은 사용 목적, 크기, 형태, 기계적 요소에 따라 다양하게 분류

ㅇ 최신 기술로 자율비행 드론이 등장하며 군사, 산업, 민간 분야에서 폭넓게 활용

ㅇ 자율비행 드론은 인공지능(AI)을 기반으로 하여 스스로 판단하고 임무를 수행

2. 드론 표현과 분류

① **초경량비행장치** : 항공기와 경량항공기 외에 공기의 반작용으로 뜰 수 있는 장치로서, 자체중량, 좌석 수 등 국토교통부령으로 정하는 기준에 해당하는 동력비행장치, 행글라이더, 패러글라이더, 기구류 및 무인비행장치 등을 포함(항공안전법 제2조 제3호).

② **무인기**(무인기 시스템) : 사람(생명체, 승무원)이 탑승하지 않는 항공기로 원격조종, 사전 프로그램 경로에 따라 자율 비행하거나 인공지능을 탑재하여 임무를 수행하는 비행장치

③ **Drone** : 사전 입력된 프로그램에 따라 비행하는 무인 비행체. 최근 무인항공기를 통칭하는 용어

④ **RPV**(Remote Piloted Vehicle) : 1980년대에 사용하던 용어, 지상에서 무선통신으로 원격조종하는 무인 비행체를 의미

⑤ **RPAV**(Remote Piloted Air/Aerial Vehicle) : 2011년 이후 사용하던 용어, 유럽을 중심으로 사용

⑥ **RPAS**(Remote Piloted Aircraft System) : 2013년 국제민간항공기구(ICAO)에서 공식 채택한 용어, 원격 조종으로 운용되는 항공기와 그 통제 시스템을 포함하는 전체 무인 항공기 시스템을 의미

ㅇ RPA(원격조종항공기, Remote Piloted Aircraft / Aerial Vehicle) : 비행체만을 지칭

ㅇ RPS(Remote Piloting Station) : 통제 시스템만을 지칭

⑦ UAM(Urban Air Mobility) : 2016년경 부터 사용되던 용어, 도심 내 또는 인접 지역 간 항공 교통 수단을 활용해 사람과 화물을 효율적으로 운송하는 차세대 항공 모빌리티 시스템을 의미

⑧ UAS(Unmanned Aircraft System) : 2000년대 부터 미국 등에서 사용한 용어, 무인항공기와 이를 운용하기 위한 지상 통제장비, 통신장비 등으로 구성된 전체 시스템을 의미

⑨ UAV(Unmanned/Uninhabited Aerial Vehicle System, Unhumanized Aerial System) : 1990년대에 사용하던 용어, 지상에서 원격 조종하거나 자율적으로 비행하며 임무를 수행하는 무인 항공기를 의미

1970년대	1980년대	2000년대	2010년대	현대	미래
Drone	RPV	RAV & RAS	RPAV	RPAS	AI융합
항공기 재활용	정찰	정찰,공격	통신,정찰,공격	물류,건설,농업,촬영 통신,정찰,공격 외	

02 — 드론 관련 주요 용어

① **고정익**(Fixed Wing) : 동체와 날개가 고정되어 있는 형상의 항공기 형태

② **회전익**(Rotary-Wing) : 동체에 회전하는 날개인 로터나 프로펠러가 장착되어 정지한 상태에서도 수직 방향의 추력을 발생할 수 있는 비행체로 회전익이 한 개 또는 두 개인 헬리콥터와 더 많은 회전익이 장착된 멀티콥터로 구분하며 국내법에는 무인헬리콥터와 무인멀티콥터로 구분

③ **혼합형**(가변 로터형, 하이브리드형, 틸트 로터형) : 이.착륙할 때는 회전익의 주 추력방향을 수직으로 두고, 이륙 후엔 회전익 조종장치를 사용하여 추력방향을 수평으로 전환하는 비행장치

④ **탑재 임무장비**(페이로드, Payload) : 무인비행체에 탑재되어 지상 조종자 또는 조종장비의 명령을 받아 특정 임무를 수행할 수 있는 장비

⑤ **자체중량** : 기체와 배터리를 포함한 비행체 자체의 중량을 의미

⑥ **최대이륙중량** : 기체, 배터리, 적재 화물, 연료 등 모든 요소를 포함한 이륙 가능한 최대 중량

⑦ **조종 방식**
  ○ 통신망 조종 : 무인비행체의 조종과 작동명령 신호를 이동통신망을 활용하여 조종
  ○ 원격 조종 : 멀리 떨어진 곳에서 수동 또는 자동으로 신호를 보내어 무인비행체를 조종하는 방식
  ○ 자율 경로(AP, Auto Pilot) : 비행체에 탑재된 자동제어장치에 의해 미리 설정된 경로에 따라 비행
  ○ 시계비행(VFR, Visual Flight Rules) : 1km 내외 가시거리 내에서 조종, 환경 조건(날씨, 조명)에 민감
  ○ 계기비행(IFR, Instrument Flight Rules) : 계기 장치를 이용해 외부 시야에 의존하지 않고 비행, 날씨 조건에 무관하게 안정적 비행 가능, 고도 정밀 계기 및 통신 시스템 필요

⑧ **GPS**(위성항법시스템, GPS_Global Positioning System) : 어디서나 현재 위치를 파악할 수 있도록 도와주는 위성 기반 위치 추적 시스템

⑨ **아밍**(시동, Arming) : 드론의 모터를 활성화하여 이륙 전 비행 준비 상태로 만드는 과정

⑩ **호버링**(수평 정지비행, Hovering) : 드론이 공중에서 한 위치에 고정되어 정지비행하는 상태

⑪ **조종불능**(노콘, No Control) : 조종계통이나 그와 연관된 장치의 고장으로 인하여 속도, 고도 및 자세 등을 의도대로 설정할 수 없어 조작이 불가능해지는 상태

⑫ **페일세이프**(Fail safe) : 송.수신 불가 통신 두절로 비상 상황 발생 시, 기체가 제자리 비행을 하거나 제자리 착륙 또는 이륙 지점으로 돌아오는 기능

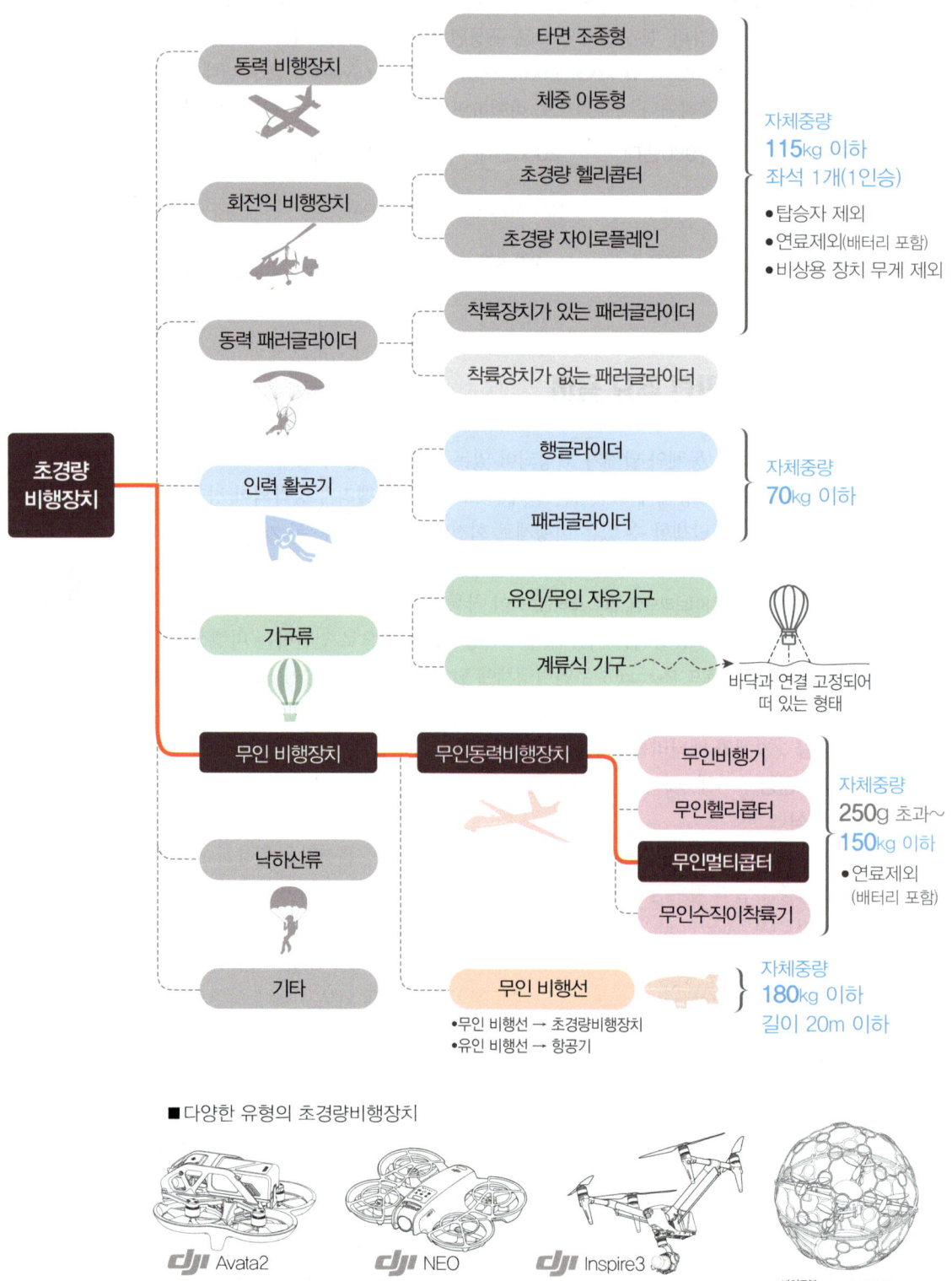

초경량
비행장치

동력 비행장치
- 타면 조종형
- 체중 이동형

회전익 비행장치
- 초경량 헬리콥터
- 초경량 자이로플레인

자체중량
115kg 이하
좌석 1개(1인승)
- 탑승자 제외
- 연료제외(배터리 포함)
- 비상용 장치 무게 제외

동력 패러글라이더
- 착륙장치가 있는 패러글라이더
- 착륙장치가 없는 패러글라이더

인력 활공기
- 행글라이더
- 패러글라이더

자체중량
70kg 이하

기구류
- 유인/무인 자유기구
- 계류식 기구 → 바닥과 연결 고정되어 떠 있는 형태

무인 비행장치 → 무인동력비행장치
- 무인비행기
- 무인헬리콥터
- 무인멀티콥터
- 무인수직이착륙기

자체중량
250g 초과~
150kg 이하
- 연료제외 (배터리 포함)

낙하산류

기타 → 무인 비행선
- 무인 비행선 → 초경량비행장치
- 유인 비행선 → 항공기

자체중량
180kg 이하
길이 20m 이하

■다양한 유형의 초경량비행장치

dji Avata2   dji NEO   dji Inspire3   CAMTIC 스카이킥Evo

초경량비행장치는 자체 중량이 115kg 이하이고, 1인승으로 가볍고 단순한 구조의 비행장치이며, 경량항공기는 최대이륙중량이 600kg 이하이고, 2인승 이하 항공기를 의미한다.

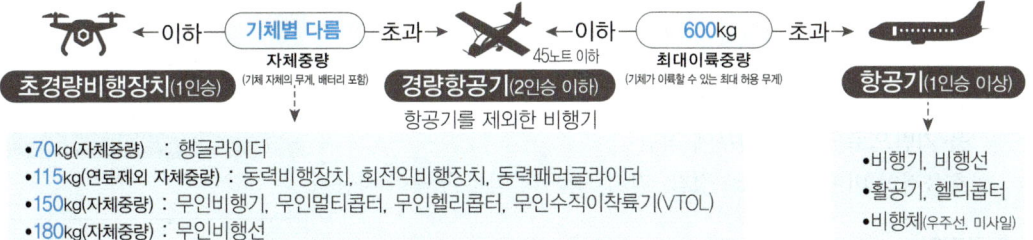

←이하— [기체별 다름] —초과→ ←이하— [600kg] —초과→

초경량비행장치(1인승)   자체중량   **경량항공기(2인승 이하)**   45노트 이하   최대이륙중량   **항공기(1인승 이상)**

(기체 자체의 무게, 배터리 포함)   (기체가 이륙할 수 있는 최대 허용 무게)

항공기를 제외한 비행기

- 70kg(자체중량) : 행글라이더
- 115kg(연료제외 자체중량) : 동력비행장치, 회전익비행장치, 동력패러글라이더
- 150kg(자체중량) : 무인비행기, 무인멀티콥터, 무인헬리콥터, 무인수직이착륙기(VTOL)
- 180kg(자체중량) : 무인비행선

- 비행기, 비행선
- 활공기, 헬리콥터
- 비행체(우주선, 미사일)

■ 동력 비행장치(자체중량 115kg이하, 1인승, 연료 탑재량 19L 이하일 것)

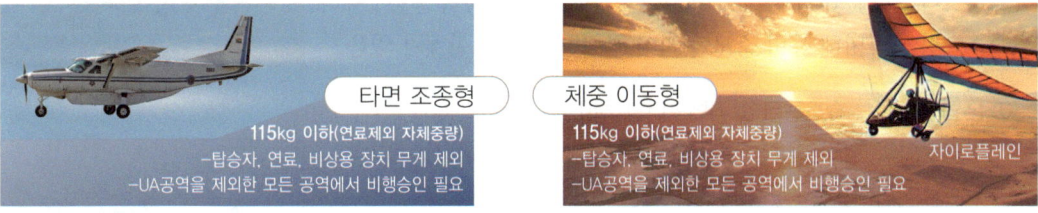

타면 조종형

115kg 이하(연료제외 자체중량)
- 탑승자, 연료, 비상용 장치 무게 제외
- UA공역을 제외한 모든 공역에서 비행승인 필요

체중 이동형

115kg 이하(연료제외 자체중량)
- 탑승자, 연료, 비상용 장치 무게 제외
- UA공역을 제외한 모든 공역에서 비행승인 필요

자이로플레인

■ 회전익 비행장치 외

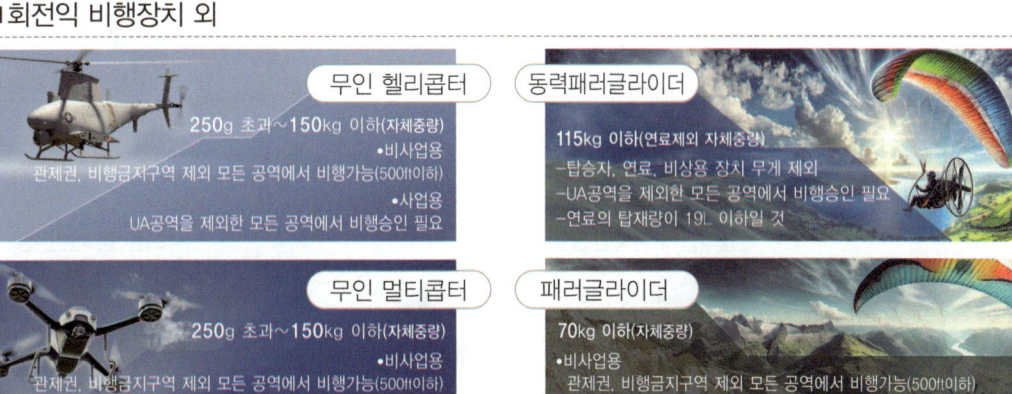

무인 헬리콥터

250g 초과~150kg 이하(자체중량)
- 비사업용
  관제권, 비행금지구역 제외 모든 공역에서 비행가능(500ft이하)
- 사업용
  UA공역을 제외한 모든 공역에서 비행승인 필요

동력패러글라이더

115kg 이하(연료제외 자체중량)
- 탑승자, 연료, 비상용 장치 무게 제외
- UA공역을 제외한 모든 공역에서 비행승인 필요
- 연료의 탑재량이 19L 이하일 것

무인 멀티콥터

250g 초과~150kg 이하(자체중량)
- 비사업용
  관제권, 비행금지구역 제외 모든 공역에서 비행가능(500ft이하)
- 사업용
  UA공역을 제외한 모든 공역에서 비행승인 필요

패러글라이더

70kg 이하(자체중량)
- 비사업용
  관제권, 비행금지구역 제외 모든 공역에서 비행가능(500ft이하)
- 사업용
  UA공역을 제외한 모든 공역에서 비행승인 필요

무인 비행선

12kg 초과~180kg 이하
길이 7m초과 20m이하(배터리 포함, 자체중량)
UA구역을 제외한 모든구역 비행 승인 필요
12kg이하, 길이 7m이하(배터리 포함, 자체중량)
비행금지구역, 관제권(500ft이하)을 제외한 모든 구역 비행가능

낙하산

- 비사업용
  관제권, 비행금지구역 제외 모든 공역에서 비행가능(500ft이하)
- 사업용
  UA공역을 제외한 모든 공역에서 비행승인 필요

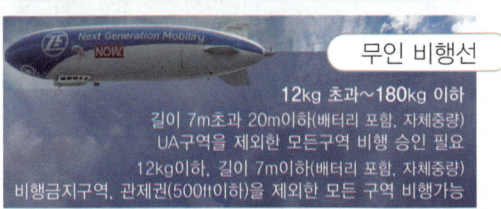

열기구

관제권, 비행금지구역 제외 모든 공역에서 비행가능(500ft이하)
- 사업용
  UA공역을 제외한 모든 공역에서 비행승인 필요

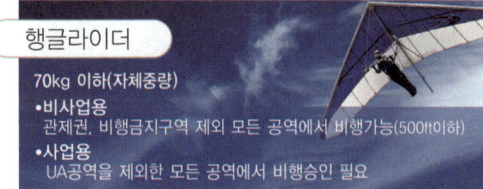

행글라이더

70kg 이하(자체중량)
- 비사업용
  관제권, 비행금지구역 제외 모든 공역에서 비행가능(500ft이하)
- 사업용
  UA공역을 제외한 모든 공역에서 비행승인 필요

1.기체 형태(구동형태)에 따른 분류

① **고정익**(Fixed Wing)

- 고정된 날개 형태로 제작된 무인항공기
- 중.고고도 비행이 가능하며 동력의 소모가 적어 장시간 체공을 기반으로 장시간 임무에 적합
- 효율적인 비행 성능으로 정찰, 감시, 장거리 임무에 많이 사용됨

② **회전익**(Rotary-Wing)

- 헬리콥터 유형의 무인항공기
- 정지호버링(Hovering)이 가능하여 선박 및 산악지대등의 운영에 유리
- 고정익에 비해 동력 소모가 많아 장시간 체공에 한계가 있음

③ **혼합형**(VTOL, 틸트로터형, 가변로터형, 하이브리드형)

- 고정익과 회전익의 장점을 결합한 비행체로, 이륙 시 로터와 프로펠러 시스템을 수직으로 전환 가능
- 다목적 임무에 적합하며, 복잡한 지형에서도 활용 가능
- 구조가 복잡하고 제작 및 유지 비용이 높음

④ **동축반전형**(Co-Axial Rotor)

- 하나의 축에 두 개의 로터를 장착하여 작동하는 비행체
- 테일로터가 없는 설계로, 공간 절약 및 기체 안정성 향상

헬리콥터 동축반전형   드론 동축반전형

출처 : 네이버,구글,www.youtube.com/l@thedroningcompany

⑤ **멀티콥터형**(Multi-Copter)

드론이 대표적이며 운용 비용이 낮아 촬영, 측량, 방제, 군사, 재난 등 다양한 용도로 사용

2.크기에 따른 분류

① 초소형 : 30cm 이하 크기, 손으로 던져서 운영

② 소형 : 10m이하 크기, 1~2명이 휴대하여 운영

③ 중.대형 : 10m이상 크기, 차량에 장비.운용자를 탑재하여 운영

3.이.착륙 방식에 따른 분류

① RTOL 비행기(고정익 비행기, Runway Takeoff and Landing)

　ㅇ 활주로에서 이륙하고 착륙하는 전통적인 방식

② VTOL 비행기(회전익 수직 이.착륙 비행기, Vertical Take-Off and Landing)

　ㅇ 활주로 필요없이 수직으로 이륙하고 상승 가능한 비행기

　ㅇ 고정익기와 헬리콥터의 특징을 결합한 틸트로터(가변로터, Tilt Rotor)형 비행기

4.비행 고도에 따른 분류

① 저고도 무인항공기(Low Altitude UAV)

　ㅇ 최대 20,000ft(6,200m)이하의 저고도로 비행하는 무인항공기

　ㅇ 낮은 고도에서 작전을 수행하며, 근거리 임무에 적합

② 중고도 체공형 무인항공기(MALE, Medium Altitude Long Endurance)

　ㅇ 최대 45,000ft(13,950m)이하의 대류권 내에서 체공이 가능한 무

　　인항공기, 예) MQ-9 리퍼(Reaper)

③ 고고도 체공형 무인항공기(HALE, High Altitude Long Endurance)

　ㅇ 45,000ft(13,950m)이상의 성층권에서 장시간 체공하는 무인항공기

5.비행 반경에 따른 분류

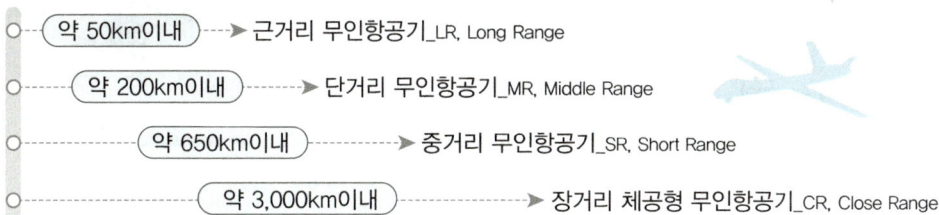

약 50km이내 ── ▶ 근거리 무인항공기_LR, Long Range

약 200km이내 ── ▶ 단거리 무인항공기_MR, Middle Range

약 650km이내 ── ▶ 중거리 무인항공기_SR, Short Range

약 3,000km이내 ── ▶ 장거리 체공형 무인항공기_CR, Close Range

6.마하수에 따른 분류

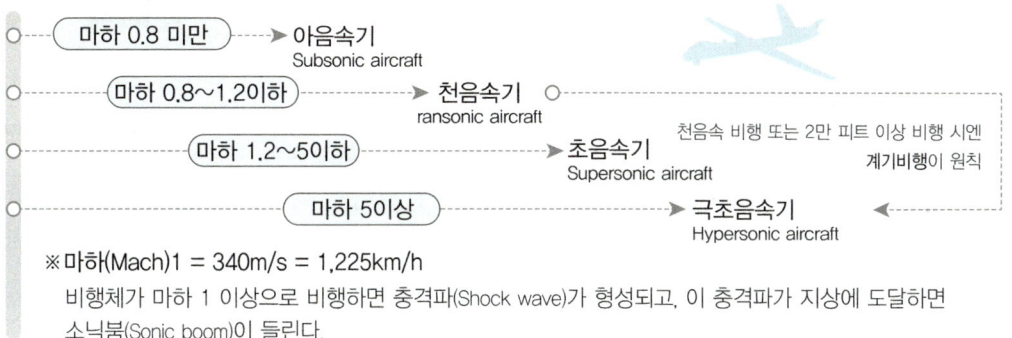

마하 0.8 미만 ── ▶ 아음속기 Subsonic aircraft

마하 0.8~1.2이하 ── ▶ 천음속기 ransonic aircraft

마하 1.2~50이하 ── ▶ 초음속기 Supersonic aircraft

마하 50이상 ── ▶ 극초음속기 Hypersonic aircraft

천음속 비행 또는 2만 피트 이상 비행 시엔 계기비행이 원칙

※ 마하(Mach)1 = 340m/s = 1,225km/h

　비행체가 마하 1 이상으로 비행하면 충격파(Shock wave)가 형성되고, 이 충격파가 지상에 도달하면
　소닉붐(Sonic boom)이 들린다.

7. 날개의 모양에 따른 분류

① **전진형/전진익 날개(Forward–Swept Wing)**
  - 날개가 앞을 향한 형태
  - 날개 표면을 흐르는 기류가 동체 안쪽으로 수렴하여 효율적인 양력 분포를 얻음
  - 고강도 재료가 필요하며, 날개와 동체 간의 비틀림이 심하다는 단점이 있음
  - 특수 목적의 실험이나 고성능 군용기에 일부 사용

날개 형태별 영상

전진익
(Forward–swept Wing)

② **후퇴형/후퇴익 날개(Swept wing)**
  - 날개가 뒤로 젖혀진 형태
  - 충격파 발생을 지연시켜 저항을 감소
  - 저속보다 고속 비행에 적합
  - 방향 안정성이 우수하여 현대 비행기에 주로 사용

후퇴익
(Swept Wing)

③ **삼각형/델타익 날개(Delta Wing)**
  - 날개가 삼각형 형태
  - 초음속 비행에 가장 적합한 날개 형태
  - 후퇴익과 동체 사이의 빈 공간을 활용하여 넓어진 날개로 효과적인 양력을 생성

삼각익/델타익
(Delta Wing)

8. 날개 위치에 따른 분류

날개 위치별 영상

① **고익기(High Wing Airplane)**
  - 날개가 동체의 윗부분에 위치_주로 수송기에 많이 사용
  - 무게 중심이 날개 아래에 있어 안정성과 양력효율이 좋음

고익기(High–wing)

② **중익기(Mid Wing Airplane)**
  - 날개가 동체의 중앙에 위치_주로 전투기에 많이 사용
  - 고익기(양력 우수)와 저익기(기동성 우수)의 장점을 결합

③ **저익기(Low Wing Airplane)**
  - 날개가 동체의 아랫부분에 위치_주로 여객기에 많이 사용
  - 비상 동체 착륙 시, 날개가 충격을 흡수하여 승객의 생존율 상승

중익기(Mid–wing)

9. 날개 수에 따른 분류

현대 항공기는 대부분 구조가 간단하고 효율성이 높은 단엽기 형식을 사용하고 있다.

저익기(Low–wing)

단엽기(Monoplane)

현재 가장 많이 사용

복엽기(Biplane)

1900년대 초반 많이 사용

삼엽기(Triplane)

제1차 세계대전 때 잠시 사용

10.엔진 개수에 따른 분류

구 분	엔진수
단발기(Single-engine airplane)	1개
쌍발기(Twine-engine airplane)	2개
다발기(Multi-engine airplane)	3개 이상

11.용도에 따른 분류 및 활용

① **촬영 및 방송 드론** : 방송, 영화, 광고 촬영에 활용
② **재난안전 드론** : 재난 및 구조 지원과 영상 제공에 활용
③ **군사용 드론** : 군의 정찰, 공격, 기만, 전자전등에 활용
④ **공간정보용 드론** : 공간 데이터를 획득하여 측량, 설계, 건설, 토목에 활용
⑤ **방제(농업) 및 방역 드론** : 농약, 입제(비료 등), 입업, 축산 소독제 살포에 활용
⑥ **물류용 드론** : 도서(섬), 산간(산지와 험준한 지역)지역에 소형 화물 배송 및 수송에 활용
⑦ **교통 및 인프라 관리** : 교통단속, 교통상황 모니터링, 철로, 송전탑, 발전시설 유지 보수에 활용
⑧ **취미 및 레저용 드론** : 취미 및 레저용 드론, 레포츠(드론활용 축구, 드론활용 농구 외)에 활용
⑨ **환경, 재난, 안전 감시** : 산업구조물의 교량, 송전, 송유관 점검 및 산불 감시

12.프로펠러 수에 따른 분류

구 분	프로펠러 수
트라이콥터(Tricopter)	3개
쿼드콥터(Quadcopter)	4개
헥사콥터(Hexacopter)	6개
옥타콥터(Octocopter)	8개
도데카콥터(Dodecacopter)	12개

모노콥터/1개
Monocopter

트라이콥터/3개
Tricopter

쿼드콥터/4개
Quadcopter

헥사콥터/6개
Hexacopter

옥타콥터/8개
Octocopter

13.비행기체의 명칭

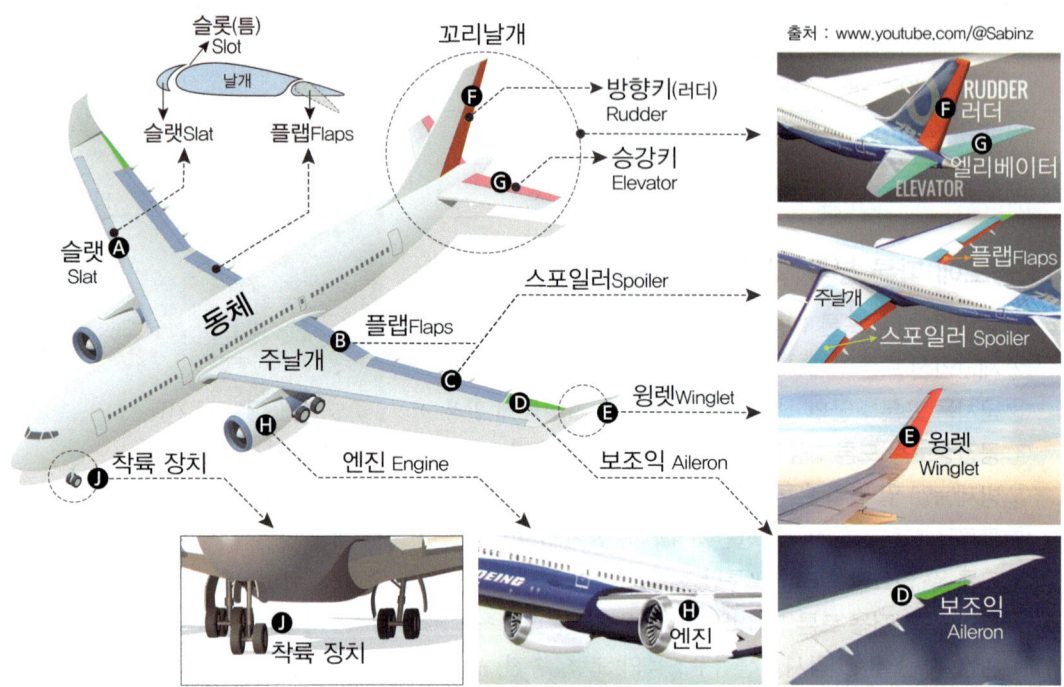

출처 : www.youtube.com/@Sabinz

---

06 — 무인멀티콥터 방제작업

1.방제작업 전 준비사항

① 비행 승인 절차 점검
- 방제 작업을 시작하기 전에 해당 지역의 비행 허가 유.무 점검
- 지역별 비행 관련 규정을 확인하고, 필요시 서류를 제출하여 비행 승인 완료 후 작업 필요

② 기체 정비 점검
- 방제 비행을 위해 조종기, 기체(프로펠러, 배터리, 모터 등)의 부품이 정상 작동하는지 점검
- 방제액 탱크와 분사 장치, 누수나 고장이 없는지 확인 필요

③ 조종자 점검사항
- 방제 구역, 약제 종류, 작업 순서를 명확히 정리
- 조종자는 작업 전 도로 및 교통상황, 비행 경로와 방제 계획을 재확인
- 날씨 조건(바람, 비 등)을 점검하여 안전한 비행이 가능한지 점검

④ 방제구역 및 준비물 점검
- 유기농, 무기농 재배지와 인접하지 않은지 확인
- 사람이 많이 모이는 지역 유무 점검
- 도로상황 및 고압선, 전선 등의 기타 위험 요소 점검
- 살포할 약제, 안전관련 장비(마스크, 보안경, 헬멧, 풍속계, 위생장갑), 구급약품 등 필요한 준비물 점검

⑤ 이·착륙 지점 점검
  ○ 이·착륙 지점은 장애물이 없는 평탄한 장소로 선정
  ○ 주변의 행인, 차량 등 안전에 방해 요소 점검

2.방제 작업자의 구성과 역할

① 조종자
  ○ 드론의 비행 경로 확인 후 조작
  ○ 방제 작업 중 드론의 상태(배터리, 약제 잔량 등) 모니터링
  ○ 작업 중 발생할 수 있는 비상 상황에 신속히 대처
② 신호자(안전관리)
  ○ 드론의 위치와 상태를 시각적으로 확인 후 신호 전달
  ○ 방제 구역 내 사람, 동물, 차량 등의 위험 요소 전달
    ·의사 소통은 간단하고 명료하며 명확하게 표현
③ 보조자(안전관리)
  ○ 연료나, 살포하는 농업용 약재의 준비와 보급
  ○ 조종자 보조 및 작업구역 안전 관리

방제/농업용 드론

택배/운송용 드론

3.방제 살포 비행 작업

① 바람의 풍향, 풍속 등을 비행 전 참고하여 주변 농가에 피해가 없도록 주의
② 방제 살포는 바람을 고려하여 비행을 실시하며 측풍 살포 비행을 기본으로 한다.
③ 방제 살포는 최대한 기류의 안정성이 확보된 시간대에 실시
④ 방제 범위 표기 및 약재가 확산되지 않게 풍속조건을 미리 체크
⑤ 비행고도는 살포 약제의 특성과 효능에 따라 살포 장소, 지형, 기상조건을 고려하여 조종

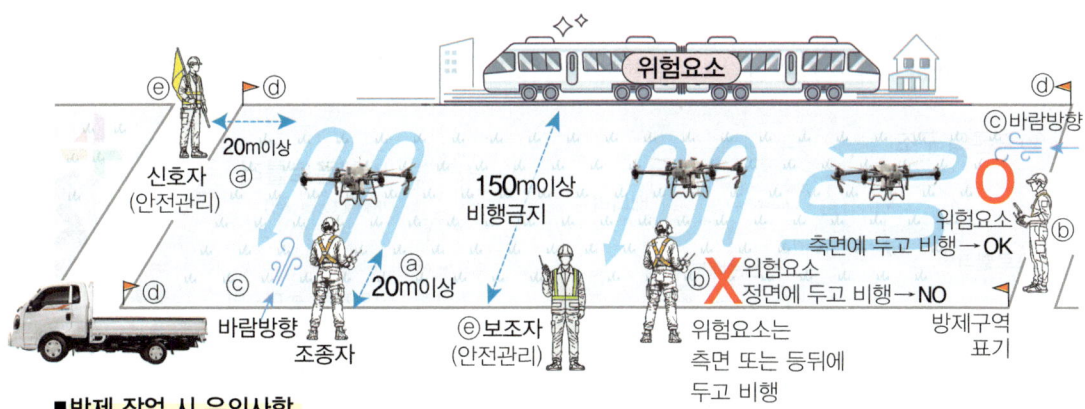

■방제 작업 시 유의사항
ⓐ안전거리 : 최소 15~20m이상 확보
ⓑ비행방향 : 위험요소 장애물을 측면에 두거나, 등지고 비행 실시
          (위험요소가 정면에 있는 경우 거리감 상실에 따른 사고 위험 증가)
ⓒ바람방향 : 조종자 약제 중독을 피하기 위해 측풍비행 또는 바람을 등지고 방제
ⓓ구역표기 : 주변 피해가 발생되지 않도록 작업구역 표기 후 방제
ⓔ안전관리 : 안전관리자 배치(신호수, 보조자)

02 드론 제어 및 구조

01 — 드론의 구성과 구조

① 드론 구조 분류

구분	내용
통신시스템 (통신부)	○ RC 수신기 : 원격조종기로부터 비행 명령을 수신 ○ 비디오 송신기 : 촬영된 데이터를 실시간으로 지상으로 전송 ○ 텔레메이트 송신기 : 비행 정보(위치, 고도, 속도 등) 및 기체 상태를 지상으로 송신
제어시스템 (제어부)	○ FC(Flight Controller) : 드론의 핵심 제어 장치로, 비행 안정성을 유지하고 비행 　　명령을 실행 ○ PCU(전원제어부, Power Control Unit) : 드론의 전원 관리 및 전력 공급 제어 ○ GPS센서, 자이로센서, 가속도센서, 지자기센서, 기압계센서
추진시스템 (구동부)	○ 리튬폴리머 배터리(Li-Po 배터리) : 고용량, 경량의 전원 공급 장치 ○ BLDC 모터 및 프로펠러 : 드론의 추진력과 방향 제어 ○ 전자변속기(ESC), FC로부터 받은 PWM(펄스 폭 변조_Pulse Width Modulation) 　신호로 모터의 속도와 출력 제어
탑재시스템 (탑재부/임무장비)	○ 사용 목적에 따른 다양한 임무장비(Payroad) 탑재시스템 　－비디오 카메라, 적외선 센서, 광학센서(초음파 센서, LiDAR) 등 　－짐벌(Gimbal), 포자수집기(환경연구장비), 가스분석기, 농약/입제 살포장치 외
기체시스템 (프레임)	○ 드론의 부품을 설치하는 주요 프레임 ○ 기본 골격으로 튼튼하고 가볍고 저렴한 탄소섬유, 유리섬유 등을 사용

② 드론의 구조

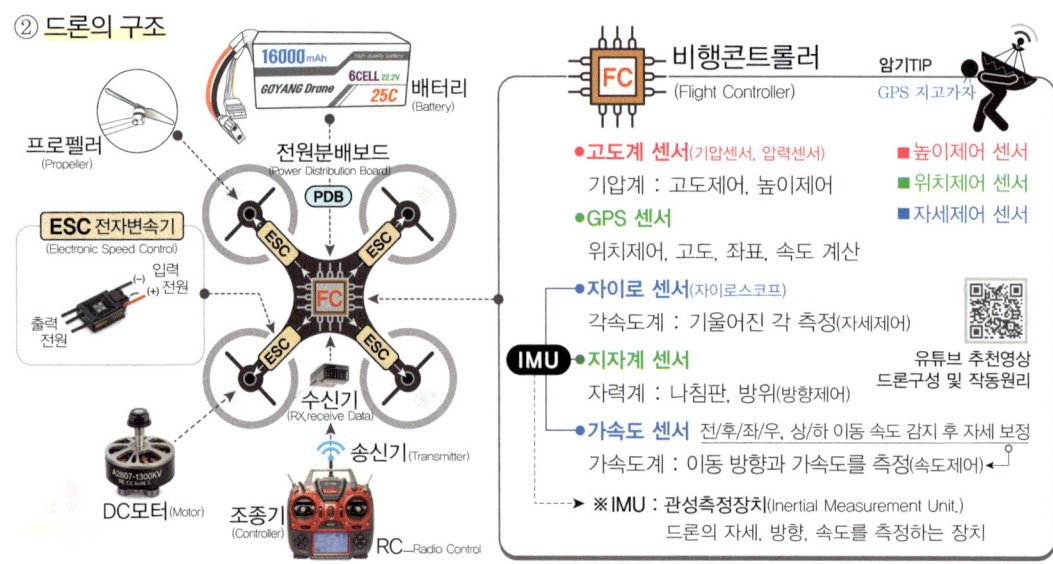

1.항법의 종류

항법 시스템은 이동하는 물체(항공기, 선박, 차량 등)의 위치를 파악하고, 목적지까지의 최적 경로를 안내하는 기술과 장치의 조합을 의미한다. 다양한 기술을 활용하여 위치, 속도, 방향을 결정하며, 항공, 해상, 육상, 우주 항법 등 여러 분야에서 사용되며, 항공기와 선박은 여러 항법을 조합하여 사용한다.

① **시각항법** : 지형지물을 보고 위치 파악_VFR(시각비행규칙, Visual Flight Rules)비행, 드론, 소형 항공기
② **추측항법** : 속도, 방향, 시간, 풍속 등을 계산하여 현재 위치 추적_전통적 항법, 보조 수단
③ **전파항법** : 무선 신호를 이용하여 위치를 파악하는 방법_민간·군용 항공기, 착륙 유도
④ **위성항법** : GPS, GLONASS, Galileo, BeiDou 등 인공위성을 이용_항공기, 선박, 차량 네비게이션
⑤ **관성항법** : 내부 센서만 이용하여 위치를 측정(외부 신호 없이도 운용 가능)_군용기, 우주선, 잠수함
⑥ **천문항법** : 태양, 달, 별 등의 천체 위치를 이용하여 현재 위치를 계산_전통적 항해, 보조 항법
⑦ **자동항법** : AI, 센서, 자동 비행 시스템 등을 활용_드론, 자율주행차, 군용 로봇, 우주 탐사

2.위성항법시스템(GNSS, Global Navigation Satellite System)

인공위성을 이용하여 지구상의 위치, 속도, 시간 정보를 제공하는 시스템이다.

① 최소 4기 이상의 인공위성 필요
- 위치(거리)정보 위성 3기, 고도(시간)정보 위성 1기
- 위성수가 많을 수록 희석도(정확도, DOP Dilution of Precision)가 낮고, 산이나 빌딩이 있는 경우 희석도 증가
  · DOP값이 낮을수록(예: 1~3) 위치 정확도(희석도)가 높다.
  · DOP값이 높을수록(예: 6이상) 위성 정확도가 낮다.

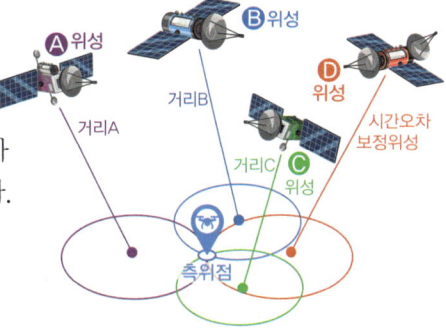

② 다양한 분야에서 활용
- 드론 및 항공 : 비행 경로 설정 및 자동복귀(RTH)
- 자동차 내비게이션 : 실시간 경로 안내, 위치 추적
- 정밀 농업 : 농기계 위치 제어 및 데이터 분석
- 군사 및 보안 : 정찰, 미사일 유도, 병력 위치 추적
- 물류 및 배송 : 차량 추적 및 최적 경로 설정

▶ 4개 이상의 위성에서 오는 신호를 삼각측량 방식으로 계산하며, 위치를 파악하고 여기에 시간오차를 보정하는 위성 1기를 통해 4개의 위성으로 측위점을 계산
▶ 측위점 : 수신기 위치를 계산한 좌표값

- **GNSS**(전 지구 위성 항법시스템)
  Global Navigation Satellite System
- **RNSS**(지역 위성 항법시스템)
  Regional Navigational Satellite System

③ 국가별 위성항법시스템 운용 현황

대표적 운용국가			
GNSS 전지구적 위성	🇺🇸 미국	GPS	Global Positioning System
	🇪🇺 유럽연합	갈릴레오(Galileo)	Europian Satellite Navigation System
	🇷🇺 러시아	글로나스(GLONASS)	Global Navigation Satellite System
	🇨🇳 중국	베이더우(BeiDou)	北斗
RNSS 지역 한정 위성	🇮🇳 인도	IRNSS	Indian Regional Navigation Satellite
	🇯🇵 일본	QZSS(준텐초, 準天頂)	Quasi–Zenith Satellite System
	🇰🇷 한국	KPS(구축 중)	Korea Positioning System

※한국형 위성 항법시스템 구축 중, 34년경 서비스 예정

1.조종기 주파수 조종모드

조종기는 원격조종 장치로 기체별 조종기에 따라 정확한 사용법을 숙지 후 사용한다.

① 드론 조종간(Stick) : 드론의 전진, 후진, 좌로 이동, 우로 이동, 고도 상
승 및 하강, 좌선회, 우선회를 통해 방향과 속도를 제어할수 있고, 조
종 Mode1, 2, 3, 4, 설정을 통해 조종간의 기능은 달라질 수 있다.

조종간 조이스틱

② 안테나(Antenna) : 조종기와 드론 사이의 주파수를 송신하여 명령 전달

주파수	내용
2.4GHz	○ 일반적으로 드론 제어 링크(조종)로 가장 널리 사용됨 ○ 장거리(3~7km) 송·수신 가능 ○ 개활지에서 유리, 도시·밀집지역에서는 간섭 우려 큼
5.8GHz	○ 송.수신 거리가 짧음(수백 m ~ 1~2km 수준) ○ 고속 데이터·영상 전송에 유리(FPV, 카메라 탑재 기체에 적합) ○ 도심·간섭 많은 지역에서는 신호 취약
900MHz	○ 장거리 통신 가능(수 km ~ 수십 km) ○ 파장이 길어 장애물 회피 성능이 우수 ○ 파장이 길어 안정적 통신 가능 ○ 고속 데이터보다는 저속 제어에 적합

③ 드론에 사용되는 신호전달 방식

구분	아날로그 방식(연속신호 파형)	디지털 방식(디지털 0,1)
신호처리방식	PWM, PPM	PCM, SBUS, IBUS
영상 화질	낮음(SD급), 저렴	높음(HD/4K), 비쌈
지연 시간	짧음	다소 길다
신호 안정성	거리와 간섭에 따라 품질 저하	간섭에 강하고 품질 안정적
용도	FPV 드론, 드론 레이싱	촬영용 드론, 산업용 드론
주파수	5.8GHz(FPV 주로 사용)	2.4GHz, 5.8GHz, LTE/5G 등

○ PWM(Pulse Width Modulation) : 아날로그 방식으로 펄스 폭으로 신호 전달

○ PPM(Pulse Position Modulation) : 아날로그 방식으로 펄스 위치로 다중화 신호 전달

○ PCM(Pulse Code Modulation) : 디지털 방식으로 디지털 코드화 신호 전달

○ SBUS(Serial Bus) : 디지털 방식으로 Futaba와 FrSky에서 개발한 디지털 통신 프로토콜, 설정 다
소 복잡, 16~18채널(양방향 통신 텔레메트리 미지원)

○ IBUS(Intelligent Bus) : 디지털 방식으로 FlySky에서 개발한 디지털 통신 프로토콜, 설정이 단순,
최대 14채널(양방향 통신 텔레메트리 지원))

④ 비행모드

구분	모드	내용
기체 중심 모드	GPS모드	○ 가장 안정적인 비행 모드 ○ 매우 안정적이며, 조종자의 개입이 없어도 위치 유지
	자세모드 (ATTI)	○ 자이로스코프와 가속도계를 사용하여 기체 자세 제어 ○ 기압계 센서에 의해 일정한 고도는 유지 ○ 조종자가 지속적으로 방향과 위치를 조종해야 함 ○ GPS신호가 끊기거나 신호 교란 등 비상상황 발생 시 사용
	수동모드 (Menual)	○ 조종자가 수동으로 자세 및 위치와 고도등을 제어하는 모드
조종자 중심 모드	헤드리스모드 (Headless)	○ 드론의 방향과 상관없이 조종자의 위치를 기준으로 비행 ○ 조종자의 앞뒤, 좌우 명령이 항상 동일하게 동작 ○ 초보자에게 적합하며, 방향 감각을 잃을 염려가 적음 ○ 코스락 모드(Course lock mode), 절대모드(Absolute mode)라고도 함

⑤ **조종모드** : 단순한 시스템에 작용되는 원격 조종장치(Remote Control)는 스틱 조작방식에 따라 Mode1,2가 주로 사용 됨

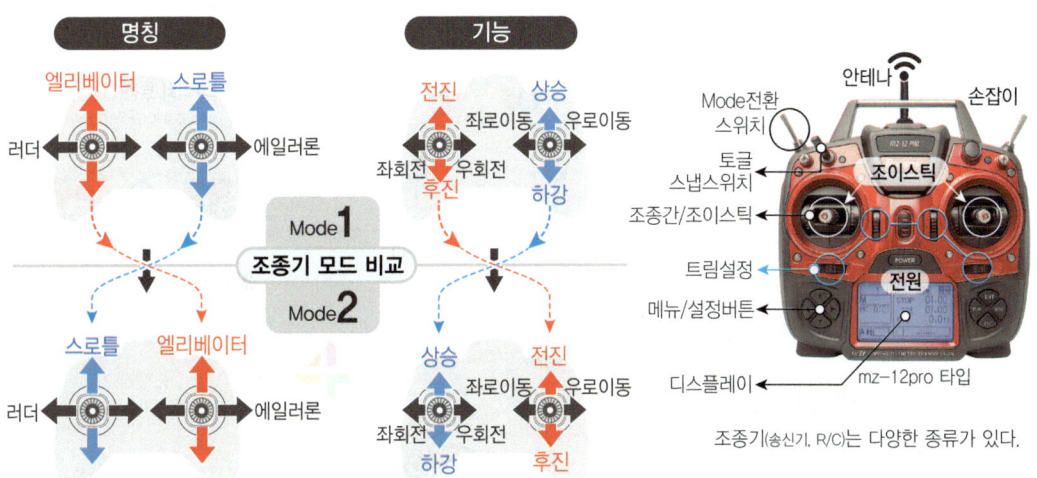

조종기 모드1,2의 차이 : 러더 및 에일러론의 위치는 동일하며, 스로틀/엘리베이터의 위치만 상호 변경

2.조종기 연결과 트림

① 시동과 연결

○ 아밍(시동, Arming) : 이륙 전 모터를 작동시켜 프로펠러를 회전 시켜 비행전 시동을 거는 개념

○ 바인딩(Binding) : 드론과 조종기(송수신기)를 처음 연결하거나 특정 조종기와 드론을 고유하게 연동시키는 과정

○ 페어링(Pairing) : 바인딩 이후, 조종기와 드론 간 통신 연결을 활성화시키는 과정

○ 데이터링크(Data link) : 드론(비행체)과 조종기(지상 통제 시스템) 간의 실시간 데이터 송.수신 경로

· 상향링크(Uplink) : 지상에서 드론으로 데이터를 보내는 링크

· 하향링크(Downlink) : 드론에서 지상으로 데이터를 보내는 링크

- 바인딩(binding) : 드론과 조종기를 처음으로 연결하는 과정
- 페어링(pairing) : 이미 바인딩된 드론과 조종기가 전원을 켠 후, 서로 연결 상태를 활성화하는 단계

② 트림(Trim)

트림은 드론이 조작되지 않은 상태에서 안정적으로 호버링(제자리 비행)할 수 있도록 설정값을 조정하는 기능이다. 이 기능을 통해 기체가 상/하/좌/우로 흐르지 않고 정지 비행을 유지할 수 있다.

○ 증상에 따른 트림 조정 및 설정방법

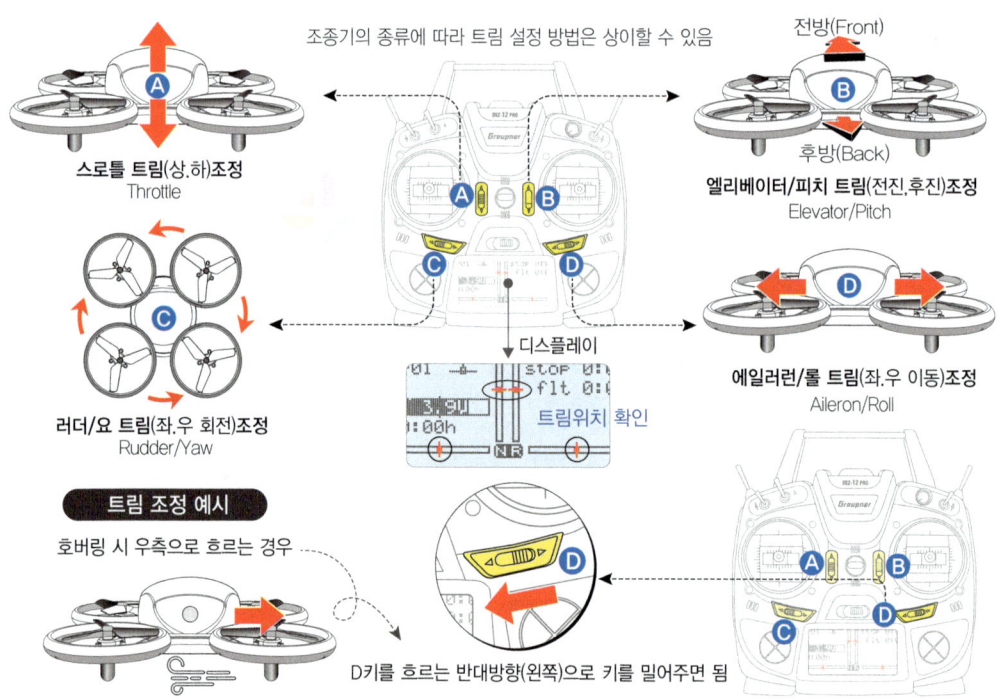

구분	트림 버튼 조치사항
상/하 고도 조정	A키를 이용하여 기체의 고도가 변하는 상/하 반대방향으로 버튼을 밀어 적용
전/후 흐름 조정	B키를 이용하여 기체가 흐르는 전/후 반대방향으로 버튼을 밀어 적용
좌/우 회전 조정	C키를 이용하여 기체가 회전하는 좌/우 반대방향으로 버튼을 밀어 적용
좌/우 흐름 조정	D키를 이용하여 기체가 흐르는 좌/우 반대방향으로 버튼을 밀어 적용

04 – 비행제어 장치_FC(Flight Controller)

1.FC

드론의 비행제어장치(FC)는 조종 명령과 센서 데이터를 바탕으로 현재 상태를 계산하고 조종자의 명령을 실행하며, 인간의 두뇌, 컴퓨터 중앙처리장치(CPU)와 유사한 핵심적인 기능을 수행한다.

2.FC의 기능

① 조종 명령 처리 및 실행
② 비행 안정화 및 자세 제어
③ GPS 기반 위치 측정 및 임무 수행
④ 센서 데이터 통합 및 출력 관리
⑤ 비행 데이터 기록 및 비상 대처

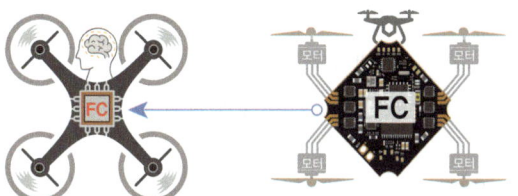

📶 참조_구동(추진)부와 FC의 교신 빈도순

❶ IMU(자이로스코프, 가속도계) ➡ ❷ GPS(위치 및 속도 정보 제공) ┐
❺ 거리 센서(라이다, 초음파) ◄ ❹ 자력계(지자기 센서) ◄ ❸ 바로미터(고도계 센서) ◄┘

※ 기체의 용도에 따라 교신 빈도는 다를 수 있음

05 – 센서의 종류와 기능

1.센서(sensor)의 개념

드론 센서는 드론이 주변 환경, 위치, 자세, 속도 등을 감지하고 데이터를 수집하여 안전하고 효율적인 비행을 가능하게 하는 핵심 장치이다.

암기TIP
GPS
지고가자

2.주요 센서

① GPS 센서
  ○ 최소 4개 이상의 인공위성 신호를 수신하여 드론의 위치, 거리, 속도를 계산하는 센서
  ○ 비상상황(제어불능 상태, 배터리 저전압 등)에서 자동복귀(RTH)와 안전장치(Fail Safe) 구현에 사용
  ○ GPS 기반으로 위치 제어와 정지 비행(Hovering) 상태 유지 가능

② 지자기 센서(Geomagnetic sensor)
  ○ 지구 자기장을 감지하여 드론의 방향(방위)을 측정하는 센서
  ○ 전자 나침반 역할을 하며 방향 유지 및 항법에 활용
  ○ 비행 전 캘리브레이션(오차 보정)이 필요하며, 강한 자력 및 고전압이 정확성에 영향을 미칠 수 있음

③ 고도계센서(바로미터센서/기압센서/압력센서, Pressure sensor)
  ○ 대기압을 측정해 드론의 고도를 계산하는 센서
  ○ GPS, 초음파, 이미지 센서와 함께 고도 측정의 정확성을 보완
  ○ GPS 신호가 불안정한 실내 환경에서 중요한 역할 수행

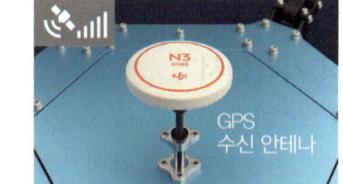

GPS
수신 안테나

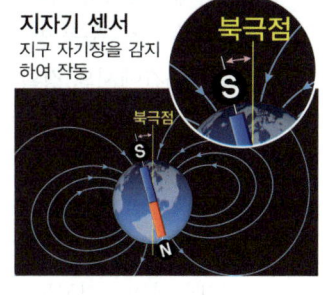

지자기 센서
지구 자기장을 감지
하여 작동

북극점

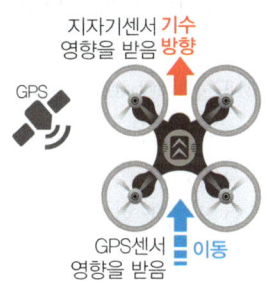

지자기센서 기수
영향을 받음 방향

GPS

GPS센서 이동
영향을 받음

④ **가속도 센서**(Acceleration sensor)

    ○ 가속도 센서는 X, Y, Z의 3축 방향으로 움직임을 감지

    ○ 기기의 기울기나 경사 변화, 정지 상태에서의 움직임 시
      작, 속도 계산 등에 사용
      예) 스마트폰 화면 자동회전, 만보기, 충격감지 등

⑤ **자이로 센서/각속도 센서/자이로스코프**(Gyroscope sensor)

    ○ 자이로 센서는 X, Y, Z의 3축을 기준으로 회전 운동을 감지

    ○ 드론이 수평을 유지하고 안정적인 비행 자세를 유지하도
      록 돕는 데 필수적
      예)손떨림, VR기기의 움직임 등

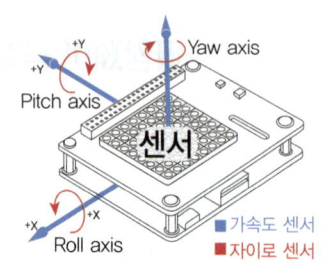

가속도/자이로센서는 오차발생 및 누적을 보완하기 위해 함께 사용하며, 자이로 센서는 yaw값을 알 수 있지만 yaw축은 중력의 영향을 받지 않으므로 정확한 값을 얻기 위해 지자기 센서를 이용 한다.

3.IMU(관성 측정장치, Inertial Measurement Unit)

① 물체의 위치, 속도, 가속도, 회전 운동 등을 측정하는 장치
② 통제 범위를 벗어났을 때 이륙지점을 자동 복귀하는 역할
③ 모션 감지, 위치 추적, 게임 컨트롤 등에 활용
④ 자이로 센서, 지자기 센서, 가속도 센서등을 통합한 센서

IMU, 관성측정장치

구분	자이로 센서	지자계 센서	가속도 센서
기능 특징	○ 자세제어(기울기 측정) ○ 각속도(회전속도) 측정 ○ 드론, 로봇 분야 활용	○ 지구 자기장을 측정 ○ 방향탐지(나침판 역할) ○ GPS와 함께 위치 보완	○ 직선 가속도 측정 ○ 중력 방향 측정 ○ 중력 반응으로 기울기 감지

4.기타센서

① **라이다**(LiDAR, Light Detection And Ranging) 센서

    ○ 초음파 또는 레이저를 투사하여 반사 시간을 측정하고,
      대상체까지의 거리와 위치를 계산

    ○ 장애물 회피, 충돌 방지, 3D 지도 생성, 정밀한 거리 측정

    ○ 좁은 공간에서의 정확한 비행, 착륙 및 이동

    ○ 자율 비행과 복잡한 환경에서의 안전을 위해 필수적인
      고급 센서

② **초음파 센서**(Ultrasonic Sensor)

    ○ 초음파를 발사해 물체와의 거리를 측정

    ○ 장애물 회피, 저고도 비행 안정화, 착륙 보조

    ○ 근거리비행, 안정성 유지 및 착륙에 효과적

③ **IR 센서**(Infrared Sensor)

    ○ 적외선을 이용해 열을 감지하고 거리를 측정

    ○ 야간 비행, 구조 임무, 장애물 감지

    ○ 열 기반 환경에서 탐지 및 구조 작업에 유용

보급형 DJI Air 3S에 탑재된 라이다센서

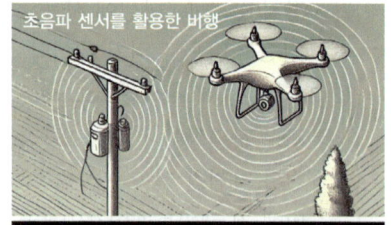

초음파 센서를 활용한 비행

야간비행

출처:ChatGPT

④ 비전 포지셔닝 센서(Vision Positioning Sensor)
  ○ 이미지 센서, GPS, 초음파 등 다중 센서를 사용해 장애물 감지 및 고도 측정
  ○ 실내 비행 안정화, 장애물 판단, 정밀한 위치 제어
  ○ GPS 신호가 약한 실내 환경이나 복잡한 공간에서 안정적인 비행 보조

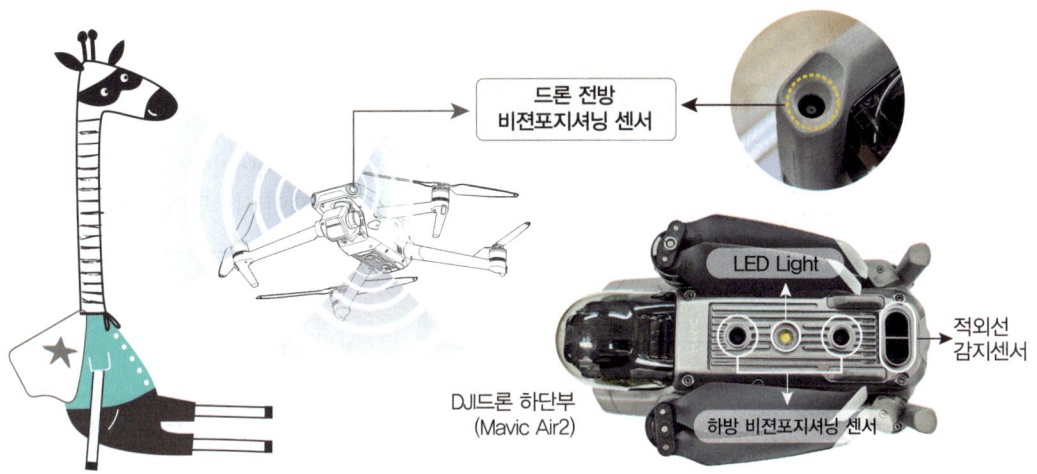

드론 전방 비전포지셔닝 센서

LED Light

적외선 감지센서

DJI드론 하단부 (Mavic Air2)

하방 비전포지셔닝 센서

⑤ 광학 센서(Optical Flow Sensor)
  ○ 지면이나 주변 물체의 움직임을 감지
  ○ 실내 비행 안정화, 정밀한 위치 고정
  ○ GPS가 약한 환경에서 드론의 자세와 위치를 보완
⑥ 이미지 센서(Image sensor)
  ○ 렌즈로 들어온 빛을 디지털 영상 데이터로 변환
  ○ 드론 촬영, 탐사, 정찰 임무
  ○ 영상 기반 임무(정찰, 촬영)에서 핵심적인 역할

06 — 전동모터 및 전자변속기

1. 모터(전동기, Motor) 개념

모터는 전기에너지를 회전에너지로 변환하여 추진력을 생성하는 동력 장치로, 공급 전기 방식(직류, 교류, 3상 교류 등)과 설계 방식(BDC 브러시드, BLDC 브러시리스)에 따라 다양한 종류로 분류된다.

2. 모터 유형

① 브러시 모터(Brushed Motor) : 구조가 간단하고 저렴하지만 효율성과 내구성이 낮아 소형 드론이나 지가형 제품에 적합
② 브러시리스 모터(Brushless Motor) : 고효율, 고출력, 긴 수명을 제공하며 고성능 드론 및 산업용 장비에 적합

3.모터 유형별 장.단점

구분	브러시 모터(BDC, Brushed Motor)	브러시리스 모터(BLDC, Brushless Motor)
장점	○ 구조가 간단하여 제작 비용이 저렴 ○ 별도 제어 장치 없이 작동 가능 ○ 저속에서도 높은 토크 제공	○ 고효율과 고출력으로 성능 우수 ○ 내구성이 뛰어나고 수명이 길다. ○ 발열, 소음, 마찰이 적다. ○ 정밀한 속도 및 위치 제어 가능
단점	○ 브러시 마모로 인해 수명이 짧음 ○ 마찰로 에너지 손실과 소음 발생 ○ 유지보수가 필요(브러시 교체) ○ 효율성과 성능이 낮음	○ 초기 비용이 높다. ○ 전자 속도 제어기(ESC)가 필요 ○ 설계와 제어 시스템이 복잡

모터의 구조

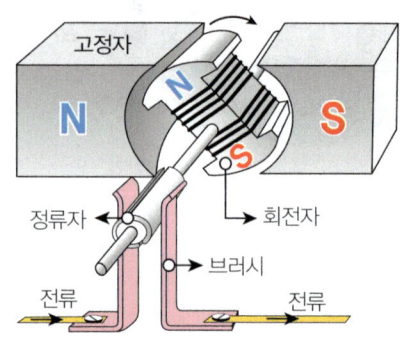

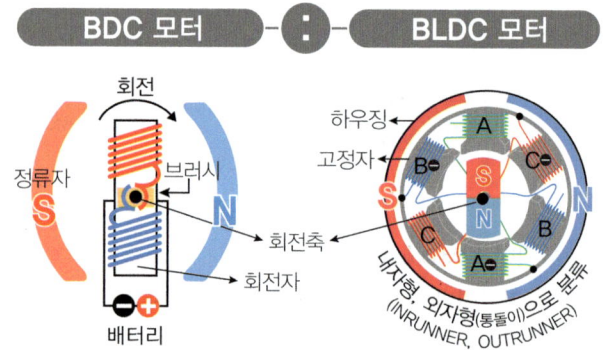

※ **정류자**(Commutator) : 전류 방향을 전환하여 지속적인 회전 운동을 지원
※ **고정자**(Stator)   : 고정자는 자기장을 생성하여 회전자와 상호작용
※ **회전자**(Rotor)   : 회전 운동 생성, 전기-기계 에너지로 변환
※ **브러시**(Brush)   : 정류자를 통해 전류가 회전자로 흐르게 하여 모터를 작동 시킴

BLDC모터
설명 영상

4.드론을 배터리 기반 전기모터로 제작하는 이유

① **소형화 및 경량화 용이성** : 전기모터는 내연기관 대비 구조가 간단하여 드론의 크기를 줄이고
가벼운 드론 제작에 용이
② **즉각적인 회전수 제어** : 전자변속기(ESC)를 통해 모터 회전수를 신속하고 정밀하게 조절 가능
③ **높은 효율성** : 에너지 손실이 적고 안정적인 출력으로 장시간 비행에 적합
④ **유지보수 편리성** : 마찰 부품이 거의 없어 내구성이 높고 관리가 용이
⑤ **연료 관리 효율성** : 배터리 기반으로 작동하며,
내연기관보다 공간과 무게 부담이 적음
⑥ **저소음 작동** : 소음이 적어 도심 및 민감한 환경에서도 운용 가능
⑦ **친환경성** : 탄소 배출이 없어 환경에 미치는 영향이 적음
⑧ **높은 회전수 성능** : 내연기관보다 회전수가 높아 더 효율적이고
정밀한 비행이 가능

내연기관 구조
전기모터 대비 넓은 공간필요

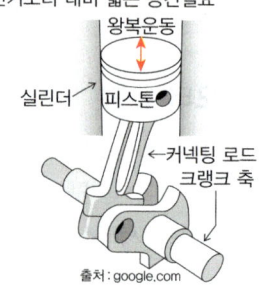

출처 : google.com

5. 전자변속기(ESC, Electronic Speed Controller)

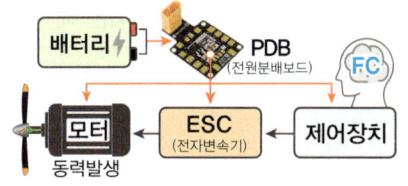

① 비행제어장치(FC)로부터 받은 신호를 기반으로 브러시리스 모터의 회전속도(rpm)를 정밀하게 조절하여 드론의 양력과 추력을 제어하는 장치

② 이를 통해 각 프로펠러의 출력(rpm)을 실시간 조절하여 드론의 안정적 비행과 다양한 비행이 가능

③ PWM(펄스폭 변조, Pulse Width Modulation) 신호를 이용해 모터 회전 속도를 조절

6. 모터 표기법 및 KV 값

① 모터의 일반적인 표기법

○ 모터 표기법 예) 2807 1300KV motor

· 모터의 지름(전자석 직경 D) → 28mm

· 모터의 높이(전자석 높이 H) → 7mm

· 1V(볼트)당 분당 회전수(KV/rpm) → 1300회(KV 값이 클수록 빠르게 회전하는 모터)

② 모터 회전수 KV(케이볼트)에서 K(케이)의 의미

○ 모터의 KV(케이볼트)는 무부하 상태에서 전압 1V를 가했을 때 분당 회전수(rpm/V)를 의미하며, 이때의 K는 속도 상수(일정한 속도, Velocity constant)를 나타낸다.

Tip! 1,000을 의미하는 접두어 킬로(kilo)와는 무관하며, 상수를 의미하기 때문에 대문자로 표기

---

07 – 배터리(Battery)

1. 배터리의 개념

배터리는 화학 반응을 통해 에너지를 저장하고 필요시 전기 에너지로 변환하여 전력을 공급하는 장치로, 충전 가능 여부에 따라 1차 전지(1회용)와 2차 전지(충전식)로 구분되며, 드론 분야 배터리는 리튬 폴리머(Li-Po) 배터리가 주로 사용된다.

2. 배터리 종류

① 1차 전지(Primary battery)

○ 1회용으로 사용 후 재충전할 수 없는 배터리

○ 화학 반응이 비가역적(되돌릴 수 없음, 재충전 불가)

○ 구조가 간단하며 가격이 저렴(망간전지, 알칼리전지)

○ 긴 저장 수명을 가져 장기 보관 가능

② 2차 전지(Secondary battery)

○ 재충전 후 반복적으로 사용할 수 있는 배터리

○ 화학 반응이 가역적(충전과 방전 반복 가능)

○ 초기 비용은 높지만 장기적으로 경제적

○ 보관 및 사용 중 적절한 관리 필요

○ 대표적인 2차전지 : 리튬 폴리머(Li-po), 리튬 이온(Li-lon), 니켈 카드뮴(Ni-Cd), 니켈 수소(Ni-MH)

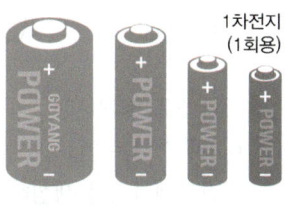

1차전지
(1회용)

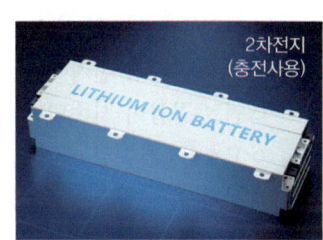

2차전지
(충전사용)

●리튬 폴리머, 리튬 이온 배터리 비교

구분	리튬폴리머(Li-po) 배터리	리튬이온(Li-Ion) 배터리
개발	2000년대 초	1990년대 초
에너지 밀도	리튬이온보다 다소 낮음	높은 에너지 밀도
형태 및 유연성	다양한 형태와 크기로 제작 가능	주로 원통형, 각형, 파우치형
무게	가벼움	비교적 무거움
안정성	젤 상태로 구조적 안정성이 높음	외부 충격에 민감
충전 속도	빠른 충전 가능	보통 충전 속도
수명	리튬이온보다 짧음	리튬폴리머 대비 긴 수명
스웰링 현상	젤 형태 스웰링 현상 발생 있음	리튬폴리머 보다 적음
가격	제조 단가 높음	비교적 저렴함
응용 분야	드론, RC 차량, 스마트 디바이스 등	스마트폰, 노트북, 전기차, 대용량 저장장치 등
공통	메모리현상 적음 자연방전율은 낮고, 순간 방전율은 높음	

●배부름(스웰링, Swelling) 현상이란?

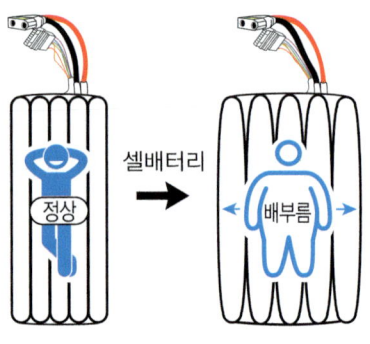

휴대폰 배터리 사례

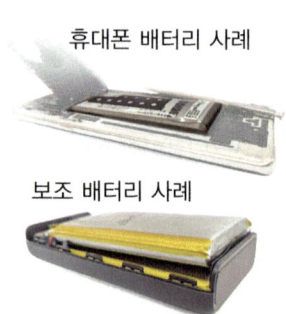

보조 배터리 사례

배부름현상, 메모리효과 개선순

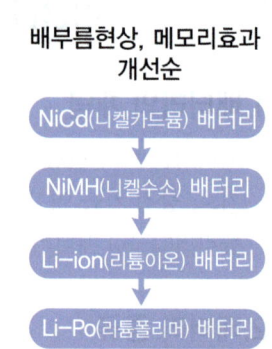

- NiCd(니켈카드뮴) 배터리
- NiMH(니켈수소) 배터리
- Li-ion(리튬이온) 배터리
- Li-Po(리튬폴리머) 배터리

③ 3차 전지(연료전지)

　○ 3차 전지는 연료를 내부에 공급하여 화학 반응을 통해 전기에너지를 생성하는 발전기와 같은 원리

　○ 연료(주로 수소)와 산소의 화학반응으로 발생하는 화학에너지를 직접 전기에너지로 변환

　○ 연료 공급이 지속되면 무한한 전력 생산 가능

　○ 고효율, 친환경 에너지 장치로 평가

　○ 전기차, 발전소, 드론 등 차세대 에너지 기술에 활용

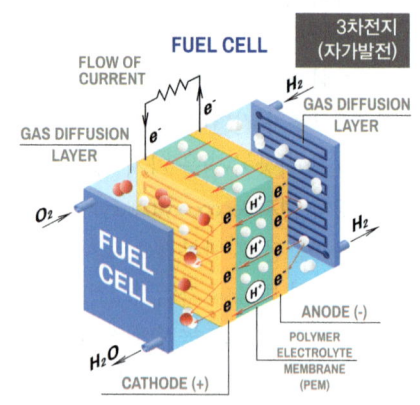

④ 1차, 2차, 3차 전지의 차이

구분	1차전지	2차전지	3차전지
정의	○ 사용 후 재충전 불가 ○ 1회용 전지	○ 충전과 방전을 통한 반복 사용 가능	○ 전기와 함께 외부 에너지원 (수소 등)을 활용하여 발전
장점	○ 저렴하고 간단한 구조 ○ 사용 준비가 쉬움	○ 충전 가능으로 경제적 ○ 다양한 용량과 크기 제공	○ 환경 친화적
단점	○ 사용 후 폐기 필요 ○ 환경 오염 우려	○ 초기 비용 높음 ○ 충전 시간 필요	○ 초기 비용 높음 ○ 외부 에너지 환경 의존적
용도	○ 시계, 리모컨, 손전등 등	○ 스마트폰, 드론, 노트북, 전기차 등	○ 트럭, 버스, 소형발전소 등

3 배터리 사양(스펙, Specification)

배터리에는 정격용량, 방전율, 전압, 셀 연결 갯수등이 표기되어 있다.

■배터리 정격용량(16,000mAh)

16,000mAh은 1시간동안 16,000mA(16A)를 방전할 수 있음을 의미

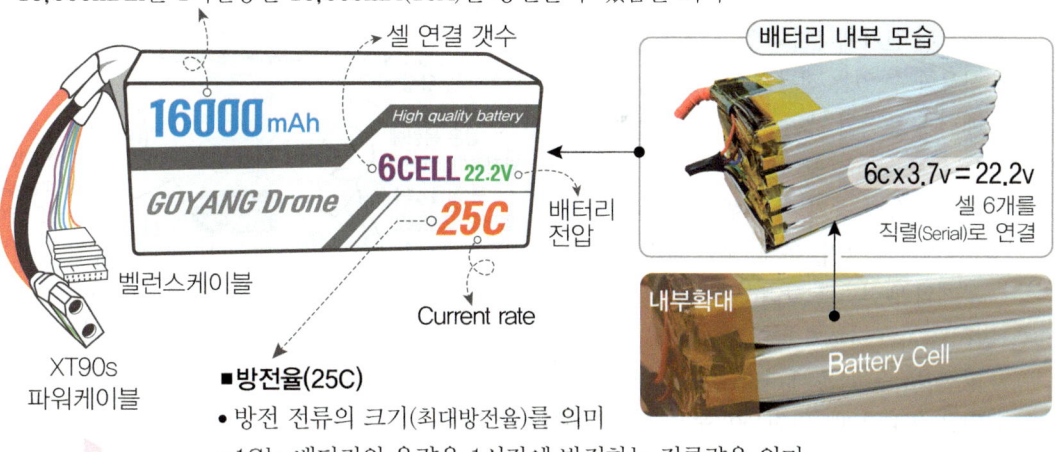

■방전율(25C)
- 방전 전류의 크기(최대방전율)를 의미
- 1C는 배터리의 용량을 1시간에 방전하는 전류량을 의미
- 16,000mAh의 경우 1시간 동안 16A 전류를 사용 가능하다는 의미
- 16A x 25C = 400A로 순간 전류가 400A로 흐른다는 의미
- 방전율이 높다는 것은, 순간 힘을 크게 발휘할 수 있다는 의미

① 전압(Voltage)
- 리포(Li-Po) 배터리의 정격(기준) 전압은 1셀당 3.7V
- 완충 시 4.2V, 스펙 표기 시엔 정격전압 3.7V 기준으로 표기
- 셀을 추가로 연결하면 3.7V의 배수로 전압 증가
- 더 높은 전압이 필요한 멀티콥터는 직렬 연결을 통해 원하는
  전압을 공급

(예 1셀 = 3.7V, 2셀=7.4V, 3셀=11.1V, 4셀=14.8V, 5셀=18.5V, 6셀=22.2V)

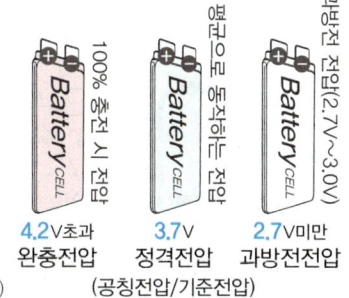

② 배터리 출력

- 방전율(C-rate)과 용량(mAh)을 곱한 값이 최대 출력
- 배터리 출력 = 용량 × 방전율

③ 셀수(Cell count, Cells)

- 셀은 배터리를 구성하는 작은 배터리
- 셀 표기 및 연결
  - S : 직렬, Serial
  - P : 병렬, Parallel
  - 무인멀티콥터는 주로 S(Serial, 직렬)를 사용
- 22.2V(3.7x6) 배터리 = '6셀' 또는 '6S'로 표기

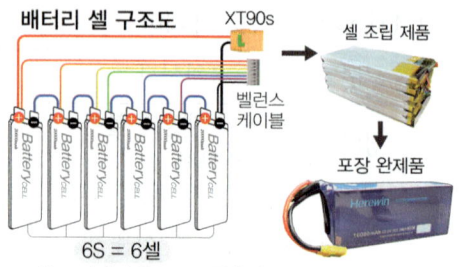

▶ 1셀 : 정격전압 3.7V, 완충전압 4.2V
▶ 6셀 : 정격전압 22.2V, 완충전압 25.2V

참조) 1S=1셀=3.7V, 2S=2셀=7.4V, 3S=3셀=11.1V,
4S=4셀=14.8V, 5S=5셀=18.5V, 6S=6셀=22.2V

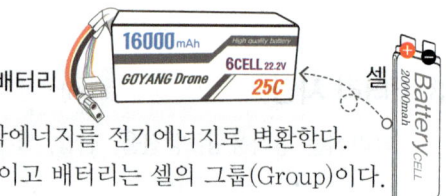

※ 셀(Cell)과 배터리(Battery)

셀과 배터리 모두 화학물질을 저장하고, 저장된 화학에너지를 전기에너지로 변환한다.
셀과 배터리의 주된 차이는 셀은 하나의 유닛(Unit)이고 배터리는 셀의 그룹(Group)이다.

④ 용량(Capacity)

- 저장된 전기에너지의 양을 나타내며, 1시간 동안 사용할 수 있는 전류의 양을 의미
- 배터리 용량의 단위는 mAh(밀리암페어아워)
  16,000mAh = 16Ah
- 배터리 용량 증가 시 비행시간 증가
- 단, 배터리 크기, 무게, 모터 출력과 기체 무게의 밸런스를 고려하여 최적의 용량 선정

⑤ 방전율(Current rate, C-rate)

- 방전율(C-rate)은 배터리 용량을 기준으로 1시간에 방전(사용)되는 속도
- 같은 용량일 때, 방전율이 높을수록 사용시간이 짧다.
- 방전율이 높으면 한꺼번에 더 많은 전류 공급이 가능
- 방전율이 높은 배터리는 보통 전류를 많이 소모하는 대형모터 또는 순간 강한힘을 내야하는 축구, 농구, 레이싱 드론 등의 배터리에 많이 사용

방전율 낮아 답답 하군 ㅠ

물탱크 = 배터리 용량

방전율 높아 시원 하군^^

같은 용량에 방전율이 적다면, 큰 힘을 낼수 없어도 오랫동안 사용이 가능~^^

구도꼭지 크기 = 방전율

같은 용량에 방전율이 높다면, 큰 힘을 낼 수 있지만 수명은 짧아~ ㅠ

용량과 방전율의 관계

우린, 단 시간에 엄청난 힘이 필요해~

배터리가 같은 용량일때 기준

방전율 1C, 1시간 유지(작동)
방전율이 낮으면, 순간 발휘할 수 있는 힘이 약해요.
하지만 사용(작동) 시간은 길지요.

인생은 짧고 길게!

방전율 10C, 6분 유지(작동)
방전율이 높으면, 순간 발휘할 수 있는 힘이 커요.
하지만 사용(작동) 시간은 짧아요.

인생은 굵고 짧게!

⑥ 메모리 효과(Lazy battery effect)
○ 방전이 충분하지 않은 상태에서 반복 충전 시 배터리 용량이 감소하는 현상으로 실제 용량 감소를 초래
○ 주로 니켈 카드뮴(Ni-Cd) 전지에서 발생
○ 완충율이 100%에 도달하지 않는 현상도 메모리 효과로 간주
○ 메모리 효과는 배터리의 성능과 수명을 저하

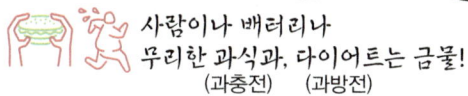

4. 배터리 관리

① 배터리 사용 시 주의사항
○ 비행 전 배터리를 완충시켜 사용
○ 완전 방전될 때까지 사용 금지
○ 배터리의 사용 온도 −10℃~40℃의 환경에서 사용
○ 충격 주의, 배부름(스웰링, Swelling)현상 발생 확인 시 사용중지
○ 배터리 화재 전용 소화기 비치

② 배터리 충전 시
○ 전용 충전기 사용 : 배터리 모델에 적합한 전용 충전기만 사용
○ 과충전 및 과방전 금지 : 배터리 손상을 방지하기 위한 기본적인 안전 수칙
○ 감시 필수 : 충전 중 자리를 비우지 말고 충전 상태를 지속적으로 확인
○ 온도 관리 : 배터리 표면 온도가 높을 경우 충전 전 충분히 식힌 후 진행
○ 셀 밸런싱(Cell Balancing) 유지 : 충전 시 셀 간 전압 차이를 최소화하여 과충전/과방전을 방지

③ 배터리 보관 시
○ 10일 이상 미사용 시 50~60% 충전 상태(40~50% 방전)로 보관
○ 배터리 보관 온도는 18~25℃ 상온에서 보관
○ 배터리는 기체와 분리하여 보관
○ 건조하고 서늘하며 환기가 잘되는 장소에 보관
○ 습기가 많은 장소나 난로 등 화기 근처에 보관 금지

④ 배터리 폐기 시
○ 고농도 소금물에 2~3일 침전시켜 완전 방전(0V) 후 폐기
○ 접속 단자는 안전을 위해 절연 테이프로 감싸 폐기
○ 배터리는 반드시 전문 폐기업체를 통해 안전하게 폐기

03 안전, 인적요인

01 — 비행 전 점검

1.비행전 점검 내용

① 날씨 및 환경점검
- 비행전 일기예보, 지구자기장 확인
- 풍속 5~6m/s 이상 강풍, 우천, 폭설 시 비행 자제
- 장애물 확인 : 비행경로상의 전선, 나무, 건물, 다른 비행체 등의 장애물 유무 확인
- GPS 신호 상태 : 충분한 GPS 위성을 수신하고 있는지 확인

출처 : ChatGPT

② 비행계획 및 안전장비 점검
- 비행 허가 사항: 규제 지역 또는 고도 제한 구역에서의 비행에 필요한 허가 확인
- 드론 등록, 보험 : 사용 중인 드론이 관련 규정에 따라 등록 및 보험 가입 유무 확인
- 비행 목적 및 경로 : 사전에 비행 계획(출발지, 비행경로, 착륙지)을 수립
- 비행 시간 예상 : 배터리 용량과 비행 조건에 따른 최대 비행 시간 확인(비상 착륙 시간 포함)
- 안전 모드 확인 : RTH(Return to Home) 기능이 활성화되어 있는지 확인
- LED 및 경고 신호 : 드론 LED 상태와 조종기 경고음이 정상적으로 작동하는지 점검
- 비상 착륙 장치 : 필요시 작동할 수 있도록 장착 및 테스트

③ 조종기 점검
- 수신기 안테나 송.수신 상태 점검
- 조종기 배터리 충전 상태 점검
- 조종간(스로틀, 러더, 엘리베이터, 에일러론), 각종 스위치 작동 상태 점검

④ 기체 점검
- 각 모터 및 프로펠러 장착 및 고정 상태 점검
- 암대, 동체의 고정 상태 점검
- 랜딩기어(착륙장치) 장착, 균열, 변형 등 고정 상태 점검
- 로터, 진동상태, 균열, 파손, 고정 상태 점검
- 수신기, 안테나 등의 고정 및 통신상태 점검
- 겨울철 착빙 제거 및 점검
- 배터리함 파손 여부 및 고정상태 점검
- 기체 등 캘리브레이션 상태 점검
- 외부 장착장비(Payroad)의 고정 및 장착 상태 점검

출처 : ChatGPT

⑤ 배터리 점검

　ㅇ 배터리 완충 유무 점검

　ㅇ 겨울철 원활한 작동을 위해 배터리를 예열 후 비행

　ㅇ 여름철 배터리 충전 시 열을 식힌 후 충전

■ 배터리 연결·분리 기본 순서

▶ 연결(장착) 시 : +단자 먼저 연결
▶ 분리(탈거) 시 : −단자 먼저 분리

2. 캘리브레이션 작업

① 비행 전에 수행하며, 드론의 안전하고 안정적인 비행을 보장하기 위해 필수적인 절차

② 지자기 센서를 통해 지구 자기장을 정확히 인식하여 방향을 올바르게 판단하도록 보정하는 작업

③ 주기적으로 센서 상태를 확인하고 필요한 경우 캘리브레이션을 수행하는 것은 드론의 정확한 비행과 사고 방지를 위해 매우 중요

④ 지자기 센서 외에도 가속도계, 자이로스코프, IMU, 비전 센서 등 드론에 사용된 다양한 센서 외 짐벌, 조종기 등의 캘리브레이션 필요

⑤ 기체 캘리브레이션 방법(기체별 상이할 수 있음)

　ㅇ ↓ 나침판, 자석, 철재로 부터 15m 이상 거리 유지

　ㅇ ↓ 안전한 장소에서 배터리 연결 및 GPS 수신 상태 확인 후 작업 진행

　ㅇ ↓ 조종기 모드 스위치 3회이상 Up-Down반복 실행(LED 상태 확인 후 갤리작업)

　ㅇ ↓ 기체를 수평 상태에서, 반시계 방향으로 360도 이상 회전(LED색상이 변경되는 시점까지)

　ㅇ ↓ 기체를 수직 상태에서, 반시계 방향으로 360도 이상 회전(LED색상이 변경되는 시점까지)

　ㅇ 캘리브레이션 완료

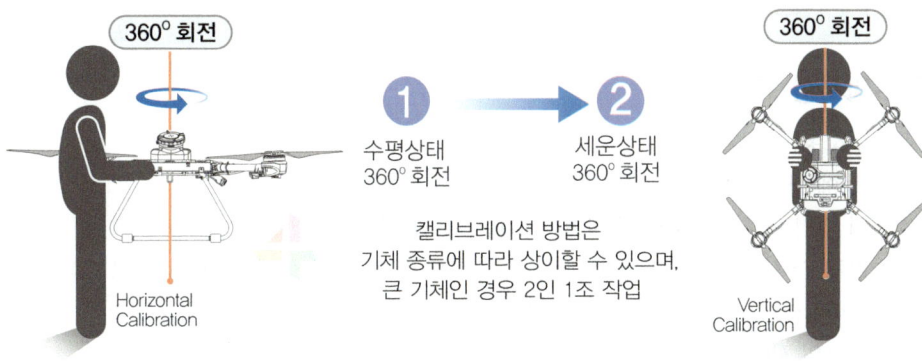

캘리브레이션 방법은
기체 종류에 따라 상이할 수 있으며,
큰 기체인 경우 2인 1조 작업

3. 기체 조종기 ON/OFF 순서

비행 전 기체를 조종기보다 먼저 켜거나, 비행 후 조종기를 먼저 끄면 외부 주파수의 영향을 받아 비정상적인 작동이 발생할 수 있으므로 ON/OFF 순서 반드시 준수

① 비행 전 : 조종기 ON → 기체 ON

② 비행 후 : 기체 OFF → 조종기 OFF

드론 비행 시 조종기 ON/OFF 순서

 조종기 ON ＞  드론 ON ＞  비 행 ＞  드론 OFF ＞  조종기 OFF

02 – 비행 주의사항

1.이륙 시 주의사항

① 비행전 체크리스트에 따라 안전점검을 철저히 실시

② 조종기 전원을 켜고 난 이후 기체 전원 연결

③ 이·착륙 장소는 장애물이 없는 평탄한 개활지 선택

④ 주변에 사람이나 차량이 없는지 확인한 후 이륙

⑤ GPS 수신 상태, 지구 자기장 지수(Kp 5 이상이면 금지), 송·수신기 신호를 점검한 후 이륙

　○ 자기장 Kp : 행성 규모 지자기 지수(Planetary K-index)를 의미

	등급	Kp지수	예상 피해 및 영향	연평균 횟수
	G1(경미)	Kp5	고위도 전력망 경고, 위성 궤도 약간 교란, 전리층 HF통신(지구 반대편까지) 단기적 장애	약 170회
	G2(보통)	Kp6	위성 자세 제어 및 센서 오류 가능성 증가, 중위도에서 오로라 관측, 전력망 보호 조치 필요	약 60회
	G3(강함)	Kp7	광범위한 전력계통 불안정, GPS 오차 증가, HF 장거리 무선통신 장애 가능성	약 20회
	G4(심각)	Kp8	위성 고장·손상 위험 증가, 저궤도 위성 궤도·항법 오차 확대, 대규모 통신장애 가능	약 3회
	G5(극심)	Kp9	광범위한 정전 가능성, 위성·통신망·항법 시스템 마비 위험, 저위도에서 오로라 발생	약 1~2회

⑥ 바람에 날려 프로펠러등에 영향을 줄 수 있는 물체(비닐, 낙엽, 천 등)가 없는지 확인한 후 이륙

⑦ 스로틀을 급하게 조작하거나 과도하게 조작하지 않도록 주의

⑧ 이륙 중 기체와의 안전거리(15m이상) 유지

2.비행 중 주의사항

① 조종자 준수사항을 준수하며 비행

② 비행 중 경로에 나무, 전선, 건물 등 장애물이 없는지 주의

③ 비행 지역의 법적 고도 제한을 준수하고, 안전한 고도를 일정하게 유지

④ 조종기와 기체 간 신호 강도, 배터리 잔량, GPS 신호 강도, 모터 상태를 지속적으로 모니터링

⑤ 갑작스러운 바람(5~6m/s 이상), 비 등의 기상 변화 시 비행을 중단하고 안전하게 복귀

⑥ 드론이 조종자의 시야(가시권) 내에 있도록 유지

⑦ 기체 이상, 배터리 부족 등의 상황 발생 시 비상착륙 대비

⑧ 집중력을 저해하는 잡담 또는 통화 금지

⑨ 조종간 등을 천천히 조작, 과격한 기체 조작 금지

3.착륙 시 주의사항

① 모터의 회전수가 0으로 떨어지기 전까지 기체 및 조종기 전원 차단(Off) 금지

② 기체 이상 등 비상상황 시 자동복귀 모드보다 수동모드를 사용하여 안전하게 착륙

③ 착륙 시 기체 하중으로 하드랜딩되지 않도록 주의

④ 착륙 지점의 수평 상태와 주변 장애물 확인

⑤ 착륙 중 기체와의 안전거리(15m이상) 유지

⑥ 배터리를 먼저 분리한 후, 조종기 전원 차단(Off)

4.착륙 후 점검

① 비행 후 체크리스트에 따라 기제의 파손 유무 상태 점검

② 리튬 배터리를 사용 후 장기 보관 시 적정 전압(약 50%)으로 방전 또는 충전

5.비행 시 복장 및 서류

① 조종자 복장
  o 안전모 착용
  o 조종기 목걸이 사용
  o 선글라스 착용
  o 미끄럼 방지 신발 착용
  o 해충 대비 복장 구비
  o 조종에 방해되는 물건 소지 금지
② 비행관련 서류
  o 드론 조종자 증명서
  o 비행 승인서
  o 항공 촬영 승인서
  o 드론 기체 등록증
  o 비행 기록부 외

03 — 위기대처 및 사고처리

1.비행 전 이상 상황 발생 시 대처

① 이륙을 즉시 중단 후 기체 배터리 우선 분리

② 문제가 예상되는 부분을 점검하여 부품교체 또는 수리

③ 문제 해결 후 다시 비행전 점검 실시 후 안전하게 이륙

2.비행 중 이상 상황 발생 시 대처

① 주위에 크게 '비상'이라 외친다.
  o 비상 상황에서는 가장 우선적으로 취해야 하는 행동
② 필요시 ATTI(자세제어) 모드로 전환한다.
  o GPS 모드가 작동하지 않을 경우 전환
③ 주변 안전한 장소에 신속히 착륙한다.
  o 주변에 사람, 시설물로 인해 착륙 불가 시, 사람이 없는 장소에 불시착하거나 추락시킴

  ※시야에서 사라질 경우
  o 장애물로 인해 가시권에서 사라지면, RTH(Return To Home) 기능을 사용하여 드론을 복귀
  o GPS고장 또는 LiDAR 센서가 없는 경우, 장애물을 피할 수 없으므로 고도를 높인 후 가시권에 들어오면 직접 조종하여 착륙

3.사고 발생 시 조치

① **인명사고 발생 시** : 119 구조 요청, 경찰 신고, 신속한 인명 구호

② **사고 신고 의무** : 사고 발생을 인지한 즉시 관할 지방항공청에 신고

  ○ 철도 및 경량항공기 이상 사고 → 국토교통부 관할지방항공청 '항공·철도사고조사위원회'

  ○ 초경량비행장치 사고 → **'한국교통안전공단'**(2025년 1월부터 항공철도사고조사위원회로 부터 분리 시행)

③ **현장 및 기체 보존** : 사진 및 동영상 촬영으로 증거 보존

④ **보험사에 사고 신고** : 사고 후 보험사에 연락 후 피해.보상 절차 진행(1.2.3.항 우선 조치 후 보험 신고)

4.노콘(No Control)**현상의 원인**

① **전파 간섭** : 와이파이, 고압선, 각종 주파수등으로 인해 신호 간섭에 따른 신호 단절

② **지구 자기장** : 지구의 불안전한 자기장 변화로 인한 발생

③ **태양풍** : 태양의 영향을 받는 지구는 태양의 흑점 폭발 등 여러 현상에 의해 무선통신의 장애

④ **대형 구조물** : 기체와 조종기 사이에 장애물, 높은 빌딩, 고압선, 구조물 등으로 인한 발생

⑤ **조종기 및 수신기 고장** : 조종기 및 수신기의 고장 및 손상등으로 인한 발생

⑥ **기체 문제** : 장시간 비행, 여름 폭염, 겨울철 혹한 등으로 인한 원인

⑦ **배터리 저전압** : 드론 및 조종기의 배터리 방전, 손상 등으로 인한 원인

04 – 조종자 인적 요인(Human Factors)

1.인적요인(인적 오류)의 개요

① **인적요인 개요**

  ○ 사람의 불안전한 행동, 심리적 상태 등이 시스템과 상호작용하여 사고를 유발하는 요소

  ○ 항공 분야에서 인적 요인은 조종사 실수, 커뮤니케이션 오류, 피로 등으로 인해 사고 발생

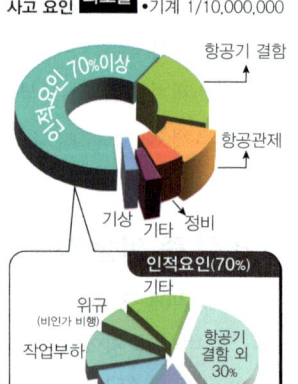

자료 : 공군 항공안전단

② **인적요인의 적용 목적**

  ○ 임무 효율성 증진

    인적에러 감소, 사용의 편의성, 생산성 향상

  ○ 인간 가치의 증진(안전성)

    안전 향상, 피로와 스트레스 감소, 편안함, 직무만족, 삶의 질 개선

③ **SHELL 모델**

  ○ 1972년 영국 맨체스터 대학의 '앨린 에드워즈'(Elwyn Edwards)가 SHELL 모델을 처음 개발

  ○ 1993년 네덜란드 기장 출신 '프랭크 호킨스'(Frank Hawkins)가 이를 수정 보완하여 완성

  ○ 항공 운항과 직접적인 연관성을 가지며, 업무 적용을 통해 능률성, 안전성, 효율성을 확보

  ○ 상호 관계를 최적의 상태로 유지하여 효과적으로 수행하는 데 중점

SHELL Model

 S Software(소프트웨어)
규정, 절차, 매뉴얼, 작업카드, 점검표 등

 **H** Hardware(하드웨어)
항공기, 장비, 기계, 시설 등

E Environment(환경)
온도, 습도, 조명, 기상 등

L Liveware(인간/특히 조종사)
운항조종사, 승무원 등 비행 업무를 주로하는 사람

 **L** Liveware(인간)
관제사 외 운항업무 참여자, 성격, 의사소통, 리더쉽, 문화 등

요인	의미, 대책
L-S	○ 인간의 절차, 매뉴얼 및 체크리스트 ○ 레이아웃 등과 같은 시스템의 비 물리적인 측면
L-H	○ 인간의 특징에 맞는 장비 설계, 감각 및 정보처리 ○ 특성에 부합하는 디스플레이 설계
L-E	○ 인간에게 맞는 환경 조성(온도, 습도, 기압, 소음, 시정)
L-L	○ 조종사와 관제사 혹은 조종사와 육안감시자 등의 사람간의 관계작용을 의미 ○ 팀워크, 의사소통, 리더쉽, 성격, 대인관계

※인적 요인은 사람과 주변관련 요소들 간의 상호작용에 초점을 둔다.

2. 비행 안전관련 인적 요인(Human Factors)

비행안전에 영양을 미치는 인적요인 : 시각, 피로, 수면, 약물

① **시각**(Visual)

6.5cm

○ 외부로 부터 시각 정보를 담당하는 인체 기관
  · 시계 비행(VFR, Visual Flight Rules)을 위해 가장 중요한 인체 기관
  · 두 눈 간의 거리(6.5cm) 덕분에 조종사는 입체적으로 거리와 위치를 판단
   이는 항공기의 고도, 속도, 위치 등을 정확하게 이해하는 데 중요한 요소
○ 주시안(Primary Gaze/Focal Vision) 보조시안(Peripheral Vision)
  · 주시안 : 눈의 중심부인 황반에서 발생하는 시각으로, 물체를 뚜렷하고 높은 해상도를 가진 시
       각을 제공하여 정확한 물체 인식과 세밀한 판단에 사용
  · 보조시안 : 눈의 주변부에서 발생하는 시야로 움직임 감지나 위치 파악에 사용
  · 두 시안이 함께 작용해 시야를 최적화하고, 일상적인 작업과 안전을 유지
○ 광수용기(Photoreceptor)
  · 광수용기는 빛을 감지하는 감각 세포
  · 망막(Retina)에 위치하며 빛을 감지하고 이를 전기 신호로 변환하여 뇌로 전달하는 눈의 세포
  · 광수용기는 간상세포(간상체, 야간시, Rod cell), 원추세포(추상체, 주간시, Cone cell)로 구성

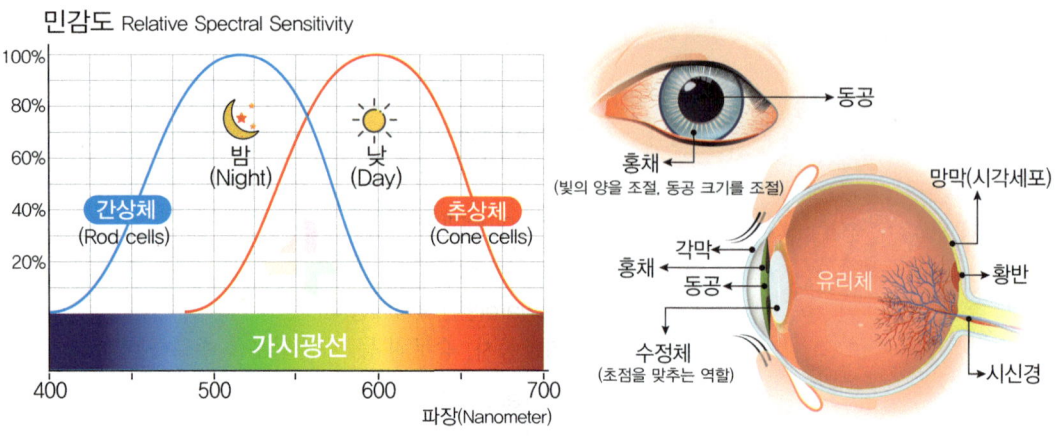

구분	추상체(원추세포)	간상체(간상세포/막대세포)
활동시간대	주간시(밝은 곳)	야간시(어두운 곳)
해상도	높음	낮음
색구분	색(칼러) 구분	명암(흑백) 구분
분포	망막 중심부 분포	망막 주변부 분포
순응	명순응, 수초 내 적응	암순응, 20~30분 후 적응
갯수	약 7백만여 개	약 1억 3천여 개

○ 푸르키네(Purkyne) 현상
· 어두운 환경에서 파란색이 더 밝게, 빨간색이 더 어둡게 보이는 시각적 변화 현상
· 주변 밝기에 따라 보이는 물체 색의 명도가 달리 보이는 현상
· 간상세포가 청록색 파장에 더 민감하고 색을 구별하지 못하는 특성으로 발생

●배경에 따른 가시성

어두운 곳 < 초록, 파랑색 계열   밝은 곳 < 적색 계열

●비상 탈출 표시 등
비상 시 어두운 환경에서 잘 보일 수 있도록 청록색으로 제작 설치

② 피로(Fatiguel)

○ 국제민간항공기구(아이카오, ICAO) 피로의 정의
· 지속적인 신체적·정신적 작업이나 수면 부족, 불규칙한 생활로 인해 작업 수행 능력이 저하되는 상태를 말하며, 이는 비행 업무에서 안전성과 효율성에 영향을 미치는 주요 요인으로 간주한다.

○ 피로는 인간의 실수를 유발하는 요인
· 판단력, 반응 속도 감소 : 정확한 의사결정 능력이 감소, 외부 반응에 대한 대응력 저하
· 집중력, 기억력 감소 : 작업 수행 중 주의가 산만해지고 실수 증가, 정보의 기억력 감소
· 상황 인식 능력 저하 : 주변 환경을 정확하게 파악하는 능력이 저하 됨
· 의사소통 능력 저하 : 동료 간 정확한 정보 전달이 어려워져 오해나 착오 발생
· 신체적 협응력 저하 : 미세한 조작이 필요한 업무에서 실수할 가능성이 증가함

○ 피로의 유형분류

구분	급성피로	만성피로
발병	급격히 나타남	서서히 나타남
지속시간	짧다	길다
회복	휴식, 수면, 식이, 운동으로 회복가능	일반적 휴식으로 회복 어려움
심각도	정상적	비정상적
영향	거의 없음	매우 큼

③ 수면(SLEEP)

○ REM 수면(선잠) : 뇌 활동이 활발하고 꿈이 생생하게 나타나며, 신체는 근육 마비 상태

○ 비REM 수면(숙면/서파수면) : 깊은 휴식을 제공하며, 신체 회복과 에너지 보충이 이루어지는 단계로 뇌 활동이 낮고 심박수와 호흡이 안정적

○ 피로가 심한 경우 렘수면의 시간은 짧아지고, 비렘수면 시간이 길어지는 현상 발생

※ 렘수면(REM) 비렘수면(NREM)의 특징

구분	렘수면	비렘수면
눈동자	빠르게 움직임	움직임 없음
뇌활동	매우 활발	덜 활발
꿈	주로 꿈이 나타남	꿈을 꾸지 않음
신체상태	근육 마비	근육 이완
역할	기억/감정 처리	신체 회복 및 성장

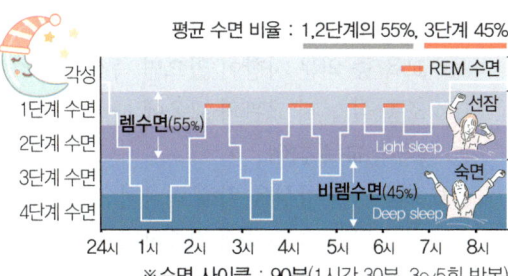

평균 수면 비율 : 1,2단계의 55%, 3단계 45%

※ 수면 사이클 : 90분(1시간 30분, 3~5회 반복)

3. 안전 관련 이론

① 하인리히 법칙(Heinrich's Law)

○ 1건의 큰 사고 뒤에는 29건의 작은 사고와 300건의 잠재적 위험이 존재한다는 법칙

○ 1931년 미국의 산업 안전 전문가 '헨리 하인리히'에 의해 제시되어 안전 대책 3E(기술, 교육, 규제)원칙으로 발전

● 하인리히 법칙(Heinrich's law)

대형 사고 (대형 참사) 1
작은 사고 (경미한 부상) 29
사소한 징후 (무상해 사고) 300

② 스위스 치즈 이론(Swiss Cheese Model)

○ 작은 오류나 결함이 여러 겹의 방어 장치를 통해 누적되어 큰 사고를 유발한다는 개념

○ '제임스 리즌'(James Reason)이라는 영국의 심리학자가 1990년대 초반에 제시

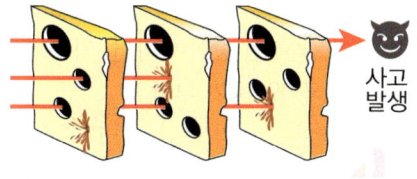

● 스위스 치즈 이론(Swis cheese model)

사고 발생

③ 도미노 이론(Domino Theory)

○ 사고는 하나의 사건이나 원인에서 시작되어 연쇄적으로 다른 사건들을 일으키며 최종적으로 큰 사고를 유발한다는 개념

○ 1930년대 산업 안전 분야에서 널리 사용되었으며 '하버트 윌리엄'(Herbert William)에 의해 제시

● 도미노 이론(Domino theory)

사고 요소 제거

사고 발생

04 비행 교수법

01 — 교육생 자세

1.교육생의 자세

① 교육 중 안전 사항 준수
- 비행 전후 기체 운영법, 배터리 사용과 충전법을 숙지하여 규정에 따른다.
- 비행 중 안전 수칙을 철저히 지키고, 사고 예방에 적극 협조한다.
- 비상 상황에 대비하여 대처 방법을 숙지하고 훈련한다.

② 교관 지시 사항 준수
- 교관의 지시를 정확히 이해하고 성실히 따른다.
- 교육 중 의문 사항이 있으면 즉시 질문하여 명확히 한다.
- 조종 실습 시 교관의 교육에 따라 올바른 자세와 조작법을 익힌다.

③ 적극적 교육 참여
- 조종 기술 향상을 위해 적극적으로 실습하고 반복 연습한다.
- 이론 및 실습 교육에 집중하며, 피드백을 적극적으로 반영한다.
- 동료 교육생과 협력하여 원활한 학습 환경을 조성한다.

02 — 교관의 자세 및 역할

1.교관의 자질

① 신뢰와 공감 형성
- 교육생의 입장에서 생각하고 열린 자세로 소통한다.
- 교육 과정에서 발생하는 어려움을 경청하고 공감하는 태도를 보인다.

② 개별 맞춤 지도
- 교육생의 학습 속도와 이해도를 고려하여 지도 방법을 조정한다.
- 일괄적인 방식이 아닌, 각 교육생의 강점과 약점을 반영한 교육을 실시한다.

③ 적극적인 동기 부여
- 작은 성취라도 인정하고 격려하며 학습 의욕을 높인다.
- 교육생이 도전 의식을 가질 수 있도록 목표 설정과 성취 경험을 제공한다.

④ 전문 지식과 지속적인 학습
- 최신 항공 법규, 비행 이론, 기체 구조 등 전문 지식을 지속적으로 습득한다.
- 최신 드론 기술 및 교육 방법을 연구하여 효과적인 지도법을 개발한다.
- 비상 상황 대응 및 안전 관리 능력을 갖추어 교육생에게 신뢰를 제공한다.

2.효율적인 교육 방식

① **명확하고 직관적인 설명**
- 복잡한 개념도 간결하고 쉽게 이해할 수 있도록 설명한다.
- 핵심 내용을 강조하며 불필요한 설명을 피한다.
- 단계적인 접근 방식을 사용하여 교육생이 체계적으로 이해할 수 있도록 한다.

② **시각적 자료 제공 및 비행시범 활용**
- 다양한 자료와 모형 등을 활용하여 시각적인 이해도를 높인다.
- 실제 시범 비행을 통해 설명하고 완벽한 비행을 통해 교육생의 공감을 이끌어낸다.
- 동영상, 이미지, 시뮬레이션 등을 활용해 이론과 실습을 효과적으로 연결한다.

③ **쌍방향 소통과 피드백 제공**
- 교육생의 반응을 주의 깊게 살피고 이해도를 지속적으로 확인한다.
- 질문을 유도하고 즉각적인 피드백을 제공하여 교육 효과를 극대화한다.
- 교육생에게 맞춤형 조언을 제공해 성장을 돕되, 지나친 지도는 효과를 떨어뜨릴 수 있다.

④ **교관의 적절한 언어 구사와 칭찬**
- 전문 용어를 상황에 맞게 사용하되, 필요 시 쉬운 용어로 풀어 설명하여 교육생의 이해를 돕는다.
- 또렷한 발음과 적절한 속도로 말해 교육생이 내용을 정확히 이해할 수 있도록 한다.
- 긍정적이고 격려하는 표현, 유머나 친근한 말투를 상황에 따라 적절히 사용하여 학습 분위기를 부드럽게 만든다.
- 과하지 않게 절제된 칭찬을 통해 교육생의 학습 의욕을 높이며, 지적이 필요할 경우에는 '칭찬 → 지적 → 격려'의 순서로 전달해 긍정적으로 수용할 수 있도록 한다.

3.비행 단계별 지도 요령

① **비행 기초 단계 _기본 조종 능력 습득**
- 비행 원리 및 조종 기초 이론을 명확하게 이해하도록 지도한다.
- 이륙, 호버링, 착륙, 방향전환 등 기본 조종법을 반복 훈련하여 안정적 기초 조종 능력을 구축한다.
- 조종기의 기능과 반응 속도를 익히고, 기체의 균형을 유지하는 감각을 기른다.
- 긴급 상황 대처법을 익히고, 돌발 변수(바람, 노콘, 신호 간섭 등)에 대한 대응 능력을 향상시킨다.

② **비행 중급 단계 _실전 감각 및 조종 기술 향상**
- 비행 기초 능력의 완성도를 확인하고 지속적인 교육을 실시한다.
- 다양한 환경과 기상 조건에서의 비행을 연습하여 적응력을 키운다.
- 시험 단계별 구호 및 기동 순서와 작동법을 점검하고 반복 비행을 통해 훈련한다.

③ **비행 고급 단계 _응용 조종 및 시험 대비 훈련**
- 강풍, 우천 시 비행 기술(미션 수행, 자동 비행 활용 등)을 익히고 시험 실전 적용 능력을 강화한다.
- 시험 대비 집중력 향상 훈련을 통해 긴장을 극복하는 방법을 지도한다.
- 실기 평가장 환경에 대한 적응 훈련을 실시하고 교육하여 실수를 최소화한다.
- 시험 평가장 비행 순서와 일치하도록 반복 연습을 실시하여 실전 감각을 극대화한다.
- 구술 평가 대비 예상 질문을 기반으로 평가를 실시하고 피드백을 제공한다.
- 실기 평가 중 발생될 수 있는 다양한 환경과 조건을 감안하여 반복 훈련한다.
- 시험장에서의 태도, 복장, 기타 준비물과 지참할 서류를 점검하고 교육한다.

4.교관의 실수와 교정

① 과도한 자기 과시
- 자신의 실력을 강조하며 교육생에게 위화감을 조성하는 태도를 지양한다.
- 교육의 목적은 학생의 성장에 있으며, 겸손하고 모범적인 자세를 유지한다.
- 교육생이 스스로 실력을 향상시킬 수 있도록 격려하고 지원하는 역할을 수행한다.

② 교육생 존중 부족
- 비인격적인 대우는 교육생의 학습 의욕을 저하시킬 수 있다.
- 모든 교육생을 존중하며 개별 능력과 수준을 고려한 지도법을 적용한다.
- 교육생의 의견을 경청하고, 긍정적인 학습 환경을 조성한다.

③ 감정에 치우친 지도
- 과도한 감정 표현이나 조급한 태도는 교육생의 집중력을 방해할 수 있다.
- 인내심을 가지고 객관적이고 논리적인 피드백을 제공한다.
- 실수에 대한 질책보다는 원인 분석과 해결책을 제시하는 방향으로 지도한다.

④ 위험한 조종 시범
- 무리한 수정 조작이나 과격한 시범은 교육생에게 불안감을 줄 수 있다.
- 안전을 최우선으로 하여 정확하고 모범적인 조종 기술을 보여준다.
- 비행 시범 시에는 충분한 설명과 시각적 자료를 활용하여 교육 효과를 극대화한다.

03 – 학습지원 심화교육

1.부적응 교육생에 대한 효과적인 지도법

① 원인 분석 및 맞춤형 지도
- 교육생이 부적응을 겪는 원인(기술적 어려움, 심리적 불안, 동기 부족 등)을 면밀히 분석한다.
- 개인별 역량과 특성을 고려하여 맞춤형 교육 방식을 적용하고, 학습 속도에 맞춰 지도한다.
- 교육생과 적극적으로 소통하여 문제점을 파악하고 해결책을 제시한다.

② 단계적 학습 접근법
- 기초가 부족한 교육생에게는 난이도를 조절하여 점진적으로 지도한다.
- 기본 조종 기술을 반복 연습하며, 점진적으로 응용 조종을 도입하여 부담을 줄인다.

③ 심리적 안정감 형성
- 교관의 부정적 태도(한숨, 그걸 못해? 등의 질책)는 교육생의 자신감을 저하시키므로 철저히 배제한다.
- 실수를 학습 과정의 일부로 인정하고, 긍정적인 피드백을 제공하여 교육생이 도전할 수 있도록 유도한다.
- 불안감을 해소할 수 있도록 격려하고, 작은 성취에도 성과를 인정하여 동기를 부여한다.
- 압박감보다는 스스로 극복할 수 있도록 단계적인 목표 설정과 지속적인 동기 부여를 실시한다.

④ 실전 경험 강화 및 심화교육
- 다양한 반복 연습을 통해 실제 비행 상황에서의 대처 능력을 기른다.
- 일정 기간 동안 꾸준한 피드백과 코칭을 제공하여 교육생의 성장을 지속적으로 유도한다.

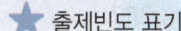
01 국제민간항공기구(ICAO)에서 공식적으로 사용하는 무인 항공기 용어는? ★☆

① 드론(Drone)
② UA(Unmanned Aircraft)
③ RPAS(Remotely Piloted Aircraft System)
④ UAS(Unmanned Aircraft System)

해설
- 드론(Drone)
  비공식적인 용어로, 군사 및 일반 용도로 사용됨
- UA(Unmanned Aircraft)
  무인 항공기를 의미하지만, ICAO 공식 용어는 아님
- RPAS(Remotely Piloted Aircraft System)
  ICAO에서 공식적으로 채택한 용어로, 조종사가 원격으로 운용하는 항공기 시스템을 포함

02 무인항공기를 지칭하는 용어로 볼 수 없는것은? ★☆

① UAV
② RPAS
③ Drone
④ USV

해설
USV(Unmanned Surface Vehicle) : 무인 수상 차량. 수면 위에서 원격 조종되거나 자율적으로 운항하는 선박

03 다음 중 멀티콥터(드론)에 대한 설명으로 틀린 것은? ★★★

① 최초 드론은 미국의 'Queen Bee' 이다.
② 호버링(제자리 비행)이 가능하다.
③ 주어진 경로에 따라 자동비행이 가능하다.
④ 위험한 장소나 오염된 곳에서도 임무 수행이 가능하다.

해설
- ① Queen Bee는 영국이 개발한 항공기 표적기이며, 최초의 드론이 아님
- ② 드론은 호버링(제자리 비행)이 가능함
- ③ GPS 및 자동 비행 시스템을 이용해 경로를 따라 비행할 수 있음

04 드론을 날개의 형태에 따라 분류할 때 포함되지 않는 것은? ★★★

① 고정익(Fixed-wing)
② 회전익(Rotary-wing)
③ 틸트로터(Tilt-rotor)
④ 직선가변익(Straight Variable-Sweep Wing)

해설
- 고정익(Fixed-wing) : 고정된 날개를 이용해 비행하는 드론 (예 : 항공기 형태)
- 회전익(Rotary-wing) : 프로펠러(로터)를 이용해 비행하는 드론(예 : 헬리콥터, 멀티콥터)
- 틸트로터(Tilt-rotor) : 회전익과 고정익의 장점을 결합한 형태로, 로터의 각도를 조정 가능
- 직선가변익(Straight Varisable-Sweep wing) : 공식적인 드론 분류에 존재하지 않는 용어

05 무인 멀티콥터중 프로펠러가 6개인 유형은? ★★★

① 쿼드콥터(Quadcopter)
② 헥사콥터(Hexacopter)
③ 옥타콥터(Octocopter)
④ 데카콥터(Decacopter)

06 다음 멀티콥터(드론) 중 모터가 4개인 것은? ★★☆

① 트라이콥터(Tricopter)
② 쿼드콥터(Quadcopter)
③ 헥사콥터(Hexacopter)
④ 옥토콥터(Octocopter)

해설
- 모노콥터(Monocopter) → 1개의 프로펠러를 가진 드론
- 듀오콥터(Duocopter) → 2개의 프로펠러를 가진 드론
- 트라이콥터(Tricopter) → 3개의 프로펠러를 가진 드론
- 쿼드콥터(Quadcopter) → 4개의 프로펠러를 가진 드론
- 헥사콥터(Hexacopter) → 6개의 프로펠러를 가진 드론
- 옥타콥터(Octocopter) → 8개의 프로펠러를 가진 드론
- 데카콥터(Decacopter) → 10개의 프로펠러를 가진 드론
- 도데카콥터(Dodecacopter) → 12개의 프로펠러를 가진 드론

정답 | 01 ③   02 ④   03 ①   04 ④   05 ②   06 ②

07 연료를 제외한 동력비행장치의 자체 중량 기준은?

① 70kg 이하   ② 115kg 이하

③ 150kg 이하   ④ 250kg 이하

해설

항공안전법 시행규칙 제5조, 초경량비행장치 동력비행장치의 기준

• 탑승자, 연료 및 비상용 장비의 중량을 제외
• 연료의 탑재량이 19리터 이하일 것
• 좌석이 1개일 것

08 다음 중 무인비행장치의 기준이 틀린 것은?

① 동력비행장치 : 115kg 이하

② 행글라이더·패러글라이더 : 70kg 이하

③ 무인동력비행장치 : 연료 제외 115kg

④ 무인비행선 : 연료 제외 180kg 이하

해설

• 무인동력비행장치는 연료 제외(배터리 포함) 자체 중량이 150kg 이하가 기준이므로, 115kg은 잘못된 정보

09 착륙장치가 있는 동력패러글라이더는 1인승 자체중량 몇kg 이하인가?

① 70kg 이하   ② 115kg 이하

③ 150kg 이하   ④ 250kg 이하

해설

항공안전법 시행규칙 제5조, 초경량비행장치 동력패러글라이더

• 탑승자, 연료 및 비상용 장비의 중량을 제외 115kg 이하
• 연료의 탑재량이 19리터 이하일 것
• 좌석이 1개일 것

10 다음 중 초경량비행장치에 속하지 않는 것은?

① 자체중량 70kg 이하의 패러글라이더

② 좌석이 1개이고 자체중량이 100kg인 동력비행장치

③ 낙하산류

④ 좌석이 1개이고 자체중량 150kg의 자이로플레인

해설

• ④ 초경량 자이로플레인은 1인승, 자체중량이 115kg을 초과하여 초경량비행장치 기준을 벗어남

11 무인회전익비행장치와 고정익 무인비행기의 가장 큰 비행 특성 차이는?

① 전진비행   ② 좌선회비행

③ 우선회비행   ④ 정지비행

해설

• 전진비행 : 고정익과 회전익 비행장치 모두 가능
• 좌선회비행 : 두 비행체 모두 방향 전환이 가능
• 우선회비행 : 일반적인 비행 특성에서 차이가 없음
• 정지비행 : 고정익 비행기는 공중에서 멈출 수 없지만 회전익 비행장치는 호버링(정지비행)이 가능함

12 이.착륙 공간이 좁은 산악지형에서 활용하기 어려운 비행체 유형은?

① 고정익 비행기

② 다중로터형 수직이착륙기

③ 틸트로터형 수직이착륙기

④ 헬리콥터

해설

• 고정익 비행기 → 활주로가 필요하여 협소한 지형에서 이착륙이 어려움
• 다중로터형 수직이착륙기 → 드론과 같은 방식으로 수직 이착륙 가능
• 틸트로터형 수직이착륙기 → 회전익을 조정하여 수직 이착륙 가능

13 안전하고 효율적인 무인항공 방제작업을 위해 필수적인 인력이 아닌 사람은?

① 운전자   ② 신호자

③ 보조자   ④ 조종자

14 무인 항공 방제 작업 전 점검 사항과 관련이 가장 적은 것은?

① 풍향, 풍속 날씨 확인

② 작업 구역, 위험 장소, 장애물의 위치 점검

③ 주변 병원 및 주차공간 점검

④ 지형 및 주변 건물 확인

15 무인 항공 방제 작업에서 올바르지 않은 살포 비행 조종 방법은?

① 주변 농가에 피해가 없도록 주의하여 작업한다.
② 약제의 살포는 작물의 종류와 상관없이 비행고도를 높여 일정하게 살포해야 한다.
③ 작물의 상태와 종류에 따라 비행고도를 다르게 적용한다.
④ 방제 살포는 최대한 기류의 안정성이 확보된 시간대에 실시한다.

해설

고도를 무조건 높게 설정하면 약제가 공중에서 흩어져 효과가 떨어지고 주변 농경지나 시설물에 피해를 줄 수 있다. 따라서 작물의 특성에 맞춰 비행고도를 조정하는 것이 중요하다.

16 무인항공 시스템에서 지상에서 비행체를 제어할 수 있도록 신호를 주고받는 장치는 무엇인가?

① 지상통제장비
② 데이터 링크
③ 탑재 임무장비
④ 비행체

해설

• 데이터링크는 비행체와 지상통제시스템 간의 통신을 담당하는 장치이다.
• 실시간으로 명령을 전송하고 비행체의 상태 정보를 수신하는 역할을 한다.
• 안정적인 데이터링크가 있어야 원격으로 비행체를 정확하게 조종할 수 있다.

17 다음 위성항법시스템(GNSS)과 이를 운영하는 국가의 연결 중 틀린 것은?

① 베이더우 – 중국
② GPS – 미국
③ 갈릴레오 – 인도
④ 글로나스 – 러시아

해설

18 일반적인 상용 멀티콥터에서 '조종(제어) 링크'로 가장 보편적으로 사용되며, 장비 호환성과 생태계가 가장 풍부한 주파수 대역은?

① 2.4GHz
② 3.0GHz
③ 1.3GHz
④ 900MHz

해설

• 2.4GHz : 가장 널리 사용, 중거리·간섭 우려
• 3.0GHz : 드론에서는 일반적이지 않음
• 1.3GHz : 영상 전송 등에 사용, 900MHz보다 단거리
• 900MHz : 파장이 길어 장거리·장애물 투과성에 유리

19 무인멀티콥터 비행 모드에 해당하지 않는 것은?

① 자동복귀 모드(Return to Home Mode)
② 자세제어 모드(Attitude Mode)
③ 수동 모드(Manual Mode)
④ 고도제어 모드(Altitude Mode)

해설

• 고도제어 모드 : 특정 비행 모드에 포함될 수 있으나 독립적인 비행 모드로 간주되지 않음
• 자세제어 모드 : 기체의 균형을 유지하며 조종자의 입력에 반응하는 모드
• 자동복귀 모드 : GPS 기반으로 이륙 지점으로 복귀하는 기능을 수행
• 수동 모드 : 조종자가 직접 모든 조종을 담당하는 모드

20 무인멀티콥터 조종 모드에서 조종자 중심 모드에 해당되는 것은?

① GPS 모드   ② 자세 모드
③ 해드리스 모드   ④ 수동 모드

해설

헤드리스 모드는 드론 방향과 상관없이 조종자의 위치를 기준으로 비행한다.

21 무선 조종기와 수신기를 처음 연결할 때, 전원을 켠 뒤 서로를 인식하도록 등록하는 초기 설정 과정을 무엇이라 하는가?

① 페어링(Pairing)

② 아밍(Arming)

③ 커넥팅(Connecting)

④ 바인딩(Binding)

해설
- 바인딩(Binding) : 조종기와 수신기를 처음 연결할 때 설정하는 과정
- 페어링(Pairing) : 바인딩 이후, 조종기와 드론 간 통신 연결을 활성화시키는 과정
- 아밍(Arming) : 이륙 전 모터를 작동시켜 프로펠러를 회전 시켜 비행전 시동을 거는 개념

22 비행 전에 조종기의 정상 작동 여부를 점검할 때 고려해야 할 사항 중 적절하지 않은 것은?

① 조종 스틱이 부드럽게 전 방향으로 움직이는지 확인한다.

② 조종기를 켠 후 자체 점검 이상 유무와 전원 상태를 확인한다.

③ 조종기 트림은 자동으로 중립 위치에 설정되므로 확인이 필요 없다.

④ 각 버튼과 스틱들이 정상 위치에 있는지 확인한다.

해설
- 조종기 트림은 자동으로 중립으로 설정되지 않으므로 반드시 직접 확인해야 한다.
- 조종 스틱과 버튼의 정상 작동 여부를 점검하는 것은 필수적이다.

23 비행제어 시스템에서 자세 제어와 직접적인 관련이 없는 것은?

① 전자변속기　　　② 지자계 센서

③ 가속도 센서　　　④ 자이로 센서

해설
- 전자변속기(ESC)는 모터의 속도를 조절하는 장치로, 자세 제어에 직접적인 영향을 미치지는 않는다.
- 자이로 센서는 회전 움직임을 감지하여 자세 안정성을 유지하는 역할을 한다.
- 가속도 센서는 기체의 기울기와 가속도를 측정하여 자세 제어에 도움을 준다.
- 지자계 센서(전자나침반)는 방향을 감지하는 데 사용되며, 자세 제어에도 일부 기여할 수 있다.

24 비행체에서 CPU와 같은 역할을 하며, 수신기로부터 받은 명령과 센서 데이터를 분석하여 모터의 회전 속도를 조절하는 장치는 무엇인가?

① 임무장비(payload)　　② 전자변속기(ESC)

③ 비행제어장치(FC)　　④ 프레임(frame)

해설
- 비행제어장치(FC)는 센서 데이터를 분석하고 모터 속도를 조절하여 안정적인 비행을 유지하는 핵심 장치이다.
- 전자변속기(ESC)는 모터의 속도를 조절하지만, 직접적인 제어 명령은 비행제어장치에서 내려진다.
- 임무장비(payload)는 카메라, 센서 등 추가적인 장비를 의미하며 비행제어에는 관여하지 않는다.

25 다음 중 무인멀티콥터의 주요 구성요소가 아닌 것은?

① 전자변속기(ESC)

② 고정익(Wing)

③ 센서(Sensor)

④ 모터(Motor)

해설
- 고정익(Wing)은 비행기와 같은 고정형 날개를 의미하며, 멀티콥터에는 사용되지 않는다.
- 모터(Motor)는 프로펠러를 회전시켜 추진력을 생성하는 핵심 부품이다.
- 전자변속기(ESC)는 모터의 회전 속도를 조절하는 장치이다.
- 센서(Sensor)는 자세 안정성과 비행 제어를 위해 다양한 데이터를 제공한다.

26 모터에 '2807 1300KV'라고 표기되어 있을 때 옳은 설명은?

① 1300KV는 모터의 회전수를 나타내며, 1V당 1300RPM을 의미한다.

② 2807은 모터의 높이(28mm), 지름(07mm)를 의미한다.

③ 1300KV 값이 높을수록 저속·고토크 성능이 우수하다.

④ KV 값이 낮을수록 고속 회전이 가능하여 빠른 응답성을 제공한다.

해설
- KV 값이 높으면 → 고속 회전 저토크
- KV 값이 낮으면 → 저속 회전 고토크
- 2807 → 스테이터 지름 28mm, 높이 7mm를 의미

정답 | 21 ④　22 ③　23 ①　24 ③　25 ②　26 ①

27 다음 중 브러시리스(BLDC) 모터에 대한 올바른 설명은?

① KV가 높을수록 회전수와 토크(Torque)가 커진다.

② 모터의 회전수를 제어하기 위해 사용한다.

③ 별도의 제어회로(ESC)가 필요 없는 단순한 구조를 갖고 있다.

④ KV(속도 상수)는 전압 10V를 인가했을 때 무부하 상태의 회전수를 의미한다.

해설
• 브러시리스 모터(BLDC)는 전자변속기(ESC)를 이용해 회전수를 제어할 수 있다.
• KV 값이 높을수록 회전수는 증가하지만, 토크는 감소하는 경향이 있다.

28 다음 중 브러시(BLD) 모터에 대한 설명으로 적절하지 않은 것은?

① 브러쉬의 마찰로 인해 발열과 마모가 심하다.

② 모터의 수명은 반영구적이다.

③ 정류자와 브러쉬를 이용해 전자석의 극성을 변경하며 동작한다.

④ 권선의 전자기력을 이용해 회전력을 발생시킨다.

해설
• 브러시 모터는 브러시와 정류자의 접촉으로 인해 마찰과 마모가 발생하여 수명이 제한된다.
• 반영구적이지 않으며, 브러시 마모로 인해 일정 시간이 지나면 교체가 필요하다.
• 권선의 전자기력을 이용해 회전하는 원리를 기반으로 작동한다.
• 브러시 마찰로 인해 발열이 심하며, 효율이 브러시리스(BLDC) 모터보다 낮다.

29 브러시 모터와 브러시리스 모터의 장단점으로 옳지 않은 것은?

① 브러시리스 모터는 브러시 모터보다 전력 효율이 높고 수명이 길다.

② 브러시 모터는 구조가 단순하여 유지보수가 쉬운 장점이 있다.

③ 브러시리스 모터는 정류자가 없어 마찰과 소음이 적다.

④ 브러시 모터는 브러시리스 모터보다 높은 회전 속도를 유지할 수 있다.

해설
• 브러시 모터는 브러시와 정류자가 있어 마찰이 발생하며, 고속 회전에 불리하다. 반면 브러시리스 모터는 마찰이 적어 고속 회전에 유리하다.

30 배터리의 메모리 효과에 대한 설명으로 옳은 것은?

① 리튬이온(Li-ion) 및 리튬폴리머(Li-Po) 배터리에서도 메모리 효과가 발생한다.

② 메모리 효과는 배터리를 완전 방전한 후 충전하면 해결된다.

③ 니켈카드뮴(Ni-Cd) 배터리에서 주로 발생하며, 부분 방전 상태에서 충전할 경우 배터리 용량이 감소하는 현상이다.

④ 메모리 효과가 있는 배터리는 사용 후 즉시 완충해야 한다.

해설
• 메모리 효과는 니켈카드뮴(Ni-Cd) 배터리에서 주로 발생하며, 배터리가 일정 부분만 방전된 상태에서 충전될 경우, 배터리가 해당 방전 구간을 기억하여 사용 가능한 용량이 줄어드는 현상
• 메모리 효과를 방지하기 위해 니켈카드뮴 배터리는 주기적으로 완전 방전 후 충전하는 것을 권장
• 메모리 효과가 있는 배터리를 사용 후 즉시 완충하면 과충전으로 인해 배터리 수명이 단축될 수 있음
• **개선진행** : 니켈카드뮴(Ni-Cd) → 니켈수소(Ni-MH) → 리튬이온(Li-ion) 및 리튬폴리머(Li-Po) 배터리 순으로 개선 됨

31 다음 중 리튬폴리머 배터리 보관 시 주의사항과 거리가 먼 것은?

① 용량이 40~50% 정도 남았을 때 충전할 것

② 고온 다습한 곳을 반드시 피해 보관할 것

③ 정격 용량 및 장비별 지정된 정품 배터리를 사용할 것

④ 배터리가 부풀거나 손상된 상태일 경우에는 수리하여 사용할 것

해설
배터리가 부풀거나 손상된 경우에는 절대 수리하여 사용하면 안되며, 즉시 폐기해야 한다. 손상된 리튬폴리머 배터리는 폭발 위험이 높기 때문이다.

정답 | 27 ② 28 ② 29 ④ 30 ③ 31 ④

32 1차 배터리와 2차 배터리의 장단점으로 맞지 않는 것은?

① 1차 배터리는 1회 사용 후 충전이 불가능하며 가격이 저렴하다.

② 2차 배터리는 반복 충전이 가능하고 초기 비용이 저렴하다.

③ 1차 배터리는 장기간 보관이 가능하여 비상용으로 적합하다.

④ 2차 배터리는 방전과 충전이 반복 가능한 가역적 화학 반응을 가진다.

해설
2차 배터리는 초기 비용이 높지만 장기적으로 경제성이 뛰어나다.

33 리튬폴리머(Li-Po) 배터리의 공칭(기준) 전압과 완충 전압에 대한 설명으로 올바른 것은?

① 공칭 전압은 3.7V이며, 완충 전압은 4.2V

② 공칭 전압은 3.3V이며, 완충 전압은 4.2V

③ 공칭 전압은 4.2V이며, 완충 전압은 5.0V

④ 공칭 전압은 3.7V이며, 완충 전압은 4.5V

해설
• 리튬폴리머(Li-Po) 배터리는 1셀(Cell)당 공칭 전압이 3.7V, 완충 시 전압이 4.2V이며, 방전 시에는 3.3V까지 내려간다.

34 배터리 관리 방법 중 옳지 않은 것은?

① 리튬폴리머 배터리는 완전히 방전된 상태에서 충전하는 것이 가장 효율적이다.

② 배터리 보관 시에는 약 40~50% 정도의 용량을 유지하는 것이 좋다.

③ 고온 다습한 환경을 피해 서늘하고 건조한 장소에 보관해야 한다.

④ 배터리가 부풀어 오르거나 손상된 경우 즉시 폐기해야 한다.

해설
리튬폴리머 배터리는 완전 방전 상태에서 충전하면 배터리 수명이 단축될 수 있다. 따라서 완전히 방전되지 않도록 사용하며, 방전 이전에 충전하는 것을 권장한다. 부풀어 오른 배터리는 화재 위험이 있어 사용을 중단하고 적절한 방법으로 폐기해야 한다.

35 리튬폴리머 배터리의 안전한 폐기 방법으로 적절하지 않은 것은?

① 배터리를 소금물에 담가 완전히 방전시킨 후 폐기한다.

② 소금물에 배터리를 완전히 잠기도록 넣고 최소 2~3일 방치한다.

③ 폐기 전, 배터리를 못이나 칼로 찔러 내부를 손상시킨다.

④ 방전된 배터리는 절연 테이프로 단자를 감싼 후 전문 폐기업체를 통해 폐기한다.

해설
• 리튬폴리머 배터리는 손상될 경우 폭발 및 화재 위험이 크므로 물리적인 손상을 주어서는 안 된다.
• 적절한 방법은 소금물에 침전하여 완전 방전 후 절연 테이프로 감싸 전문 폐기업체를 통해 안전하게 폐기하는 것이다.

36 배터리 충전 시 올바른 방법이 아닌 것은?

① 리튬폴리머 배터리는 지정된 충전기만 사용해야 한다.

② 충전 중에는 배터리를 감싸서 온도를 유지하는 것이 좋다.

③ 충전 후 배터리를 바로 사용하기보다는 약간 식힌 후 사용하는 것이 좋다.

④ 충전 중 배터리의 발열이 심하면 즉시 충전을 중단해야 한다.

해설
배터리는 충전 중 자연스럽게 열이 발생하지만, 외부에서 감싸 온도를 유지하는 것은 화재 위험을 증가시킬 수 있음. 특히 리튬폴리머 배터리는 고온에서 폭발 가능성이 있기 때문에 반드시 개방된 공간에서 충전해야 함

37 비행 전 점검 사항에 해당하지 않는 것은?

① 기체의 모터 및 암대 고정 상태 점검

② 조종기의 배터리 충전상태 확인

③ 기체의 프로펠러 장착 상태 점검

④ 호버링을 실행하여 기체 균형을 확인

해설
비행 전 점검은 시동을 걸기 전에 이루어져야 하며, 호버링을 실행하는 것은 점검 사항에 포함되지 않는다.

38 무인멀티콥터 비행 중 주의사항으로 맞지 않는 것은?

① 비행 중 조종기와 기체 간의 신호 강도를 지속적으로 점검하여 끊김 현상이 없도록 한다.

② 기체가 조종자의 시야(가시권) 내에서 벗어나도 자동복귀 기능이 있으므로 비행을 계속한다.

③ 비행 지역의 법적 고도 제한을 준수하고, 안전한 고도를 일정하게 유지한다.

④ 갑작스러운 바람(5~6m/s 이상)이나 비 등의 기상 변화 시 비행을 중단하고 안전하게 복귀한다.

해설
②번 문항은 잘못된 내용이다. 무인멀티콥터는 항상 조종자의 가시권 내에서 유지해야 하며, 기체가 시야에서 벗어나면 즉시 복귀시키거나 비행을 중단해야 한다.

39 비상상황 발생 시 조종자가 취해야 할 조치 중 틀린 것은?

① 조종기 조작이 불가능한 경우 자세모드(Atti 모드)로 전환하여 안전한 장소에 착륙

② 주변에 비상상황임을 알리고 사람들이 드론으로부터 대피

③ 조종기 조작이 가능한 경우 즉시 안전한 장소에 착륙

④ 드론이 비정상적으로 기울었다가 수평 상태로 돌아오는 경우 스로틀을 올려 기체를 안정화시킴

해설
비상상황 발생시엔 즉시 착륙하거나, 스로틀을 서서히 내리면서 착륙을 시도해야 하며 RPM을 올려 기체를 안정화하는 것은 위험할 수 있음

40 인적요인의 대표적 모델인 SHELL 모델의 구성요소가 아닌 것은?

① 인간(Liveware)
② 하드웨어(Hardware)
③ 소프트웨어(Software)
④ 구조적 환경(Structural Environment)

해설
• SHELL 모델은 인간(Liveware), 하드웨어(Hardware), 소프트웨어(Software), 환경(Environment)으로 구성된다.

• 환경 요소는 물리적 환경(Physical Environment)으로 온도, 습도, 조명, 기상 등이 포함되며, 구조적 환경 이라는 개념은 SHELL 모델의 구성요소가 아니다.

41 인적요인의 적용 목적이 틀린 것은?

① 인적 오류를 줄이고 안전성을 향상시키기 위해 적용한다.

② 조종사의 직관적 판단을 우선하여 비행 결정을 단순화하기 위해 적용한다.

③ 인간과 시스템 간의 상호작용을 최적화하여 운영 효율을 높이기 위해 적용한다.

④ 작업자의 피로와 스트레스를 고려하여 업무 부담을 최소화하기 위해 적용한다.

해설
인적 요인은 조종사의 직관적 판단보다 객관적 데이터와 시스템을 활용한 결정을 우선시하는 방향으로 적용된다. 인간의 감각과 직관적 판단에는 오류가 존재할 가능성이 크기 때문에 시스템적인 보완이 필요하다.

42 인적요인의 인간 가치의 증진과 관계 없는것은?

① 안전 향상　② 직무만족
③ 삶의 질 개선　④ 조종 기술 향상

해설
기계적 조종 기술 향상은 인간의 가치를 증진시키는 요소보다는 기술적인 숙련도 향상에 해당한다. 인적 요인의 인간 가치 증진과는 직접적인 관련이 없다.

43 광수용기에 대한 설명으로 바르지 않은 것은?

① 광수용기는 빛을 감지하여 전기 신호로 변환하는 역할을 한다.

② 원추세포는 색상을 감지하고, 간상세포는 명암을 감지하는 역할을 한다.

③ 광수용기는 가시광선뿐만 아니라 적외선 및 자외선도 감지할 수 있다.

④ 원추세포는 색을 구별할 수 있지만, 간상세포는 색을 구별할 수 없다.

해설
인간의 망막에 있는 광수용기는 가시광선(약 380~700nm) 범위의 빛만 감지할 수 있으며, 적외선(700nm 이상) 및 자외선(380nm 이하)은 감지할 수 없음

44 광수용기에 대한 설명으로 올바른 것은?

① 간상세포는 망막의 중심부에 주로 분포하며, 색을 감지하는 역할을 한다.

② 원추세포는 주로 야간 시력과 관련이 있으며, 어두운 환경에서 흑백으로 사물을 인식한다.

③ 간상세포는 낮 동안 밝은 환경에서 주로 작용하며, 색을 구별하는 기능을 수행한다.

④ 간상세포는 원추세포보다 더 많이 존재하며, 어두운 환경에서 빛을 감지하는 역할을 한다.

해설

• 간상세포(Rod Cell) : 망막의 주변부에 주로 분포하며, 명암을 감지하고 어두운 환경에서 시력을 담당하지만 색을 구별할 수 없음

• 원추세포(Cone Cell) : 망막의 중심부(황반)에 주로 분포하며, 밝은 환경에서 작용하며 색상을 감지하는 역할을 함

• 간상세포는 원추세포보다 개수가 많으며, 인간의 눈에서 야간 시력을 담당하는 중요한 역할을 함

45 푸르키네 현상에 대한 설명 중 틀린 것은?

① 어두운 환경에서는 파란색 계열이 밝게 보이고, 빨간색 계열이 어둡게 보인다.

② 밝은 환경에서는 원추세포가 활성화되어 색을 구분할 수 있다.

③ 푸르키네 현상은 색각을 담당하는 원추세포의 민감도 차이에서 비롯된다.

④ 어두운 환경에서는 간상세포가 활성화되어 색을 명확하게 구별할 수 있다.

해설

• 푸르키네 현상은 밝기 변화에 따라 색의 명도 감각이 달라지는 현상이다.

• 어두운 환경에서는 간상세포가 활성화되어 파란색이 밝아 보이고 빨간색이 어둡게 보인다

• 간상세포는 색을 구별하는 능력이 없으며, 밝은 환경에서는 원추세포가 색을 구별하는 역할을 한다

• 원추세포의 민감도 차이가 아니라 간상세포와 원추세포의 기능 차이로 발생하는 현상이다

46 어두운 환경에서 인간의 시각적 특성에 따라 가장 밝게 보이는 색상은 무엇인가?

① 파랑   ③ 노랑

③ 보라   ④ 빨강

해설

어두운 환경에서는 파란색이나 청록색이 더 밝게 보이고, 반대로 빨간색(장파장)은 어둡게 보이는 특징을 가진다.

47 다음 중 안전사고와 관련된 법칙이 아닌 것은?

① 하인리히의 법칙

② 도미노 이론

③ 베르누이의 법칙

④ 스위스 치즈 모델

해설

• 하인리히의 법칙 : 1건의 중대 사고가 발생하기 전에는 29건의 경미한 사고와 300건의 사소한 징후가 존재한다는 이론

• 도미노 이론 : 사고는 여러 요인이 연쇄적으로 작용하면서 발생한다는 개념

• 스위스 치즈 모델 : 안전 시스템의 여러 방어층이 구멍(취약점)을 가질 수 있으며, 이 구멍들이 정렬될 때 사고가 발생할 수 있다는 이론

• 베르누이의 법칙 : 유체의 속도가 증가하면 압력이 감소한다는 법칙. 항공 역학에서 사용되며 안전사고와 관련이 없음

48 하인리히 법칙(Heinrich's Law)에 대한 올바른 설명은?

① 사고는 도미노처럼 연쇄적으로 발생하며, 단 하나의 원인이 제거되면 사고를 예방할 수 있다.

② 큰 사고는 갑자기 발생하는 것이 아니라, 그 이전에 여러 번의 경미한 사고가 발생하는 과정에서 예견할 수 있다.

③ 스위스 치즈 이론에 따르면, 여러 겹의 방어층이 존재하면 사고가 발생하지 않는다.

④ 한 번의 중대한 사고가 발생하면, 그 원인은 단일 요소로 귀결되며, 외부적 요인은 배제된다.

해설

• 하인리히 법칙(1 : 29 : 300 법칙) : 큰 사고가 발생하기 전에는 수많은 경미한 사고와 징후가 존재하며, 이를 사전에 예방하면 중대한 사고를 줄일 수 있음

• 도미노 이론 : 사고는 여러 개의 원인이 연쇄적으로 작용하여 발생하며, 하나의 요소를 제거하면 전체 사고를 막을 수 있다는 개념이지만, 현대적 해석에서는 다소 한계가 있음

• 스위스 치즈 이론 : 안전사고는 여러 개의 방어층(치즈 조각)이 존재하지만, 모든 방어막에 틈(허점)이 발생할 경우 사고가 발생할 수 있다는 이론. 즉, 방어층이 있어도 사고는 발생할 가능성이 있음

• ④번 항목, 사고는 단일 원인보다 다수의 요인(환경, 인간, 기술 등)이 결합하여 발생함

정답 | 44 ④ 45 ③ 46 ① 47 ③ 48 ②

PART 02

비행원리
Flight Principle

☑ 암기권장 | 주황색 밑줄 문단
☆ 별표 문단/문장

DRONE
Flight Principle

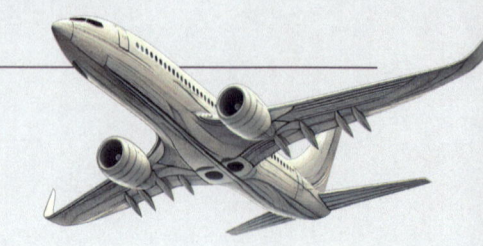

01 비행이론

01 — 비행 기초 이론

1.뉴턴의 운동법칙(Newton's Laws of Motion)

① 제1법칙 : 관성의 법칙
- 관성이란
  - 정지해 있거나 운동하고 있는 물체가 외부에서 힘이 가해지지 않는 한 그 상태를 유지하려는 성질
- 관성의 특징
  - 관성은 물체의 질량에 비례(질량이 클수록 관성이 크다.)
  - 관성은 운동에너지가 아니라 물체의 본질적인 성질
- 관성의 종류
  - 정지관성 : 정지해 있는 물체가 계속 정지하려는 성질
  - 운동관성 : 운동하는 물체가 계속 운동상태를 유지하려는 성질
- 비행 중 관성의 법칙이 깨지는 경우
  - 추력이 부족할 때 : 엔진 출력을 줄이면 항력이 추력을 이기고, 비행기는 속도를 잃고 점점 느려지며 고도를 상실
  - 난기류를 만났을 때 : 외부에서 갑작스러운 바람(외부 힘)이 비행기를 밀면, 관성의 법칙이 깨져 비행기가 흔들리거나 방향이 바뀔 수 있음

정지관성
- **정지해 있던 차가 갑자기 출발할 때**
  차 안의 사람은 관성에 의해 정지 상태를 유지하려고 하기 때문에 몸이 뒤로 쏠린다.

운동관성
- **달리고 있던 차가 갑자기 정지할 때**
  차 안의 사람은 관성에 의해 계속 앞으로 나아가려고 하기 때문에 몸이 앞으로 쏠린다.

  ※ 질량(Mass)과 무게(Weight)
  - 질량(kg) : 질량은 물질이 가지고 있는 고유한 양으로 측정 장소에 관계없이 값은 일정함
  - 무게(kg) : 무게는 중력의 힘으로 측정 장소에 따라 무게의 값은 변경됨

② 제2법칙 : 가속도의 법칙
- 물체의 가속도는 힘에 비례하고 질량에 반비례한다.
- 즉, 힘이 일정할때 질량이 크면 가속도가 작아지고, 질량이 작으면 가속도가 커진다.
  - 예) 같은 힘으로 작은 공을 밀면 빠르게 움직이지만, 큰 바위를 밀면 거의 움직이지 않는 것
- 힘(F) = 질량(m) × 가속도(a)

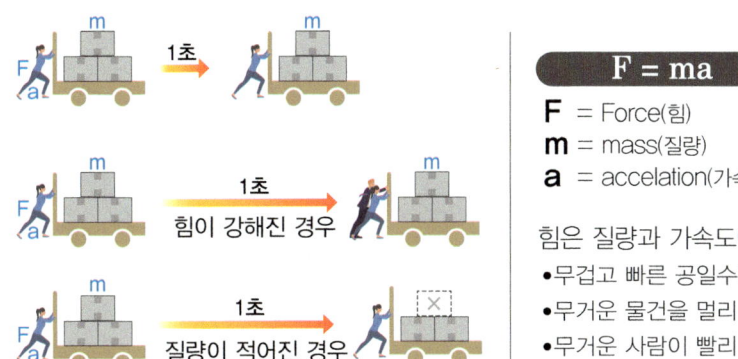

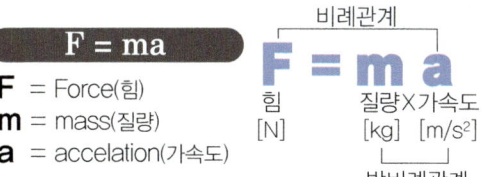

$$F = ma$$

F = Force(힘)
m = mass(질량)
a = accelation(가속도)

F = m a 비례관계

힘 질량X가속도
[N] [kg] [m/s²]

반비례관계

힘은 질량과 가속도에 비례한다.
- 무겁고 빠른 공일수록 아프다.
- 무거운 물건을 멀리 옮길수록 힘들다.
- 무거운 사람이 빨리 걸을수록 힘들다.

③ 제3법칙 : 작용–반작용의 법칙

○ 한 물체가 다른 물체에 힘을 가하면, 크기가 같고 방향이 반대인 힘이 동시에 작용한다. 즉, 힘은 항상 두 물체 사이에서 서로 상호 작용한다.

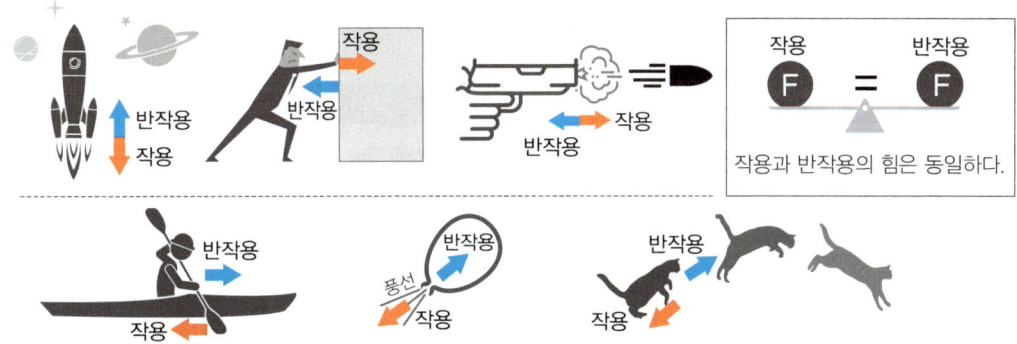

작용과 반작용의 힘은 동일하다.

○ 작용–반작용의 법칙이 비행기에 미치는 영향

힘	작용	반작용
양력	날개로 인한 압력차가 발생되어 공기가 윗쪽으로 작용	날개가 공기를 아래로 밀어내는 힘
추력	엔진/프로펠러로 인해 앞쪽으로 작용	엔진/프로펠러가 공기를 뒤로 밀어내는 힘
항력	공기가 비행기를 뒤로 당김	비행기가 공기를 밀어냄
중력	지구가 비행기를 아래로 끌어당김	비행기가 지구를 위로 끌어당김(미세한 수준)

2. 밀도(Density)_P131 공기밀도 참조

밀도는 단위 부피(mL)당 질량(g 또는 kg)을 나타낸 값으로, 물체마다 고유한 값을 가진다.

① **압력 증가 → 밀도 증가** : 압력이 높아지면 같은 질량의 공기 또는 물체가 더 작은 부피를 차지하게 되어 밀도가 증가

② **온도 증가 → 밀도 감소** : 온도가 높아지면 물질(공기)이 팽창하며, 부피가 증가하므로 밀도가 감소

③ **고도 증가 → 밀도 감소** : 고도가 높아지면 압력이 감소하고, 온도도 낮아지지만, 압력 감소의 영향이 더 크기 때문에 결과적으로 밀도가 감소

④ **습도 증가 → 밀도 감소** : 공기 중 습도가 높아지면 동일한 부피 내 공기 입자 대신 상대적으로 가벼운 수증기 입자가 차지하게 되어 밀도가 감소(습도가 밀도에 미치는 영향은 압력이나 온도만큼 크지 않다.)

3.압력(Pressure)

압력은 단위 면적(m²)당 작용하는 힘(N)으로 나타낸 물리량이다.

① 절대압력(Absolute Pressure)

   ○ 완전 진공 상태를 기준(0점)으로 측정한 압력

     예) 우주 공간에서의 압력, 밀폐된 용기 내부의 압력

② 게이지압력(Gauge Pressure)

   ○ 대기압을 기준으로 측정한 압력

③ 비행체에 작용하는 압력

   ○ 동압(Dynamic Pressure)

     · 유체의 운동 방향으로만 작용하는 압력

     · 유체의 속도의 제곱에 비례하여 증가

   ○ 정압(Static Pressure)

     · 유체가 정지 상태일 때 가지는 압력, 또는 모든 방향으로 작용하는 압력

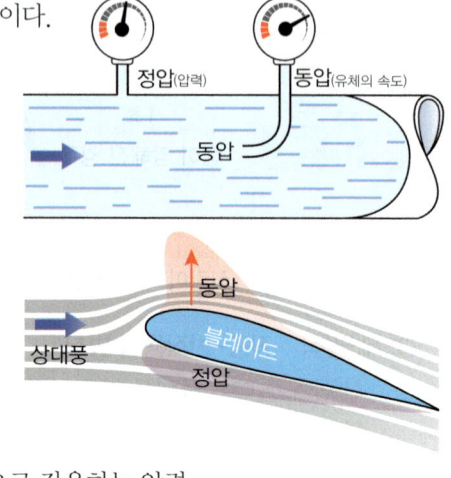

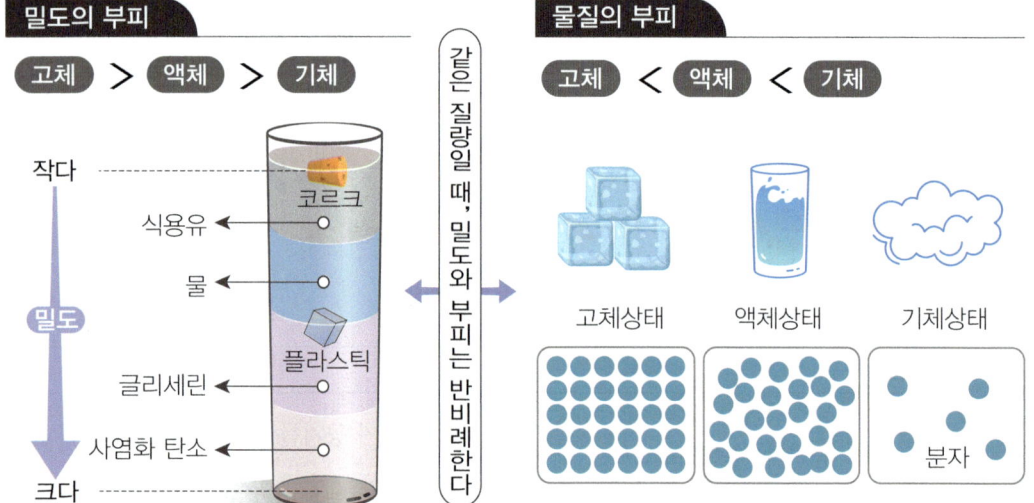

4.레이놀즈 수(Reynolds Number, Re)

① 레이놀즈 수는 유체의 밀도, 속도, 점성 계수, 특성 길이에 의해 결정

② 유체(액체, 기체)의 흐름이 층류인지, 난류인지 결정하는 데 사용

   ○ 낮은 레이놀즈 수(Re) : 점성력이 큰 유체, 천천히 흐르는 액체(꿀, 오일 등)

   ○ 높은 레이놀즈 수(Re) : 관성력이 큰 유체, 빠르게 흐르는 강물, 항공기 주변의 공기 흐름

③ 레이놀즈 수는 다양한 분야에서 유체 흐름의 분석과 설계에 활용

   ○ 파이프 흐름 : 배관 내부에서 물이나 공기의 흐름이 층류인지 난류인지 분석(상하수도 설계)

   ○ 항공역학 : 비행기 날개 주변의 공기 흐름 분석(효율적 비행 설계를 위해 사용)

   ○ 해양학 : 물속 물체의 움직임 분석(선박의 저항을 줄이는 설계에 활용)

   ○ 기계 공학 : 열교환기의 유체 흐름 최적화(냉각 시스템 설계)

5.유체(Fluid)

유체란 고체에 비해 특정한 모양을 가지지 않으며, 외부 힘에 의해 쉽게 변형되는 물질로 크게 액체와 기체로 분류된다.

① **층류**(Laminar Flow) : 유체 입자가 규칙적이고 매끄럽게 층을 이루며 흐르는 상태
  ○ 유속이 낮고 점성이 큰 유체에서 발생
  ○ 각 층이 서로 겹치지 않고, 평행하게 이동
  ○ 레이놀즈 수(Re)가 2000 이하일 때 주로 발생
   · Re < 2000

② **천이흐름/천이영역**(Transitional Flow) : 층류에서 난류로 또는 난류에서 층류로 변하는 영역의 상태
  ○ 층류와 난류가 혼재하는 불안정한 상태
  ○ 일부 영역은 규칙적(층류),
    다른 영역은 불규칙(난류)
  ○ 레이놀즈 수(Re)가 2000~4000 사이일 때 주로 발생
   · 2000 ≤ Re ≤ 4000

③ **난류**(Turbulent Flow) : 유체 입자가 불규칙하게 흐르고, 소용돌이와 혼합이 발생하는 상태
  ○ 고속 흐름과 점성이 낮은 유체에서 발생
  ○ 흐름이 불규칙하고 혼합 효율이 높음
  ○ 레이놀즈 수(Re)가 4000 이상일 때 주로 발생
   · Re > 4000

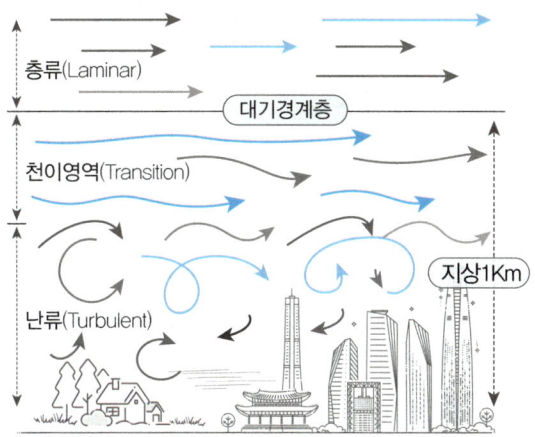

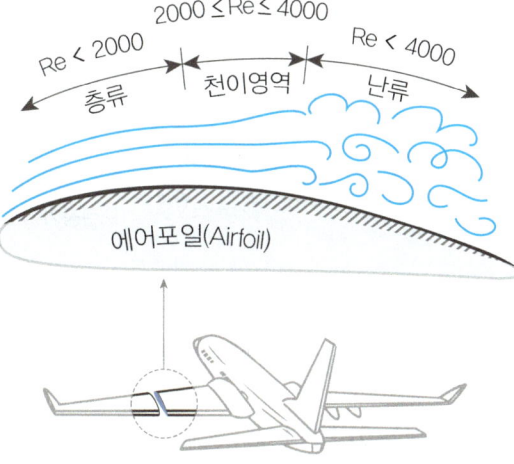

6.벡터(Vector)와 스칼라(Scalor) ☆

① **벡터량**(Vector)
  ○ 정의 : 크기와 작용방향을 동시에 나타냄
  ○ 특징 : 벡터는 화살표로 표현되며, 크기는 화살표의 길이로, 방향은 화살표의 방향으로 나타냄
  ○ 대표적인 벡터량 : 속도, 가속도, 힘, 운동량, 충격량, 전기장, 자기장, 추력, 항력, 양력, 중력 등

② **스칼라량**(Scalar Quantity)
  ○ 정의 : 크기만으로 정의되는 물리량
  ○ 특징 : 방향이 없으며, 값만으로 물리량이 완전하게 표현.
    (덧셈, 뺄셈 연산으로 계산 가능)
  ○ 대표적인 스칼라량 : 속력, 길이, 넓이(면적), 시간, 온도, 압력, 밀도, 질량, 에너지 등

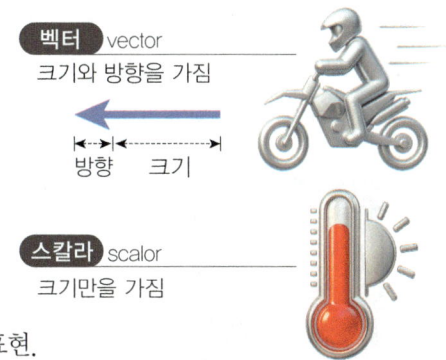

02 – 양력 발생의 원리

1.양력의 개념

날개 주변을 지나는 공기의 속도 차이와 압력 차이로 인해 윗면과 아랫면에 압력 불균형이
생기며, 이로 인해 위쪽으로 향하는 힘(양력)이 발생한다.

비행기의 날개, 헬리콥터의 로터 블레이드는 양력을 발생시키는 대표적인 장치이다.　양력/비행 영상

① 양력의 기본 원리 : 날개 주변 공기의 속도와 압력 차이에 기초
② 베르누이의 정리 : 공기의 속도가 빠르면 압력이 낮아지고, 속도가 느리면 압력이 높아지는 원리
③ 뉴턴의 제3법칙(작용과 반작용의 법칙) : 날개의 곡선으로 인해 공기는 아래로 흐르게 되는데, 반작용
　　　　　　　　　　　　　원리에 따라 공기가 날개를 위로 밀어주는 현상이 발생 한다.
④ 날개 설계 : 곡률과 취부각은 공기의 흐름을 제어하여 양력을 최적화

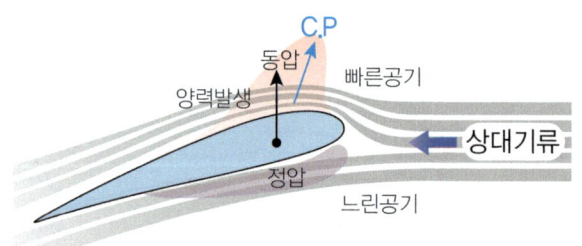

※전압(총에너지) = 정압 + 동압
※동압 : 속도의 제곱에 비례
※CP(압력중심) : Center of Pressure

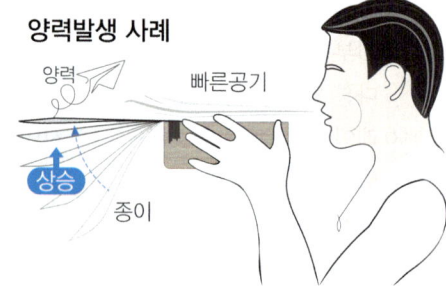

※바람을 약하게 불면 종이는 떨어지고,
　바람을 세게 불면 종이는 양력 발생으로 상승한다.

2.베르누이 법칙(Bernoulli's law)

① 점성(마찰)과 압축성이 없는 이상적인 유체가 규칙적으로 흐를 때(정상류), 유체의 정압(Static Pressure),
　동압(Dynamic Pressure), 위치에너지(중력에 의한 압력)의 합인 총압(Total Pressure)이 일정하게 유지되는 법
　칙을 말합니다.
② 이 법칙에 따라 날개 윗면은 공기 속도가 빨라져 압력이 낮아지고, 아랫면은　베르누이 원리
　속도가 느려 압력이 높아지며, 이 압력 차이에 의해 양력이 발생한다.　일상 생활 사례
③ 비행기의 에어포일 아랫면은 압력이 높고 윗면은 압력이 낮아 압력 차이가 발생하며, 이 차이에
　의해 공기가 고기압에서 저기압으로 작용하는 힘이 생겨 날개를 위로 들어 올리는 양력(lift) 이 발생

베르누이(물리학자)
(1700~1782, 스위스)

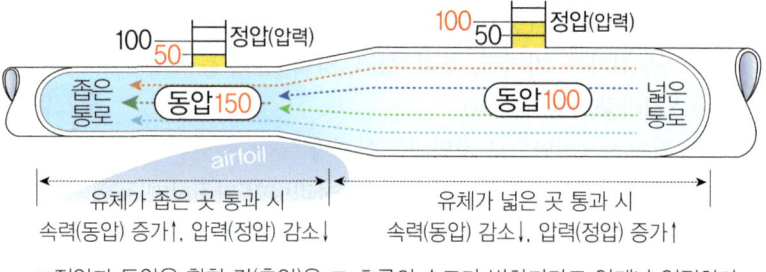

유체가 좁은 곳 통과 시　　　　유체가 넓은 곳 통과 시
속력(동압) 증가↑. 압력(정압) 감소↓　속력(동압) 감소↓. 압력(정압) 증가↑

※정압과 동압을 합한 값(총압)은 그 흐름의 속도가 변하더라도 언제나 일정하다.

P(정압) + q(동압) = Pt(총압),　q = 1/2pV2　P + 1/2pV2 ＝ Pt
　　　　　　　　└→ 총 에너지

④ 베르누이법칙 활용 사례

피토관(Pitot tube)은 유체의 속도를 측정하는 기구로 항공기, 선박 및 유체 동력 시스템 등에서 널리 사용된다.

○ 유체의 흐름 방향으로 설치되며, 정압(Static pressure)과 전체 압력(Total pressure, 정압과 동압의 합)을 측정하여 유체의 속도를 계산

○ 피토관의 구성 요소
· 관 끝의 개구부 : 유체 흐름에 직접 노출되어 전체 압력 측정
· 측면의 구멍 : 정압을 측정
· 압력 차 측정 기구 : 전체 압력과 정압의 차이를 계산하여 동압(Dynamic pressure)을 구함

※일상속 베르누이 원리

 축구의 바나나킥, 날개없는 선풍기, 열려있던 문이 강하게 닫히는 현상, 야구의 변화볼 외

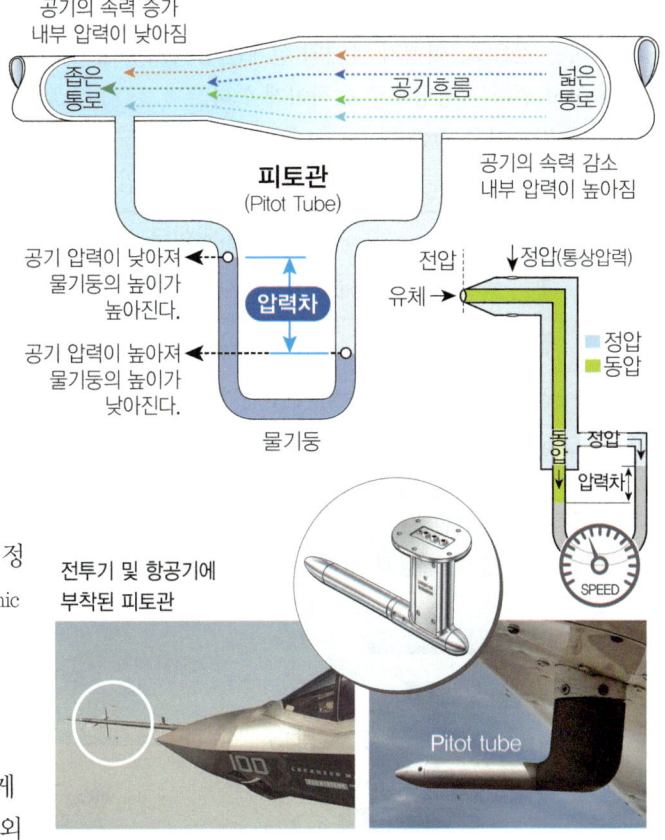

공기의 속력 증가
내부 압력이 낮아짐

좁은 통로 / 공기흐름 / 넓은 통로

피토관
(Pitot Tube)

공기의 속력 감소
내부 압력이 높아짐

공기 압력이 낮아져 물기둥의 높이가 높아진다.

압력차

공기 압력이 높아져 물기둥의 높이가 낮아진다.

물기둥

전압
유체 →
↓정압(통상압력)

■정압
■동압

동압 / 정압
압력차

SPEED

전투기 및 항공기에 부착된 피토관

Pitot tube

3.연속의 법칙(Principle of Continuity)

연속의 법칙은 유체 흐름에서 질량 보존의 원리를 설명하는 법칙이다.

유체(기체, 액체)가 압축되지 않는 경우 유속과 단면적의 관계를 나타낸다. 아래 이미지의 A지점을 통해 유체가 유입되고 B지점을 통해 유출될 때, A의 유입량과 B의 유출량은 동일하다.

※사례 예시

−수도꼭지 끝이 좁아질수록 물의 흐름이 빨라지는 현상
−강이 좁은 협곡을 지나갈 때 유속이 빨라지는 현상

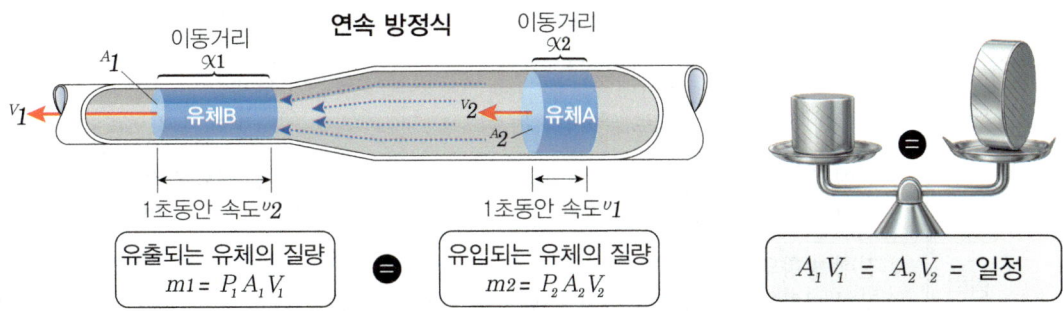

연속 방정식

이동거리 x_1 / 이동거리 x_2

A_1 / 유체B / v_2 / 유체A / A_2

v_1

1초동안 속도 v_2 / 1초동안 속도 v_1

유출되는 유체의 질량
$m_1 = P_1 A_1 V_1$

=

유입되는 유체의 질량
$m_2 = P_2 A_2 V_2$

$A_1 V_1 = A_2 V_2 = $ 일정

※유관을 통과하는 완전유체의 유입량과 유출량은 항상 일정

4.날개의 구조와 양력

비행기 날개의 본질은 공기역학적 설계와 원리를 통해 양력을 생성하여 비행기를 공중에 띄우는 역할을 하는 것으로, 비행기 날개의 설계는 공기의 흐름과 압력 차이를 활용하여 비행기를 안정적으로 뜨게 하고 원하는 방향으로 움직이게 한다.

① 압력 차이로 인한 힘
　○ 양력은 주로 물체의 상하부에서 발생하는 압력 차이에 의해 생성

구분	날개 상부	날개 하부
공기 흐름	곡률로 인해 속도가 빠름	곡률이 적어 속도가 느림
압력 변화	속도 증가로 낮은 압력 형성	속도 감소로 높은 압력 생성
압력 효과	낮은 압력이 날개를 위로 끌어당김	높은 압력이 날개를 위로 밀어줌
양력 발생	상.하부의 압력 차이에 의해 양력 생성	–

② 수직 방향의 힘
　○ 양력은 중력 방향과 반대인 위쪽으로 작용(실제로는 날개의 기울기에 따라 특정 각도로 작동 함)

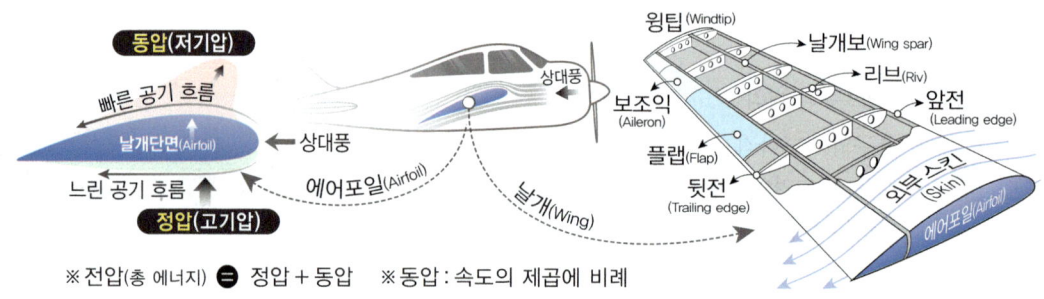

03 — 항공기에 작용하는 힘 ✦

구분	설명	영향 요인
양력	○ 중력의 반대 방향 → 위쪽 ○ 날개의 단면과 공기 흐름의 상호작용으로 발생하며, 항공기를 공중으로 띄우는 힘	○ 날개의 모양, 비행 속도, 　공기 밀도, 받음각(Angle of Attack)
중력	○ 지구의 중심 방향 → 아래쪽 ○ 지구가 항공기를 아래로 끌어당기는 힘	○ 항공기 무게 　(자체 중량 + 화물, 승객, 연료 외)
추력	○ 진행 방향의 → 앞쪽 ○ 모터,엔진으로 항공기를 앞으로 밀어주는 힘	○ 엔진 출력, 연료 사용량, 프로펠러 또는 모터, 엔진의 설계
항력	○ 진행 방향의 반대 → 뒤쪽 ○ 공기 저항으로 항공기의 진행을 방해하는 힘	○ 항공기 외형, 표면 마찰, 　공기 밀도, 비행 속도

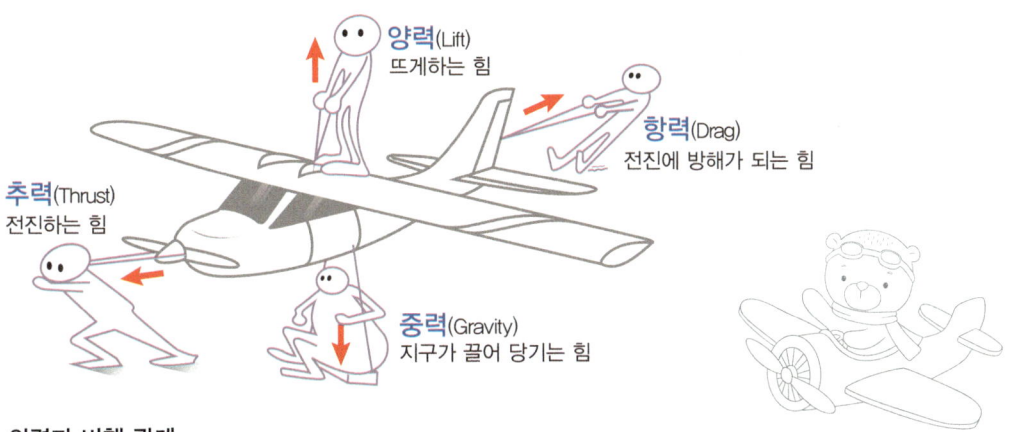

양력(Lift)
뜨게하는 힘

항력(Drag)
전진에 방해가 되는 힘

추력(Thrust)
전진하는 힘

중력(Gravity)
지구가 끌어 당기는 힘

외력과 비행 관계

- 가속비행 : 추력 > 항력
- 감속비행 : 추력 < 항력
- 상승비행 : 양력 > 중력
- 하강비행 : 양력 < 중력

등속 수평비행

- 추력 = 항력
  (등속비행, 균형비행)
- 양력 = 중력
  (수평비행, 정지비행, 호버링)

1.비행기 외력

① 양력(Lift)
- 양력은 공기 흐름과 항공기 날개 단면(에어포일)의 상호작용으로 발생하는 힘
- 중력과 반대 방향으로 작용하여 항공기를 공중에 띄우는 힘
- 항공기의 중량(자체 무게, 탑재 화물, 승객, 연료 등)이 클수록 큰 양력이 필요
- 베르누이 원리, 뉴턴의 작용-반작용 법칙에 따라 발생
- 양력은 공기 밀도의 영향을 받음
- 양력 ↔ 중력

② 중력(Gravity)
- 중력은 항상 지구 중심으로 향하는 힘
- 양력과 반대되는 힘
- 중력 ↔ 양력

③ 추력(Thrust)
- 추력은 항공기를 앞으로 밀어주는 힘
- 추력은 모터와 엔진에서 발생
- 전진을 방해하는 항력과 반대되는 힘
- 추력 ↔ 항력

④ 항력(Drag)
- 항력은 항공기가 공기 중에서 이동할 때 발생하는 저항력
- 항력 ↔ 추력

04 – 엔진(추력)과 항력

1. 엔진(Engine), 추력(Thrust)

항공기 엔진은 추력(Thrust)을 생성하는 장치로, 제트 엔진, 터보프롭 엔진, 왕복 엔진 등 다양한 방식으로 동력을 공급하며, 각 방식에 따라 추력을 생성하는 원리가 다르다.

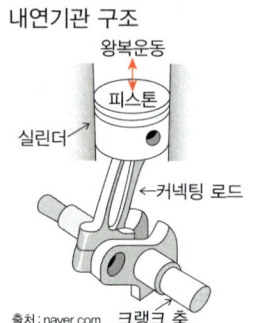
내연기관 구조
왕복운동
피스톤
실린더
← 커넥팅 로드
출처 : naver.com 크랭크 축

① **왕복엔진**(피스톤 엔진, Reciprocating engine)
  ○ 내연기관의 피스톤(Piston)이 왕복운동을 하며 열에너지를 기계적 에너지로 변환하는 장치
  ○ 이를 통해 프로펠러를 회전시켜 추력을 발생

점화플러그(Spark Plug) : 작동(팽창/폭발)행정 시 실린더 내부의 혼합물(연료+공기)에 불꽃을 점화시켜 엔진 동력을 발생시키는 중요한 역할과 기능을 담당

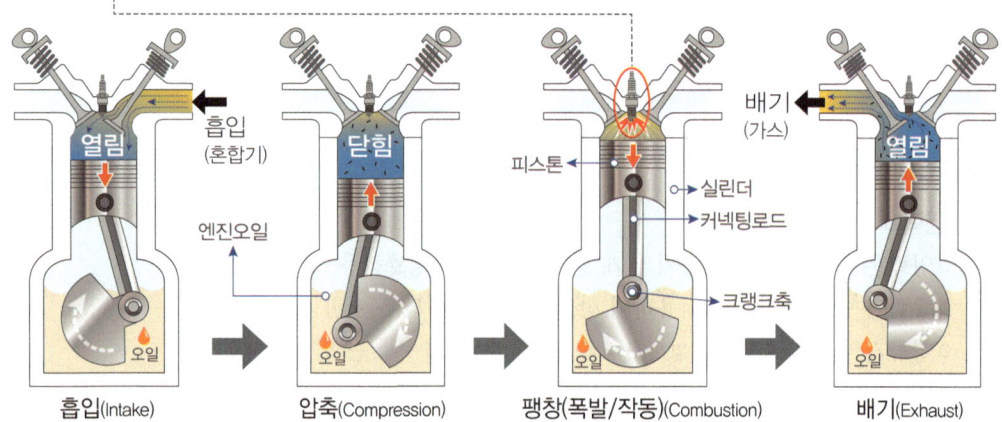

흡입(Intake) → 압축(Compression) → 팽창(폭발/작동)(Combustion) → 배기(Exhaust)

 엔진내부 오일(Engine Oil) **의 기능** : 윤활기능, 청정기능, 방청기능, 냉각기능, 밀봉기능, 완충기능
청소 └ 금속 부식 방지

  ○ 소형 항공기에는 가솔린을 연료로 하는 왕복 엔진이 널리 사용
  ○ 작동원리 : 흡입 → 압축 → 팽창(폭발/작동) → 배기 과정을 반복

4행정 작동영상

   ·흡입행정 : 피스톤이 하강하며 실린더 내로 공기 또는 혼합기 흡입
   ·압축행정 : 피스톤이 상승하여 흡입된 공기를 압축하고, 혼합기의 경우 점화 플러그로 점화
   ·팽창(폭발)행정 : 압축된 공기에 연료를 분사하여 연소 및 폭발이 일어나고, 폭발 에너지가 피스톤을 밀어내어 동력을 생성
   ·배기행정 : 피스톤이 상승하며 연소 후 발생한 배기가스를 실린더 밖으로 배출
② **가스터빈 엔진**(제트엔진, Gas turbine engine)
  ○ 작동 원리 : 외부에서 흡입된 공기는 아래 순서로 엔진 내부를 순환
   ·압축기(Compressor) : 흡입된 공기 압축
   ·연소실(Combustion Chamber) : 압축된 공기와 연료를 연소
   ·터빈(Turbine) : 연소된 열에너지로 회전
   ·노즐(Nozzle) : 고속 공기를 분사하여 추력 생성

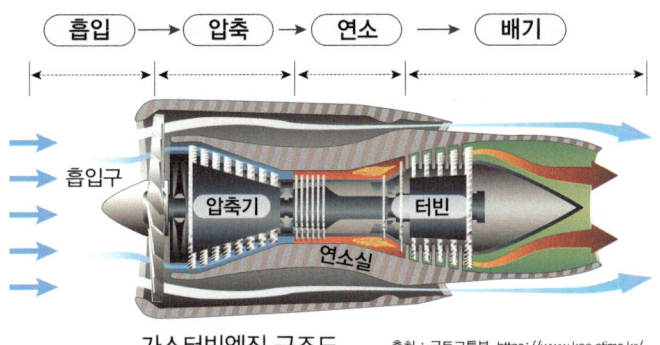

흡입 → 압축 → 연소 → 배기

흡입구
압축기
연소실
터빈

가스터빈엔진 구조도   출처 : 국토교통부, https://www.kaa.atims.kr/

출처 : ChatGPT   제트엔진 원리

○ 가스터빈 엔진의 종류
  · 터보제트 엔진 : 순수 제트 추진 방식으로 공기를 압축한 뒤 연소시켜 배출가스로 추력을 얻음
  · 터보팬 엔진 : 팬(Fan)을 통해 공기의 일부를 추가로 밀어내어 추진력 증가 및 연비 효율성 개선
  · 터보프롭 엔진(Turboprop Engine) : 터빈이 프로펠러를 구동하여 추력을 생성. 터빈 에너지가 주로 프로펠러 회전에 사용
  · 터보샤프트 엔진(Turboshaft Engine) : 축 동력(Shaft power)을 생성하며, 헬리콥터 또는 산업용 기계에서 동력을 공급
  · 램제트 엔진(Ramjet Engine) : 압축기를 사용하지 않고 고속으로 유입되는 공기의 압축력을 활용하여 연료를 연소

③ 왕복엔진, 가스터빈엔진 비교

구분	왕복 엔진	가스터빈 엔진(제트엔진)
장점	○ 저속에서 효율적 ○ 설계와 유지 보수가 용이 ○ 다양한 연료 사용 가능 ○ 제작 및 초기 비용이 저렴	○ 고속 및 고고도에서 효율적 ○ 높은 출력 대 중량비 ○ 부드러운 작동과 진동 최소화 ○ 구조가 단순해 내구성이 우수
단점	○ 고속, 고고도에서 연료 효율 저하 ○ 많은 부품으로 인해 구조 복잡 ○ 진동과 부품 마모가 크며 유지보수 빈번	○ 저속, 저고도에서 연료 효율 저하 ○ 초기 제작 및 유지 비용이 높음 ○ 높은 소음과 배기가스 문제
특징	○ 피스톤의 왕복 운동으로 동력 생성 ○ 간헐적 폭발로 작동 ○ 가솔린, 디젤 등 다양한 방식 존재	○ 회전 부품으로 연속 추력 발생 ○ 고온 환경에서 작동 가능 ○ 터보제트, 터보팬 등 다양한 형태 존재
사용 환경	○ 소형 항공기, 자동차, 선박, 발전기 ○ 저속 및 단거리 운송 수단	○ 대형 항공기, 군용기, 초음속 항공기 ○ 발전소의 가스터빈 ○ 고속 장거리 운송 수단

※ 오일(Oil)의 기능과 점도
○ 오일 기능 : 윤활, 청정, 방청, 냉각, 밀봉, 충격흡수 등의 기능
○ 오일 점도 : 점도 지수가 클수록 좋지만, 점도가 높으면 연비는 감소한다.

2. 항력(Drag)

비행체가 공기 중에서 이동할 때, 공기 흐름에 의해 추력(Thrust)의 반대 방향으로 작용하는 저항력이다. 항력은 비행체의 속도를 감소시키거나 비행 효율을 떨어뜨리는 주요 요인이다.

① 항력의 발생 요인

　ㅇ 공기 점성(Viscosity) : 공기가 물체의 표면과 마찰하면서 저항이 발생

　ㅇ 공기 흐름의 변화 : 물체 주변의 공기 흐름이 난류, 소용돌이 등을 형성하며 저항이 증가

　ㅇ 압력 차이 : 비행체의 앞뒤 단면의 압력 차이로 인해 저항이 발생

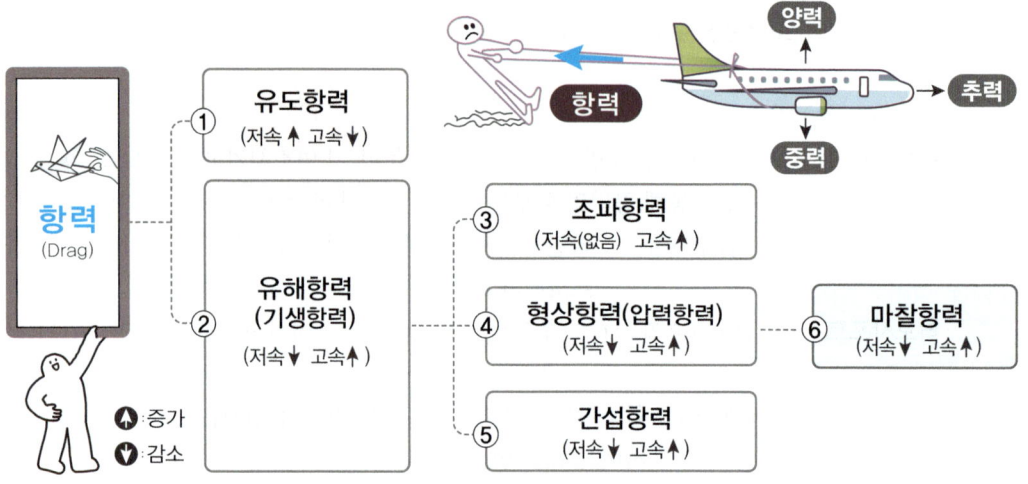

② 항력의 종류

　ㅇ 유도항력(Induced drag)

　　· 정의 : 양력이 발생하는 과정에서 필연적으로 발생하는 항력

　　· 날개 끝에서 발생하는 소용돌이(와류, Vortex)가 주 발생 요인

　　· 윙렛(Winglet)을 통해 소용돌이를 줄일 수 있음

　　· 항공기의 속도가 증가하면 유도기류 속도가 감소해 유도항력도 감소 하며,
　　　공기 속도의 제곱에 반비례

　　· 받음각(AOA, Angle of Attack)이 커지면 유도항력이 증가

※ 윙렛 유무에 따른 유도기류(유도항력)

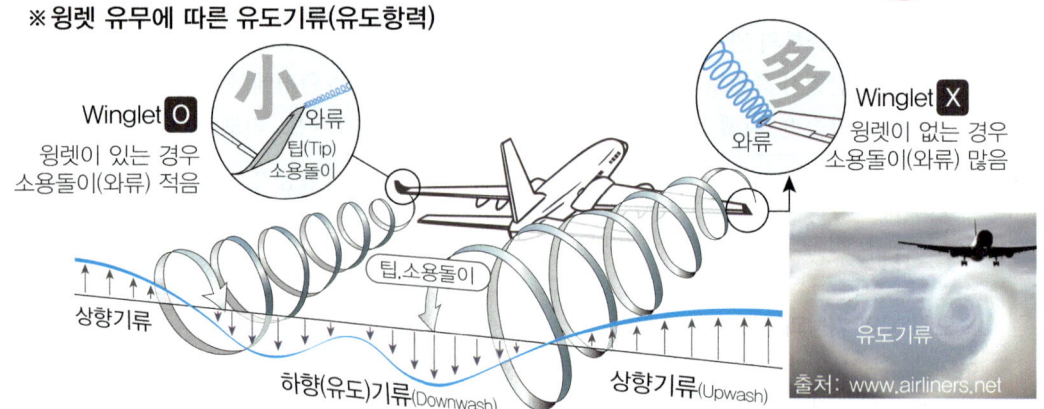

다양한 유형의 윙렛(Winglet)

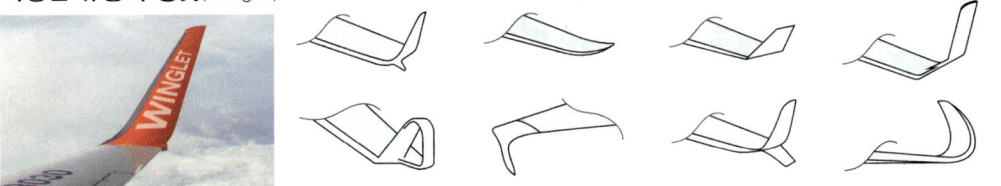

※ **윙렛**: 날개 끝에 발생되는 소용돌이(와류)의 형성을 방지하는 데 큰 도움을 주며, 연료 소비 약 3~7% 절감 효과

○ 유해항력(Parasite Drag)

· 양력 발생과 관계없이, 유도항력을 제외한 모든 항력

· 항공기 주변의 공기 흐름과 기체 형상, 표면 마찰에 의해 발생

· 속도의 제곱에 비례하여 증가

· 유해항력 분류

▷ 조파항력(Wave Drag) : 초고속/초음속에서 충격파로 발생

▷ 형상항력(Form Drag = Pressure Drag) :

동체, 날개, 꼬리 등 모양 때문에 생기는 항력

ㅡ마찰항력(Friction Drag) : 비행체 표면과 공기의 마찰로 발생(층류보다 난류에서 마찰항력 높음)

▷ 간섭항력(Interference Drag) : 날개와 동체, 날개와 날개 등 구조가 만나는 부분에서 생기는 항력

항력 계수란?

ㅡ물체가 유체(액체, 기체) 속에서 이동할 때 유체의 저항(항력, Drag)을 측정하기 위한 수치

ㅡ물체의 형상, 표면 특성, 유체의 흐름 상태에 따라 항력 계수가 결정

참조) 물체 형상에 따른 항력 변화

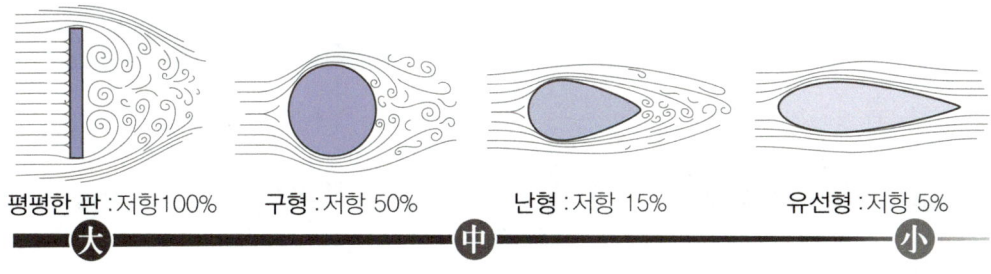

평평한 판 : 저항100%　　**구형** : 저항 50%　　**난형** : 저항 15%　　**유선형** : 저항 5%

大　　　　　　　中　　　　　　　小

참조) 형태별 항력 계수(%)

 구체
항력계수 → 0.47

 정육면체
항력계수 → 1.05

 짧은 원기둥
항력계수→ 1.15

 반구
항력계수 → 0.42

 기울어진 정육면체
항력계수 → 0.80

 유선형 물체
항력계수→ 0.04

 원뿔
항력계수 → 0.50

 기울어진 정육면체
항력계수 → 0.80

 유선형 반체
항력계수→ 0.09

02 주요 구조

항공기 주요 명칭

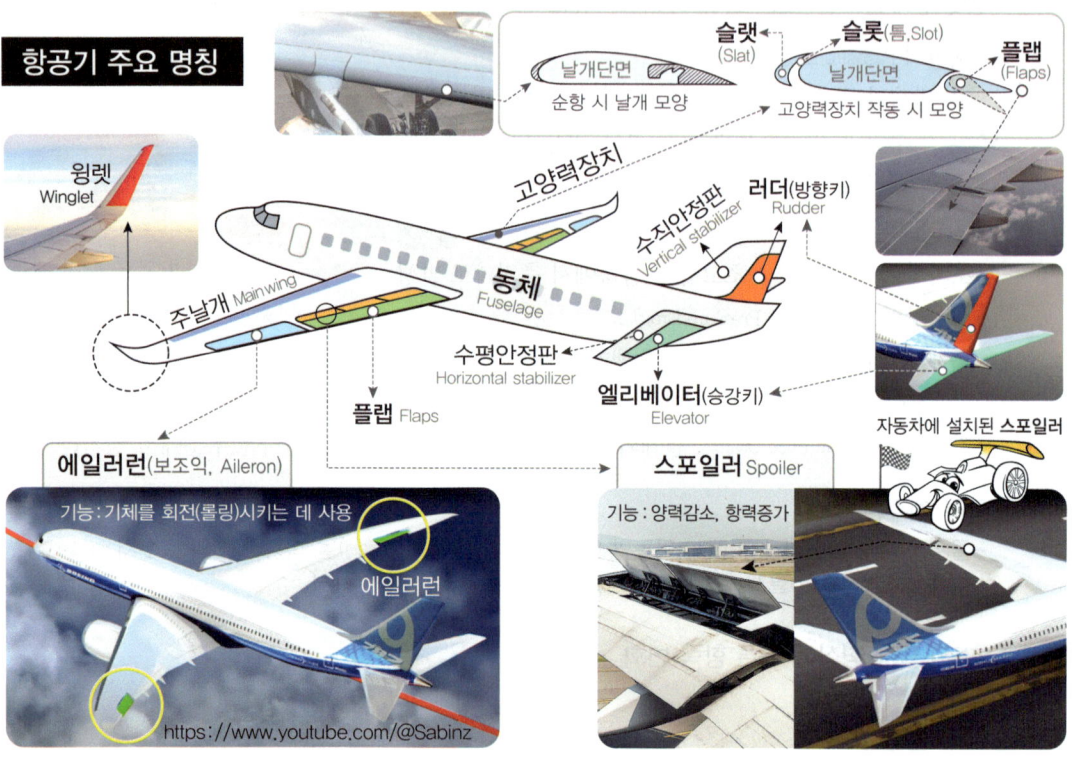

슬랫 (Slat)
슬롯 (틈,Slot)
플랩 (Flaps)
날개단면
순항 시 날개 모양
날개단면
고양력장치 작동 시 모양

윙렛 Winglet

고양력장치
수직안정판 Vertical stabilizer
러더 (방향키) Rudder

주날개 Main wing
동체 Fuselage

플랩 Flaps
수평안정판 Horizontal stabilizer
엘리베이터 (승강키) Elevator

에일러런 (보조익, Aileron)
기능 : 기체를 회전(롤링)시키는 데 사용
에일러런
https://www.youtube.com/@Sabinz

스포일러 Spoiler
기능 : 양력감소, 항력증가
자동차에 설치된 스포일러

멀티콥터 주요 명칭

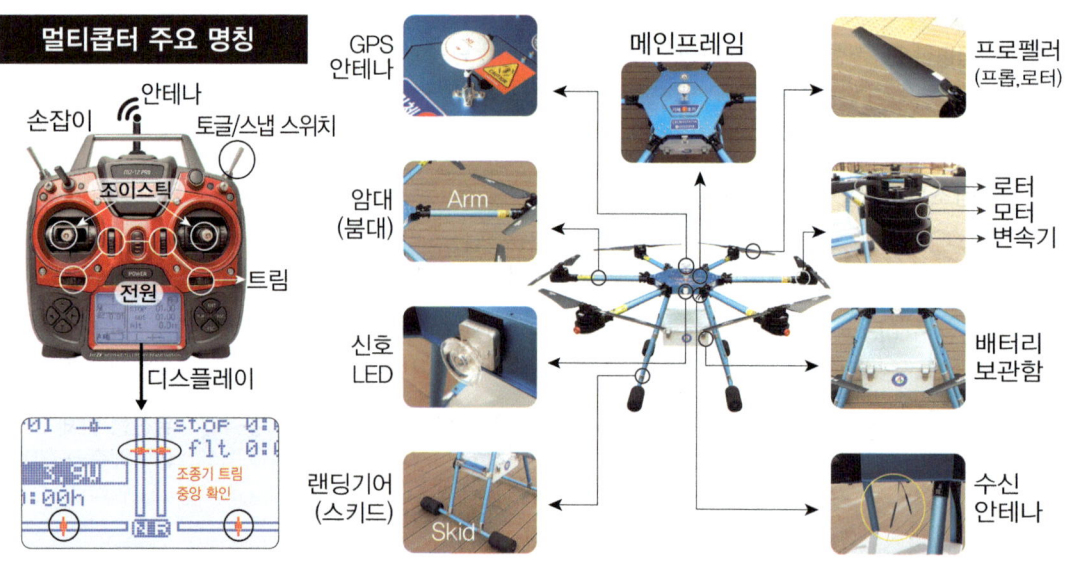

GPS 안테나
메인프레임
프로펠러 (프롭,로터)

손잡이
안테나
토글/스냅 스위치
조이스틱
전원
트림
디스플레이

암대 (붐대)   Arm

로터
모터
변속기

신호 LED

조종기 트림 중앙 확인

배터리 보관함

랜딩기어 (스키드)   Skid

수신 안테나

01 – 프로펠러(Propeller)

1. 프로펠러 개념

① 프로펠러는 엔진축에 연결되어 전달된 동력(토크)을 통해 회전함

② 회전하는 날개(Blade) 형태의 장치로, 필요한 추력(Thrust)을 발생시킴

③ 프로펠러는 비행기와 무인멀티콥터에서 주로 사용되며, 로터(Rotor, 회전날개)는 헬리콥터에서 주로 사용

④ 프로펠러는 작고 짧으며, 로터는 크고 긴 특징을 갖는다.

2. 프로펠러의 종류와 제작

① 프로펠러는 2장 이상의 블레이드(깃)로 구성되며, 짧고 가벼운 디자인으로 공기를 밀어 추진력이 생성됨

② 프로펠러는 블레이드의 개수에 따라 분류되며, 일반적으로 2엽에서 6엽까지 다양한 형태가 존재

③ 블레이드의 수가 적으면 회전 저항이 줄어들어 효율이 높아지며, 블레이드 수가 많을수록 더 강한 추진력을 제공하지만 소음과 공기 저항이 증가

④ 고속 항공기나 특수 목적 드론(레이싱드론 외)에서는 3엽 이상의 프로펠러를 사용해 안정성과 추진력을 강화하며, 일부 항공기는 소음 감소와 효율 증대를 위해 가변 피치 프로펠러를 사용하기도 함

⑤ 프로펠러 제작 소재
- 나무, 플라스틱, 카본(탄소섬유) 등 가볍고 강도가 높은 소재로 제작
- 금속 강철은 무겁고 위험하여 부적합

동력발생과 전달 과정

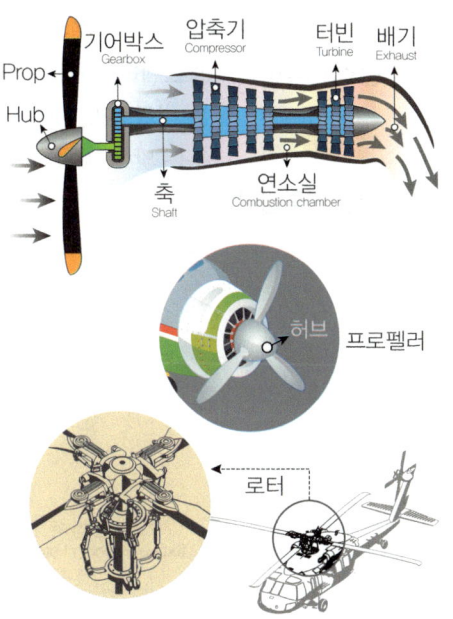

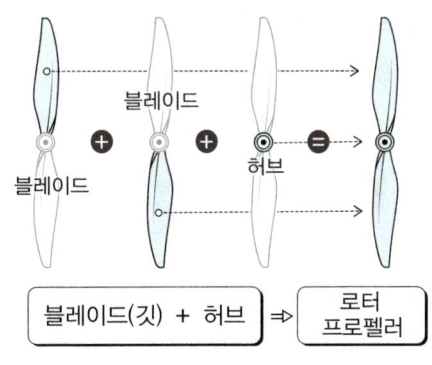

블레이드(깃) + 허브 ⇒ 로터 프로펠러

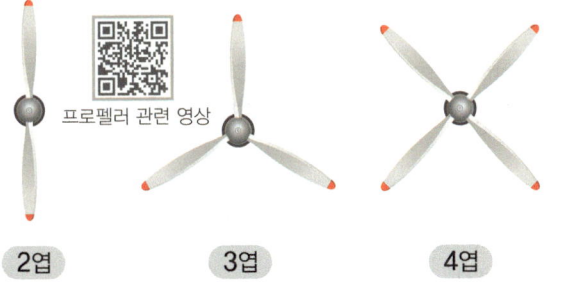

2엽 3엽 4엽 6엽

프로펠러 관련 영상

프로펠러

3.프로펠러에 작용하는 힘

① **원심력** : 프로펠러 블레이드가 회전할 때, 회전축에서 바깥쪽으로 작용하는 힘이 발생하여 블레이드에 강한 인장력(당기는 힘)이 작용한다. 이는 블레이드에 작용하는 가장 강한 힘 중 하나이다.

② **토크 굽힘력** : 엔진에서 발생한 회전 토크가 블레이드에 전달되어 블레이드가 비틀리고 휘는 힘

③ **추력 굽힘력** : 전진을 위해 프로펠러가 추력을 발생시키는 과정에서, 블레이드가 축 방향으로 휘게 만드는 힘 또는 블레이드 끝부분(팁)이 기체 쪽으로 당겨지는 힘을 의미

④ **공력 비틀림력** : 프로펠러 블레이드의 앞뒤에 생기는 공기압 차이(양력과 항력의 작용)로 인해 발생하는 비틀림력, 보통 블레이드 끝부분은 높은 피치(깊은 각도)를 유지하려 하고, 중심 부는 낮은 피치(얕은 각도)로 유지되려는 경향이 있다.

⑤ **원심 비틀림력** : 원심력이 작용하며 블레이드가 축 방향으로 비틀리는 힘으로, 이 힘은 일반적으로 블레이드를 더 낮은 피치(얕은 각도)로 만들려는 경향을 가진다.

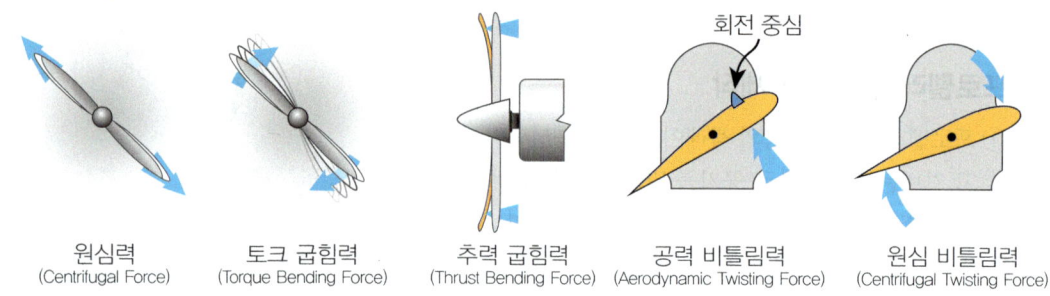

원심력	토크 굽힘력	추력 굽힘력	공력 비틀림력	원심 비틀림력
(Centrifugal Force)	(Torque Bending Force)	(Thrust Bending Force)	(Aerodynamic Twisting Force)	(Centrifugal Twisting Force)

4.프로펠러 규격과 추력

① 프로펠러 규격 구성

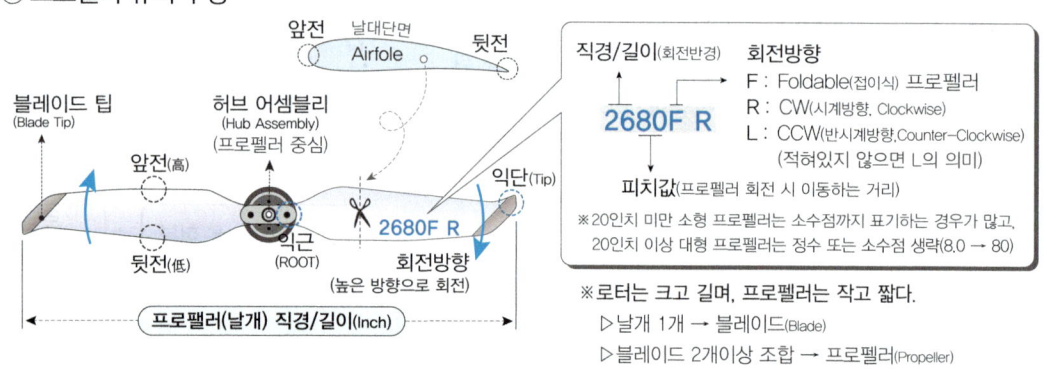

○ 프로펠러 치수는 제조사마다 표시 방법이 다소 다르지만, 일반적으로 4자리 숫자(2680R)로 구성
  · 2680 앞 26의 의미 → 프로펠러의 직경(지름)을 나타내며, 이는 프로펠러가 회전하며 그리는 원의 지름(단위: 인치)
  · 2680 뒤 80의 의미 → 피치(기하학적 피치)를 나타내며, 이는 프로펠러가 한번 회전할 때 이동한 거리
○ 프로펠러 직경의 역할
  · 프로펠러의 직경이 크면 큰 추력과 양력을 생성
  · 직경이 커질수록 모터에 더 많은 힘이 요구되어 회전수(RPM)는 감소
  · 프로펠러의 적절한 직경은 기체의 특성, 크기, 용도, 모터의 성능에 따라 선택

② 프로펠러 피치(Pitch)의 개념

프로펠러의 피치(Pitch)는 프로펠러가 한 번 회전할 때 공기를 밀어 기체가 이동할 수 있는 거리를 의미하며 '유효피치'와 '기하학적 피치'로 분류한다.

○ **유효 피치**(Effective Pitch) : 프로펠러가 1회전 시 실제적으로 움직인 거리

○ **기하학적 피치**(Geometric Pitch) : 프로펠러가 1회전 시 이론적으로 움직인 거리

■ 프로펠러 2680의미

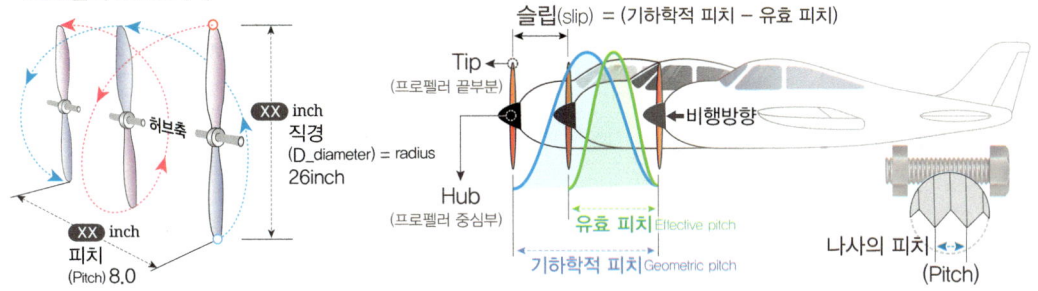

③ 프로펠러 피치각에 따른 특성

프로펠러 피치각(Pitch 또는 Blade Angle)은 프로펠러 블레이드의 시위선과 회전면(수평면) 사이의 각도를 의미하며, 이 각도는 공기와의 상호작용 방식과 추력 생성에 중요한 역할을 한다.

■ 낮은 피치각
저속비행에 유리

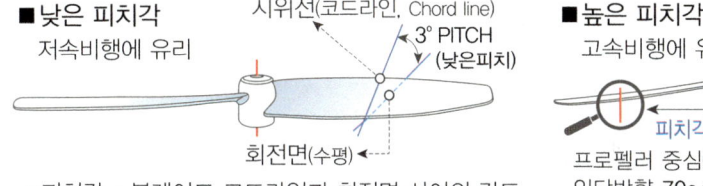

■ 높은 피치각
고속비행에 유리

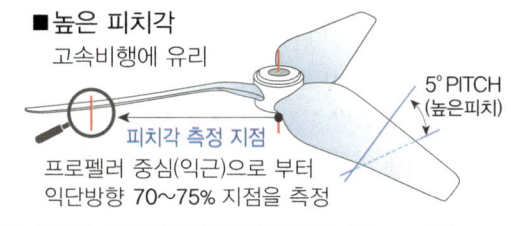

피치각 측정 지점
프로펠러 중심(익근)으로 부터
익단방향 70~75% 지점을 측정

※피치각 : 블레이드 코드라인과 회전면 사이의 각도

구분	낮은 피치각	높은 피치각
공기저항	감소(저항이 적음)	증가(낮은피치 대비 더 많은 저항 발생)
안전성	실속 위험이 낮고, 조종 안정성 높음	실속 위험이 높고, 조종 안정성 낮음
모터부하	모터 부하 감소	모터 부하 증가
비행효율	저속비행 시 → 효율 높음	저속비행 시 → 효율 낮음
	고속비행 시 → 효율 낮음	고속비행 시 → 효율 높음

④ 피치(Pitch)의 형식

○ 고정피치형 : 일정한 피치각으로 설계되어 있어, 회전속도(RPM)를 조절하여 양력과 추력을 제어

○ 변동피치형 : 피치각을 가변적으로 조정할 수 있어 다양한 비행 상황에서 보다 정교한 제어가 가능

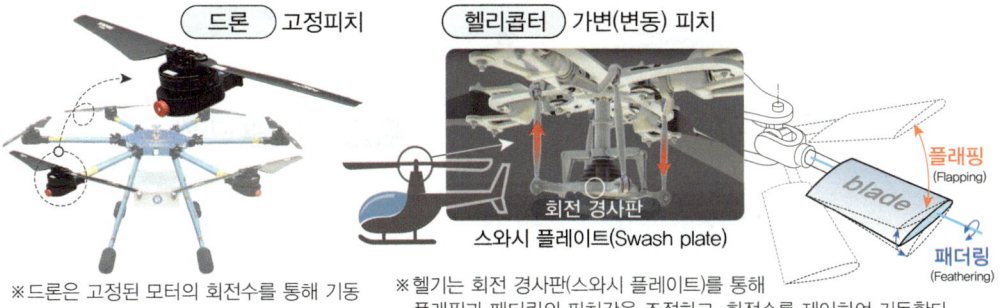

※드론은 고정된 모터의 회전수를 통해 기동

※헬기는 회전 경사판(스와시 플레이트)를 통해 플래핑과 패더링의 피치각을 조절하고, 회전수를 제어하여 기동한다.

○ 고정피치와 가변피치의 특징 및 장단점

구분	고정피치 프로펠러	가변(변동)피치 프로펠러
특징	○ 고정된 피치각 ○ 무인 멀티콥터 등 단순한 항공기 ○ RPM(분당 회전수) 조절을 통해 제어 ○ 2개의 블레이드가 통합되어 고정된 피치각을 가짐	○ 회전 중에도 피치각 조정 가능 ○ 메인 로터의 피치각 변화로 제어 ○ 헬리콥터 등 정교한 조작이 필요한 항공기 ○ 피치각이 변동 가능하며 정교한 구조
장점	○ 구조가 단순함 ○ 제작 비용이 저렴	○ 다양한 상황에서 효율적 ○ 정교한 제어 가능
단점	○ 제어가 제한적 ○ 다양한 상황에 부적합	○ 구조가 복잡함 ○ 제작 및 유지 비용이 높음

5. 멀티콥터 규격 표현

① 기체 크기(Dimensions)
  ○ 대각선 모터 축간 거리, 예) 250mm, 450mm
② 중량(Weight)
  ○ 자체 중량 : 기체무게 + 베터리 무게
  ○ 최대 이륙 중량 : 자체중량 + 탑재물(페이로드)등을 포함한 전체 무게
③ 모터 및 프로펠러(Motors & Propellers)
  ○ 모터 스펙 : KV1200, KV1500등으로 표현
  ·KV값 : 무부하 상태에서 1V의 전압을 가했을 때 분당 회전수(RPM/V)
    예) 1200KV = 전압 1V 당 1200 RPM
  ○ 프로펠러 크기 : 26인치, 30인치 등으로 표현
④ 배터리 사양(Battery Specifications)
  ○ 전압(Voltage) : 일반적으로 3S, 4S, 6S 배터리로 표현
  ·1S(3.7v 직렬 연결), 예) 6셀=22.2V(3.7 x 6 = 22.2v)
  ○ 용량(Capacity) : mAh 단위로 표시, 예) 16000mAh.

1. 에어포일(날개단면/날개골/익형[翼形]/Airfoil)

에어포일(Airfoil)은 날개를 수직으로 자른 단면의 모양으로, 양력을 생
성하기 위해 설계된 유선형 구조이다. 이는 날개 단면, 날개골, 익형
(翼形)으로 불리며, 비행기, 헬리콥터, 드론 등 다양한 공기역학적
장치에 적용된다.

① 비행기의 날개(Wings) : 양력과 항력을 조절
하여 비행을 가능하게 함

② 헬리콥터의 회전판(Blade) : 회전 운동을 통해 양력을 발생

③ 멀티콥터의 프로펠러(Propeller) : 드론 등에서 양력과 추진
력을 생성

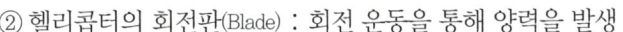

에어포일(airfoil)
=날개단면
=날개골
=익형(翼形)

2. 에어포일(Airfoil) 명칭

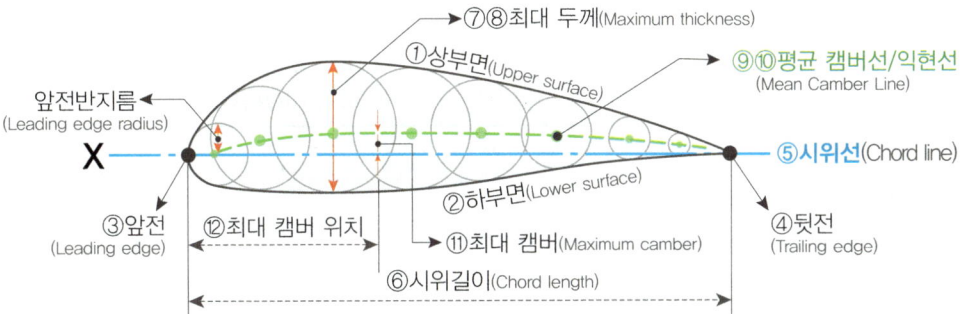

① 상부면(Upper Surface) : 에어포일의 윗 상부 표면

② 하부면(Lower Surface) : 에어포일의 아래 하부 표면

③ 앞전(Leading Edge) : 에어포일의 앞부분의 앞끝

④ 뒷전(Trailing Edge) : 에어포일의 뒷부분의 뒷끝

⑤ 시위선(Chord Line) : 앞전과 뒷전을 연결하는 직선

⑥ 시위길이(Chord length) : 시위선의 길이

⑦ 두께(Thickness) : 시위선에서 수직선을 그었을 때, 상부면과 하부면 사이의 최대 수직거리

    ○ 두께비(Thickness Ratio) : 두께와 시위선 길이의 비율, 퍼센트(%)로 표시. 예) "12% 두께비"

⑧ 최대 두께(Maximum Thickness) : 두께의 최대값

⑨ 캠버(만곡/곡률, Camber) : 시위선과 평균 캠버선의 거리를 말하며 에어포일의 곡률을 의미

⑩ 평균 캠버선/익현선(Mean Camber Line) : 위 캠버와 아래 캠버의 평균선, 두께의 중심선으로 에어포
일이 휘어진 모양을 나타내는 선

⑪ 최대 캠버(Maximum Camber) : 시위선에서 평균 캠버선까지의 길이를 말하며 두께비와 마찬가지로
시위선 길이와의 비(%)로 표시

⑫ 최대 캠버 위치 : 앞전에서 최대 캠버까지의 시위선상의 거리

3. 날개 형태와 특징

① 대칭형, 비대칭형 에어포일

대칭형 에어포일(Symmetrical airfoil)

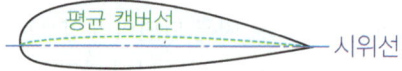
비대칭형(만곡형) 에어포일(Non-symmetrical airfoil)

구분	대칭형 에어포일	비대칭형 에어포일
캠버	○ 캠버 없음 (받음각이 있어야 양력이 발생 됨)	○ 캠버 존재 (윗면이 더 볼록하고, 아랫면이 더 평평함)
압력	○ 상하 압력 분포가 대칭적	○ 상하 압력 분포가 비대칭적
양력	○ 비대칭형 대비 항력 높음 ○ 비대칭형 대비 양력 낮음	○ 항력 낮음 ○ 양력 높음
비용	○ 제작이 쉽고, 가격 저렴	○ 제작이 어렵고, 가격 높음
특징	○ 고속에서 안정적인 성능 ○ 뒤집힌 상태에서도 동일한 성능 제공	○ 저속에서 더 높은 양력 생성 ○ 특정 방향에서 더 우수한 성능 제공
적용	○ 헬리콥터, 멀티콥터에 적합 ○ 곡예 비행기	○ 고정익기, 대형 헬리콥터 ○ 고속, 고효율이 필요한 장치

② 날개의 유형별 특징

○ ⓐ두꺼운 날개 vs 얇은 날개
- 두꺼운 날개 : 양력↑ 항력↑ 실속속도↓
- 얇은 날개 : 항력↓ 항력↓ 실속속도↑

○ ⓑ앞전 반경이 큰 경우 vs 작은 경우
- 앞전 반경 큼 : 양력↑ 항력↑ 실속속도↓
- 앞전 반경 작음 : 양력↓ 항력↓ 실속속도↑

○ ⓒ받음각이 큰 경우 vs 작은 경우
- 받음각 큼 : 양력↑ 항력↑ 실속속도↑
- 받음각 작음 : 양력↓ 항력↓ 실속속도↑

○ ⓓ시위선이 길고 짧은 날개
- 날개 길이 김 : 양력↑ 항력↑ 실속속도↑
- 날개 길이 짧음 : 양력↓ 항력↓ 실속속도↑

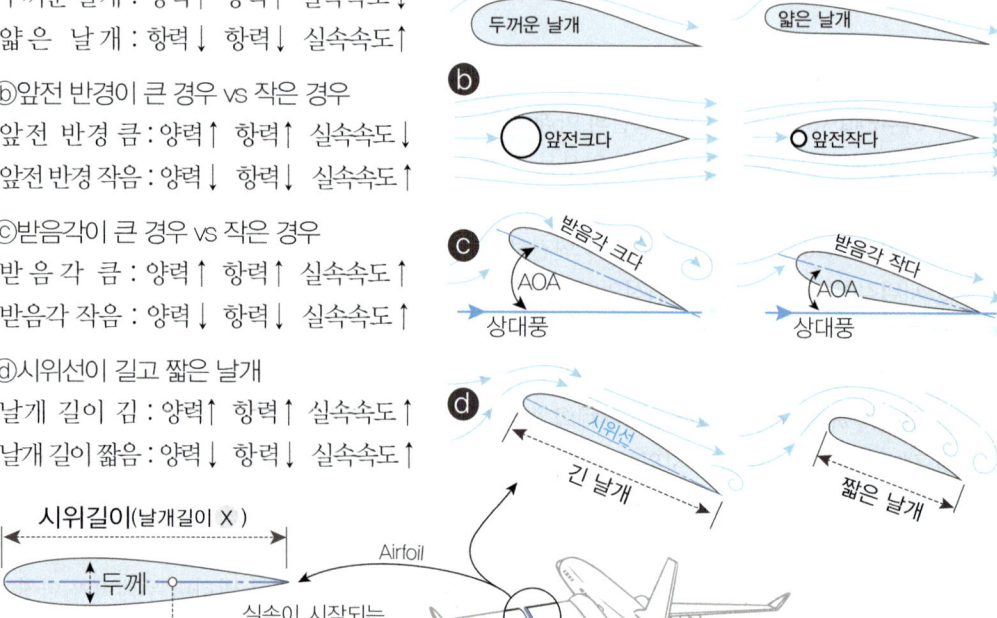

※**실속속도란?** 날개의 받음각(AOA)이 임계받음각에 도달하여 양력이 급격히 줄어들기 시작하는 최소 속도
실속속도는 항공기 무게, 공기 밀도, 날개 면적, 최대 양력계수에 따라 결정

③ 날개 형태별 특징 및 양력

○ 타원익(Elliptical Wing)

· 날개의 평면 형상이 타원 형태로 설계

· 양력 분포가 이상적이며, 날개 끝 와류 발생률이 적어 유도항력이 최소화

· 비행 성능이 균일함

· 제작이 복잡하고 비용이 높음

○ 사각익(Rectangular Wing)

· 사각형상으로 구조단순, 경제적이며 제작 비용이 저렴

· 훈련용 항공기, 경량 항공기에 적용

○ 테이퍼익(Tapered Wing)

· 다양한 테이퍼 비율(테이퍼비)로 설계 가능

· 양력 분포가 개선되어 효율성이 높아짐

· 테이퍼비 = 익단코드길이 / 익근코드길이

○ 가변익(Swing Wing)

· 날개 각도를 비행 중 조절 가능

  (직선익 ↔ 후퇴익)

· 저속 안정성과 고속 비행 성능을 모두 제공

· 저속에서는 직선익, 고속에서는 후퇴익으로 변형

· 기계적 복잡성 증가로 제작과 유지 비용이 높음

날개 형상에 따른 양력 분포 비교

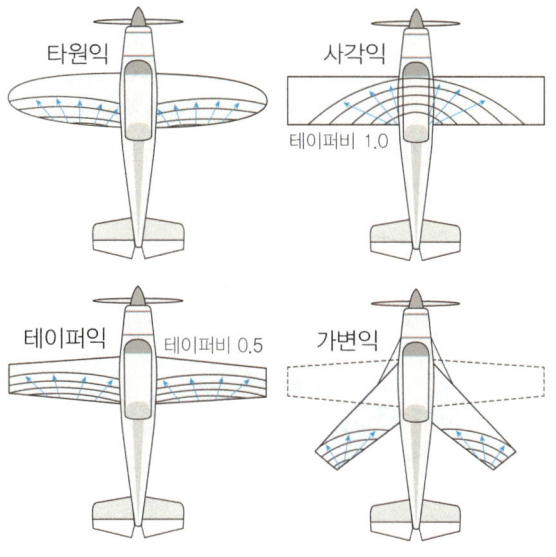

타원익   사각익   테이퍼비 1.0

테이퍼익   테이퍼비 0.5   가변익

· 테이퍼(Taper)란?
날개의 앞뒤 길이가 끝으로 갈수록 작아지는 구조

· 유도항력이란?
양력이 발생되는 과정에서 필연적으로 발생되는 항력

날개 형태별 영상

※ **다양한 유형의 날개 디자인_(참조만 할것)**

● **직선형 날개**(STRAIGHT WING)

직사각형 직선형 날개
(Rectangular Straight Wing)

테이퍼형 직선형 날개
(Tapered Straight Wing)

둥근 또는 타원형 직선형 날개
(Rounded or Elliptical Straight Wing)

● **후퇴익**(SWEPT WING)

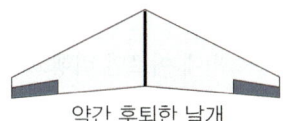   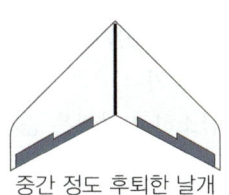   

약간 후퇴한 날개
(Slightly Swept Wing)

중간 정도 후퇴한 날개
(Moderately Swept Wing)

많이 후퇴한 날개
(Highly Swept Wing)

● **델타익**(DELTA WING)

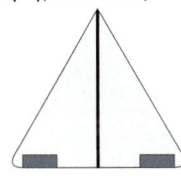   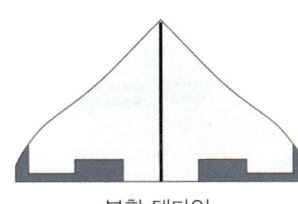   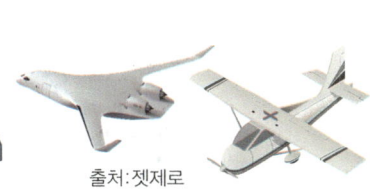

단순 델타익
(Simple Delta Wing)

복합 델타익
(Complex Delta Wing)

출처:젯제로
www.google.com

④ 날개의 고양력, 고항력장치(=고양항력장치)

○고양력장치 : 슬랫, 슬롯, 플랩

항공기의 이.착륙시 양력계수 또는 날개의 면적을 크게 하여 양력을 최대치로 증가시키기 위한 장치이며, 슬랫, 슬롯, 플랩 장치가 대표적이다.

○고항력장치 : 스포일러

비행 중 또는 착륙 시 항공기의 속도를 감소시켜 자동차 브레이크의 역할을 대신하는 장치로 스피드브레이크, 역추력장치, 드래그슈트, 스포일러등이 있다.

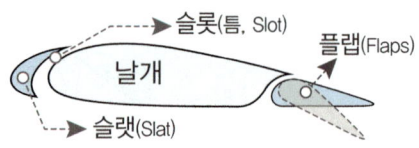

순항할때 날개 모양(Cruise configuration)

이륙(Takeoff configuration)

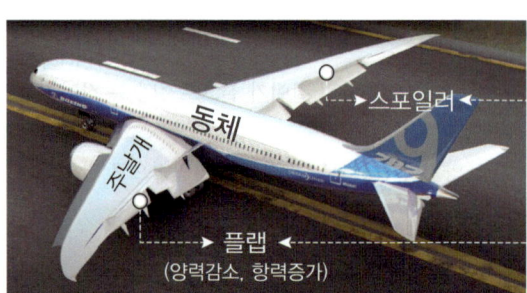

슬롯(틈, Slot)
플랩(Flaps)
슬랫(Slat)

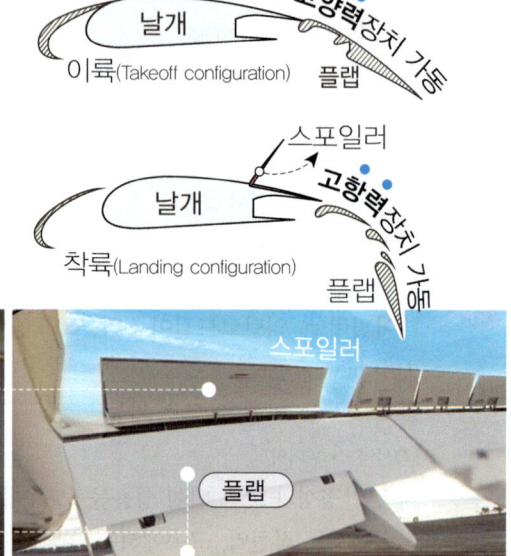

착륙(Landing configuration)

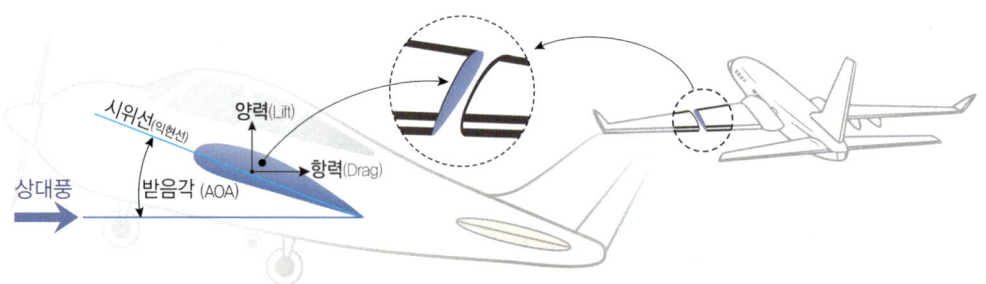

https://www.youtube.com/@Sabinz

https://www.youtube.com/솔라시

4.받음각/영각(AOA, Angle Of Attack)

① 받음각이란, 시위선과 공기흐름의 방향(상대풍)이 이루는 각으로 바람이 부는 방향에 대한 날개의 각도로 받음각은 비행중 지속적으로 변한다.

② 에어포일은 받음각(AOA)에 따라 공기역학적 특성이 달라지기 때문에 에어포일 주위의 흐름의 모양, 압력 분포가 받음각에 따라 변함

③ 양력, 항력 및 피칭모멘트에 가장 큰 영향을 미치는 요소

④ 받음각이 커지면 양력과 항력 모두 증가

⑤ 받음각이 급격히 커지면 양력은 감소하고 항력은 증가하여 임계점(실속점)에 이르면 비행고도를 유지할 수 없는 실속상태에 빠짐

⑥ 압력중심(CP, Center of Pressure), 에어포일 주위에 작용하는 공기압력의 중심(공기력의 합력점)

시위선(익현선)
양력(Lift)
항력(Drag)
상대풍
받음각(AOA)

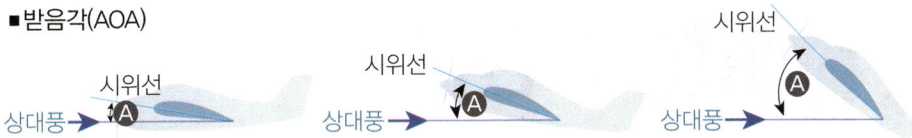

■받음각(AOA)

시위선
상대풍 Ⓐ

시위선
상대풍 Ⓐ

시위선
상대풍 Ⓐ

Ⓐ**받음각(AOA)** : 상대풍과 시위선이 이루는 각으로 비행 중 받음각의 각도는 수시로 변한다.

5.**취부각/붙임각**(Angle of incidence)

① 항공기 동체의 중심선과 날개뿌리의 시위선이 이루는 각(헬리콥터의 경우 로터 회전면과 날개 시위선)

② 비행기 설계 시 고정된 각으로 비행 중 각도의 변화는 없다(받음각은 비행 중 지속적으로 변함)

③ 유도기류와 항공기 속도가 없는 받음각과 붙임각은 동일하며, 붙임각의 변화는 받음각에 변화를 주어 양력계수가 변환된다.

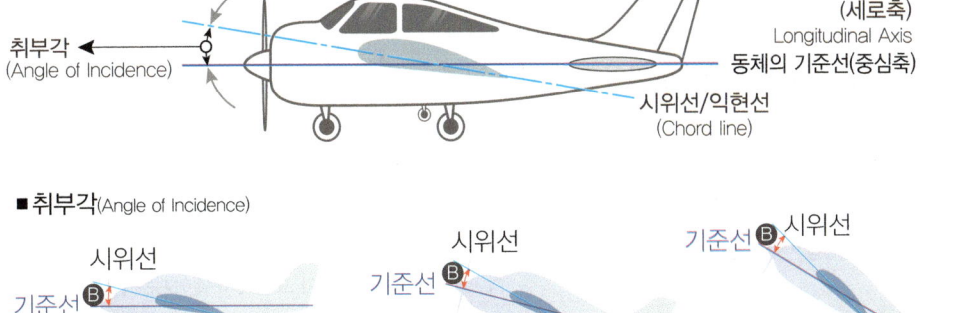

취부각
(Angle of Incidence)

(세로축)
Longitudinal Axis
동체의 기준선(중심축)

시위선/익현선
(Chord line)

■**취부각**(Angle of Incidence)

시위선
기준선 Ⓑ

시위선
기준선 Ⓑ

기준선 Ⓑ 시위선

Ⓑ **취부각/붙임각** : 동체의 기준축과 시위선이 이루는 각으로, 비행 중 취부각의 각도는 변하지 않는다.
└─→ 붙이는 각도(날개나 블레이드에)

※고정익 항공기의 취부각은 고정되어 있으며, 회전익 항공기(헬기)는 피치각 조종으로 변경이 가능

6.**양항비, L/D**(Lift-to-Drag Ratio, L/D Ratio)

양항비(L/D)는 양력과 항력의 비율을 의미하며, 같은 항력에서 얼마나 큰 양력을 낼 수 있는지를 보여주는 비행 효율 지표이다.

양항비가 높을수록 공기 저항에 비해 더 큰 양력을 발생시킨다는 의미이며, 이는 곧 비행 효율이 높다는 것을 나타낸다.

① 양항비 효율성

  ○ 양항비가 높은 항공기는 연료 효율이 높고 장거리 비행에 유리하며,

  ○ 양항비가 낮은 항공기는 항력이 커서 연료 소비가 많고 비행거리가 짧다.

② 양항비 계산 : 양항비(L/D) = L(양력) ÷ D(항력)

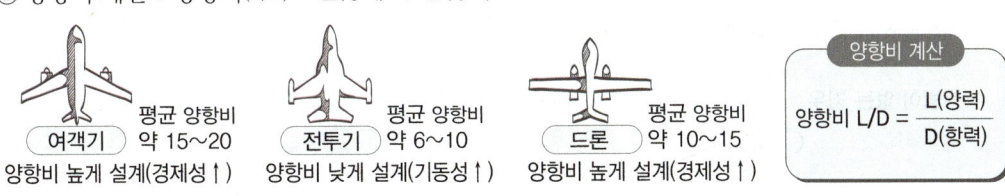

평균 양항비
여객기 약 15~20
양항비 높게 설계(경제성↑)

평균 양항비
전투기 약 6~10
양항비 낮게 설계(기동성↑)

평균 양항비
드론 약 10~15
양항비 높게 설계(경제성↑)

양항비 계산

$$양항비 \ L/D = \frac{L(양력)}{D(항력)}$$

03 비행 중 현상

01 – 실속관련 현상

1.실속(Stall)

① 실속이란

○ 실속(失速, Stall)은 항공기 날개의 앞전이나 뒷전에서 경계층이 박리되어 양력이 급격히 감소하고 항력이 증가함으로써 비행 성능이 저하되는 현상으로, 실속은 항공기가 양력을 잃어 뜨는 힘이 크게 줄어드는 상태를 의미한다.

상대풍   양력발생   힘을받아 양력증가   양력감소/항력증가

② 실속각(Stall Angle)

○ 실속이 일어나는 받음각(AOA, Angle of Attack)

○ 실속각은 날개의 받음각(상대풍과 날개 시위선이 이루는 각)이 특정 임계받음각(실속이 시작되기 직전의 한계각도)에 도달하여 양력이 최대가 되고 이후 급격히 감소하는 각도를 의미

③ 실속 현상의 원인

○ 받음각 증가 : 날개의 받음각이 실속각을 초과할 때 발생

○ 속도 저하 : 비행 속도가 너무 낮아 양력 생성이 부족할 때 발생

○ 지나친 급선회 : 초음속 비행 중 날개 위 수직충격파가 발생하여 조파항력이 증가하고 경계층이 박리되어 충격실속이 발생

○ 날개 표면 손상 또는 오염 : 착빙, 이물질 등으로 인해 공기 흐름이 방해받아 양력이 감소할 때 발생

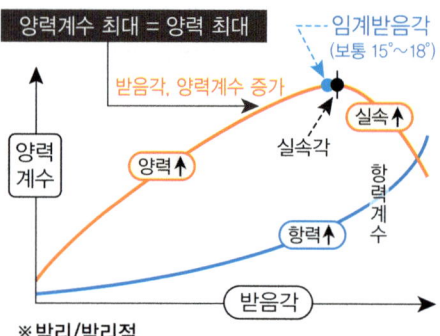

※ 박리/박리점
박리점은 유체(공기 또는 물)가 물체의 표면을 따라 흐르다가 표면에서 떨어지는 현상 또는 지점

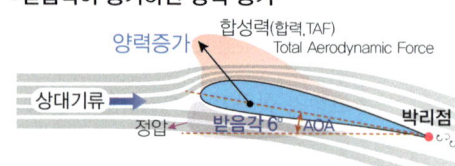

● 받음각이 증가하면 양력 증가

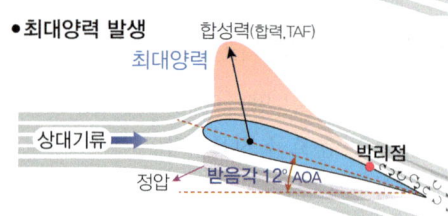

● 최대양력 발생

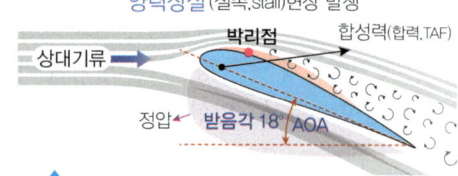

● 받음각이 지나치게 클때 실속 발생

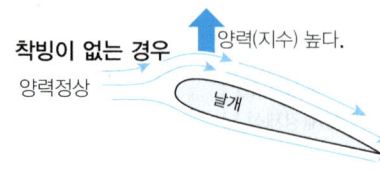

착빙이 없는 경우   양력(지수) 높다.   착빙이 있는 경우   양력(지수) 작다.
양력정상   날개   양력감소 기체 불안정   날개

④ 버핏 현상(Buffet, 실속으로 발생되는 현상)

○ 실속 발생의 징조이며, 주로 날개나 꼬리 날개
　주변에서 발생

○ 공기의 흐름이 비행기 표면에서 불안정해지면서
　비행기가 떨리거나 진동하는 현상

○ 높은 받음각(AoA, Angle of Attack)으로 비행할 때,
　공기의 흐름이 날개 표면에서 분리되면서 난류 발생

○ 충격파와 함께 난류가 발생해 진동 유발

버핏현상
(Low speed buffet)

⑤ 스핀 현상(Spin, 실속으로 발생되는 현상)

○ 항공기가 실속(Stall) 상태에서 발생하는
　비정상적인 비행 현상으로, 좌우 날개의 실속 시점이 달라져 한쪽 날개가 먼
　저 실속에 들어가면서 기체가 자발적으로 회전하며 수직 낙하하는 것

○ 스핀은 실속으로 인해 발생한 회전 운동(auto-rotation)과 수직 강하(vertical
　descent)가 결합된 상태이며, 제어하지 않으면 빠른 속도로 고도를 잃는다.

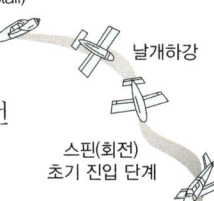

실속 발생(Stall)

스핀현상
Spin

날개하강

스핀(회전)
초기 진입 단계

스핀(회전)
진행된 상태

정상 회복

02 – 기체 비행 현상

1. 토크 효과(Torque Effect)

① 정의 : 엔진에서 발생하는 회전력(토크)이 비행기 전체에 영향을 미쳐 비행 중
　　　　특정 방향으로 비틀림이나 회전하려는 경향을 나타내는 현상이다.

② 원리 : 뉴턴의 작용-반작용 법칙에 따라, 엔진에서 발생한 회전력이 프로펠러를
　　　　회전시키면, 이에 대한 반작용으로 프로펠러와 연결된 동체는 반대 방향
　　　　으로 회전하려는 현상

③ 특징

○ 주로 프로펠러 항공기에서 두드러지게 나타난다.

○ 고정익 항공기의 경우, 프로펠러 회전 방향에 따라 기수가 왼쪽으로 틀어지는 경향을 보인다.

○ 조종석 기준 대부분의 항공기 프로펠러는 시계 방향으로 회전한다.

(반시계 방향으로 회전하는 항공기는 우측으로 작용)

■ 회전 방향과 토크(Torque) 현상

▶비행기 프로펠러가 시계방향으로 회전 시, 기체의 회전 방향

▶드론의 경우
CW프로펠러 회전수가 높은경우, 몸체는 좌회전

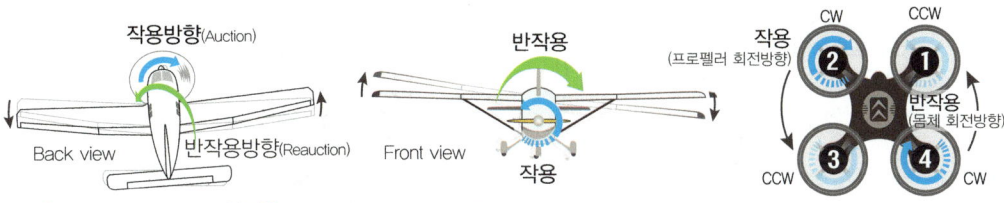

작용방향(Auction)

Back view　반작용방향(Reauction)

반작용

Front view

작용

작용
(프로펠러 회전방향)

반작용
(몸체 회전방향)

CW　CCW
2　1
3　4
CCW　CW

●작용(Action)_회전방향　●반작용(Reaction)_회전의 반대방향

2. 자이로스코프 효과(Gyroscopic Action)

① 정의

  ○ 빠르게 회전하는 물체가 방향을 유지하려는 성질, 회전하는
     물체는 외부에서 방향을 바꾸려는 힘(관성)에 저항하며 균형을
     유지하려는 성질을 말한다.

  ○ 이 원리는 드론, 비행기, 인공위성 등에서 자세를 안정적으로
     유지하는 데 사용된다.

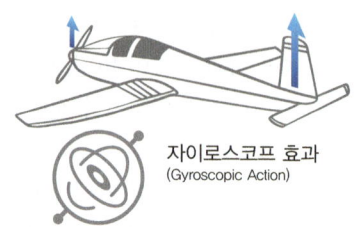
자이로스코프 효과
(Gyroscopic Action)

② 특징

  ○ 회전축의 안정성 : 회전하는 물체는 각운동량을 가지며, 외부에서 힘이 가해지지 않는 한 일정한
     방향을 유지하려는 경향이 있다.
     예) 자전거 바퀴가 회전 중일 때 직진을 유지하려는 성질

  ○ 프리세션(팽이회전, 세차운동 Precession) : 외부에서 토크(회전력)가 가해질 경우,
     물체의 회전축은 토크가 가해진 방향의 수직 방향으로 회전
     예) 회전하는 팽이는 넘어지지 않는 현상

  ○ 항공기 : 비행기와 헬리콥터의 자세 제어 및 방향 유지에 사용

3. 비대칭 하중(P-Factor)

① 비대칭 하중은 항공기가 높은 받음각(이륙, 상승, 저속 비행 시)으로 비행할 때, 프로펠러 블레이드의
   받음각 차이로 인해 기수 방향이 돌아가는 현상이다.

② 아래쪽으로 회전하는 블레이드(A)는 위쪽으로 회전하는 블레이드(B)보다 더 많은 공기와 접촉해
   더 큰 받음각과 추력을 생성한다. 이로 인해, 프로펠러 디스크의 오른쪽(A)에서 더 큰 힘(추력)이 발
   생하고, 항공기의 기수가 왼쪽으로 틀어지는 현상이 나타난다.

③ 이는 프로펠러가 회전하며 각 블레이드에 작용하는 공기역학적 하중이 균일하지 않기 때문에 발
   생하는 자연스러운 현상이다.

시계방향 프로펠러 기준(반시계방향 프로펠러인 경우 반대 방향으로 나타남)

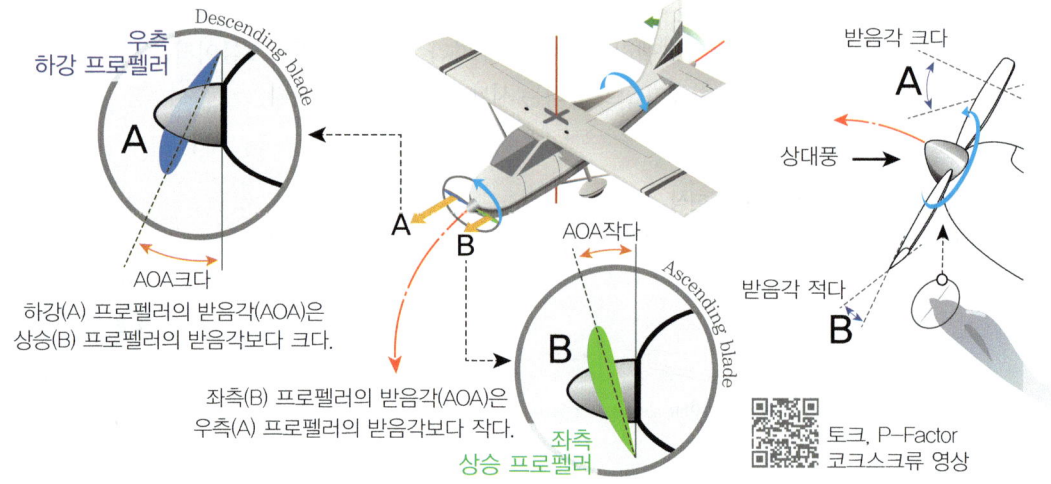

우측
하강 프로펠러
Descending blade
A
AOA크다
하강(A) 프로펠러의 받음각(AOA)은
상승(B) 프로펠러의 받음각보다 크다.

A
B
AOA작다
B
Ascending blade
좌측(B) 프로펠러의 받음각(AOA)은
우측(A) 프로펠러의 받음각보다 작다.
좌측
상승 프로펠러

받음각 크다
A
상대풍
받음각 적다
B
토크, P-Factor
코크스크류 영상

4.코크스크류 효과(나선형 후류, Corkscrew effect)

① 주로 프로펠러 단일 엔진 항공기에서 발생하며, 프로펠러 회전으로 인한 나선형 공기 흐름 현상이다.

② 나선형 공기 흐름이 꼬리 날개를 타격해 비행기의 방향(Yaw)에 영향을 미쳐 한쪽으로 비틀리거나 기울어 지는 현상을 말한다.

③ 특히 이륙, 상승, 또는 저속 비행 시 발생

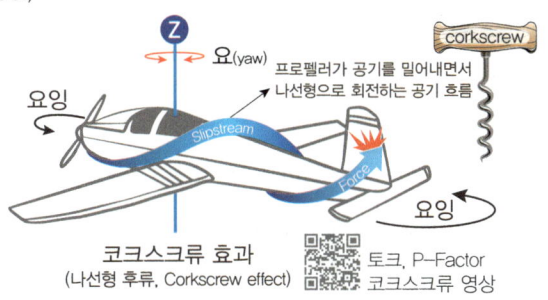

코크스크류 효과
(나선형 후류, Corkscrew effect)

토크, P-Factor
코크스크류 영상

5.후류(Wake Turbulence)

① 항공기의 날개 끝에서 생성되는 날개 선단 와류(Wingtip Vortices)가 주된 원인이다.

② 날개의 위쪽과 아래쪽 공기압 차이로 인해 발생하는 소용돌이로, 항공기 비행 중 날개에서 뒤로 퍼져나간다.

③ 항공기 뒤쪽 수평으로 길고 넓게 퍼져나가며, 주변 다른 항공기에 영향을 줄 수 있다.

④ 후류위험 대기 시간(ICAO 일반 국제 기준)
　○ 소형(중형) 항공기 : 2분 이상 대기 후 착륙
　○ 대형 항공기 : 3분 이상 대기 후 착륙

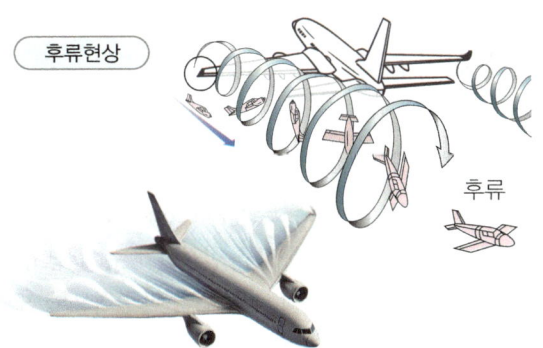

후류현상

후류

"Hold for wake turbulence"
항공 관제에서 흔히 사용되며, 비행기가 앞서간 항공기의 후류로 인해 일정 시간 동안 대기해야 한다는 의미를 갖는다.

---

03 — 비행기의 바람, 선회, 이.착륙

1.항공기를 중심으로 한 바람, 이착륙 거리

① **정풍**(맞바람/역풍, Head Wind)
　○ 항공기 전면에서 뒤로부는 바람
② **배풍**(뒷바람/순풍, Tail Wind)
　○ 항공기 뒤쪽에서 앞으로 부는 바람
③ **측풍**(Cross Wind)
　○ 항공기 측면에서 부는 바람
④ **상승기류**(Up-draft)
　○ 지상에서 하늘을 향해 부는 상승풍
⑤ **하강기류**(Down-draft)
　○ 하늘에서 지상을 향해 부는 하강풍

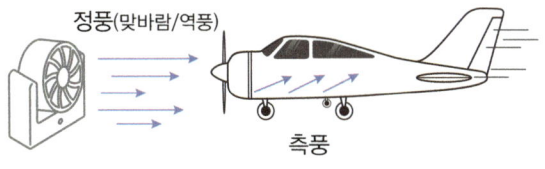

정풍(맞바람/역풍)

측풍

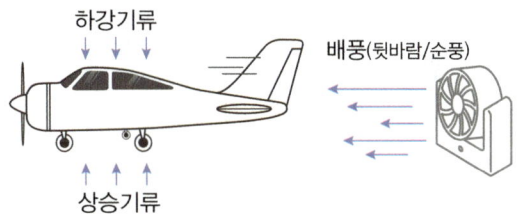

하강기류

배풍(뒷바람/순풍)

상승기류

■ 바람 방향, 공기밀도에 따른
  이·착륙 거리

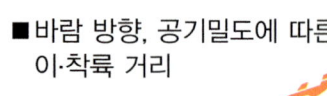

정풍 (정풍) Head wind
공기밀도 높을때

무풍 (무풍) Nil wind
공기밀도 평균

배풍 (배풍) Tail wind
공기밀도 낮을때

공기밀도가 높고, 정풍 착륙시 이·착륙거리가 가장 짧다.

※ 이륙거리를 짧게 하는 방법
- 추력을 크게한다.
- 무게를 작게한다.
- 고양력장치를 사용 한다.
- 정풍 비행을 한다.
- 항력이 작은 활주자세로 비행한다.
- 마찰계수를 작게 한다.
- 공기밀도가 높을때 이·착륙 거리가 짧다.

2.선회의 종류

비행기의 선회(Turn)란, 항공기가 원을 그리며 진로를 바꾸는 기동을 의미한다.

① **정상선회**(균형선회, Steady turn/Coordinated turn)
- 정의 : 고도와 속도를 일정하게 유지하며, 기체가 선회 궤도 위를 안정적으로 움직이는 상태
- 조건 : 원심력(원의 바깥으로 튀어나가려는 힘)과 구심력(원의 중심으로 끌어당기는 힘)이 같아야 함

② **슬립**(내활, Slip)
- 정의 : 기체가 선회 곡선의 내측으로 미끄러지는 현상
- 특징 : 꼬리가 선회 중심 안쪽에 위치
- 원인 : 러더 조작 부족

③ **스키드**(외활, Skid)
- 정의 : 기체가 선회 곡선의 바깥쪽으로 밀려나는 현상
- 특징 : 꼬리가 선회 중심 바깥에 있음
- 원인 : 러더 조작 과다

④ **역요**(역편요, Adverse Yaw)
- 정의 : 선회 시 항력 차이로 기수가 선회 방향 반대로 틀어지는 현상
- 원인 : 선회 중 왼쪽 날개와 오른쪽 날개의 항력 차이로 인해 발생
- 방지 : 적절한 러더(Rudder) 조작으로 보정

경사각 (Bank Angle)

■ **정상선회/균형선회**
  Steady trun
- 원심력＝구심력

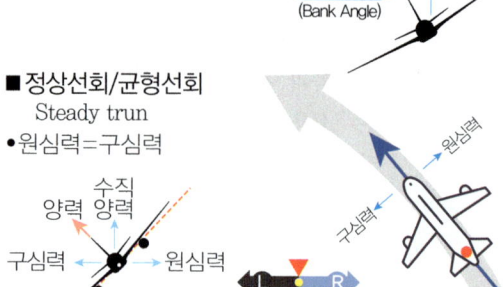

수직양력 / 양력 / 구심력 / 원심력 / 원심력 / 구심력
선회경사계, 러더볼

■ **슬립**(내활선회) Slip
- 원심력 < 구심력

정상경로

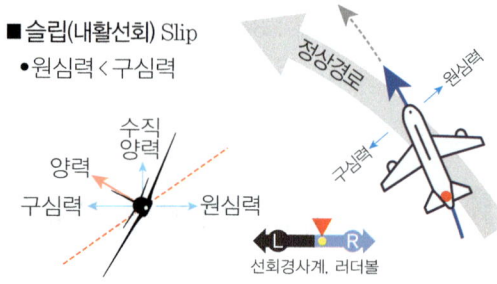

수직양력 / 양력 / 구심력 / 원심력 / 원심력 / 구심력
선회경사계, 러더볼

■ **스키드**(외활선회) Skid
- 원심력 > 구심력

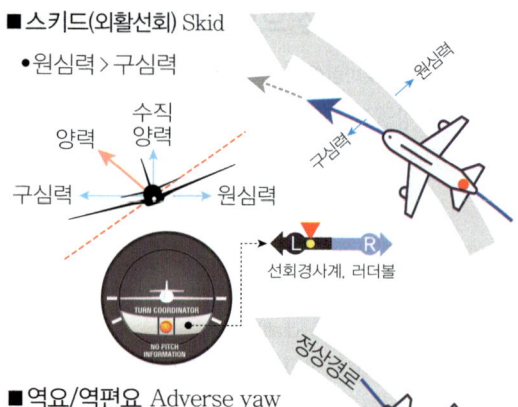

수직양력 / 양력 / 구심력 / 원심력 / 원심력 / 구심력
선회경사계, 러더볼

정상경로

■ **역요/역편요** Adverse yaw
- 선회 방향과 반대로 기울거나, 예상치 못한 불안정성이 발생

3.비행 이.착륙

비행 과정은 이륙, 상승, 순항, 하강, 착륙 등 총 5단계로 진행된다.

비행과정 : ①이륙 ✈ ▶ ②상승 ✈ ▶ ③순항 ✈ ▶ ④하강 ✈ ▶ ⑤착륙 ✈

① **이륙**(Take-off) : 비행기가 활주로에서 가속되면서 양력을 얻어 공중으로 떠오르는 과정
 ○ 이륙거리 = [활주거리 + 전이거리 + 상승거리]
 ○ 이륙 시 정풍(Head wind)이 불면 이륙거리가 짧아 지고, 배풍 시 길어짐

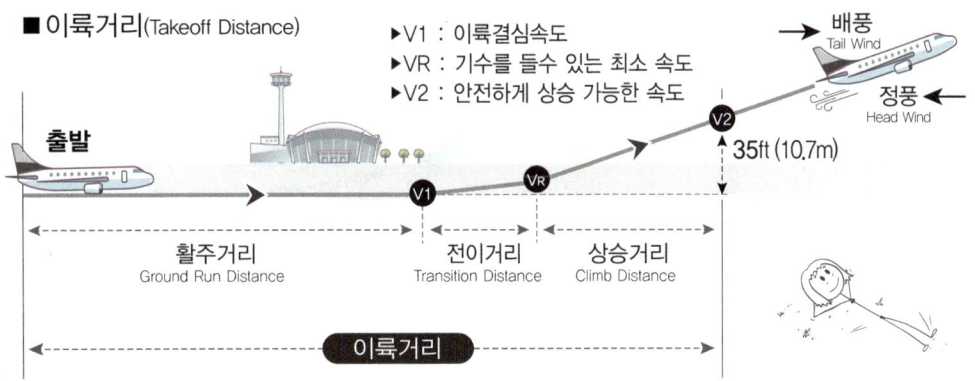

■ **이륙거리**(Takeoff Distance)

▶V1 : 이륙결심속도
▶VR : 기수를 들 수 있는 최소 속도
▶V2 : 안전하게 상승 가능한 속도

배풍 Tail Wind
정풍 Head Wind
35ft (10.7m)

출발

활주거리 Ground Run Distance
전이거리 Transition Distance
상승거리 Climb Distance

이륙거리

② **상승**(Climb) : 정상 비행고도(순항고도)까지 속도를 높이며 상승하는 단계
 ○ 엔진 추력을 높이며, 조종간을 당겨 주날개의 받음각(AOA)을 키워 양력 증가
 ○ 플랩(Flap) 등 보조 장치를 사용해 양력을 추가적으로 증가
③ **순항**(Cruise) : 일정한 고도에서 등속 수평 비행으로 목적지까지 이동하는 단계, 목적지까지 순항속도(Cruise speed)로 비행하며 비행기의 성능에 따라 고속 순항속도 및 장거리 순항 속도로 비행
 ○ 고속 순항 : 마하 0.80~0.84
 ○ 장거리 순항 : 마하 0.52~0.65
④ **하강**(진입/접근, Approach, Descent) : 착륙 준비를 위해 관제탑의 지시에 따라 하강하는 단계
⑤ **착륙**(Landing) : 고도를 낮추어 랜딩기어를 펴고 지정된 활주로에 착륙하는 단계
 ○ 착륙거리 = [공중 수평거리 + 자유 활주거리 + 브레이크 제동거리]

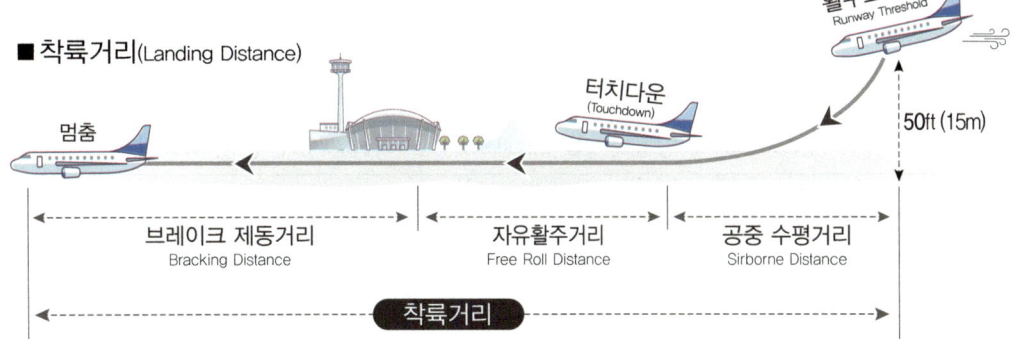

■ **착륙거리**(Landing Distance)

활주로 시단 Runway Threshold
터치다운 (Touchdown)
50ft (15m)
멈춤

브레이크 제동거리 Bracking Distance
자유활주거리 Free Roll Distance
공중 수평거리 Sirborne Distance

착륙거리

04 항공기 3축, 안점성

01 — 항공기의 기준축 안정성

1.항공기의 3축(3 Axis)

① 가로축(Y축) 피칭(Pitching)
- 항공기의 중심에서 좌우로 뻗은 축(날개 방향)
- 항공기의 기수를 위아래로 움직여 고도를 제어하는 운동
- 승강타(Elevator), 꼬리날개의 수평안정판에 위치하며, 기수의 상승 또는 하강을 제어

② 세로축(X축) 롤링(Rolling)
- 항공기의 중심에서 앞뒤로 뻗은 축(동체 방향)
- 항공기의 날개를 좌우로 기울여 선회를 조정하는 운동
- 에일러론(Aileron), 좌우 날개의 바깥쪽에 위치하며 한쪽 날개는 올라가고 다른 쪽은 내려가도록 작동하여 기체를 기울임

③ 수직축(Z축) 요잉(Yawing)
- 항공기의 중심에서 위아래로 수직으로 뻗은 축
- 요잉(Yawing), 항공기의 기수를 좌우로 움직이는 운동방향타(Rudder)가 사용되어 방향을 제어
- 방향타(Rudder), 꼬리날개의 수직안정판에 위치하며 항공기의 방향을 좌우로 제어

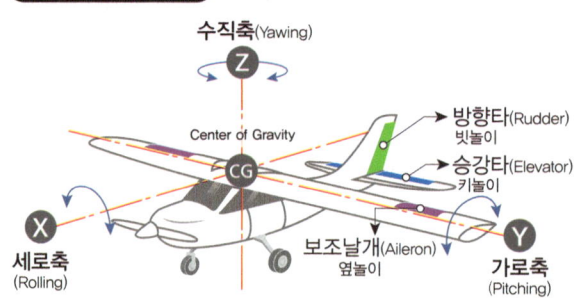

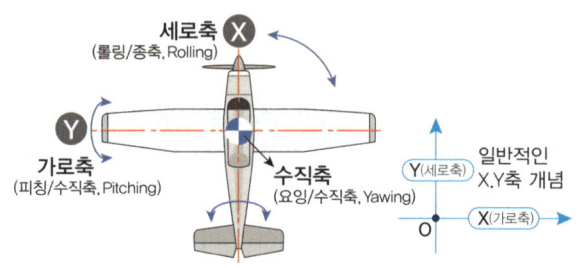

※항공기 3축 요약

축(Axis)	운동(Movement)	조종면(Control Surface)	기능(Function)
가로축(Y축)	피칭(Pitching)	승강타(키놀이, Elevator)	세로안정정(전후 안정성), 고도 제어
세로축(X축)	롤링(Rolling)	보조날개(옆놀이, Aileron)	가로안정성(좌우 안정성), 선회 지원
수직축(Z축)	요잉(Yawing)	방향타(빗놀이, Rudder)	회전(/방향)안정성, 항공기 방향 지원

※항공기의 무게중심(CG, Center of Gravity)
- 항공기 전체 무게가 집중되어 있는 지점 즉, 항공기가 균형을 이루는 중심점
- 항공기에 작용하는 세 개의 축 가로축(Pitching), 세로축(Rolling), 수직축(Yawing)이 교차하는 지점

2.비행기의 안정성(Stabiliyty)

① 안정성의 개념

- 비행 중 바람이나 외력 등으로 자세가 변했을 때, 항공기가 스스로 원래의 평형 상태로 돌아가거나 안정된 자세를 유지하려는 성질을 '안정성(Stability)'이라 한다.
- 일반적으로 안정성이 높을수록 조종성이 떨어지는 반비례 관계를 가진다.

복원력

② 안정성의 종류

- 정적 안정성(Static Stability)

  정적 안정성은 항공기가 외부 요인(예: 난기류 등)에 의해 자세가 변했을 때, 즉각적으로 원래 평형 상태로 복귀하려는 경향

  - 양(긍정적)의 정적 안정성(Positive Static Stability)

    항공기가 자세 변화 후 자연스럽게 원래 상태로 돌아오는 경향

  - 중립 정적 안정성(Neutral Static Stability)

    자세 변화 후 기체가 기울어진 상태에서 그대로 유지되는 경향

  - 음(부정적)의 정적 안정성(Negative Static Stability)

    자세 변화 후 원래 상태에서 더 멀어지려는 경향
    예) 기체가 기울어지면 그 상태가 점점 더 악화됨

- 동적 안정성(Dynamic Stability)

  동적 안정성은 항공기가 자세 변화 후 원래 상태로 복귀하는 동안의 시간에 따른 진동/진폭의 양상을 평가

  - 양(긍정적)의 동적 안정성(Positive Dynamic Stability)

    시간이 지나면서 기체의 움직임(진동)이 점점 줄어들고 안정화됨
    예) 항공기가 난기류에 의해 흔들린 후 점차 흔들림이 사라지고 안정적으로 비행

  - 중립 동적 안정성(Neutral Dynamic Stability)

    시간이 지나도 기체의 진동 크기가 변하지 않고 일정하게 유지됨
    예: 난기류 후 기체의 흔들림이 줄어들지도, 커지지도 않는 현상

  - 음(부정적)의 동적 안정성(Negative Dynamic Stability)

    시간이 지나면서 진동이 점점 커지고 불안정해짐
    예) 난기류 후 기체의 흔들림이 심해지고 통제가 어려워짐

정적 안정성　　원래 평형 상태로의 복귀 유무

- **양의 정적 안정성**
  방해를 받은 후 항공기가 원래의 평형 상태로 되돌아가려는 초기 경향
  돌풍(gust)

비행기 안정성 설명영상

- **중립 정적 안정성**
  방해를 받은 후 항공기가 새로운 상태를 유지하려는 초기 경향
  돌풍(gust)

- **음의 정적 안정성**
  방해를 받은 후 항공기가 원래의 평형 상태로부터 계속 멀어지려는 초기 경향
  돌풍(gust)

동적 안정성　　원래 진폭 상태로의 복귀 유무

- **양의 동적 안정성**
  시간에 따라 물체가 움직이는 진폭이 감소하여 평형 상태로 되돌가는 유형
  돌풍(gust)

- **중립 동적 안정성**
  물체가 움직이는 진폭이 감소하거나 증가하지 않는 유형
  돌풍(gust)

- **음의 동적 안정성**
  시간에 따라 물체가 움직이는 진폭이 증가하여 점점 커지는 유형
  돌풍(gust)

○ 가로안정성(Lateral stability)
  · 항공기 세로축에 대한 좌/우 안정성을 말하며,
   롤(Roll) 안정성이라고도 함
  · 롤링에 대해 원래 자세로 되돌아가려는 경향이 있음
  · 가로 안정성을 높이는 방법
   -주익(Main wing)을 상반각으로 적용(설계)

상반각

하반각

상반각 하반각

○ 세로안정성(Longitudinal Stability)
  · 항공기 가로축에 대한 전/후 안정성을 말하며,
   '피칭 안정성(Pitching Stability)'이라고도 함
  · 비행 중 일정한 받음각(Angle of Attack)을 유지하거나
   복원하려는 능력을 의미
  · 세로안정성을 높이는 방법
   -수평 안정판(꼬리날개, Horizontal Stabilizer) 면적 확대
   -무게중심을 날개 압력 중심(CP, Center of Pressure)보다
    앞으로 배치하면 안정성이 향상
   -날개무게 중심점에서 꼬리날개 압력중심점과의 거리
    를 길게 적용
   -동체 형상과 크기 최적화를 통한 공기저항 최소화
○ 방향안정성(Directional Stability)
  · 항공기 수직축의 좌우 안정성을 말하며, 요잉안전성
   또는 빗놀이안정성이라고도 함
  · 항공기 기수가 좌우로 틀어졌을때 수직 꼬리날개(수직
   안정판)는 공기의 저항을 이용해 복원력을 제공
  · 방향안정성을 높이는 방법
   -수직 안정판(Vertical Stabilizer) 크기 및 위치 조정

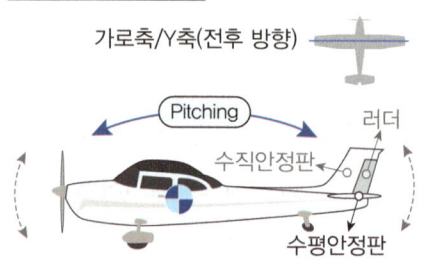

가로안정성

세로축/X축(좌우 방향)

Rolling

세로안정성

가로축/Y축(전후 방향)

Pitching

러더

수직안정판

수평안정판

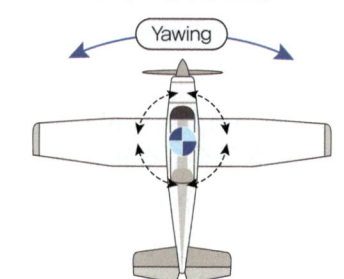

방향(회전)안정성

수직/Z축(회전 방향)

Yawing

3. 모멘트(Moment)

① 특정 점이나 축을 기준으로 작용하는 회전력을 의미한
 다.
② 항공기의 자세를 회전시키거나 안정성을 조정하는 회전
 력으로, 각 기체축(세로축, 가로축, 수직축)을 중심으로 발생
 한다.
③ 항공기 설계에서는 모멘트를 통해 안정성과 조종성을 확
 보하고, 안전한 비행을 가능하게 한다.

모멘트 $M = F(W) \times R$

※ F = 힘(무게),
 R = 거리(중심점에서 작용하는 지점까지의 거리)

1.날개용어 및 가로세로비

① 날개 면적 : 날개 윗면의 투영면적
② 날개 길이 : 날개 뿌리(익근) ~ 날개 팁(익단) 길이
③ 테이퍼비 : 날개 팁 시위와 날개 뿌리의 비

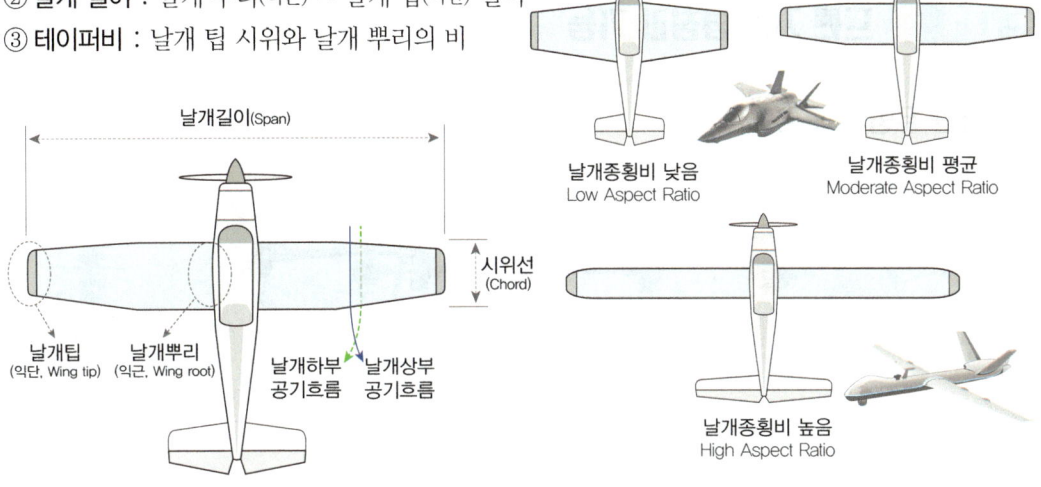

날개종횡비 낮음
Low Aspect Ratio

날개종횡비 평균
Moderate Aspect Ratio

날개종횡비 높음
High Aspect Ratio

가로세로비/종횡비 AR 예시 │ **전투기**(F−16): AR≈3, │ **패러글라이더** : AR≈6, │ **여객기**(보잉 737): AR≈10
(가로세로비 낮음) (가로세로비 중간) (가로세로비 높음)

④ 가로세로비/종횡비/AR(날개 길이와 시위길이의 비, AR_Aspect Ratio)

가로세로비(AR)는 비행기 날개의 가로길이(스팬, Span)와 세로길이(시위선/코드라인, Chord line)의 비율을 나타내며, 항공기 성능을 평가하는 중요한 지표 중 하나이다.

구분	장점	단점
높은 가로세로비	○ 양력 증가로 저속 효율적 비행 가능 ○ 유도항력(와류) 감소로 연료 효율 향상 ○ 활공(바람을 타고 나는 것) 성능 우수 ○ 이·착륙 거리 단축 ○ 안정성 증가	○ 날개 구조물의 무게 증가 ○ 날개 처짐 발생 가능 ○ 회전반경이 크다. ○ 고속 비행에 부적합
낮은 가로세로비	○ 회전반경이 작아 기동성 우수(전투기 등) ○ 고속 비행 및 급격한 방향 전환에 적합	○ 저속 상태에서 실속 위험 증가 ○ 유도항력 증가로 연료 효율 저하 ○ 활공 성능 낮음

•**날개 길이와 시위선을 이용한 가로세로비 계산법**

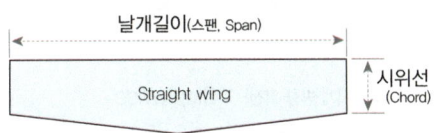

날개길이(스팬, Span)

Straight wing

시위선(Chord)

$$가로세로비\ AR = \frac{날개길이}{시위선(평균)}$$

•**날개 길이와 날개 면적을 이용한 가로세로비 계산법**

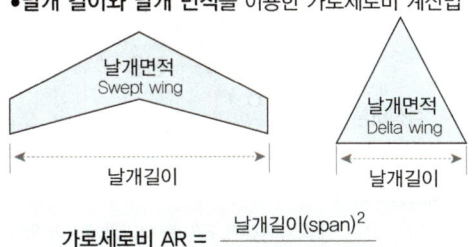

날개면적 Swept wing

날개면적 Delta wing

날개길이

$$가로세로비\ AR = \frac{날개길이(span)^2}{날개면적(area)}$$

출처:www.ias.ac.in

05 드론 모드 및 조종법

01 — 드론 기기 명칭과 기능

1.다양한 유형의 드론

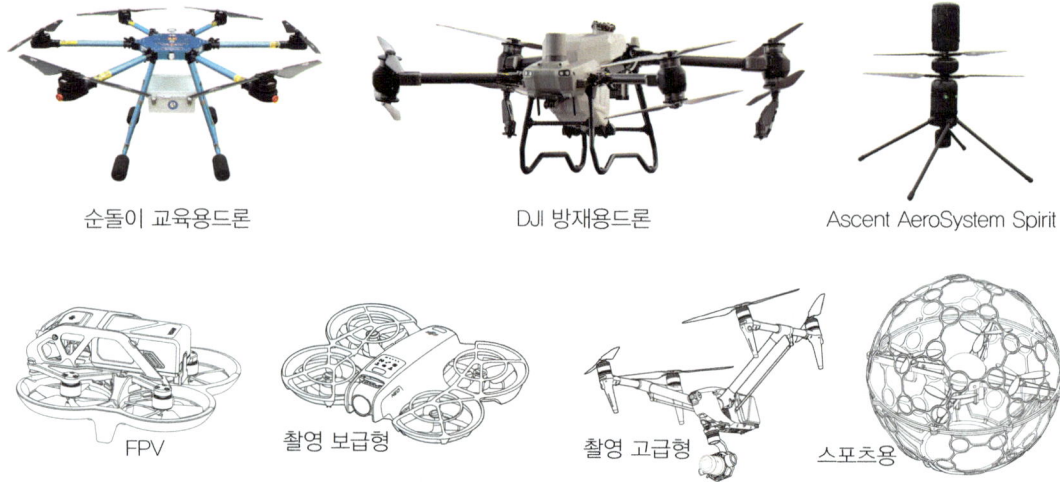

순돌이 교육용드론   DJI 방재용드론   Ascent AeroSystem Spirit

FPV   촬영 보급형   촬영 고급형   스포츠용

dji Avata2   **dji** NEO   **dji** Inspire3   CAMTIC 스카이킥Evo

2.드론 조종기, 명칭, 연결, 시동

조종기

Mode전환
스위치
안테나
손잡이
토글
스냅스위치
조이스틱
조종간
조이스틱
트림설정
메뉴
설정버튼
전원
디스플레이
mz-12pro 타입

조종기(송신기, R/C)는 다양한 종류가 있다

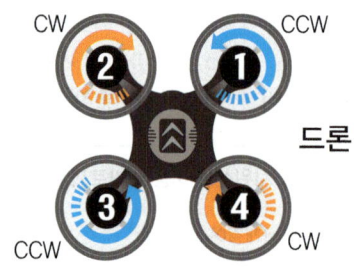

회전방향

CW   CCW
②   ①
드론
③   ④
CCW   CW

• **CW**(시계 방향 회전) : ClockWise
• **CCW**(반시계 방향 회전) : Counter ClockWise

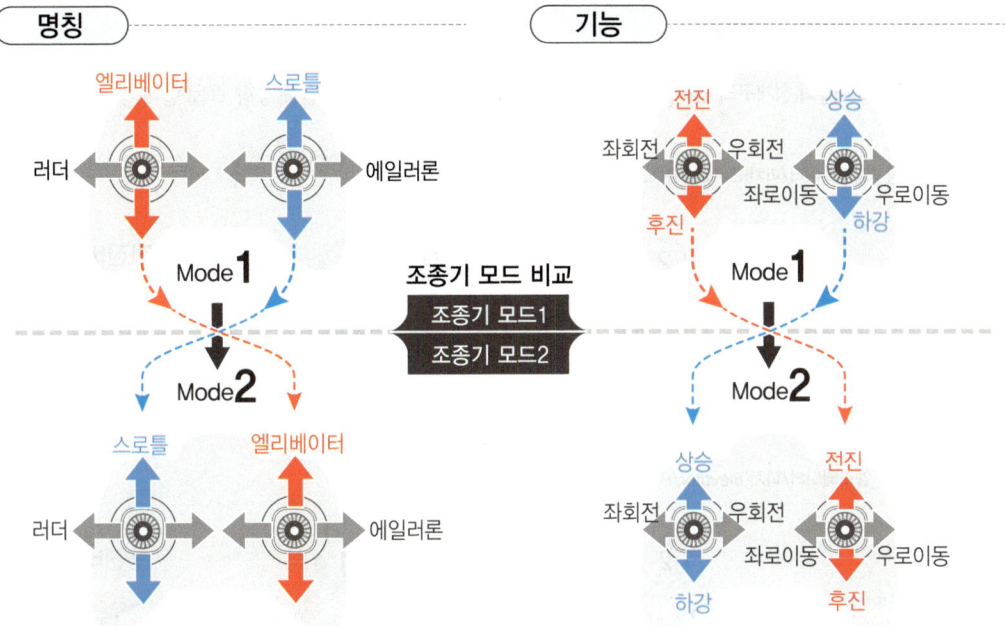

- **조종기 모드1,2의 차이** : 러더 및 에일러론의 위치는 동일하며, 스로틀/엘리베이터의 위치만 상호 변경

바인딩/페어링

조종기 드론 연결

바인딩
페어링
데이터링크

드론

- **바인딩(binding)** : 드론과 조종기를 처음으로 연결하는 과정
- **페어링(pairing)** : 이미 바인딩된 드론과 조종기가 전원을 켠 후, 서로 연결 상태를 활성화하는 단계

시동/착륙

시동   하강/착륙/정지   Mode2 기준

※일부 기종에 따라 시동 및 조작법은 다를 수 있음

- **시동(Start)** : 배터리를 연결하거나 전원 스위치를 켜서 드론의 전자 시스템과 센서를 활성화 시키는 단계
- **아밍(Arming)** : 모터와 프로펠러를 활성화하여 작동(비행) 준비 상태로 만드는 과정
※드론 업계 시동과 아밍의 의미 : 프로펠러를 작동시켜 이륙 직전까지의 준비 상태

작용과 반작용의 법칙(청개구리 법칙) : 기체의 이동/회전 방향과 반대쪽/반대방향 프로펠러가 고속 회전한다.

 CW CCW 고속회전 저속회전

● **전진비행** _엘리베이터/피치(Elevator/Pitch)

우측키 밀기

헥사콥터

전방모터(1,2번) 회전수 감소
후방모터(3,4번) 회전수 상승

전진비행
BACK

● **후진비행** _엘리베이터/피치(Elevator/Pitch)

우측키 당김

헥사콥터

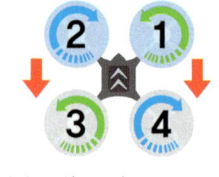
전방모터(1,2번) 회전수 상승
후방모터(3,4번) 회전수 감소

후진비행
BACK

● **좌로이동비행** _에일러런/롤(Aileron/Roll)

우측키 좌로

헥사콥터

우측모터(1,4번) 회전수 상승
좌측모터(2,3번) 회전수 감소

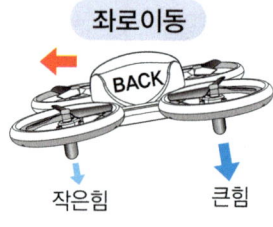
좌로이동
BACK
작은힘 큰힘

● **우로이동비행** _에일러런/롤(Aileron/Roll)

우측키 우로

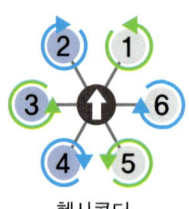
헥사콥터

좌측모터(2,3번) 회전수 상승,
우측모터(1,4번) 회전수 감소

우로이동
BACK
큰힘 작은힘

● **상승/이륙비행** _스로틀(Throttle)

좌측키 밀기

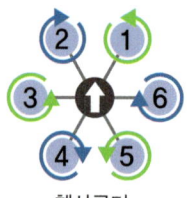
헥사콥터

전체 모터(1,2,3,4번)의 회전수 상승

상승비행
BACK

 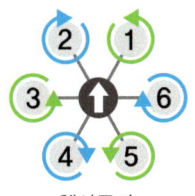 

좌측키 당김 · 헥사콥터 · 전체 모터(1,2,3,4번)의 회전수 감소 · 하강비행

● **좌회전비행** _러더/요(Rudder/Yaw)

  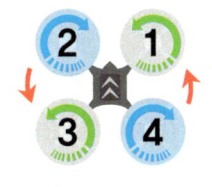 

좌측키 좌로 · 헥사콥터

CW모터(2,4번) 회전수 상승
CCW모터(1,3번) 회전수 감소

좌로회전

● **우회전비행** _러더/요(Rudder/Yaw)

  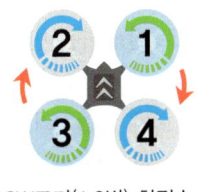 

좌측키 우로 · 헥사콥터

CCW모터(1,3번) 회전수 상승
CW모터(2,4번) 회전수 감소

우로회전

● **좌상승비행**

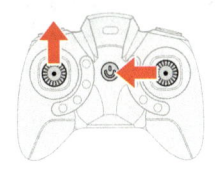  

좌측키 밀기/우측키 좌로 · 헥사콥터

전체 모터(1,2,3,4번) 회전수 상승
좌측(2,3번)모터대비, 우측(1,4번)모터 회전수 상승
(스로틀 상승/에일러런 좌로 이동, 우측모터 대비 좌측모터 회전수 감소)

좌(左)상승
큰힘
작은힘

● **좌하강비행**

 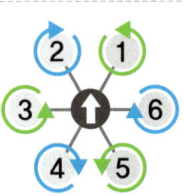 

좌측키 당김/우측키 좌로 · 헥사콥터

전체 모터(1,2,3,4번) 회전수 감소
우측(1,4번)모터대비, 좌측(2,3번)모터 회전수 감소
(스로틀 하강/에일러런 좌로 이동, 우측모터 대비 좌측모터 회전수 감소)

좌(左)하강
더 작은힘
작은힘

06 헬리콥터

헬리콥터
작동원리

01 — 헬리콥터의 공기역학

1. 헬리콥터의 주요 개념

① 수직 이착륙
- ○ 헬리콥터는 활주로 없이 수직으로 이륙하고 착륙할 수 있는 항공기
- ○ 이를 통해 좁은 공간이나 복잡한 지형에서도 자유롭게 운용이 가능

② 자유로운 비행 방향
- ○ 헬리콥터는 전진, 후진, 좌우 이동뿐만 아니라 제자리 비행(Hovering)이 가능
- ○ 이는 메인 로터의 양력과 방향 제어를 통해 이루어짐

③ 로터 시스템
- ○ 메인 로터 : 양력(Lift)과 추력(Thrust)을 생성
- ○ 테일 로터 : 메인 로터 회전으로 발생하는 반작용 토크를 상쇄하고 방향을 안정시키는 역할

④ 다목적 용도
- ○ 헬리콥터는 구조, 수송, 군사, 화재 진압, 의료 응급, 관광, 농업 등 다양한 분야에서 사용
- ○ 좁고 접근이 어려운 지역에서도 작동할 수 있어 특히 유용

2. 헬리콥터 로터구조에 따른 분류

① **단일 로터(Single rotor)** : 1개의 메인 로터와 1개의 테일 로터로 구성
② **동축 로터(Coaxial rotor)** : 동일한 축에 상하 2개의 메인 로터가 겹쳐 배치되어 반대 방향으로 회전
③ **텐덤 로터/듀얼 로터(Tandem rotor)** : 두 개의 메인 로터가 헬리콥터 앞뒤에 설치되어 두 로터가 서로 반대 방향으로 회전하여 토크를 상쇄
④ **교차 로터/인터메싱 로터(Intermeshing rotor)** : 2개의 메인 로터가 X자 형태로 교차하며 회전
⑤ **틸트로터(Tilt rotor)** : 2개의 로터가 수직 및 수평으로 회전 가능한 가변 형태로 배치

●단일로터(Single rotor)

●동축로터(Coaxial rotor)

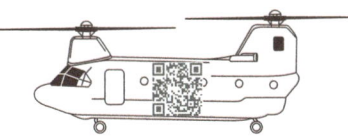
●탠덤로터(듀얼로터, Tandem rotor)

●교차로터(Intermeshing rotor)

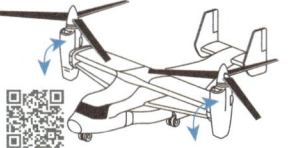
●틸트로터(Tilt rotor)

3. 회전익 항공기(헬기, 드론)의 특성

① 수직 이륙 및 착륙이 가능
② 제자리 호버링 비행 가능
③ 배면 비행 불가능
④ 최대속도 제한적
⑤ 동적 불안정
⑥ 저고도 지면효과가 발생

헬리콥터는, 배면비행을 못해 ~ ㅠ

고정익은, 호버링을 못해 ~ ㅠ

출처 : 대한민국 공군

4. 양력 발생과 와류

① 부양 조건(Hovering Condition)
  ○ 헬리콥터가 부양하기 위해서는 추력(Thrust)과 양력(Lift)
    의 합이 무게(Gravity)와 항력(Drag)의 합보다 커야 함
    ·[추력 + 양력] ≥ [무게 + 항력]
② 하강기류(유도기류, Induced Flow)
  ○ 메인 로터가 회전하면서 공기가 로터 회전면(Rotor Disk
    Plane)을 따라 위에서 아래로 흐르는 하강기류가 형성
  ○ 이 하강기류는 베르누이의 원리와 뉴턴의 제3법칙(작용
    과 반작용)을 통해 양력을 발생
③ 와류(소용돌이)와 특징
  ○ 블레이드 팁 와류(Blade Tip Vortex)
    ·로터 블레이드 끝(익단)에서 공기가 고압 영역에서
      저압 영역으로 흐르며 소용돌이가 형성
    ·제자리 비행(정지비행, Hovering) 시 두드러지며, 양력 감소와 항력 증가의 원인
  ○ 와류의 특징
    ·효율 저하 : 팁 와류로 인해 로터의 양력 효율이 저하
    ·소음 발생 : 와류로 인한 소음은 헬리콥터의 주요 소음 원인 중 하나
    ·유도 항력(Induced Drag) 증가 : 하강기류와 팁 와류로 인해 항력이 커져 에너지 소모 증가
    ·진동 증가 : 와류로 인해 로터 블레이드가 불규칙한 공기 흐름을 만나면서 진동이 증가하여 기
                체 안정성에 영향을 미칠 수 있음

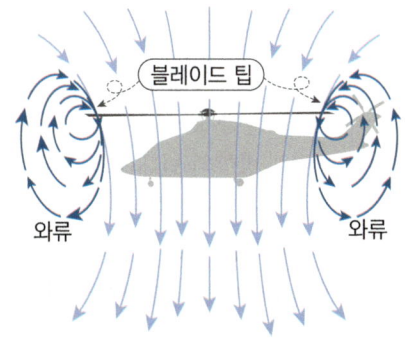
블레이드 팁

와류   와류

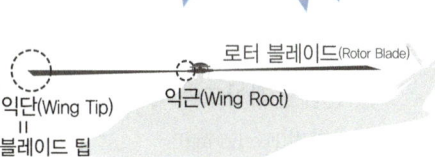
로터 블레이드(Rotor Blade)

익단(Wing Tip)   익근(Wing Root)
=
블레이드 팁

5.양력의 불균형

헬리콥터가 전진비행할 때, 전진 블레이드와
퇴진 블레이드에서 발생하는 양력이 서로 달라
져 기체가 옆으로 기울어지는 불안정 현상 발생

① 양력 불균형의 원인

  ○ 전진 블레이드는 헬리콥터의 전진 속도와
    로터 회전 속도가 더해져 상대속도가 증가
    하고, 그로 인해 양력이 증가

  ○ 퇴진 블레이드는 헬리콥터의 전진 속도가
    로터 회전 속도에서 차감되어 상대속도가
    감소하며, 그로 인해 양력이 감소

    · 전진 블레이드와 퇴진 블레이드 사이의
      양력 차이는 기체의 롤링(피치축을 중심으로
      한 좌우 흔들림)이나 비행 불안정을 초래함

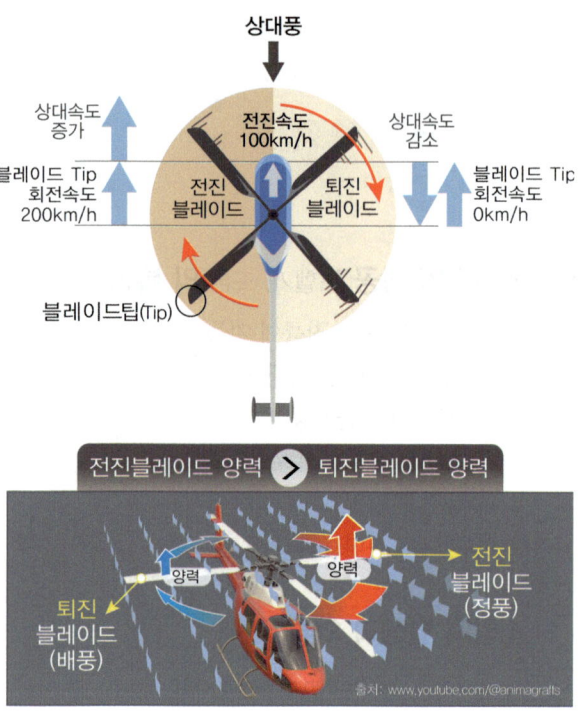

② 전진 블레이드와 퇴진 블레이드의 특성

  ○ 전진 블레이드(Advancing Blade)

    · 비행 방향으로 회전하는 블레이드로, 상
      대속도가 빠르며 양력이 큼

    · 전진 블레이드에는 하방운동으로 양력 발생을 억제

  ○ 퇴진 블레이드(Retreating Blade)

    · 비행 방향의 반대쪽으로 회전하는 블레이드로, 상대속도가 느리고 양력이 작음

    · 퇴진 블레이드에는 상방운동으로 양력 발생을 향상

③ 안정비행을 위한 블레이드 운동

헬리콥터의 양력 불균형 문제를 해결하고 안정적인 비행을 유지하는 데 필수적

  ○ 플래핑(Flapping)

    · 블레이드가 수평축을 따라 상하로 움직이는 운동

    · 전진 블레이드와 퇴진 블레이드 사이의 양력 불균형을 해소하는 핵심 메커니즘

  ○ 페더링(Feathering)

    · 블레이드의 피치각(받음각)을 조절하는 운동

    · 전진·퇴진 블레이드 사이의 양력 차이를 조정하고, 추력 방향을 안정화

  ○ 리드-래깅(Lead-lagging)

    · 블레이드가 회전 중 앞서거나 뒤처지는 운동

    · 원심력과 코리올리 힘에 의해 발생하며, 정상비행에서는 기준선보다 약 10~15° 뒤처짐이 일반
      적임

  ※로터 허브(Hub)와 힌지(Hinge) : 블레이드는 허브에 연결된 힌지를 중심으로 움직이며, 비행 속도
                          차에 따라 자동으로 피치각이 조절된다.

■양력 불균형 해소를 위한 플래핑, 패더링, 래깅

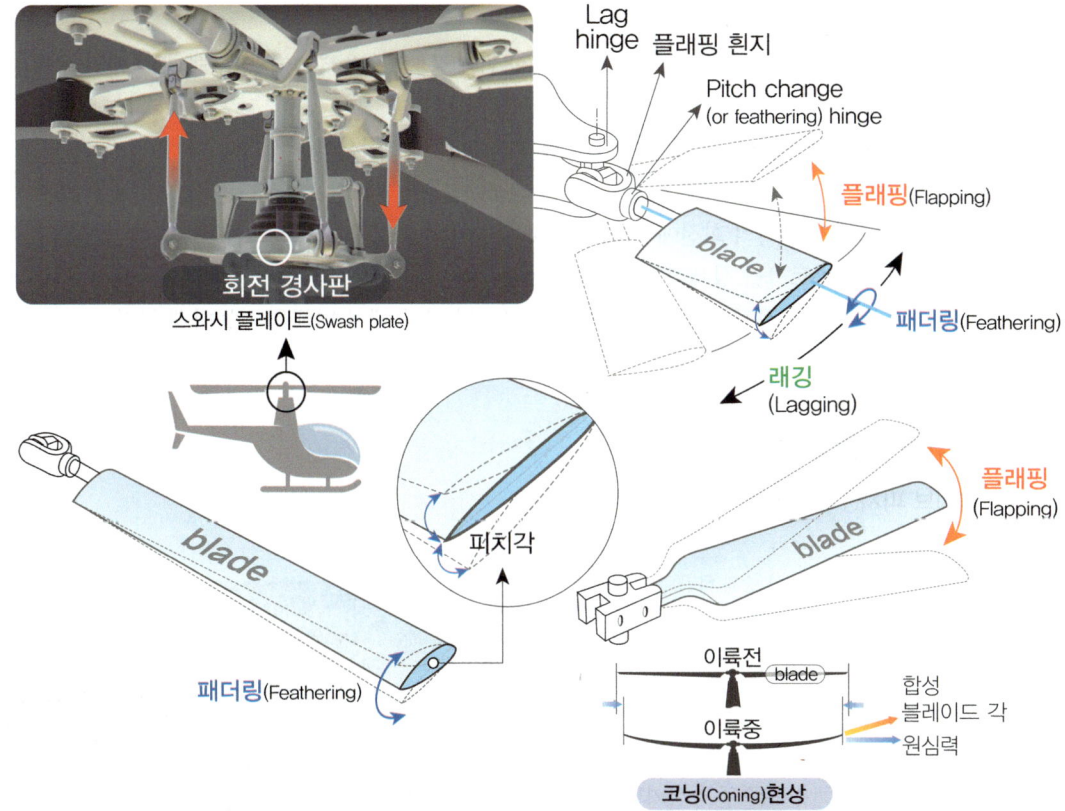

블레이드 익단이 양력과 원심력의 합력에 의해 위로 휘어져
원뿔형(Coning) 형태를 이루며, 이로써 블레이드 전체의 양력 균형이 유지된다.

6.전이성향(Translating Tendency)

① 운동하는 방향이 바뀌거나 다른 방향으로 옮겨가는 현상이다.

② 헬리콥터가 호버링할 때, 메인 로터의 회전에 따른 반작용 토크와 양력 불균형으로 인해 기체가
   테일 로터의 반대 방향으로 이동하는 현상을 '전이 성향(Translating Tendency)'이라고 한다.
   이는 뉴턴의 제3법칙 '작용–반작용의 원리'에 의해 발생된다.

※로터 회전방향에 따른 동체의 회전 방향과 전이성향

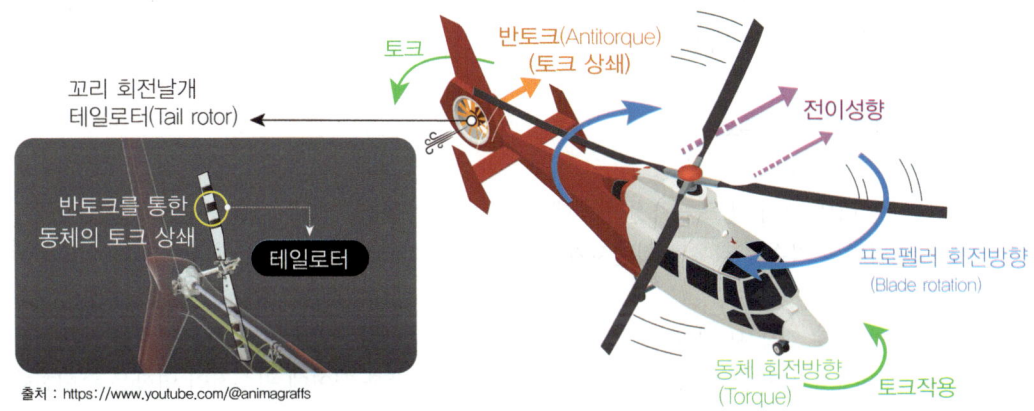

출처 : https://www.youtube.com/@animagraffs

7.헬리콥터의 토크(Torque) 작용

① 메인 로터의 회전과 동체 회전
- 메인 로터가 한 방향으로 회전하면, 뉴턴의 제3법칙(작용-반작용 법칙)에 따라 동체는 메인 로터의 회전 방향과 반대 방향으로 회전하려는 힘(반토크)을 받는다.
  즉, 메인 로터가 회전하는 반대 방향으로 동체가 회전하는 현상이 발생한다.
② 테일 로터의 역할
- 테일 로터는 메인 로터의 회전에 의해 발생하는 동체의 회전을 제어하기 위해, 반대 방향의 수평 추력을 생성하여 토크를 상쇄하는 역할을 한다
- 이를 통해 동체를 안정적으로 유지하고, 헬리콥터의 방향 제어 비행을 가능하게 한다.
※토크란? 물체가 특정 회전축을 중심으로 '회전하려는 힘' 또는 '회전력'을 의미한다.

8.헬리콥터의 조종장치

① 콜렉티브 피치(주기피치레버, Collective pitch)
- 역할
  - 스로틀(Throttle)기능(상승과 하강)을 담당
  - 메인 로터 블레이드의 피치 각도(기울기)를 전체적으로 동시에 증가 또는 감소시켜 헬리콥터의 수직 상승 및 하강을 제어
- 작동원리
  - 블레이드 각도(기울기)를 증가시키면 양력이 증가해 헬리콥터가 상승
  - 블레이드 각도(기울기)를 감소시키면 양력이 감소해 헬리콥터가 하강

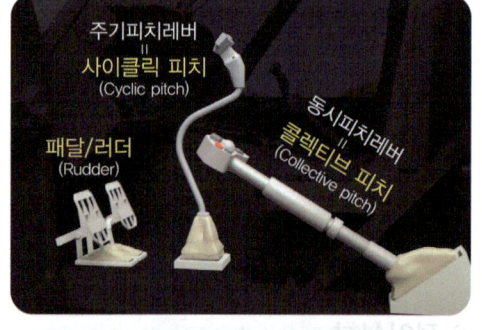

② 사이클릭 피치(동시피치레버, Cyclic pitch)
- 역할
  - 메인 로터 블레이드의 피치 각도를 변화시켜, 로터 회전면을 원하는 방향으로 기울여 작동
- 작동원리
  - 앞으로 기울기 : 전진 비행
  - 뒤로 기울기 : 후진 비행
  - 왼쪽/오른쪽 기울기 : 좌우 이동

출처: https://www.youtube.com/@animagrafts

③ 방향키 페달(Rudder pedal)
- 역할
  - 테일 로터의 피치 각도를 조절하여 헬리콥터의 요운동(Yawing)을 제어
  - 헬리콥터의 기수를 좌우로 회전시켜 방향을 조정
- 작동원리
  - 방향키 페달 조작 시 테일 로터의 추력이 변화하여 기수가 왼쪽 또는 오른쪽으로 회전
  - 이 과정에서 메인 로터의 반작용 토크를 상쇄하며, 방향 제어에 필수적인 역할을 수행한다.

④ 헬리콥터와 드론 조작법

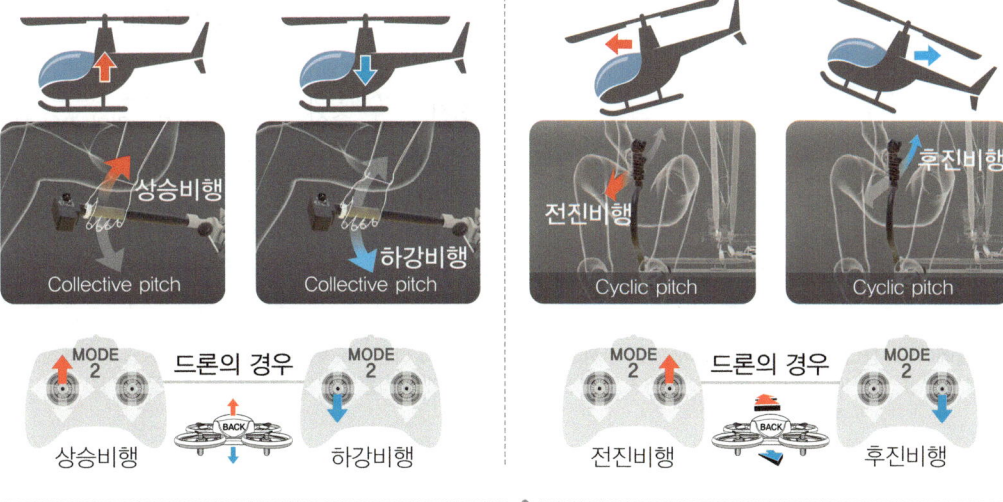

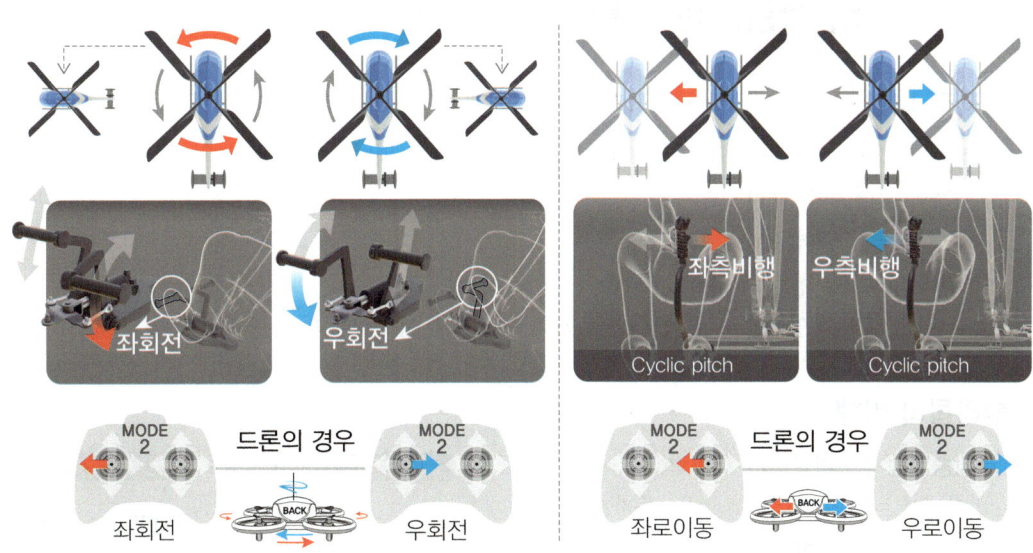

9. 오토로테이션(자동활공/회전, Autorotation)

① 토로테이션은 엔진 출력이 상실된 상황에서 헬리콥터가 자유 낙하하면서 상대풍을 이용해 로터를 회전시켜 양력을 생성하고 안전하게 착륙하는 비상 비행 기법

② 비상 발생 → 역피치 전환(컬렉티브 내림) → 추락하는 힘으로 로터 회전 유지 → 착륙 위치 조정 → 착륙 직전 정상피치로 전환(컬렉티브 올림) → 충격 완화 후 착륙

정상적인 비행 시 공기흐름
(기류는 위에서 아래로 말려들어 감)

자동활공(Autorotation) 시 공기 흐름
(기류는 아래에서 위로 말려들어 감)

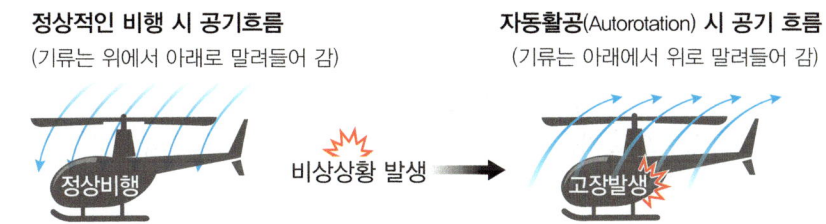

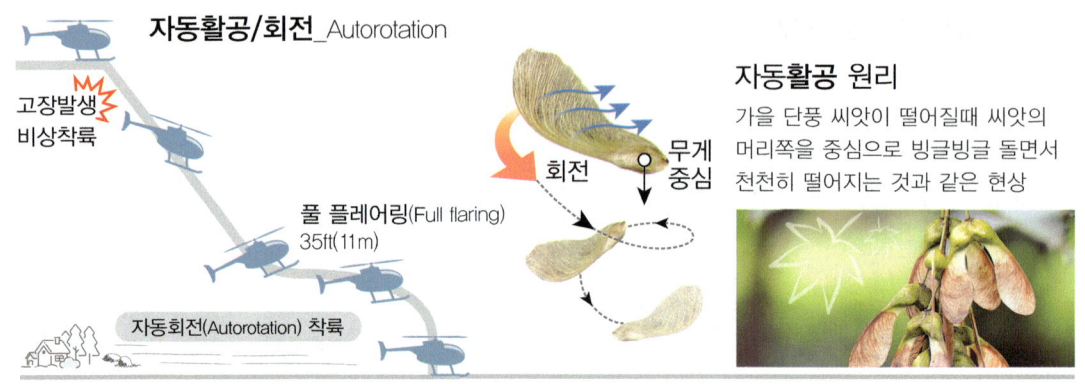

자동활공/회전_Autorotation

고장발생
비상착륙

풀 플레어링(Full flaring)
35ft(11m)

자동회전(Autorotation) 착륙

회전

무게
중심

자동활공 원리

가을 단풍 씨앗이 떨어질때 씨앗의
머리쪽을 중심으로 빙글빙글 돌면서
천천히 떨어지는 것과 같은 현상

풀 플레어링 : 헬리콥터가 비상 착륙 시 지면 가까이에서 전진 속도와 하강 속도를 줄여 안전하고 부드럽게 착륙하도록 돕는
(Full flaring)　기법이며, 이 기술은 착지 충격을 최소화하고 안전하게 헬기를 멈추는 데 중요한 역할을 한다.

02 ─ 헬리콥터의 비행 특성

1.제자리 비행(Hovering)

① 헬리콥터가 일정한 고도와 방향을 유지하면서 공중에 수평비행하는 상태
② 제자리 비행 힘의 균형
　○ 양력(Lift) = 중력(Gravity, Weight)
　○ 추력(Thrust) = 항력(Drag) = 0(Zero)
　○ 추력은 로터의 양력으로 변환되며, 로터의 수직 성분이 헬리콥터의 중력과 동일

2.헬리콥터 비행

① **상승비행** : 헬리콥터가 호버링(Hovering) 상
　태에서 로터의 추력(Thrust)을 증가시키면,
　양력과 추력의 합이 항력과 중력의 합보다
　커져 헬리콥터는 상승
　○ 양력 + 추력 〉항력 + 중력
② **하강비행** : 로터의 추력을 감소시키면, 양력
　과 추력의 합이 항력과 중력의 합보다 작아
　지며, 이 경우 헬리콥터는 하강
　○ 양력 + 추력 〈 항력 + 중력
③ **전진비행** : 전진 비행을 하기 위해서는 양력
　과 중력의 크기가 같아야 하며, 수평 방향
　으로 작용하는 추력이 헬리콥터를 전진시
　킨다. 이때 로터 회전면이 앞쪽으로 기울어
　지면서 수평 방향으로 힘의 합력이 발생
　○ 양력 = 중력, 추력 〉항력

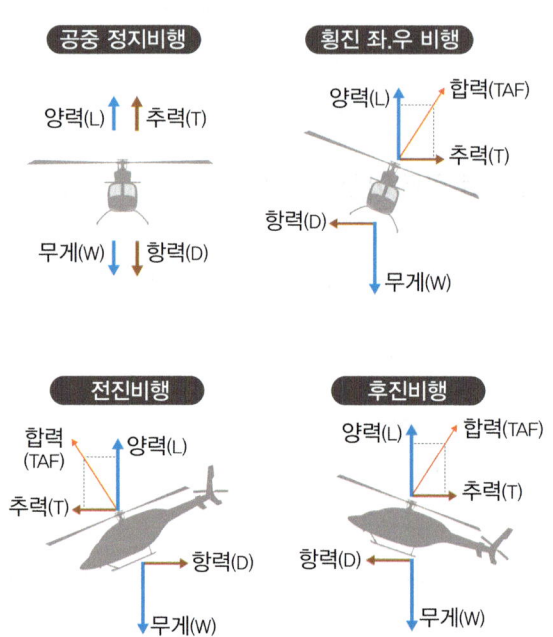

공중 정지비행

양력(L)　추력(T)

무게(W)　항력(D)

횡진 좌.우 비행

양력(L)　합력(TAF)

추력(T)

항력(D)

무게(W)

전진비행

합력
(TAF)　양력(L)

추력(T)

항력(D)

무게(W)

후진비행

양력(L)　합력(TAF)

추력(T)

항력(D)

무게(W)

④ **횡진비행** : 로터 회전면을 한쪽으로 기울이면, 양력의 방향도 함께 기울어지며, 헬리콥터는 기운 방향으로 움직인다. 이때 양력과 중력의 크기가 같고, 추력이 항력보다 크다면 기울어진 방향으로 수평 횡진 비행을 한다.

○ 양력 = 중력, 추력 〉 항력

⑤ **전이비행** : 전이비행(Translational Flight)은 헬리콥터가 호버링(정지비행)에서 전진비행으로 전환하는 과정을 의미한다.

헬리콥터가 일정한 속도로 앞으로 이동하기 시작하면, 로터(회전 날개)를 통과하는 공기의 흐름이 증가하면서 양력 효율이 높아진다. 이 과정에서 전이양력(Translational Lift) 효과가 발생하여 동일한 출력으로도 더 높은 양력을 얻을 수 있다.

3. 지면효과(Ground Effect)

지면효과는 회전익 비행체가 지면 근처에서 공기를 아래로 밀어낼 때, 그 공기 흐름이 지면에 반사되면서 양력이 증가하는 현상이다.

위그선(WIG : Wing In Ground Ship)
나는 배, 위그선은 지면효과를 이용해 개발된 대표적인 사례

① **양력 발생 효율 증가** : 하강풍이 지면과 충돌하면서 생기는 압축 공기의 반발 효과로 인해 양력이 보다 효율적으로 생성된다.

② **로터 및 프로펠러 효율 개선** : 로터나 프로펠러의 직경과 지면과의 높이에 따라 지면 효과의 영향이 달라지며, 특히 호버링 중일 때 더 큰 효과를 발휘한다.

③ **추력 절감** : 지면효과로 인해 양력이 증가하면, 동일한 비행 조건에서 필요한 추력이 줄어들게 된다.

■ 제자리 비행(Hovering) 시 기류현상

● **지면효과 받지 않을때**
(OGE, Out of Ground Effect)

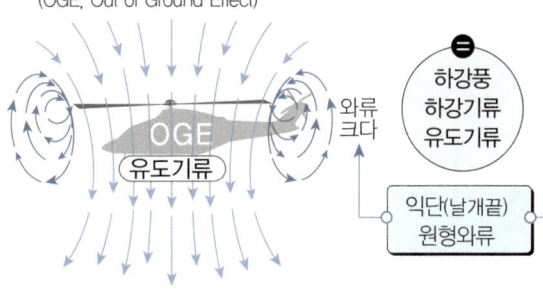

● **지면효과 받을때**
(IGE, In Ground Effect)

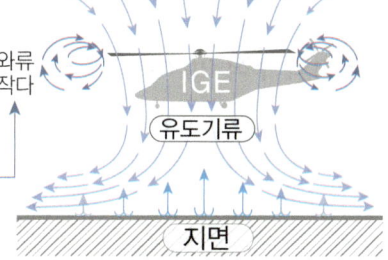

하강풍
하강기류
유도기류

익단(날개끝)
원형와류

- 수직 양력 생성 효율 감소
- 유도기류(하강풍) 증가
- 블레이드 와류 증가(유도항력 증가)
- 중력 증가/수직양력 감소(일시적)
- 받음각/피치각(영각) 감소
- 항력 증가(출력증가)

- 수직 양력 생성 효율 감소(일시적)
- 유도기류(하강풍) 감소
- 블레이드 와류 감소(유도항력 감소)
- 중력 감소/수직양력 증가(일시적)
- 받음각/피치각(영각) 증가
- 지면반사/기체밀림 증가(일시적)
- 항력 감소(출력감소)

로터 직경

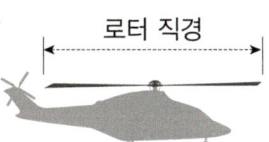

● **지면효과 감소 요인**
- 로터 직경의 1배 이상의 고도
- 풀숲, 나무 상공 등 바람이 빠지기 쉬운 장애물 상공

● **지면효과 증대 요인**
- 로터 직경의 1배 미만의 고도
- 지면 장애물이 없는 평탄한 지형
- 저고도·저온·고기압(밀도 높음)

07 수직이착륙기

01 수직이착륙기(VTOL)

고정익   회전익   수직이착륙기

1.무인수직이착륙기의 개념

무인수직이착륙기(VTOL, Vertical Takeoff and Landing Unmanned Aerial Vehicle)란, 고정익 항공기와 회전익 항공기의 비행 특성을 동시에 갖춘 복합형 무인 항공 비행체를 말한다.

① 고정익(Fixed Wing) : 비행 중 전진 순항(Cruise) 시 고정익이 양력을 발생시켜 장거리 및 고속 비행에 유리한 구조를 제공한다.

② 회전익(Rotary Wing) : 헬리콥터와 유사한 방식으로 회전하는 블레이드를 통해 수직이착륙(Vertical Takeoff & Landing)과 제자리 비행(Hovering)이 가능하다.

③ 천이 비행(Transition Flight) : 이륙 직후 회전익 모드에서 일정 속도 및 고도에 도달한 후, 고정익 모드로 전환되어 순항 비행을 수행하거나, 순항 비행 후 착륙을 위해 다시 회전익 모드로 전환되는 과정을 의미한다.

④ VTOL의 핵심 특성은 이 두 형태의 비행 모드를 자유롭게 전환할 수 있다는 점으로, 비행 중 고정익 모드와 회전익 모드 간의 전환(Transition)이 필요하다.

이러한 특징 덕분에 무인수직이착륙기는 도심지, 협소 지역, 선박 등 활주로가 없는 환경에서도 운용 가능하며, 효율적인 장거리 비행과 정밀한 제자리 비행을 모두 충족시킬 수 있는 다목적 비행 플랫폼으로 각광받고 있다.

■ 다양한 유형의 수직 이/착륙기

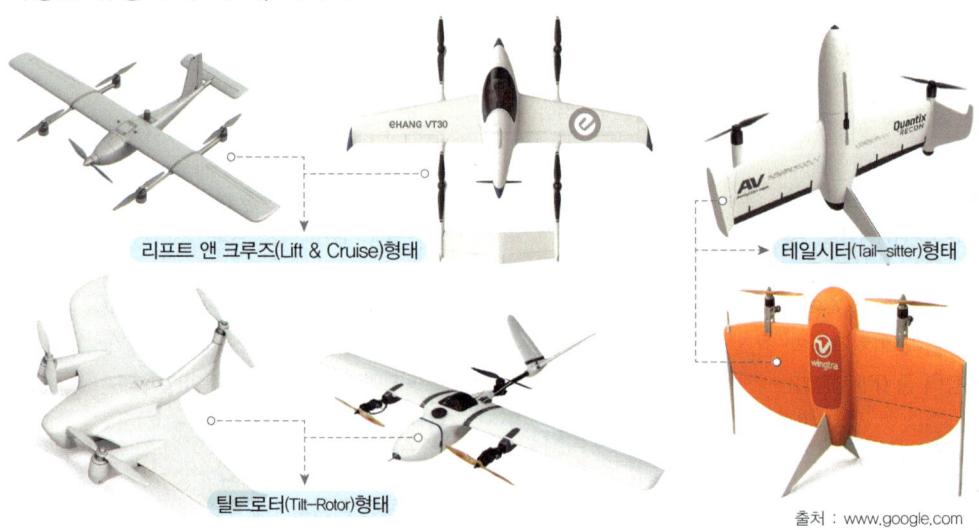

리프트 앤 크루즈(Lift & Cruise)형태

테일시터(Tail-sitter)형태

틸트로터(Tilt-Rotor)형태

출처 : www.google.com

1. 회전익(Rotary Wing)

① 기체의 수직 상승, 하강, 제자리 비행(호버링)을 가능하게 하는 주요 양력 발생 장치
② 2개 이상의 블레이드로 이루어져 있으며, 블레이드의 단면은 에어포일 형상으로 되어 있어 회전 시 양력을 발생시킨다.
③ 프로펠러 속도 및 피치각 제어를 통해 비행 조종이 가능하며, 천이 및 착륙 시 중요한 역할

2. 고정익(Fixed Wing)

① 고속 순항(Cruise) 비행 중 지속적인 양력을 발생시켜 기체를 비행 상태로 유지시킴
② 좌우 주날개(Main wing)와 수직 및 수평 꼬리날개(Tail wing)로 구성되며, 모두 에어포일 단면을 가짐
③ 고정익 비행 시 연비와 항속거리가 높아짐. 실속속도 이하에서는 충분한 양력 발생이 어려움
④ 에일러론(Aileron)·엘리베이터(Elevator)·러더(Rudder)등 조종면을 사용해 피치(Pitch)·롤(Roll)·요(Yaw) 제어가 가능하며, 회전익 → 고정익 천이 단계에서 안정성 확보에 기여

3. 동체(Fuselage)

① 기체의 중심 구조물로, 다른 구성요소(날개, 착륙장치 등)를 지지하고 항공전자장비를 탑재함
② 내구성과 항력 최소화를 고려한 공기역학적 설계. 내부에는 배터리, 수신기, 서보모터, 항법장비 등을 장착함
③ 다양한 외력(양력, 토크, 진동)에 견딜 수 있도록 구조적 강성이 확보되어야 함

4. 동력장치(Power Plant)

① 회전익 및 고정익 추진 시스템에 동력을 공급하는 장치
② 전기모터 또는 내연기관, ESC, 배터리 또는 연료계통 등으로 구성됨
③ 멀티콥터 방식에서는 각 회전익마다 독립된 동력장치가 배치되며, 비행 제어 시스템과 실시간 연동되어 추력 제어 수행

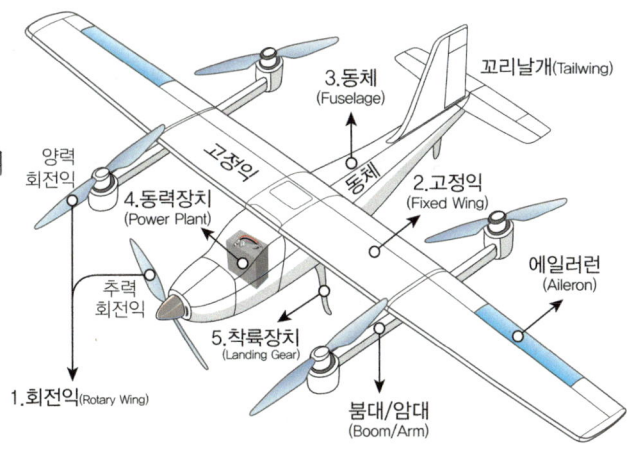

5. 착륙장치(Landing Gear)

① 이착륙 시 충격을 흡수하고, 지면에서 기체를 안정적으로 지지함
② 바퀴 또는 스키드 형식으로 구성되며, 경우에 따라 접이식 형태도 사용됨
③ 경량화와 충격 흡수를 고려한 설계 필요. 일부 형태에서는 동체 일체형 구조 사용

무인수직이착륙기는 구조 및 비행 방식에 따라 다음의 세 가지 대표적인 형태로 구분된다. 각 형태는 천이 방식, 추진 메커니즘, 기계적 복잡성, 비행 효율 등에 차이가 있으며, 운용 목적에 따라 선택된다.

1. 리프트 앤 크루즈(Lift & Cruise)형태

수직 이착륙용 회전익과 전진 추진용 회전익이 분리되어 있으며, 고정익은 전진 비행 시 양력 제공

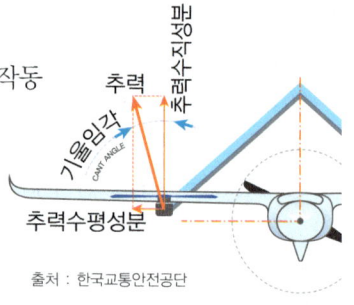
출처 : 한국교통안전공단

① 비행 특성
- 회전익을 통해 수직이착륙 및 제자리 비행 수행
- 고정익과 수평 추진용 프로펠러를 활용해 전진 순항 비행 수행
- 천이(Transition)는 수직 추진부 정지 후 고정익과 수평 추진부만 작동

② 장점
- 구조가 비교적 간단하여 제작과 정비가 용이
- 고정식 추진부 사용으로 기계적 신뢰성 높음
- 수직이착륙 성능이 우수하며 안정적인 호버링 가능

③ 단점
- 천이 중 모든 추진부가 작동되어 에너지 소모가 큼
- 전진 추진력과 양력 발생체가 분리되어 있어 중량 증가
- 고정익 비행 전환 시 정밀한 비행 제어 필요

VTOL
리프트 앤 크루즈 영상

■ **리프트 앤 크루즈**(Lift & Cruise)

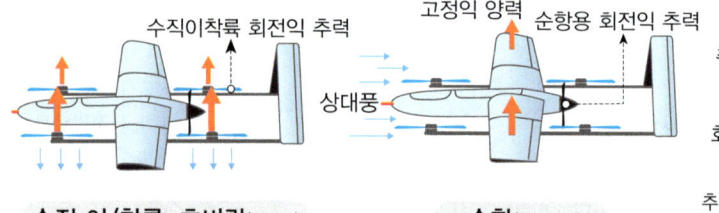
출처 : 한국교통안전공단

2. 틸트로터(Tilt-Rotor)형태

동일한 로터가 회전하여 수직 이착륙 및 전진 비행을 모두 수행. 로터와 동력장치 전체가 기울어짐

① 비행 특성
- 이륙 시 수직 방향으로 로터 작동
- 일정 고도에서 로터를 수평 방향으로 기울여 전진 비행 수행
- 천이 과정 중 기수 하강 및 고도 손실 우려 존재

② 장점
- 동일한 추진계로 수직 및 순항이 가능하므로 구조 통합성 우수
- 고속 전진 비행 시 효율이 매우 높음
- 헬리콥터와 유사한 제어 기법 활용 가능

③ 단점
  ○ 구조 및 제어 메커니즘 복잡, 설계 난이도 높음
  ○ 천이 중 추력 방향 불안정으로 고도 감소 발생 가능
  ○ 정지 비행 효율이 낮고 소음이 큼

VTOL, 틸트로터 영상

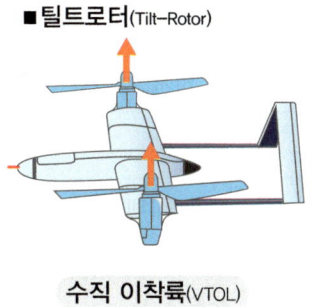
■틸트로터(Tilt-Rotor)

수직 이착륙(VTOL)

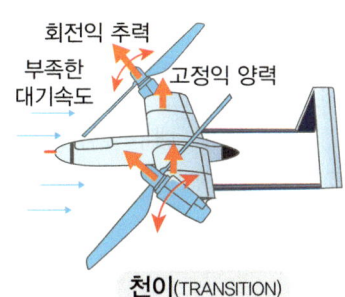
천이(TRANSITION)

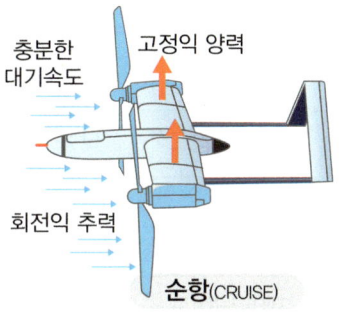
순항(CRUISE)

출처 : 한국교통안전공단

3.테일시터(Tail-sitter)형태

기체가 꼬리를 지면에 대고 수직 이착륙하며, 비행 중 기체 자세 전체를 수직 ↔ 수평으로 전환
① 비행 특성
  ○ 수직 상승 후 기체를 회전시켜 수평 자세로 전환
  ○ 전환 후 고정익 모드로 순항 수행
  ○ 착륙 시 기체를 다시 수직 자세로 회전시켜 하강
② 장점
  ○ 틸팅 메커니즘이 없어 기계적 구조 단순
  ○ 경량화 및 제작 비용 절감에 유리
  ○ 고속 장거리 비행 가능하며, 활주로가 불필요함
③ 단점
  ○ 수직 이착륙 시 자세 제어가 매우 어렵고 바람에 민감함
  ○ 실속 및 고도 변화에 대한 정밀 제어 필요
  ○ 동체 구조상 추력 방향 전환 시 제어 어려움

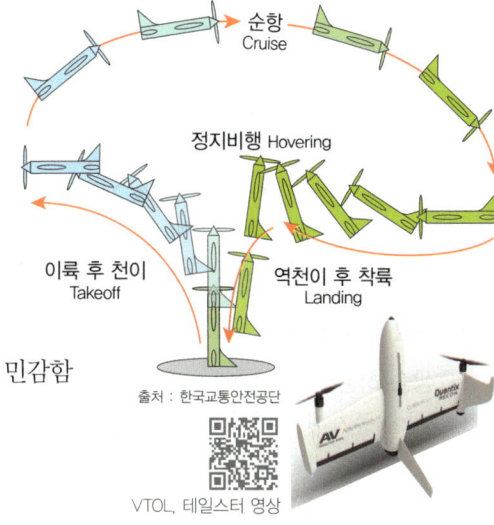

출처 : 한국교통안전공단

VTOL, 테일스터 영상

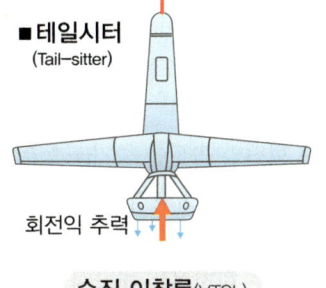
■테일시터
(Tail-sitter)

수직 이착륙(VTOL)

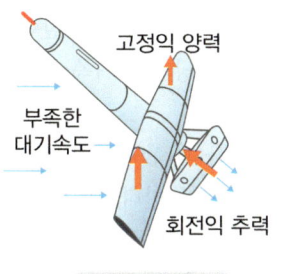
천이(TRANSITION)

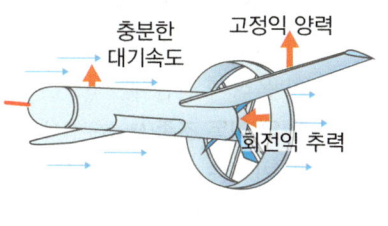
순항(CRUISE)

출처 : 한국교통안전공단

■수직 이/착륙기 분류별 특성과 장.단점

구분	리프트 앤 크루즈 (Lift & Cruise)	틸트로터 (Tilt-Rotor)	테일시터 (Tail-Sitter)
비행 구조	수직/수평 추진부 분리	회전익을 기울여 수직/수평 전환	기체 자체의 자세 전환으로 수직/수평 전환
천이 방식	수직 추진부 → 수평 추진부 전환	로터 틸트 전환	기체를 수직 → 수평으로 회전
구조 복잡도	낮음	매우 높음	중간
비행 효율성	수직/수평 모두 무난	전진 효율 매우 우수, 제자리 효율 낮음	항속/비행시간 우수, 정지비행 불안정
제어 난이도	낮음	높음	높음
장점	안정성 우수, 구조 단순, 정비 용이	고속 전진 가능, 고정된 회전익 사용	활주로 불필요, 중량 절감, 장거리 가능
단점	에너지 소모 많고 고속 순항엔 비효율	복잡한 제어 요구, 고도 손실 발생 가능	자세제어 어려움, 강풍에 취약, 실속 위험

04 – 조종 모드

무인수직이착륙기의 조종 모드는 크게 회전익 조종, 고정익 조종, 천이 조종의 세 가지 모드로 구분된다.

1.회전익 조종모드

① **상승/하강 조종(Throttle)** : 조종기의 쓰로틀 스틱을 위로 밀면 모든 회전익(프로펠러)의 회전 속도가 동시에 증가해 양력이 커지고 기체가 상승한다. 스틱을 아래로 내리면 회전 속도가 감소해 양력이 줄어들고 기체가 하강한다. 스틱을 가운데에 고정해 네 모터의 추력을 균형 상태로 맞추면 고도가 유지된 호버링(hovering) 상태를 유지한다.

② **전/후진 조종(Elevator)** : 엘리베이터 스틱을 앞으로 밀면 앞쪽 회전익 속도를 줄이고 뒤쪽 속도를 늘려 기수를 낮추어 전진한다. 스틱을 뒤로 당기면 뒤쪽 속도를 줄이고 앞쪽 속도를 늘려 기수를 들어 올려 후진한다.

③ **좌/우 이동 조종(Aileron)** : 에일러론 스틱을 좌측으로 움직이면 우측 회전익 속도를 증가(좌측 감소)시켜 기체를 좌측으로 기울이며 좌측으로 이동한다. 반대로 스틱을 우측으로 움직이면 좌측 회전익 속도를 증가(우측 감소)시켜 기체를 우측으로 기울이며 우측으로 이동한다.

④ **기수 회전 조종(Rudder)** : 러더 스틱을 좌·우로 조작하면 같은 방향으로 회전하는 대각선 모터(CW ↔ CCW) 간 속도 차이를 만들어 반토크를 발생시켜 기체를 좌·우로 회전시킨다.

■ 회전익 조종모드

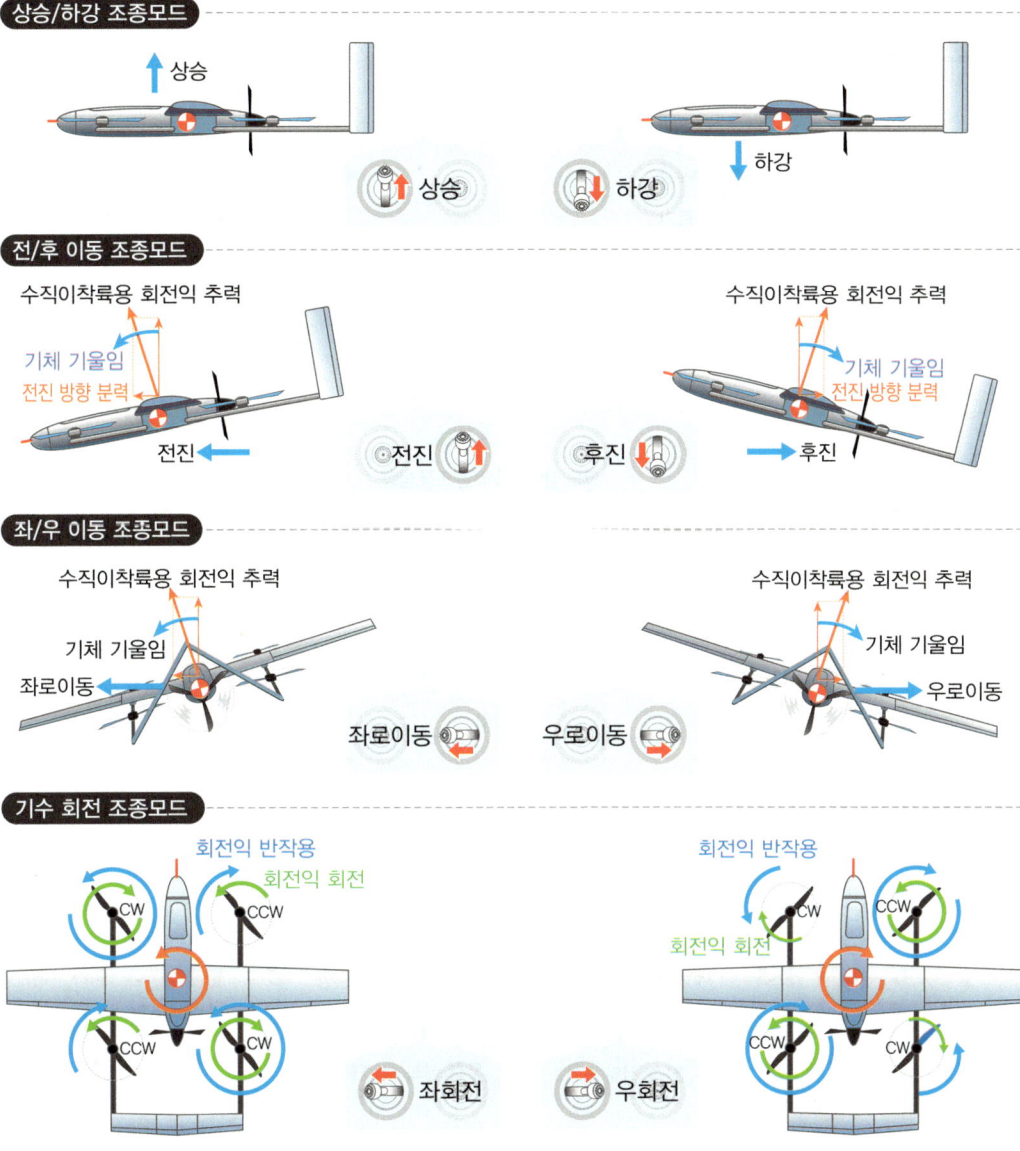

상승/하강 조종모드

상승

상승

하강

하강

전/후 이동 조종모드

수직이착륙용 회전익 추력

기체 기울임
전진 방향 분력

전진

전진

후진

수직이착륙용 회전익 추력

기체 기울임
전진 방향 분력

후진

좌/우 이동 조종모드

수직이착륙용 회전익 추력

기체 기울임

좌로이동

좌로이동

우로이동

수직이착륙용 회전익 추력

기체 기울임

우로이동

기수 회전 조종모드

회전익 반작용
회전익 회전

CW

CCW

CCW

CW

좌회전

우회전

회전익 반작용

회전익 회전

CW

CCW

CCW

CW

좌회전

우회전

출처 : 한국교통안전공단

2.고정익 조종모드

① **쓰로틀 조종**(Throttle) : 조종기의 쓰로틀 스틱을 앞쪽(위쪽)으로 밀면 추진 프로펠러의 회전 속도가 증가하여 기체 전진 속도가 빨라지고, 이에 따라 주익이 만드는 양력도 함께 증가한다.
   스틱을 뒤로 당기면 RPM이 감소해 속도와 양력이 줄어든다.
② **피치 조종**(Pitch) : 엘리베이터 스틱을 앞쪽(위쪽)으로 밀면 수평 꼬리날개의 엘리베이터가 위로 올라가면서 기수가 들리며 상승한다. 반대로 스틱을 아래로 내리면 기수가 낮아져 하강하게 된다.
③ **롤 조종**(Roll) : 스틱을 좌로 움직이면 좌익 에일러론이 위로, 우익은 아래로 편향돼 좌측으로 기체가 기울어지며 선회를 시작한다. 반대로 스틱을 우로 움직이면 우측으로 기울어 선회한다.
④ **요 조종**(Yaw) : 러더 스틱 조작을 통해 수직 꼬리날개의 러더가 좌우로 움직여 기수의 방향을 좌우로 전환한다. 방향 전환 시 롤과 함께 넣어 '코디네이티드 턴'(균형잡힌 선회, Coordinated Turn)을 만들어 주는 것이 표준 절차다.

■고정익 조종모드

쓰로틀(Throttle) 조종모드

피치(Pitch) 조종모드

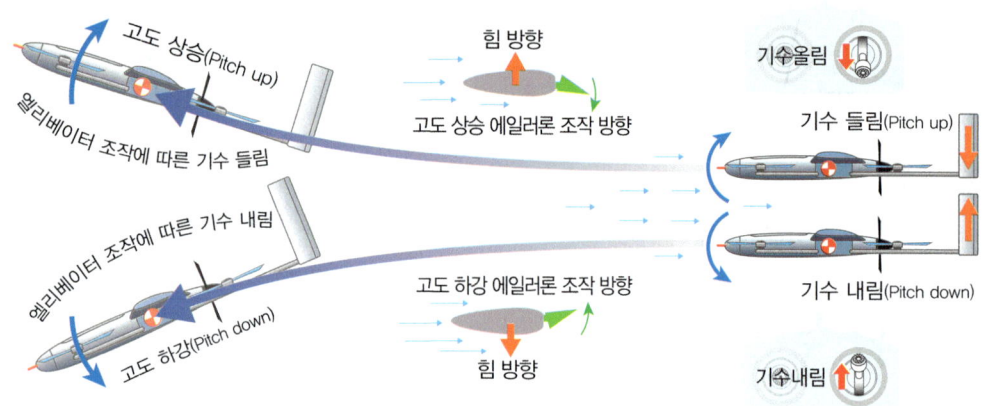

롤(Roll) 조종모드

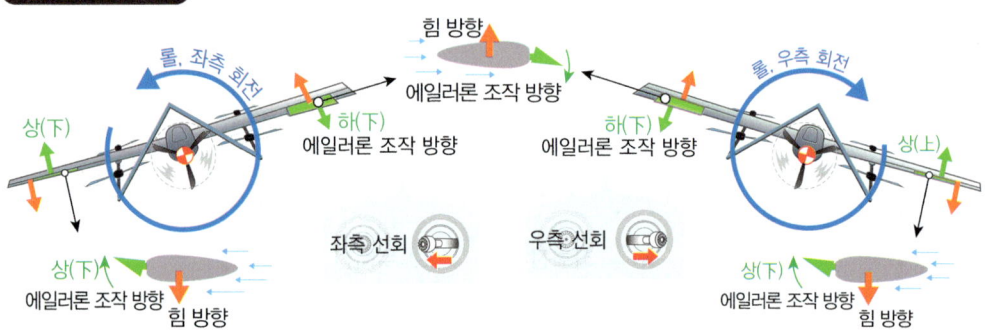

요(Yaw) 조종모드

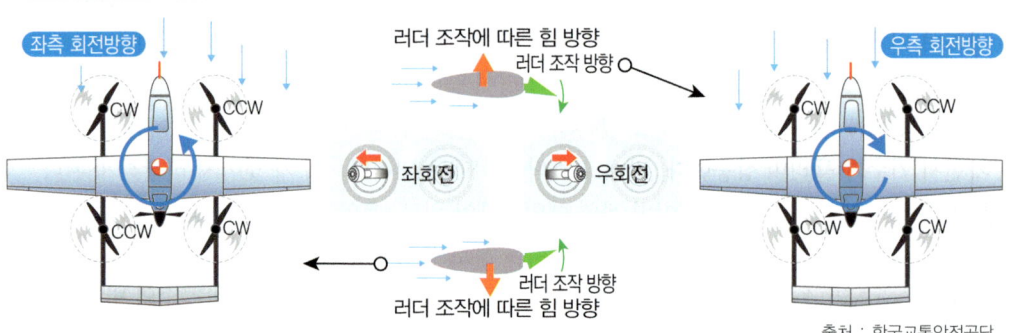

출처 : 한국교통안전공단

3.천이 조종모드

천이 조종모드는 회전익 모드와 고정익 모드 간의 전환 시 작동하는 중간 모드로, 자동 또는 반자동 조종 방식이 활용된다. 천이 모드는 일반적으로 기상 조건에 민감하며, 특히 정풍(Head Wind) 방향으로 전환할 경우 안정성과 반응성이 향상된다.

① 회전익 → 고정익 전환 : 기체가 일정 속도에 도달하면 회전익의 회전 속도를 점차 줄이고, 고정익이 충분한 양력을 발생시키는 속도에 도달했을 때 전환이 완료된다. 이 과정에서는 수평 추진부가 점차 활성화되며, 고정익 비행이 안정되면 수직 추진부는 정지한다.

② 고정익 → 회전익 전환 : 고정익 비행 중 착륙 단계에 진입하면 기체 속도를 줄이고, 수직 추진용 회전익을 점차 시동시킨다. 수직 추진력이 확보되면 고정익의 영향은 줄어들며, 기체는 다시 호버링 가능한 상태로 전환된다. 이때 고도 상승 및 기수 각도 조정이 함께 수행될 수 있다.

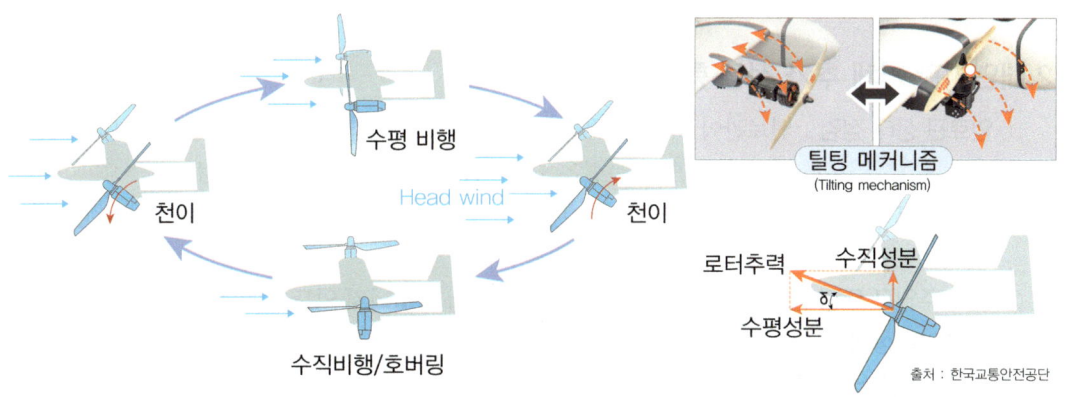

출처 : 한국교통안전공단

05 ─ 비행안전성 점검 사항

1.기본 공통 점검 항목

① 내/외부 조종사의 상호 통신 확인 : 지상 통신 장비 및 음성 장치 간 원활한 교신 가능 여부 점검

② 회전익/고정익 날개 고정 상태 점검 : 날개 결합부의 볼트, 클램프, 연결 부위의 이완 또는 손상 여부 확인

③ 동력 장치 및 결합부 점검 : 모터, ESC, 연료계통 등 동력 계통과 장착부 결속 상태 확인

④ 서보모터 및 링크 작동 점검 : 조종면 제어용 서보와 링크의 유격, 마모, 부하 발생 여부 확인

⑤ 조종면 설치 상태 확인 : 엘리베이터, 러더, 에일러론 등 모든 조종면의 중심정렬 및 움직임 상태 점검

⑥ 동체 구조 상태 확인 : 동체 외피의 부풀음, 변형, 균열 및 부식 발생 여부 확인

⑦ 날개 및 회전익 손상 점검 : 크랙, 칩, 피로 흔적 등 구조적 손상 존재 여부 확인

⑧ 전기 배선 및 커넥터 점검 : 단선, 마찰, 접촉 불량 또는 구조물 접촉에 의한 피복 손상 여부 확인

⑨ **착륙장치 상태 점검** : 랜딩기어의 결합, 충격 흡수 장치 및 장착부 균열 확인

⑩ **볼트·너트류 체결 상태 점검** : 전반적인 체결 부품의 풀림, 마모, 변형 여부 점검

⑪ **송신기 상태 점검** : 안테나 고정, 전원 상태, 신호 강도 확인

⑫ **수신기 및 안테나 장착 상태 점검** : 수신기 본체 및 안테나 위치, 방향, 접속 상태 확인

⑬ **배터리 및 전원 상태 점검** : 전압, 잔량, 연결 상태, 탈착부 견고성 점검

⑭ **외부 장착 장비 점검** : 카메라, 센서, 기타 페이로드 고정 및 배선 상태 확인

⑮ **피토관 상태 점검** : 대기속도계용 센서의 막힘, 변형, 수분 유입 여부 점검

⑯ **카울링(Cowling) 상태 점검** : 외부 덮개가 제대로 고정되어 있으며 균열, 이탈 등이 없는지 확인

⑰ **지상조종장비 연동성 점검** : 내/외부 조종기 전환 기능 및 동시 제어 가능 여부 확인

⑱ **조종기 간 간섭 여부 점검** : 주파수 충돌, 신호 혼선 가능성 여부 점검

⑲ **송신기 Range Check 테스트** : 단거리 통신 감도 및 반응 상태 확인(10m 이상 거리에서 테스트)

⑳ **통신두절 대비 대책 마련 여부 점검** : Failsafe 설정, RTH(Return to Home) 기능 확인, 자동 착륙 절차 확보

2.내연기관 기체 추가 점검 항목

① **연료관 상태 점검** : 연료관이 외부와의 마찰로 인해 손상되지 않았는지, 고정 상태는 안정적인지 확인한다. 연료 누설은 화재 위험이 있으므로 반드시 점검

② **연료 탱크 및 필터 상태 점검** : 연료 탱크 내부에 이물질이 없는지, 연료 필터가 막히거나 손상되지 않았는지 확인

③ **연료 주입구 뚜껑 점검** : 연료가 증발하거나 이물질이 유입되지 않도록 뚜껑의 밀폐 상태를 확인

④ **엔진오일 상태 점검** : 적절한 양의 오일이 있는지, 오염되거나 누유된 흔적은 없는지 확인

⑤ **점화케이블 상태 점검** : 점화케이블이 마모, 피복 손상 없이 연결 상태가 양호한지 확인

⑥ **엔진 마운트 및 부싱** : 엔진 진동을 흡수할 수 있는 구조인지, 고정 상태는 튼튼한지 확인

⑦ **기어박스 상태 점검** : 오일 누출이 없는지, 이상 진동이나 소음이 발생하지 않는지 확인

⑧ **소음기 부착 상태 점검** : 진동에 의한 이탈이 없도록 고정 상태와 마모 여부를 확인

출제예상문제

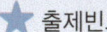
★ 출제빈도 표기

01 다음 중 회전하는 물체에 작용하는 토크 반작용과 가장 관련 있는 뉴턴의 법칙은?

① 관성의 법칙(Newton's First Law)
② 가속도의 법칙(Newton's Second Law)
③ 작용–반작용의 법칙(Newton's Third Law)
④ 베르누이의 원리(Bernoulli's Principle)

해설

뉴턴의 제3법칙(작용–반작용의 법칙)에 따르면, 프로펠러가 시계 방향으로 회전할 때, 반대 방향으로 동체가 회전하려는 힘이 발생한다. 이는 헬리콥터 및 드론의 균형을 맞추는 데 중요한 개념이다.

02 다음 중 공기밀도가 높아지면 나타나는 현상으로 맞는 것은?

① 입자가 증가하고 양력이 증가한다.
② 입자가 증가하고 양력이 감소한다.
③ 입자가 감소하고 양력이 증가한다.
④ 입자가 감소하고 양력이 감소한다.

03 물체 표면을 따라 흐르는 유체의 천이(transition) 현상에 대한 설명으로 옳은 것은?

① 유체의 레이놀즈 수가 4000 이상이면 층류에서 천이 영역을 거쳐 난류로 변한다.
② 천이 영역에서는 층류와 난류가 혼합된 형태로 존재할 수 있다.
③ 난류 흐름은 천이 영역에서 발생하지 않으며 층류에서 직접 변환된다.
④ 층류 상태에서는 유체의 흐름이 불규칙하게 섞이며, 소용돌이가 형성된다.

해설

• 천이 영역은 층류와 난류가 공존하는 불안정한 상태이며, 일반적으로 레이놀즈 수 2000~4000 사이에서 발생한다. 난류는 보통 4000 이상의 레이놀즈 수에서 완전히 형성된다.

04 다음 중 레이놀즈 수에 영향을 주지 않는 요인은?

① 유체의 밀도　　② 유체의 속도
③ 유체의 점성　　④ 유체의 압력

해설

레이놀즈 수는 유체의 밀도, 속도, 점성 계수, 특성 길이에 의해 결정된다. 그러나 유체의 압력 자체는 직접적인 영향을 미치지 않는다.

05 다음 중 벡터량과 스칼라량을 올바르게 짝지은 것은?

① 속도–스칼라량, 질량–벡터량
② 가속도–스칼라량, 에너지–벡터량
③ 힘–벡터량, 온도–스칼라량
④ 운동량–스칼라량, 압력–벡터량

해설

• 벡터량은 방향성을 가지는 물리량이고, 스칼라량은 크기만 가지는 물리량이다. 힘은 벡터, 온도는 스칼라량에 해당
• 벡터량 : 속도, 가속도, 힘, 운동량, 충격량, 자기장, 추력, 항력
• 스칼라량 : 속력, 길이, 넓이, 시간, 온도, 압력, 밀도, 에너지

06 베르누이 원리에 대한 설명으로 옳은 것은?

① 유체의 속도가 증가하면 압력도 함께 증가한다.
② 유체의 속도가 감소하면 압력도 함께 감소한다.
③ 유체의 속도가 증가하면 압력이 감소하는 원리를 설명한다.
④ 베르누이 원리는 고체 물체에만 적용된다.

해설

• 베르누이 정리는 유체의 속도가 증가하면 압력이 감소하고, 속도가 감소하면 압력이 증가하는 현상을 설명한다. 이는 항공기 날개의 양력 발생 원리와도 연관이 있다.

정답 | 01 ③　02 ①　03 ②　04 ④　05 ③　06 ③

07 비행체에 작용하는 주요한 4가지 힘으로 옳은 것은?

① 추력(Thrust), 부력(Buoyancy), 항력(Drag), 중력(Weight)

② 추력(Thrust), 양력(Lift), 항력(Drag), 중력(Weight)

③ 추력(Thrust), 양력(Lift), 압력(Pressure), 중력(Weight)

④ 추력(Thrust), 양력(Lift), 비틀림력(Torque), 중력(Weight)

해설

• 비행체가 공중에서 균형을 유지하며 비행하기 위해서는 네 가지 주요한 힘이 작용한다.
• 추력(Thrust)은 앞으로 나아가는 힘, 양력(Lift)은 위로 떠오르는 힘, 항력(Drag)은 공기에 의해 발생하는 저항력, 중력(Weight)은 지구가 비행체를 끌어당기는 힘이다.

08 비행 중 추력보다 항력이 커지는 경우 나타나는 현상은?

① 감속 및 하강   ② 등속비행

③ 수평비행   ④ 가속비행

해설

비행 중 항력이 추력보다 크면 속도가 감소하며, 중력의 영향으로 하강하게 된다. 이는 감속 비행 상태로 이어질 수 있다.

09 다음 중 자동 복귀 모드(RTH, Return To Home) 설정과 관련하여 옳지 않은 것은?

① GPS 신호를 기준으로 복귀 경로를 설정할 수 있다.

② 이륙 지점뿐만 아니라 사용자가 설정한 장소로 복귀할 수 있다.

③ GPS 수신 여부와 상관없이 복귀 기능을 사용할 수 있다.

④ 자동 복귀 시 장애물 회피 기능을 활성화할 수 있다.

해설

자동 복귀 모드는 GPS 신호를 기반으로 작동하며, GPS 수신이 불가능한 경우 정상적인 복귀가 어렵다.

10 4행정 엔진의 작동 순서를 올바르게 나열한 것은?

① 흡입 → 압축 → 폭발 → 배기

② 흡입 → 폭발 → 압축 → 배기

③ 압축 → 흡입 → 폭발 → 배기

④ 배기 → 폭발 → 압축 → 흡입

해설

4행정 왕복기관은 흡입 → 압축 → 폭발 → 배기의 4단계를 순서대로 반복하며 동력을 발생시킨다.

11 왕복엔진의 윤활유 기능 중 해당되지 않는 것은?

① 엔진 부품의 마찰을 줄여 마모를 방지한다.

② 엔진 내부의 온도를 낮추는 역할을 한다.

③ 연소실 내부의 압력을 증가시켜 출력 향상에 기여한다.

④ 오염물과 금속 찌꺼기를 제거하여 엔진을 보호한다.

해설

윤활유는 엔진 부품 간 마찰을 줄이고, 냉각 작용을 하며, 내부 오염물 제거 기능을 한다.

12 다음 중 유도항력(Induced Drag)에 대한 설명으로 틀린 것은?

① 유도항력은 양력 발생 과정에서 생긴다.

② 날개의 가로세로비(Aspect Ratio)가 클수록 유도항력이 감소한다.

③ 받음각(AOA)이 증가하면 유도항력도 증가한다.

④ 유도항력은 고속 비행에서 가장 크게 작용한다.

해설

유도항력은 저속에서 더 크게 작용하며, 고속 비행에서는 상대적으로 감소한다. 따라서 유도항력이 고속 비행에서 가장 크다는 설명은 틀리다.

13 유도기류에 대한 설명 중 올바른 것은?

① 유도기류는 항공기 날개에 의해 발생하는 공기의 흐름을 의미하며, 난류 형태로만 존재한다.

② 유도기류는 주로 항공기 꼬리 날개에 의해 발생하며, 비행 속도에 따라 영향을 받는다.

③ 유도기류는 비행 중 날개 끝에서 발생하는 소용돌이 형태의 기류이며, 뒤따르는 항공기에 영향을 줄 수 있다.

④ 유도기류는 기체의 전방에서 발생하며 양력을 감소시키는 역할을 한다.

해설
- 유도 기류는 항공기 날개 끝에서 발생하는 소용돌이 형태의 기류로, 뒤따르는 항공기의 비행 성능에 영향을 줄 수 있다.
- 받음각(AOA)이 '0'일 때 에어포일을 지나는 기류는 평행하게 흐르지만, 취부각이 증가하면 받음각이 증가하여 공기가 아래로 가속되며 유도 기류의 속도는 증가한다.

14 항공기의 외부 형체와 표면 상태로 인해 발생하는 저항으로, 공기 흐름을 방해하는 압력 항력과 표면 마찰 항력을 포함하는 항력은 무엇인가?

① 유도 항력　　　② 형상 항력
③ 기생 항력　　　④ 압축 항력

해설
- 형상 항력(Form Drag) : 기체의 외부 형상, 표면 거칠기, 구조적 설계 등으로 발생하는 항력.
  - 압력 차이로 생기는 압력 항력(Pressure Drag)과
  - 표면과의 마찰로 생기는 마찰 항력(Skin Friction Drag)을 포함한다.
- 유도 항력(Induced Drag) : 양력 발생 시 날개 끝 와류에 의해 생기는 항력.
- 기생 항력/유해항력(Parasite Drag) : 형상 항력, 마찰 항력, 간섭 항력 등을 포괄하는 총칭.
- 압축 항력(Compressibility Drag) : 음속 근처에서 공기 압축 효과로 생기는 항력.

15 무인멀티콥터의 프로펠러 재질로 가장 적절하지 않은 것은?

① 탄소섬유(Carbon Fiber)
② 나무(Wood)
③ 플라스틱(Plastic)
④ 강철(Steel)

해설
무인멀티콥터의 프로펠러는 탄소섬유, 나무, 플라스틱 등의 재질

로 제작되며, 경량성과 내구성을 고려하여 사용된다. 하지만 강철은 무게가 지나치게 무거워 비행 성능을 저하시킬 수 있으며, 효율적인 추진력을 얻기 어렵기 때문에 프로펠러 재질로 적합하지 않다.

16 프로펠러 블레이드의 양력에 직접적으로 영향을 주는 요소는?

① 프로펠러의 회전 속도
② 프로펠러의 피치각
③ 공기의 밀도
④ 블레이드의 재질

해설
프로펠러 블레이드의 피치각이 커질수록 양력이 증가하지만, 너무 크면 실속이 발생할 수 있다. 적절한 피치각 조절이 가장 큰 영향을 미친다.

17 프로펠러에 작용하는 힘이 아닌 것은?

① 원심력　　　　② 토크 굽힘력
③ 압축력　　　　④ 원심 비틀림력

해설
- 원심력(Centrifugal Force) : 블레이드가 회전하는 동안 허브 중앙에서 바깥쪽으로 작용하는 인장 응력을 의미하며, 프로펠러에 작용하는 힘 중 가장 강하다.
- 토크 굽힘력(Torque Bending Force) : 블레이드가 공기 저항력에 의해 회전 반대 방향으로 휘려는 힘이다.
- 원심 비틀림력(Centrifugal Twisting Force) : 원심력에 의해 블레이드가 축 방향으로 비틀리게 되는 힘으로, 블레이드의 안정성과 피치각도를 평행 상태로 조정하려는 힘이다.

18 프로펠러의 피치에 대한 설명으로 틀린 것은?

① 피치가 높을수록 같은 속도에서 더 많은 양력을 발생시킨다.
② 피치가 낮은 프로펠러는 동일한 추력을 얻기 위해 더 높은 회전속도가 필요하다.
③ 피치가 높은 프로펠러는 저속에서 높은 효율을 나타낸다.
④ 프로펠러의 피치 조정은 비행기의 속도와 비행 특성에 영향을 미친다.

해설
- 피치(Pitch) = 피치각(Pitch Angle) = 깃각(Blade Angle)동일
- 고 피치(High Pitch), 저 피치(Low Pitch)는 피치 각도의 크기에 따른 용어
- 피치가 높은 프로펠러는 높은 속도에서 효율적이지만 저속에서는 효율이 떨어진다. 따라서 저속에서 높은 효율을 나타낸다는 설명은 틀린 내용이다.

19 비행장치의 자체 중량에 해당하지 않는 것은?

① 연료　　　　　　② 기체

③ 배터리　　　　　④ 고정 탑재물

해설

자체중량은 연료와 탑재물의 질량을 제외한 무인비행체의 중량을 의미합니다. 비행을 위해 필요한 고정 탑재물(예 : 장착된 카메라, 센서 등)은 자체중량에 포함됩니다. 따라서 연료는 자체중량에 포함되지 않습니다.

20 날개골(에어포일)의 형상에 영향을 미치는 요소가 아닌 것은?

① 두께　　　　　　② 받음각

③ 캠버　　　　　　④ 시위선

해설

날개골(에어포일)의 형상은 두께, 캠버, 시위선과 같은 구조적 요소에 의해 결정됩니다. 받음각은 비행 중 공기 흐름과의 관계에 영향을 미치지만 날개골의 형상 자체에는 영향을 주지 않습니다.

21 항공기 날개골(Airfoil)의 정의로 적절한 것은?

① 공기 흐름에 의해 양력과 항력을 발생시키기 위한 곡선 모양의 표면 또는 단면.

② 비행 중 항공기의 균형을 유지하기 위한 꼬리 부분의 구조이다.

③ 항공기의 고도를 상승시키기 위해 엔진에서 발생하는 추진력을 의미한다.

④ 비행 중 항공기 속도를 증가시키기 위해 사용하는 회전 장치이다.

해설

날개골(Airfoil)은 항공기나 드론의 날개와 같이 공기 흐름에 의해 양력을 발생시키도록 설계된 곡선 모양의 표면 또는 단면을 의미한다.

22 대칭형 에어포일에 대한 설명으로 틀린 것은?

① 대칭형 에어포일은 윗면과 아랫면의 곡률이 동일하다.

② 대칭형 에어포일은 받음각이 0일 때도 양력을 생성한다.

③ 대칭형 에어포일은 고속 비행 시 안정성을 제공한다.

④ 대칭형 에어포일은 저속에서 양력이 적게 발생하는 특징이 있다.

해설

대칭형 에어포일은 윗면과 아랫면의 곡률이 동일하여 받음각이 0일 때 양력이 발생하지 않습니다. 받음각이 있어야만 양력이 생성됩니다.

23 다음 중 날개의 유형 중 받음각이 큰 경우의 설명으로 틀린 것은?

① 받음각이 클수록 항력이 커진다.

② 받음각이 클수록 실속율이 높아진다.

③ 받음각이 클수록 항력이 작아진다.

④ 받음각이 작을수록 실속율이 낮아진다.

해설

받음각이 클수록 항력과 실속율이 모두 커집니다.

24 다음 중 에어포일의 앞전 반경이 큰 날개의 특징으로 옳은 것은?

① 앞전 반경이 클 경우 실속율이 높다.

② 앞전 반경이 작을 경우 항력이 크다.

③ 앞전 반경이 클 경우 항력이 크다.

④ 앞전 반경이 작을 경우 실속율이 낮다.

해설

앞전 반경이 클수록 항력이 증가하고 실속율은 낮아집니다.

25 다음 중 날개의 가변익(Variable Wing)의 특징으로 틀린 것은 무엇인가?

① 날개 각도를 비행 중에 조절할 수 있다.

② 저속에서는 직선익, 고속에서는 후퇴익으로 변형된다.

③ 제작과 유지 비용이 저렴하다.

④ 저속 안정성과 고속 비행 성능을 모두 제공한다.

해설

가변익은 기계적 복잡성으로 인해 제작과 유지 비용이 높다.

26 다음 중 플랩(flap)의 효과에 대한 설명으로 틀린 것은?

① 플랩을 펼치면 항력이 증가하여 착륙 속도를 낮출 수 있다.
② 플랩을 펼치면 양력이 증가하여 짧은 거리에서 이륙이 가능하다.
③ 플랩을 펼치면 받음각이 줄어들어 실속 위험이 감소한다.
④ 플랩을 펼치면 실속 속도가 낮아져 저속 비행이 용이하다.

해설
• 플랩은 전개 시 양력과 항력을 동시에 증가시켜 이착륙 성능을 개선한다.
  −착륙 시 항력 증가로 감속이 용이하다.
  −이륙 시 양력 증가로 짧은 거리에서 이륙할 수 있다.
  −플랩 전개 시 실속 속도가 낮아져 저속 비행이 용이하다.
  −그러나 "받음각이 줄어들어 실속 위험이 감소한다"는 설명은 잘못된 내용이다.

27 다음 항공기의 고양력 장치에 해당하지 않는 것은?

① 플랩　　　　② 슬랫
③ 스포일러　　④ 리딩 엣지 익스텐션

해설
고양력 장치는 비행 중 양력을 증가시키기 위한 장치로 플랩, 슬랫, 리딩 엣지 익스텐션 등이 포함됩니다. 스포일러는 양력을 감소시키는 역할을 합니다.

28 다음 중 날개의 받음각(AOA)에 대한 설명으로 올바른 것은?

① 날개의 받음각이 커지면 양력과 항력 모두 증가한다.
② 날개의 받음각이 0일 때 항력이 최대가 된다.
③ 날개의 받음각이 커질수록 양력은 감소하고 항력은 증가한다.
④ 날개의 받음각이 너무 커지면 실속(stall) 현상이 발생하지 않는다.

해설
날개의 받음각이 커지면 양력과 항력이 증가하지만, 받음각이 너무 커지면 실속 현상이 발생하여 비행이 불안정해진다.

29 날개의 받음각(AOA)과 실속(stall) 현상에 대한 설명 중 올바른 것은?

① 받음각이 클수록 양력은 무조건 증가하므로 실속은 발생하지 않는다.
② 날개의 받음각이 한계 받음각을 초과하면 양력이 급격히 감소한다.
③ 실속은 날개의 받음각과 관계없이 고속 비행 중에만 발생한다.
④ 실속 현상은 양력이 중력보다 클 때 발생한다.

해설
날개의 받음각이 한계 받음각을 초과하면 날개 주변의 공기 흐름이 교란되어 양력이 급격히 감소하고 실속 현상이 발생한다.

30 다음 중 주날개 취부각(붙임각)에 대한 설명으로 옳지 않은 것은?

① 주날개의 취부각이 커질수록 양력이 증가한다.
② 주날개의 취부각은 항공기의 속도와 고도에 영향을 미친다.
③ 주날개의 취부각이 커지면 항력도 증가한다.
④ 주날개의 취부각이 클수록 비행기 전체의 무게가 증가한다.

해설
주날개의 취부각은 비행기 날개가 기체에 고정된 각도로, 양력과 항력에 영향을 미치지만 비행기 전체의 무게에는 영향을 주지 않습니다.

31 다음 중 실속(Stall)에 대한 설명이 아닌 것은?

① 실속은 날개가 받음각의 증가로 인해 양력을 상실하는 현상이다.
② 실속은 비행 속도가 감소하여 발생할 수 있다.
③ 실속은 양력보다 중력이 클 때 발생하는 현상이다.
④ 실속은 고속 비행 시 주로 발생한다.

해설
실속은 받음각이 지나치게 커져 양력이 상실될 때 발생하며, 일반적으로 저속에서 주로 발생한다.

32 버핏(Buffet) 현상 발생 시 비행기가 받을 수 있는 영향으로 적절하지 않은 것은?

① 방향 안정성이 저하될 수 있다.
② 기체의 고도가 급격히 상승할 수 있다.
③ 진동과 함께 구조적인 충격이 가해질 수 있다.
④ 받음각의 변화로 실속 위험이 증가할 수 있다.

해설

버핏 현상은 기체의 흔들림과 진동을 동반하며, 방향 안정성 저하 및 실속 위험을 초래하지만 고도 상승과는 직접적인 관련이 없다.

33 다음 중 스핀(spin)과 관련하여 옳지 않은 설명은?

① 스핀에서 항공기는 양 날개가 동일한 양력 손실을 겪는다.
② 스핀 상태에서 항공기는 나선형으로 하강한다.
③ 스핀 회복 절차에서는 방향타를 스핀과 반대 방향으로 적용한다.
④ 스핀 발생 시 날개의 받음각(AOA)은 임계각을 초과한 상태이다.

해설

스핀 시 양 날개는 비대칭적으로 양력을 잃게 된다. 한쪽 날개는 더 큰 실속 상태에 놓인다.

34 비행기가 실속 속도에 접근하면 공기 흐름이 변화하면서 기체에 발생하는 특징적인 현상은 무엇인가?

① 비행 중 기류 불안정으로 인한 앞부분 진동
② 날개 위 흐름이 분리되며 발생하는 난류로 인한 기체 떨림
③ 착륙 시 속도 감소로 인해 발생하는 피칭 (pitching)
④ 이륙 중 항력 변화로 인해 발생하는 롤링 (rolling)

해설

실속이 발생하면 날개 위 공기 흐름이 급격히 변화하면서 난류가 형성되고, 이로 인해 기체가 흔들리는 현상을 '버핏(buffet) 현상'이라고 한다.

35 다음 중 비행 중 토크 현상에 대한 설명으로 올바른 것은?

① 프로펠러가 시계 방향으로 회전하면 동체는 이에 반작용하여 좌측으로 회전하려는 경향이 있다.
② 프로펠러가 반시계 방향으로 회전하면 동체는 이에 반작용하여 위로 상승하려는 경향이 있다.
③ 프로펠러가 회전하면서 생성된 토크는 양력과 균형을 이루어 비행기가 안정된다.
④ 토크 반작용은 기체의 무게중심에 영향을 주어 비행 방향을 결정한다.

해설

프로펠러가 시계 방향으로 회전할 때 동체는 반작용으로 인해 좌측으로 회전하거나 기울어지는 경향을 보인다. 이를 토크 반작용이라 한다.

36 다음 중 자이로스코프의 원리와 관련된 설명으로 옳은 것은?

① 자이로스코프는 회전축이 이동할 때 반드시 수평을 유지한다.
② 자이로스코프는 회전하는 동안 외부 힘이 가해지면 회전 방향으로 힘이 증가한다.
③ 자이로스코프는 회전하는 동안 방향을 유지하려는 성질이 있어 자세 안정에 기여한다.
④ 자이로스코프의 회전축 방향은 회전 속도에 비례하여 자유롭게 변화한다.

해설

자이로스코프는 회전 중 방향을 유지하려는 관성적 성질을 가지고 있어 비행체의 자세 안정에 기여한다.

37 비대칭 하중(P-Factor)에 대한 설명으로 바르지 않은 것은?

① 높은 받음각에서 프로펠러 블레이드의 받음각 차이로 기수가 돌아가는 현상이다.
② 무게중심(CG) 변화로 발생하며, 프로펠러와 직접 관련이 없다.
③ 프로펠러 회전으로 각 블레이드 하중이 균일하지 않아 나타나는 현상이다.
④ 아래쪽 회전 블레이드가 더 큰 추력을 발생시켜 기수를 반대쪽으로 틀어지게 한다.

해설

무게중심(CG) 변화는 안정성과 조종성에 영향을 주지만 P-Factor 와는 무관합니다.

38 비행기가 순항 중 가장 멀리 이동할 수 있는 최적의 바람은 무엇인가?

① 순풍　　　　② 측풍
③ 역풍　　　　④ 난기류

해설

항공기는 순풍(배풍,뒷바람)을 받으면 더 적은 연료로 더 멀리 비행할 수 있다. 반면 역풍(정풍,맞바람)은 항공기의 속도를 감소시키고 연료 소비를 증가시킨다.

39 다음 중 항공기의 이륙 거리를 짧게 하는 방법으로 옳지 않은 것은?

① 고양력 장치를 이용한다.
② 최대 출력으로 이륙한다.
③ 순풍 비행을 한다.
④ 정풍 비행을 한다.

해설

순풍 비행은 항공기의 이륙거리를 늘리기 때문에 이륙 거리를 단축하는 방법으로 적절하지 않다.

40 선회(Turn) 비행에 대한 설명으로 맞지 않은 것은?

① 정상선회(Steady turn)는 고도와 속도를 일정하게 유지하며 원심력과 구심력이 균형을 이루는 상태이다.
② 슬립(Slip)은 구심력이 과도하여 비행기가 선회 안쪽으로 기울어지는 현상이다.
③ 스키드(Skid)는 경사각이 부족하거나 러더 조작이 과도할 때 발생할 수 있다.
④ 역요(Adverse yaw)는 선회 시 항력 차이로 인해 발생하는 현상이다.

해설

2번의 슬립(Slip) 현상은 구심력이 과도해 비행기가 선회 바깥쪽으로 기울어지는 현상이다.

41 다음 중 비행 시 이륙 거리에 해당되지 않는 것은?

① 활주 거리　　　② 전이 거리
③ 활주 후 상승 거리　　④ 최저 고도 거리

해설

이륙 거리는 비행체가 이륙을 완료하기 위해 필요한 거리로, 활주 거리, 전이 거리 및 활주 후 상승 거리가 포함되지만 "최저 고도 거리"는 포함되지 않습니다.

42 비행기의 세 가지 주요 운동 중, 동체의 좌우 회전에 해당하는 운동과 관련된 조종 면은?

① 피치(Pitch) – 승강타(Elevator)
② 요(Yaw) – 방향타(Rudder)
③ 롤(Roll) – 보조날개(Aileron)
④ 요(Yaw) – 보조날개(Aileron)

해설

비행기의 요(Yaw) 운동은 동체의 좌우 회전이며, 방향타(Rudder)가 이를 담당한다.

43 비행기 안정성에 대한 설명으로 맞지 않는 것은?

① 비행기에서 수직 안정판의 주요 역할은 방향 안정성을 제공하는 것이다.
② 비행기의 방향 안정성은 주날개의 받음각에 의해 결정된다.
③ 수직 안정성은 비행 중 기수의 좌우 흔들림을 방지하는 기능을 한다.
④ 수직 안정판은 수직축을 중심으로 한 방향 안정성을 유지하도록 설계된다.

해설

수직 안정성은 수직 안정판(Vertical Stabilizer)에 의해 유지되며, 주날개의 받음각이 아니라 수직 안정판에 의해 결정된다.

44 다음 중 프로펠러 항공기의 항속 거리를 증가시키는 방법으로 부적절한 것은?

① 프로펠러 효율을 최대로 높인다.
② 항력 계수를 증가시킨다.
③ 연료 효율이 높은 속도로 비행한다.
④ 날개의 가로세로비를 크게 한다.

정답 | 38 ① 　39 ③ 　40 ② 　41 ④ 　42 ② 　43 ② 　44 ②

45 날개의 길이가 80m이고 시위 길이가 8m일 때 가로세로비를 구하시오.

① 5 ② 8
③ 10 ④ 20

해설

가로세로비(AR)는 날개의 길이(span)를 시위 길이로 나눈 값으로, 계산식은 다음과 같습니다
AR(10) = 날개 길이(80m) ÷ 시위 길이(8m)

46 다음 중 일반적인 무인멀티콥터가 수행할 수 없는 조종 동작은?

① 호버링
② 급격한 배면 전환
③ 일정 고도 유지
④ 좌우 기동

해설

일반적인 무인멀티콥터는 급격한 배면 전환을 수행할 수 없으며, 기체 특성상 안정적인 자세 유지가 중요하다.

47 멀티콥터가 좌회전(CCW)할 때 프로펠러 회전 특성으로 맞는 것은?

① CW(시계방향) 회전 프로펠러의 속도가 증가한다.
② CCW(반시계방향) 회전 프로펠러의 속도가 증가한다.
③ 모든 프로펠러 회전력이 동일하게 증가한다.
④ 특정 프로펠러의 회전 속도와 관계없이 방향이 전환된다.

해설

멀티콥터가 좌회전(CCW)할 때는 CW(시계방향)으로 회전하는 프로펠러의 속도가 증가하고, CCW(반시계방향)으로 회전하는 프로펠러의 속도가 감소한다. 이는 토크 차이를 이용하여 방향을 제어하는 원리이다.

48 헬리콥터가 호버링할 때, 메인 로터의 회전에 따른 반작용 토크와 이를 보정하는 테일 로터의 추진력이 복합적으로 작용하여 기체가 한쪽으로 편류하려는 현상을 무엇이라 하는가?

① 전이 성향 ② 꼬리 회전 속도 효과
③ 횡단류 효과 ④ 지면 효과

49 헬리콥터가 전진 비행할 때, 회전하는 메인 로터의 양력 불균형을 보정하기 위해 로터 블레이드가 위아래로 움직이는 운동을 무엇이라 하는가?

① 페더링(feathering) 운동
② 플래핑(flapping) 운동
③ 리드-래깅(lead-lagging) 운동
④ 동시 피치(synchronous pitch) 운동

해설

헬리콥터가 전진 비행할 때, 메인 로터의 진행 블레이드(오른쪽 반원)와 퇴행 블레이드(왼쪽 반원) 간에 양력 차이가 발생한다. 진행 블레이드는 상대풍이 증가하여 양력이 커지고, 퇴행 블레이드는 상대풍이 감소하여 양력이 줄어든다. 이를 보정하기 위해 블레이드가 위아래로 움직이며 받음각을 조절하는 운동을 플래핑(flapping) 운동이라고 한다.

50 헬리콥터의 콜렉티브 피치 레버(Collective Pitch Lever) 조종에 따른 운동은?

① 헬리콥터가 전진한다.
② 헬리콥터가 후진한다.
③ 헬리콥터가 선회한다.
④ 헬리콥터가 상승한다.

해설

콜렉티브 피치 레버를 올리면 메인 로터 블레이드의 피치각이 증가하여 양력이 커지므로 헬리콥터가 상승한다. 반대로 내리면 양력이 감소하여 헬리콥터가 하강한다.

51 지면효과(Ground Effect)에 대한 설명으로 맞지 않는 것은?

① 지면효과는 수직 이착륙이 가능한 모든 항공기에서 동일하게 나타난다.
② 지면효과는 공기의 흐름이 지면과 충돌하여 양력을 증가시키는 현상이다.
③ 지면효과로 인해 항공기의 실속 속도가 낮아질 수 있다.
④ 이 현상은 특히 낮은 고도에서 비행할 때 두드러지게 나타난다.

해설

지면효과는 항공기가 낮은 고도에서 비행할 때 공기의 흐름이 지면과 충돌하여 항공기의 양력을 증가시키는 현상이다. 하지만 지면효과의 정도는 항공기의 설계나 비행 방식에 따라 다르며, 모든 항공기에서 동일하게 나타나지는 않는다.

PART 03

항공기상
Aviation Weather

☑ 암기권장 | 주황색 밑줄 문단
✦ 별표 문단/문장

DRONE
Aviation Weather

01 대기권 구조

01 – 태양계 지구계

1.태양계(Solar system)

① 태양계 : 태양 → 수성 → 금성 → 지구 → 화성 → 목성
　　　　　 → 토성 → 천왕성 → 해왕성

② 태양의 표면온도 : 약 5,500℃(6,000K)

③ 태양의 복사에너지 : 자외선(UV) → 가시광선 → 적외선(감마
　　　　　　　　　　　선,엑스선,전파는 미미하여 지구에 영향없음)

④ 지구에 영향을 미치는 태양 복사에너지(100%) : 지표면 50%
　　흡수, 대기20% 흡수, 반사 30%

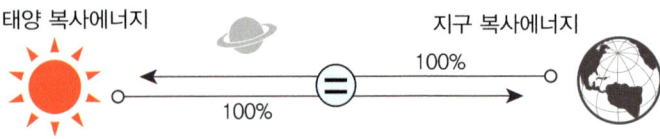

태양 복사에너지　　　　　　　　　　　　지구 복사에너지
　　　　　　　　　　　　　　　　　　　　100%
　　　　　　　　　　　　100%

- 자외선　　　: 대기권에서 대부분 차단, 피부태닝, 비타민D에 영향을 줌
- 가시광선　 : 눈에 보이는 빛, 식물 광합성에 사용
- 적외선　　 : 태양복사에너지의 가장 큰 비중
- 기타 전자기파 : 감마선,엑스선 미미한 수준

태양복사에너지는

- 지구 지표면 흡수 : 50%
- 지구 대기 흡수 : 20%
- 반사 : 30%

※지　면 : 육지(land)
※지표면 : 육지(land) + 바다(sea)

2.지구계(Earth system)

① 지구의 자전

　ㅇ 자전축을 중심으로 하루 24시간 동안 회전하며, 이로 인해 낮과 밤이 발생

　ㅇ 자전축의 기울기는 23.5°이며, 반시계 방향으로 회전

② 지구의 공전

　ㅇ 지구는 태양을 중심으로 1년 동안 360°회전

　ㅇ 자전축의 기울기로 인해 공전 과정에서 계절의 변화가 발생

③ 지구의 구성

　ㅇ 육지 29.2%(Land), 물 70.8%(Water)

　ㅇ 지구의 약 97%가 해수이며, 육수는 3%를 차지(육수 중 69%는 빙하와 만년설, 30%는 지하수로 구성)

　ㅇ 호수와 강 등의 표면수는 전체의 1% 미만

④ 대기권

　ㅇ 지구의 대기권은 대류권, 성층권, 중간권, 열권으로 구성

　ㅇ 각 대기층은 고도에 따라 온도와 기상 현상이 다름

⑤ 지구 표면온도와 복사에너지
　　○ 지구의 평균 표면 온도는 섭씨 15℃이며, 이로 인해 적외선 복사에너지를 방출

02 – 대기권의 성분, 구조 ☆

대기권의 성분

질소(N₂) 78% > 산소(O₂) 21% > 기타 1%

산소(O₂) 21%

기타 **1%**
아르곤(Ar) 0.93%
이산화탄소(CO₂) 0.04%
기타성분

질소(N₂) 78%

1.대류권(Troposphere)

① 대류권의 범위
　　○ 대류권은 지표면에서 평균 11km 높이까지이며, 높이는
　　　계절이나 위치에 따라 달라진다.
② 대류권의 특징
　　○ 대부분의 기상 현상(구름, 비, 눈, 태풍 등)이 이곳에서 발생
　　○ 고도가 높아질수록 온도와 공기 밀도는 감소
　　○ 해수면 근처에서는 공기의 대류가 매우 활발
　　○ 기온, 압력 변화에 따라 상승기류와 하강기류가 발생하며, 이는 기상 현상의 원인이 됨
③ 기온과 풍속
　　○ 고도 1Km 상승 시 기온은 평균적으로 −6.5℃씩 내려감
　　○ 풍속은 대류권 상층부로 갈수록 점점 강해지며, 이는 기상 현상과 관련있음
　　○ 태양의 복사열과 지표면에서 방출되는 열의 영향을 받아 대류권의 기온이 조절
④ 대류권계면(Tropopause)
　　○ 대류권계면은 대류권과 성층권 사이의 경계
　　○ 이곳에서는 대기가 안정되어 있어 구름이 거의 없으며, 기온이 매우 낮음
　　○ 공기가 희박하여 제트기가 고속 운항하기에 적합한 환경을 제공

2.성층권(Stratosphere)

① 위치 : 지표면으로부터 약 11~50km 고도에 위치
② 온도 변화 : 고도가 높아질수록 기온이 상승, 고도증가 대비 기온 변화가 낮다.
③ 특징 : 고속 바람이 불어도 와류가 생기지 않으며 대류 활동이 적음
④ 오존층 : 20~30km 높이에 오존층이 두껍게 존재하며, 성층권 전체에서 오존이 검출

3.중간권(Mesosphere)

① 위치 : 지표면으로부터 약 50~80km 고도에 위치하며, 성층권과 열권 사이에 존재
② 온도 : 고도가 높아질수록 온도가 감소하며, 중간권계면은 대기 중 가장 낮은 온도층
③ 특징 : 온도 감소로 인해 대류 현상이 발생하지만, 기상 현상은 없음

PART 1 드론운용
PART 2 비행원리
PART 3 항공기상
PART 4 항공법규

5. **열권**(Thermosphere)

① 위치

　○ 중간권과 외기권 사이에 위치하며, 약 80~1,000km 고도에 걸쳐 있다.

② 특징

　○ 고도가 높아지면서 대기 구성 성분이 분자 질량에 따라 층을 구성한다.

　○ 태양 에너지에 의해 공기 분자가 이온화되어 자유전자가 많아지고, 이 영역을 전리층이라 한다.

　○ 전리층은 D, E, F층 등으로 구분되며, F층은 약 150~500km 높이에 형성되고, 3~30MHz 범위의 고주파(HF) 전파를 반사한다.

　○ 이러한 반사 특성으로 HF 주파수(2.8~22MHz)를 통해 장거리 무선 통신이 가능하다.

5. **외기권**(Exosphere)

외기권은 대기권의 마지막 층으로 수소와 헬륨으로 이루어져 있으며, 지구와 우주의 경계 역할을 한다. 인공위성들은 이곳에서 궤도를 유지한다.

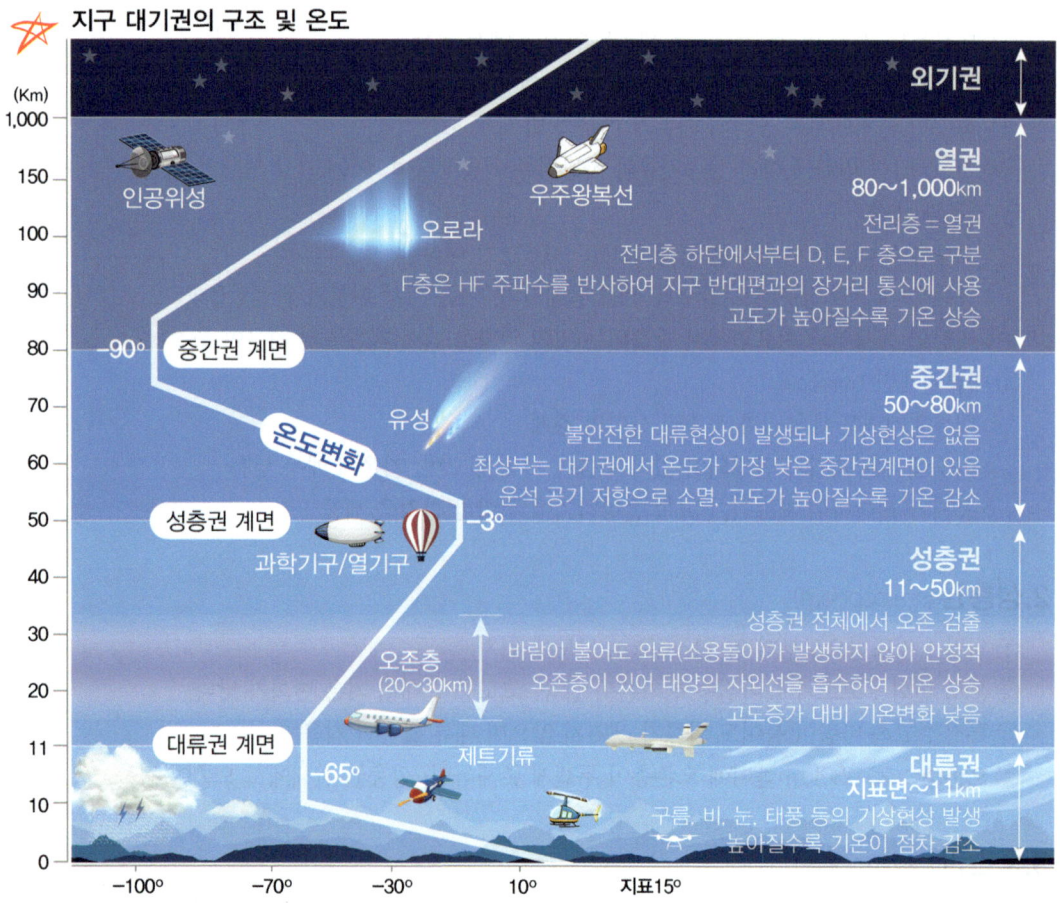

지구 대기권의 구조 및 온도

고도와 온도 변화
표준대기에서 도고가 1,000ft(304m) 올라가면 온도는 −2°씩 감소한다.

1.기압(Air pressure)

① 1643년 이탈리아의 과학자 토리첼리(Torricelli)가 수은을 이용하여 최초로 측정하였다.

② 지구 표면에서 단위 면적(1㎡)당 수직으로 작용하는 공기의 무게에 의한 압력을 기압이라 하며, 일반적으로 대기압(Atmospheric pressure)이라고도 한다.

③ 기압은 특정 지점에서 위뿐 아니라 옆, 아래 등 모든 방향으로 동일한 크기로 작용하는 특징이 있다.

④ 측정 단위는 헥토파스칼(hPa) 또는 밀리바(mb)를 사용하며, 해수면에서 평균 기압은 약 1013.25hPa이다.

토리첼리의 실험

1m의 유리관에 수은을 가득 채우고 수은이 든 그릇에 거꾸로 세우면 유리관의 수은은 점차 내려가 높이 76cm 지점에서 멈춘다. 수은 기둥이 수은면을 누르는 힘과 공기가 누르는 힘이 같아지기 때문이다.

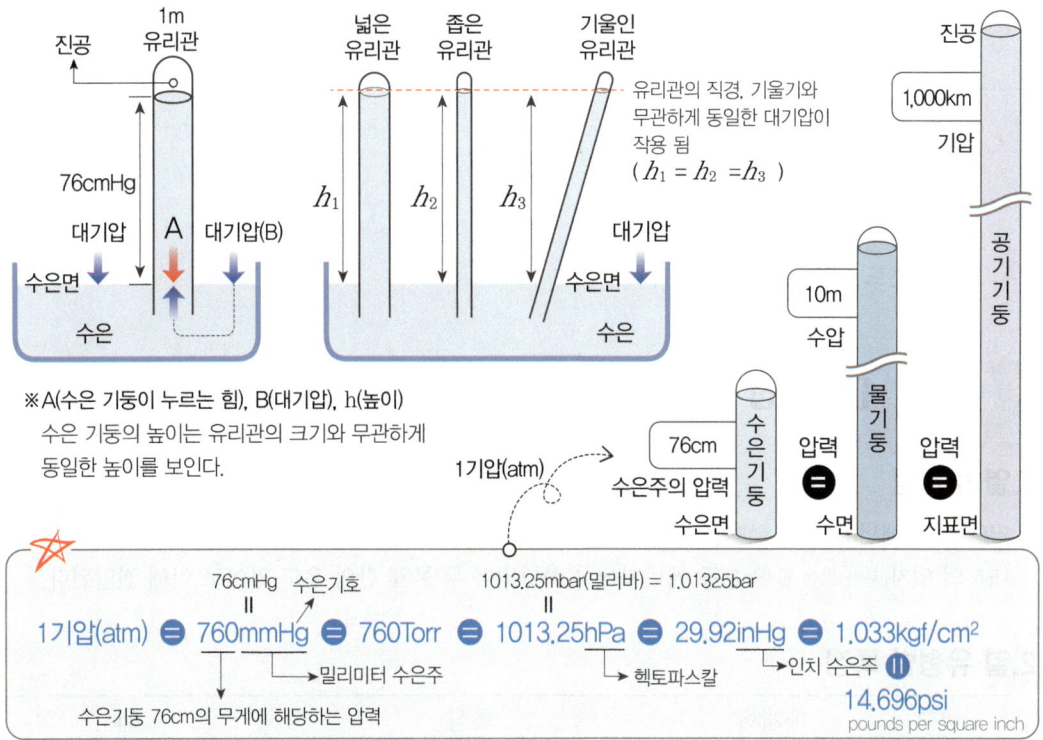

※A(수은 기둥이 누르는 힘), B(대기압), h(높이)
　수은 기둥의 높이는 유리관의 크기와 무관하게 동일한 높이를 보인다.

※기압 : 기압의 단위는 hPa(헥토파스칼)로 소수 첫째 자리까지 측정. 바람을 유발하는 원인이 되기도 하며 수증기 순환과 양력과 항력에 영향을 준다.(기압이 높으면 양력과 항력이 증가)

2.기압의 측정단위

① 표준기압, 1기압(atm) : 760mmHg(수은주 76cm 높이에 해당하는 기압) = 1013.25hPa

② 국제단위계(SI)의 단위압력 : 1파스칼(Pa) = 1N/㎡(1제곱미터당 1뉴턴의 힘이 작용하는 압력)

※기압은 공기의 양(무게)에 비례하며, 기온이 상승하면 공기의 밀도가 낮아져 공기가 상승하고 주변의 공기량이 줄어들어 기압이 낮아진다.

※1 hPa(헥토파스칼) = 100 Pa(파스칼)

3. 국제표준대기(ISA, International Standard Atmosphere)

해수면을 기준으로 하여 온도, 압력, 밀도 등의 대기 상태가 고도에 따라 어떻게 변화하는지를 표준화하여 정한 가상의 대기 모델이다.

① 1964년 국제민간항공기구(ICAO)에서 국제표준대기를 국제 협약으로 규정

② 국제표준대기의 필요성

　○ 항공기 설계와 성능 평가 기준 제공 : 국제표준대기(ISA)는 통일된 대기 조건을 제공하여 항공기 설계와 성능 평가에 공통 기준을 설정하며, 이를 통해 제작사와 규제 기관이 동일한 기준에서 성능을 비교할 수 있다.

　○ 안전한 비행 계획 수립 : 국제표준대기(ISA)는 비행 중 연료 소비와 비행 거리 등을 안전하게 계획하기 위해 예측된 대기 조건을 제공한다.

　○ 국제적 일관성 확보 : ISA는 항공 산업과 기상 분석에서 통일된 기준을 제공하여 국가 간 일관성을 유지하고 국제 협력을 돕는다.

③ 국제표준대기에서 정의한 표준대기

　○ 해수면 기압 : 1013.25 헥토파스칼(hPa) = 29.92 인치 수은주(inHg)

　○ 고도별 기온 감율 : 해발 11km까지 1,000ft당 -2.0℃ 감소(1km당 약 -6.5℃ 감소)

　○ 해수면 공기 밀도 : 1.225 kg/m³

　○ 해수면 중력 가속도 : 9.8066 m/s²

　○ 해수면 온도 : 15℃(섭씨)

　○ 해수면 고도 : 0m(0ft)

　○ 결빙 온도 : 0℃(273.15K)

04 – 대기현상

1. 열의 개념

열(Heat)은 에너지의 한 형태로, 온도가 높은 물체에서 낮은 물체로 이동하는 에너지를 말하며, 물질 내부의 입자(분자 또는 원자) 운동 에너지에서 비롯되어 두 물체 간의 온도 차이로 인해 전달된다.

2. 열 유형별 특징

유형	매개체	특징	예시
대류	유체(액체/기체)	유체의 수직이동으로 순환	물이 끓으면서 순환, 공기상승
전도	고체 접촉 물질	고체 중심, 분자 충돌 전달	금속 숟가락이 뜨거워짐
복사	전자기파	매개체 없이 전자기파로 열 이동	태양열, 전기히터의 열
이류	유체(액체/기체)	바람·해류의 수평이동으로 운반	온난 이류(따뜻한 바람), 따뜻한 해류 이동

① 대류(Convection)

○ 유체(기체·액체) 내부의 밀도 차로 열이 이동하며, 뜨거운 부분은 상승하고 찬 부분은 하강해 순환이 발생

○ 주로 대류권에서 일어나며 기상 현상에 중요한 역할

○ 따뜻한 공기가 위로 올라가고, 차가운 공기가 내려오는 수직이동으로 대기 순환

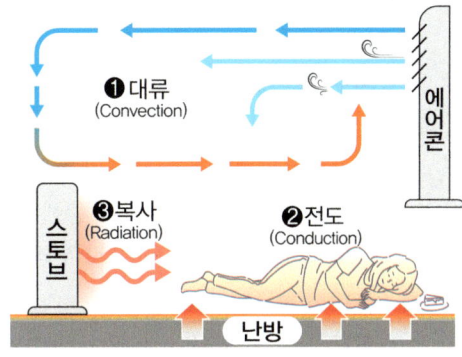

② 전도(Conduction)

○ 온도 차이로 열전도가 발생되며, 고체·액체 접촉면 분자 충돌로 열이 이동

○ 물체의 고온부에서 저온부로 이동하며, 주로 고체에서 열이 직접적으로 전달

○ 뜨거운 금속 막대의 한쪽 끝을 잡으면 반대쪽으로 열이 전달되어 뜨거워지는 현상

③ 복사(Radiation)   숫자 "영"

○ 절대온도 0K(켈빈)을 초과하는 모든 물체는 전자기파 형태로 열 에너지를 방출하며, 이때 열은 매개체 없이도 전달

○ 태양 에너지가 지구로 전달되는 과정도 주로 복사의 형태로 전달

출처 : www.naver.com / www.google.com

④ 이류(Advection)

○ 유체(기체·액체)가 수평이동하며 대규모로 열(또는 수분·물질)을 전달하는 현상

3. 공기밀도

공기 밀도는 일정한 부피에 얼마나 많은 공기 분자가 있는지를 나타낸다. 온도와 압력에 따라 변하며, 지상에서 공기의 밀도는 약 1.225 kg/m³ 이다.

① 온도가 높을수록 공기 밀도는 감소↓
② 습도가 높을수록 공기 밀도는 감소↓
③ 고도가 높을수록 공기 밀도는 감소↓
④ 압력이 높을수록 공기 밀도는 증가↑

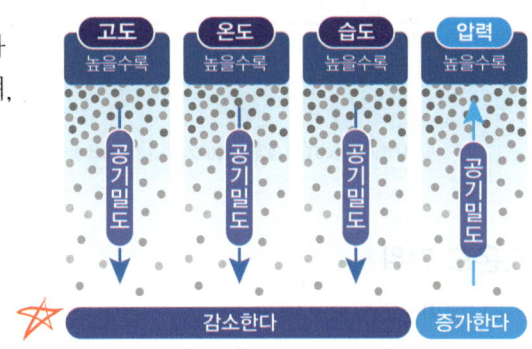

※ 공기밀도에 따른 이.착륙 거리와의 관계

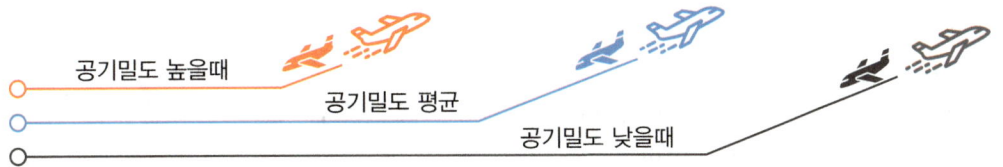

공기밀도 높을때
공기밀도 평균
공기밀도 낮을때

공기밀도 낮을때	−엔진추력 감소 −항공기 양력/항력 감소 −프로펠러의 추력 감소

항공기 이·착륙 거리가 길어지는 현상이 발생된다.

※ 고도, 온도, 습도가 높아지면 공기밀도가 낮아지고, 저기압 상태가 되어 이륙거리가 길어진다.

4.온도와 열량

① **열과 온도**(Heat & Temperature)
- 온도는 물체의 냉.온 정도를 나타내는 물리량으로, 이는 분자들의 평균 운동 에너지와 관련이 있다.
- 열은 온도 차이에 따라 물체 사이에서 이동하는 에너지로, 에너지의 한 형태이다.
- 열량은 물체가 흡수하거나 방출하는 열의 양을 나타내는 물리량으로,
  상태 변화(고체 → 액체 → 기체) 중에는 열을 흡수하거나 방출하더라도 온도는 일정하게 유지된다.
- 온도/습도 측정 : 지표면으로 부터 1.5m(5ft), 해상으로 부터 10m높이에서 측정

② **비열**(Specific Heat Capacity)
- 질량 1g(또는 1Kg)을 1℃ 올리는데 필요한 열량
- 비열이 높으면 온도가 천천히 오르고, 비열이 낮으면 온도는 쉽게 올라간다.

③ **현열**(Sensible Heat)
- 일반적인 온도계로 측정된 온도 : 섭씨(℃), 화씨(F), 절대온도 캘빈(K)
- 물질을 가열 냉각했을 때 물질의 상태(고체, 액체, 기체) 변화 없이 온도만 변화시키는 열

④ **잠열**(Latent Heat)
- 물질의 상태를 변화시킬 때 흡수하거나 방출하는 열
- 온도 변화는 없지만, 물질이 고체, 액체, 기체로 변하는 데 필요한 에너지
- 고체 ↔ 액체 ↔ 기체 사이의 상태 변화에 관여하는 열

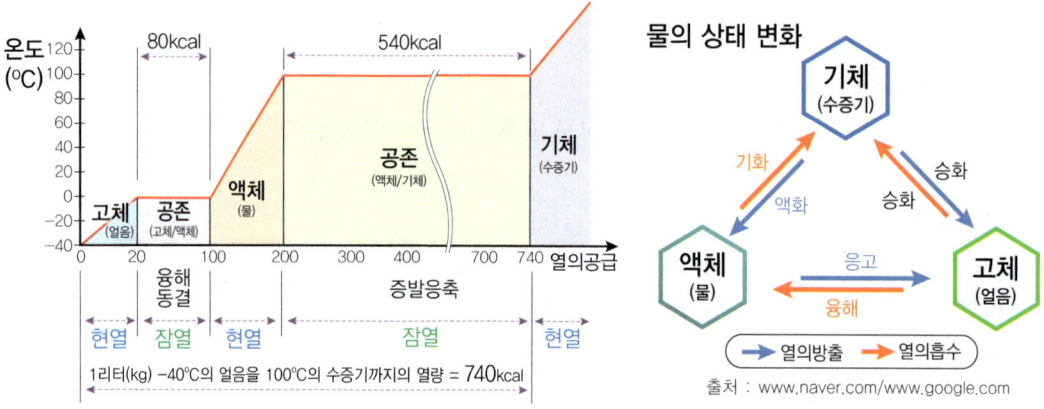

5.온도 단위

① **섭씨온도**(Celsius, ℃)
- 일상에서 사용하는 온도 단위로 물이 어는점을 0℃, 끓는점을 100℃로 하여 그 사이를 100등분한 온도 단위

② **화씨온도**(Fahrenheit, ℉)
- 물이 어는점을 32℉, 끓는점을 212℉로 설정하고 그 사이를 180등분한 온도 단위

③ **절대온도**(Kelvin, K,켈빈)

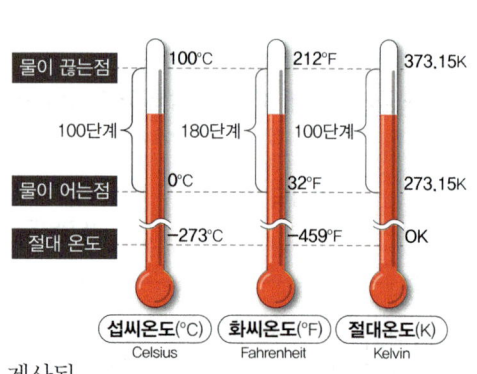

- 절대온도(K)는 섭씨온도(℃)에 273.15를 더한 값으로 계산됨
- 섭씨 −273.15℃는 이론적으로 모든 분자의 운동이 멈추는 온도이며, 이를 0K(절대영도)라고 함

6.습도, 이슬점(노점)

습도는 공기(대기) 중에 포함된 수증기의 양이며,
습도가 높아지면 공기밀도는 감소한다.

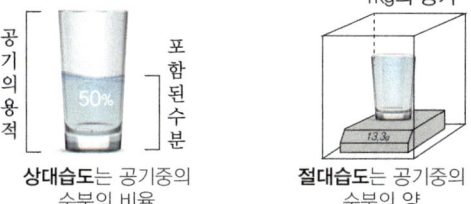

$$상대습도(RH) = \frac{현재\ 수증기의\ 양(현재\ 수증기압)}{포화\ 수증기의\ 양(포화\ 수증기압)} \times 100\%$$

① 습도의 종류

  ○ 절대습도

    · 절대 습도는 공기 1m³(입방미터)에 포함된 수
증기의 실제 양을 질량(g)으로 나타낸 것이며,
일정한 양의 공기 속에 최대로 포함할 수 있
는 수증기량

    · 대기 중 포함된 실제 수증기량이 많을 수록
절대 습도는 높다.

    · 절대 습도의 단위는 g/m³(그램 퍼 세제곱미터)로
표기

상대습도와 절대습도는 어떻게 다른가?

상대습도는 공기중의
수분의 비율

절대습도는 공기중의
수분의 양

※ 절대습도는 수증기의 실제 양을 나타내고,
   상대습도는 현재 수증기량과 공기가 포함할 수 있는 최대
   수증기량의 비율(%)을 나타낸다.

출처 : www.naver.com/www.google.com

  ○ 상대습도

    · 상대 습도는 현재 공기 중에 포함된 수증기 양을 최대 수증기 양과 비교한 백분율(%)

    · 상대 습도 100%는 공기가 수증기로 최대한 포화한 상태를 의미하며, 높은 습도는 덥고 답답

② 날씨와 습도의 변화

  ○ 맑은 날 : 습도 낮음, 건조한
느낌

  ○ 흐린 날 : 습도 중간에서 높
음, 구름에 의한 수증기 포함

  ○ 비 오는 날 : 습도 매우 높음,
대기가 포화 상태에 가까움

●맑은 날 : 맑은 날은 기온과 습도의 변화가 반대로 나타 남

●비 오는 날 : 비 오는 날은 기온과 이슬점이 거의 같아 습도가 100%에 가까움

③ 이슬점(노점, Dew Point)

  ○ 이슬점은 공기 중의 수증기가
응결하여 물방울로 변하기 시작하는 온도

  ○ 공기가 더 이상 수증기를 포함할 수 없을 만큼 포화 상태에 도달했을 때의 온도

  ○ 이슬점 온도가 높을수록 → 공기 중 수증기의 양이 많고, 습도가 높음

  ○ 이슬점 온도가 낮으면 → 공기 중 수증기량이 적고, 건조한 환경

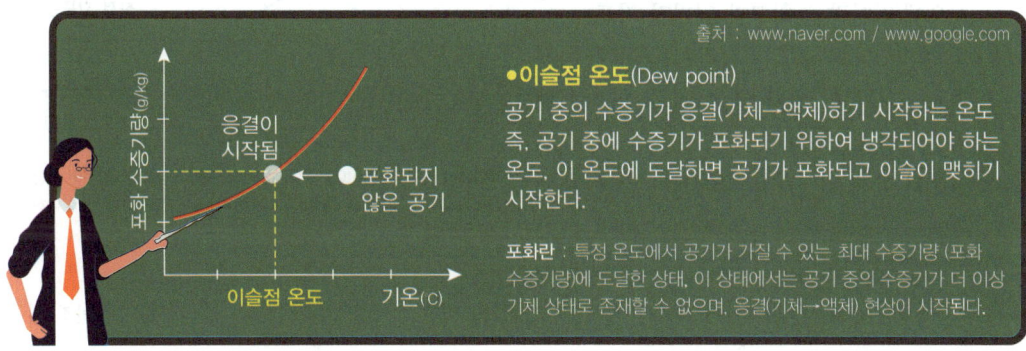

출처 : www.naver.com / www.google.com

●**이슬점 온도**(Dew point)
공기 중의 수증기가 응결(기체→액체)하기 시작하는 온도
즉, 공기 중에 수증기가 포화되기 위하여 냉각되어야 하는
온도, 이 온도에 도달하면 공기가 포화되고 이슬이 맺히기
시작한다.

포화란 : 특정 온도에서 공기가 가질 수 있는 최대 수증기량 (포화
수증기량)에 도달한 상태, 이 상태에서는 공기 중의 수증기가 더 이상
기체 상태로 존재할 수 없으며, 응결(기체→액체) 현상이 시작된다.

7.대기의 안정도(Stable Atmosphere)

① 더운 공기는 위로 올라가고 찬 공기는 아래로 내려오는 성향으로 아래 공기가 위 공기보다 차가우면 공기가 잘 움직이지 않아 대기는 안정된 상태가 된다.

② 대기 안정도는 공기가 원래 자리로 돌아가려는 정도를 등급으로 나타낸 것이다.

③ 안정한 대기는 비교적 고요하고, 불안정한 대기는 활발한 기상 현상을 일으킬 가능성이 크다.

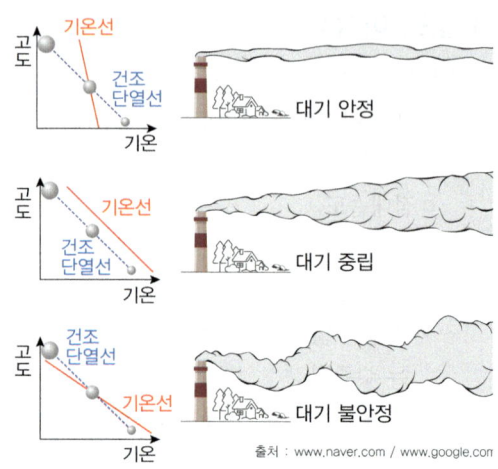

출처 : www.naver.com / www.google.com

■대기 안정도와 불안정도의 주요 특성

구분	대기 안정도(Stable Atmosphere)	대기 불안정도(Unstable Atmosphere)
수직 움직임	제한적, 상승이 억제됨	활발, 공기가 지속적으로 상승
구름 유형	층운형 구름(얇고 균일)	적운형 구름(두껍고 강한 대류)
날씨 특징	맑고 조용한 날씨	소나기, 뇌우, 돌풍 같은 불안정한 날씨
대류 활동	약함	활발
기온 구조	상승 공기가 주변보다 차가워지며 하강	상승 공기가 주변보다 더 따뜻해 계속 상승
오염물 축적	공기가 하강하여 오염물 축적	상승 기류가 강해 오염물 쉽게 확산
기상 현상	안정적이고 변화가 적음	천둥, 번개, 강한 비 가능성 큼
예시	고기압 지역, 밤 또는 새벽	저기압 지역, 태양 복사로 인한 지표 가열
항공 영향	난류가 적고 비교적 안정적임	강한 난류 발생 가능

8.일일 일사량 기온변화

① 일출과 함께 일사량이 증가하여 지표 온도가 상승함에 따라 기온이 상승

② 정오에 일사량은 최고가 되지만 지표에 축적되고 방출되는 시간이 있어 일 최고 기온은 다소 지연되어 오후 1~3시 사이에 나타난다.

③ 일몰과 함께 일사량은 없어지나 일몰 후에도 지표의 복사열은 계속 방출되기 때문에 최저기온은 일출 직후에 나타난다.

④ 이른 아침 지표가 냉각되어 대기가 안정되고, 일출 이후 지표면의 가열로 대기가 활발(불안정)해 진다.

●새벽에서 아침으로(00:00 ~ 06:00) : 일사량이 없으며, 기온이 가장 낮다.
●정오 무렵(12:00) : 일사량이 최고에 달하지만, 기온은 여전히 상승하는 중이다.

9. 단열팽창 단열압축

열의 교환 없이 기체의 부피가 변하면서 기온이 변하는 현상을 단열과정이라 하며, 이는 기체가 외부와 열을 주고받지 않고, 오직 부피의 변화로만 온도가 바뀌는 경우를 말한다.

① **단열팽창**
  ○ 공기가 위로 상승할 때 주변 압력이 낮아져 부피가 커지는 현상이 발생
  ○ 공기는 팽창하면서 에너지를 소모하고, 결과적으로 온도는 감소
  ○ 이는 열의 교환 없이 일어나며, 대기 중에서 구름 형성에 중요한 역할
  ○ 공기가 위로 상승하면서 주변 압력이 낮아져 팽창하고 온도가 감소

② **단열압축**
  ○ 공기가 아래로 내려가면서 부피가 줄어들고, 그 결과 온도가 높아지는 현상
  ○ 공기가 하강하면 밀도가 높아지고 주변의 기압도 커지면서, 공기가 압축되고 그 과정에서 기온이 상승

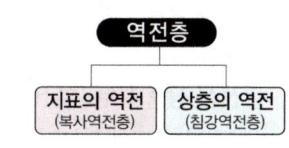

- 단열팽창 : 기체가 팽창하면서 온도가 낮아지고, 압력도 감소
- 단열압축 : 기체가 압축되면서 온도가 높아지고, 압력도 증가

10. 기온역전층

대류권에서는 고도가 높아질수록 기온이 낮아지는 현상이 일반적이지만, 기온역전층에서는 반대로 기온이 높아지는 층을 말한다.

① 밝은 날 밤, 바람이 약하고 내륙에서 지표면 복사 냉각으로 발생
  ○ 맑고 바람이 약한 밤, 내륙 지역에서는 지표면이 복사 냉각으로 빠르게 식는다. 이때 지표면 근처의 공기도 함께 냉각되어, 위쪽 공기보다 온도가 더 낮아진다.

② 기온역전층 특징
  ○ 기온역전층은 밤에 형성되어 → 새벽 무렵 가장 강하게 나타난다.
  ○ 대기가 매우 안정되어 연기나 오염물질이 위로 확산되지 않는다.
  ○ 안개가 잘 생기며, 일출 후 햇볕이 지표면을 데우면 점차 소멸한다.

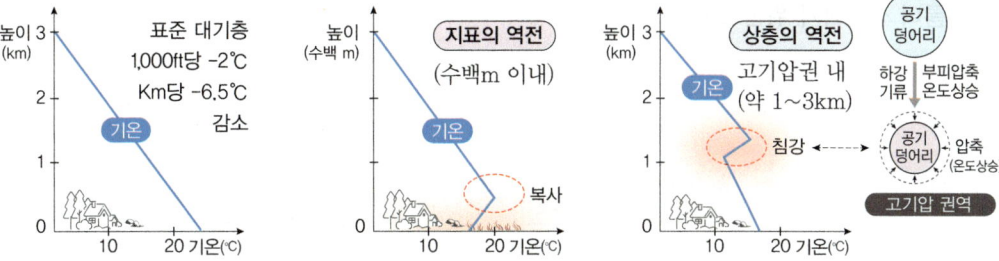

- 지표의 역전은 지표면의 복사 냉각으로 인해 발생
- 상층의 역전은 고기압 중심부의 공기가 하강하면서 압축·단열가열되어 발생
  (상층 공기는 하강하면서 압력이 높아져 부피가 줄고, 이때 온도가 상승)

05 – 구름 ⭐

1. 구름의 생성 과정

① **공기 상승** : 공기가 위로 상승하면 기압이 낮아져 부피가 팽창한다.

② **단열 팽창과 냉각** : 공기가 팽창하면서 온도가 낮아진다.

③ **이슬점 도달** : 온도가 이슬점에 이르면 공기가 포화(더 이상 수증기를 담을 수 없는 상태)상태가 된다.

④ **응결과 구름 형성** : 포화된 공기에서 수증기가 응결하여 작은 물방울이 되어 구름이 생성된다.

2. 구름의 3가지 구성(형성) 요소

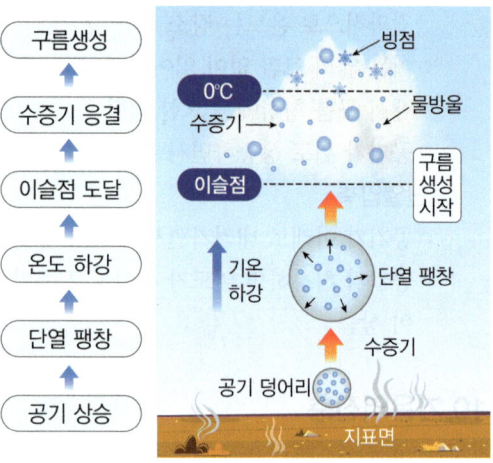

구름의 발달 과정

① **물방울** : 어는 점보다 높은 온도를 가진 물방울

② **과냉각 물방울**(과냉각수)

  ○ 어는점보다 낮은 온도를 가진 물방울

  ○ 어는점보다 높은 온도에서 수증기가 물방울로 응결된 후, 구름 속의 더 차가운 구역으로 이동될 때 만들어짐

③ **얼음결정**(빙점, 얼음 알갱이)

  ○ 기온이 어는점보다 낮을 때 수증기의 승화를 통해 형성

  ○ 대류권 상층의 구름은 대기가 거의 어는점 아래에 있으므로, 대부분 빙정으로 구성

3. 구름 생성 조건

구름이 만들어지기 위해 공기 덩어리가 상승하는데 다음 4가지로 나타난다.

① **저기압 상승**(수렴상승) : 저기압 중심으로 공기가 모여들면서(수렴하면서) 상승할 때

② **지형 상승** : 공기가 산을 타고 올라갈때나 고지대에서 공기가 상승할 때

③ **대류 상승** : 지표면이 가열되어 공기가 상승할 때

④ **전선 상승** : 두 기단이 마주쳐 따뜻한 공기가 차가운 공기 위로 상승할 때

※안정한 대기에서는 층운형 구름이, 불안정한 대기에서는 적운형 구름이 발생한다.

구름이 생성되기 위한 조건

출처 : www.naver.com/www.google.com

저기압 중심 또는 태풍 구역에서 공기가 모여 상승하는 경우 / 공기가 산을 타고 상승하는 경우 / 지표면 공기가 가열되어 상승하는 경우 / 두 기단이 마주쳐 따뜻한 공기가 찬 공기 위로 상승하는 경우

4.운고와 운량

① 운고 : 지표면 → 구름까지의 높이, 구름이 50ft(15m) 이하에서 발생했을 때는 안개로 분류.

② 운량 : 관측자 기준으로 구름량을 8등분, 10등분으로 나누어 판단한다.

숫자 부호	10분법	0	1	2,3	4	5	6	7,8	9	10		/
	8분법	0	1	2	3	4	5	6	7	8	9	/
기호		○	◔	◕	◕	◑	◒	◗	◖	●	⊗	⊖
운량		구름 없음	10% 이하	10%~30%	40%	50%	60%	70%~80%	90%	100%	관측 불가	결측
약자		SKC Sky Clear	FEW Few Clouds		SCT Scattered			BKN Broken		OVC Over cast	Sky Obscured	

출처 : www.naver.com / www.google.com

5.고도에 따른 구름의 종류

① 상층운(6km 이상)

주위 온도가 매우 낮고 건조하며 거의 빙정(얼음)으로 이루어져 있다.

○ 권운 : Ci(Cirrus), 새털 모양의 흰구름, 맑은 날씨에 자주 관찰되며, 날씨 변화의 신호일 수 있음

○ 권적운 : Cc(Cirrocumulus), 구름 덩어리가 얇고 물결모양의 구름, 안정된 대기에서 나타남

○ 권층운 : Cs(Cirrocurnulus), 얇고 넓게 퍼져있고 햇무리, 달무리 현상이 일어나는 구름

② 중층운(2~6km)

주로 수적(물방울)으로 이루어져 있지만, 온도가 낮으면 얼음결정을 포함하기도 한다.

○ 고적운 : Ac(Altocumulus), 양떼구름, 솜뭉치같은 구름이 모여있는 모양의 구름

○ 고층운 : As(Altostratus), 높층구름, 태양이나 달이 희미하게 비칠 정도로 넓고, 얇은 회색 구름층
으로 하늘을 덮고 있는 구름

상층운 6~15km / 6,500~49,000ft (1km = 3,280ft)

권운(Ci, Cirrus)
(새)털구름

권적운(Cc, Cirrocumulus)
털샌구름, 비늘구름, 양떼구름

권층운(Cs, Cirrostratus)
털층구름, 해무리/달무리구름

중층운 2~6km / 6,500~19,000ft

고적운(Ac, Altocumulus)
양때구름, 높샌구름

고층운(As, Altostratus)
높층구름, 회색층구름

③ 하층운(2km 이하)

거의 수적(물방울)으로 되어 있으나 추운 날씨에는 빙편(어름조각)과 눈을 포함한다.

○ 층운 : St(Stratus), 안개와 비슷한 층 구름, 가장 낮게 떠 있는 회색의 구름으로 산악지방에서는
아침에 발생되어 태양이 떠오르면 사라진다.

○ 층적운 : Sc(Stratocumulus), 층운보다 약간 높은 고도에 위치하며, 구름 덩어리들이 넓게 퍼져 있
는 형태로 회색 또는 흰색 구름이 판 모양으로 이어진 덩실덩실한 층 구름

○ 난층운 : Ns(Nimbostratus), 비구름, 비층구름, 낮은 고도에서 두껍고 짙은 구름으로 넓게 퍼져있는
회색층 구름으로 가벼운 이슬비나 약한 비를 동반할 수 있음

④ 수직운(수백m~10km)

하층에서 시작해 중층과 상층까지 크게 발달된 구름으로 대기가 불안정하고 강한 상승 기류가 있
을 때 발생한다.

○ 적운 : Cu(Cumulus), 뭉게구름, 솜처럼 하얗고 두툼한 모양의 구름이 수직으로 솟아올라 둥근 산
봉우리나 탑 모양 또는 지붕 모양

○ 적란운 : Cb(Cumulonimbus), 매우 크고 두꺼운 수직운으로, 대기 상층까지 발달되어 나팔꽃 모양
으로 꼭대기는 짙은 회색을 띠며, 번개, 우박, 소나기, 돌풍 등을 동반

하층운 2km 이하 / 6,500ft (1km = 3,280ft)

난층운(Ns, Nimbostratus)
비구름, 비층구름

층적운(Sc, Stratocumulus)
층쌘구름

층운(St, Stratus)
층구름, 안개구름

수직운 3km 이내 / 9,800ft

적운(Cu, Cumulus)
쌘구름, 뭉게구름

적란운(Cb, Cumulonimbus)
쌘비구름, 청동구름, 버섯구름

6. 강수의 발생 원인

① 대류성 : 주로 여름 강한 태양열로 지표면이 가열되어 뜨거운 공기가 빠르게 상승하며 발생

② 저기압성 : 공기가 산이나 고지대를 넘어 상승하면서 냉각되어 응결되고 강수로 발생

③ 전선성 : 찬 공기와 따뜻한 공기가 만나 전선을 형성할 때 발생 (온난전선, 한랭전선)

④ 난류성 강수 : 대기 내의 난류(불규칙한 기류)로 인해 공기가 불안정해져 강수가 발생

⑤ 이슬점 강수 : 공기가 냉각되어 이슬점에 도달하고 포화 상태가 되면서 강수 발생

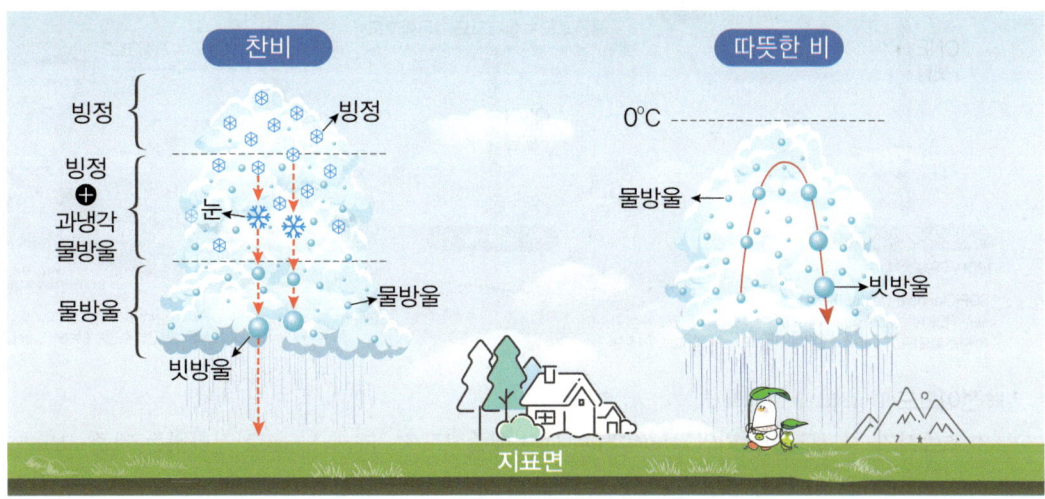

구름 속의 얼음 알갱이에 수증기가 달라붙어 커지면
눈이 되고, 떨어지다 녹으면 비가 된다.

0°C 근처의 구름 속에는 물방울이 만들어지고,
이 물방울이 충돌하여 합쳐져 커지고 떨어져 비가 된다.

출처 : www.naver.com

02 대류권 기상

01 ― 고도, 해수면

1. 고도의 종류

① **절대고도**(QFE, Absolute Altitude)
  ○ 지표면(땅, 바다, 활주로)에서 항공기까지의 수직 거리(AGL로 표기)
  ○ 바다/산 위를 비행하면 바다/산에서 항공기까지의 거리를 측정

② **진고도**(QNH, True Altitude)
  ○ 평균 해수면에서 항공기까지의 수직 거리(MSL로 표기), 전이고도 14,000ft 미만의 고도에서 사용
  ○ 지도나 항공차트에 나오는 공항, 산, 장애물의 높이(표고, Elevation)는 모두 진고도로 표시

③ **기압고도**(QNE, Pressure Altitude)
  ○ 실제 기압과 관계없이 국제표준대기압(29.92inHg)을 기준으로 고도를 표기
  ○ 전이고도 14,000ft 이상의 고도에서 사용

④ **지시고도**(Indicated Altitude)
  ○ 항공기 계기판에 표시되는 고도, 해당 지역 공항 기준으로 항공기의 고도를 표기

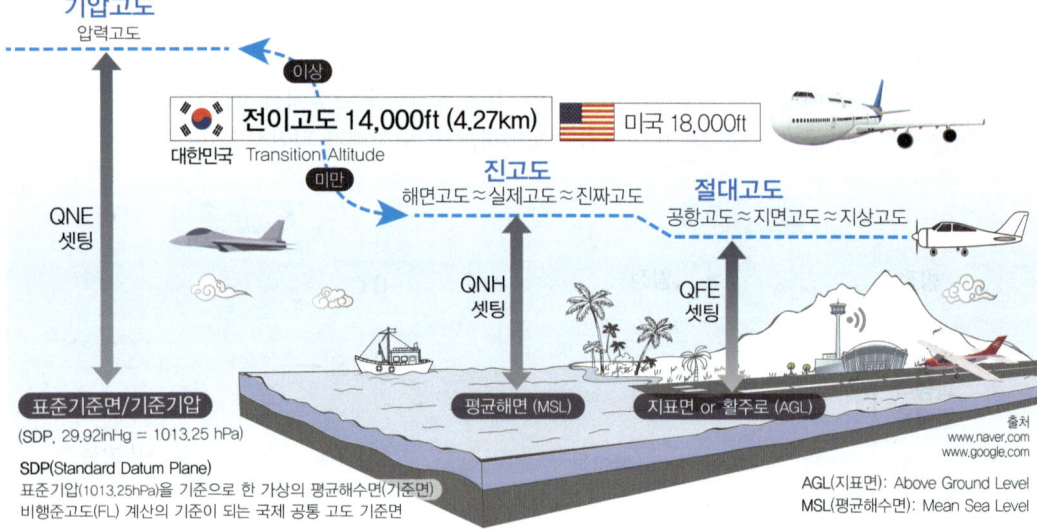

※ **전이고도**(Transition Altitude)
  ○ 조종사가 진고도/실제기압고도(QNH)에서 비행준고도(FL, Flight Level)로 전환하는 기준 고도
  ○ 진고도(QNH) → 표준기압(1013.25hPa = 29.92 inHg)로 전환하는 기준 고도
  ○ 대한민국의 전이고도 14,000 피트(약 4.27 km), 미국의 전이고도 18,000 피트(약 5.49 km)

2. 기압 고도계 셋팅 방식

① QFE(절대고도, Q Field Elevation) : 현지 관제소에서 제공하는 고도로, 활주로(지표면)를 기준으로 설정된 고도이다. 주로 이.착륙 훈련이나 단거리 비행 시 사용

② QNH(진고도, Q Natural Horizon) : 평균 해수면을 기준으로 고도를 설정하며 관제탑에서 제공하는 기압 정보를 입력하여 설정한다. 항공기 간 고도 차이를 일정하게 유지하고 일반적인 비행 중 고도를 측정할 때 사용

③ QNE(기압고도, Q Natural Earth) : 실제 기압과 상관없이 표준대기압(29.92inHg)을 기준으로 설정하며 대형 항공기 순항고도 측정, 고고도 비행 중 항공기간 고도 충돌 방지를 목적으로 설정

※Q-CODE란 : 신속한 교신을 위해 모스 부호 시절, 세 글자 약어로 만든 국제 표준 코드 시스템

3. 평균 해수면(MSL) 및 해발고도

평균 해수면(MSL, Mean Sea Level)은 평균적인 해수면 높이를 의미하며, 해발고도는 평균 해수면(MSL)으로부터 측정한 고도이다.

인하대학교 내 수준원점

① 평균 해수면의 기준
  ○ 인천만(인천 앞바다)의 평균 해수면 높이(0.0m)를 기준으로 삼고 있다.

② 대한민국의 수준원점(Original vertical datum)
  ○ 육지에서 평균 해수면 기준을 적용하기 위해 수준원점을 설정
  ○ 대한민국의 수준원점은 1963년 3월 인하공업전문대학(현 인하대학교) 내에 설치
  ○ 인천 앞바다의 평균 해수면 높이(0.0m)를 기준으로 함
  ○ 우리나라 수준원점의 실제 해발고도는 26.6871m

4. 자북, 도북, 진북

① 진북(眞北, True north)_기상용
  ○ 진짜 북쪽, 모든 경도선(세로선)이 만나는 지점으로, 지구의 자전축 북극(북극점)에서 만나는 지점(방향 불변)
  ○ GPS 시스템과 연계, 항공조종사, 관제사등이 이용
  ○ METAR(메타, 정시관측보고)에서 풍향 기준

② 도북(圖北, Grid north)_지도용
  ○ 지도상의 북쪽, 지도의 격자선이 가리키는 북쪽 방향

③ 자북(磁北, Magnetic north)_항법용
  ○ 나침반 N극이 가리키는 북쪽(자기장 변동으로 북쪽방향 가변적)
  ○ 일반인, 군인, 탐험가, 등산가 등이 이용

※편각도
  ○ 편각(자편각) : 진북과 자북간의 차이
  ○ 도편각 : 자북과 도북 사이
  ○ 도자각 : 도북과 진북 사이

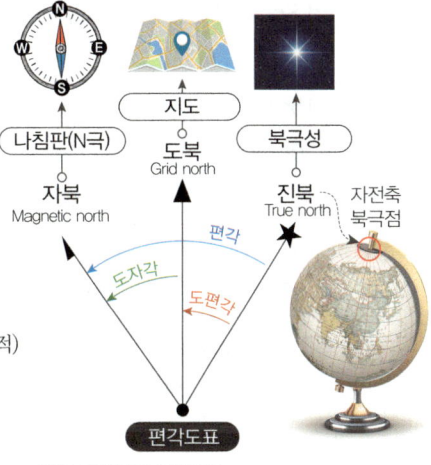

※지구 자기장의 영향으로 자북과 진북이 다르게 나타나는 편각이 형성된다.

1.바람(Wind)

바람은 대기의 온도차와 기압차에 의해 발생하며, 공기가 기압이 높은 곳에서 낮은 곳으로 이동하면서 발생된다.

① 바람이 발생하는 원리
- 태양복사에너지의 불균형으로 지표면이 불규칙하게 가열되면서 기압 차이가 생김
- 이 기압 차이에 의해 공기가 수평으로 이동하면서 바람이 발생

② 바람의 종류
- 이류(Advection) : 공기의 수평 운동
- 대류(Convection) : 공기의 수직 운동

③ 풍향과 풍속
- 풍향(Wind Direction)
  - 바람이 불어오는 방향을 나타냄
  - 지리학상의 진북을 기준으로 측정
  - 일반적으로 16방위 또는 36방위로 표현
- 풍속(Wind Speed)
  - 풍속의 측정 지상 10m 높이
  - 풍속은 1초 동안 공기가 이동한 거리
    [풍속단위 : m/s, knote, km/h]
- 풍향/풍속은 크기와 방향을 가지므로 벡터에 속함

16방위

N 북
북북서 NNW / 북북동 NNE
북서 NW / 북동 NE
서북서 WNW / 동북동 ENE
W 서 / 동 E
서남서 WSW / 동남동 ESE
남서 SW / 남동 SE
남남서 SSW / 남남동 SSE
남 S

④ 윈드삭(바람자루, Wind sock) 풍속

공항이나 항구 등에서 바람의 방향과 세기를 알기 위해 설치하는 천으로 된 깃발 모양의 도구이며, 바람이 불어오는 방향 및 풍속을 대략적으로 추정할 수 있다.

Wind Sock 각도	풍속(m/sec)	보퍼트 풍력 계급
0°	0m/sec	고요
15~20°	1m/sec	실바람
30~40°	2m/sec	남실바람
50~60°	3m/sec	산들바람
70~80°	4m/sec	
90°	5m/sec	

각도에 따른 풍속

각도

바람자루 (Wind Sock = Wind Cone)

※풍속의 단위 : m/s, knot, km/hr, mile/hr

- 기상에서는 노트(knot)가 주로사용
- 1knot = 0.514m/s = 1.852km/h

※해리(NM) : 배나 비행기가 이동한 거리의 단위(1해리 = 1.852Km = 1,852m)
　노트(Knot) : 배나 비행기가 이동하는 속도의 단위(1노트 = 1.852km/h)

출처 : www.naver.com/www.google.com

3 knots	6 knots	9 knots	12 knots	15 knots	바람자루 설치사례
1.5 m/s	3 m/s	4.5 m/s	6 m/s	7.8 m/s	
5.5 km/h	11 km/h	16 km/h	22 km/h	28 km/h	

※ **바람자루?** 바람의 방향과 세기를 한 눈에 알기 쉽도록 하기 위한 기구로, 기둥에 설치하는 원통형 천

2. 전향력(코리올리 힘, 편향력, Coriolis Force)

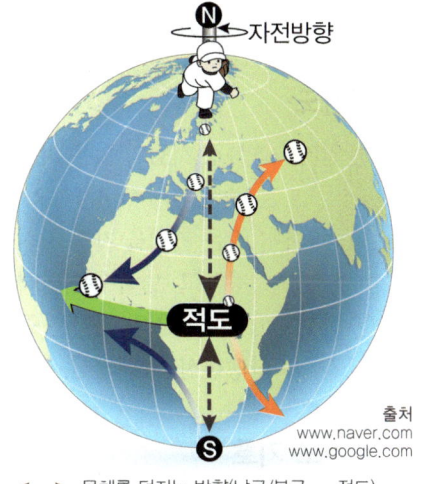

① 전향력은 지구의 자전 때문에 발생하는 가상의 힘으로, 지구 표면을 따라 움직이는 물체의 진행 방향을 휘어지게 만드는 힘

② 북반구에서는 오른쪽으로 편향되고, 남반구에서는 왼쪽으로 편향되며 고위도로 갈수록 크게 작용

③ 적도에서 전향력은 0이며, 위도가 높아질수록(극지방에 가까울수록) 전향력이 강해짐

④ 전향력은 물체의 속력에는 영향을 주지 않고, 방향에만 영향을 줌

⑤ 대기의 움직임(바람)과 해류는 전향력에 의해 방향이 바뀌며, 날씨와 기후에 큰 영향을 미침

출처 www.naver.com www.google.com

◂┄┄▸ 물체를 던지는 방향(남극/북극 ↔ 적도)
━━▸ 물체를 남극/북극에서 → 적도 방향으로 던질 때
━━▸ 물체를 적도에서 → 남극/북극 방향으로 던질 때
━━▸ 전향력의 방향

코리올리 힘 영상

3. 기압경도력(PGF, Pressure Fradient Force)

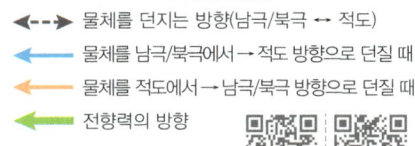

① 대기중 기압 차이 때문에 공기가 움직이려고 하는 힘을 기압경도력이라 하며, 이로인해 바람이 발생한다.

② 바람은 고기압에서 저기압 쪽으로 이동하며, 등압선에 직각인 방향으로 작용한다.

③ 기압경도력은 두 지점 사이의 기압 차이가 클수록, 등압선 간격이 좁을수록 커진다.

④ 기압경도력은 두 지점간의 기압차에 비례하고 거리에 반비례한다.

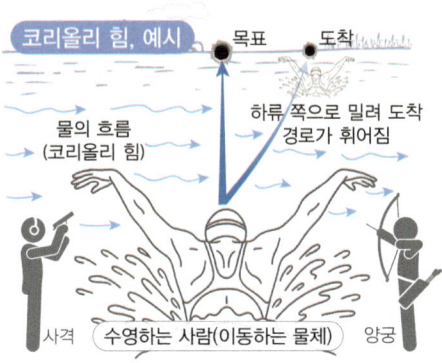

코리올리 힘, 예시

목표 도착

물의 흐름 (코리올리 힘)

하류 쪽으로 밀려 도착 경로가 휘어짐

사격 | 수영하는 사람(이동하는 물체) | 양궁

4. 지표 마찰력(Friction)

① 대기 중에서 공기가 이동 시 지면과의 마찰로 인해 발생하는 힘으로, 바람의 반대 방향으로 작용하여 바람 속도를 감소시키며 방향에 영향을 미침

② 지표면에 가까울수록, 지표면이 거칠수록, 풍속이 클수록 마찰력은 커지고 고도가 높아질수록 감소

③ 마찰층은 지표면으로부터 지상 1km까지(1km = 3,280ft)

5.원심력과 구심력

원심력과 구심력의 두 힘은 항상 크기가 같고 방향은 반대이다.

① **원심력** : 회전하는 물체가 바깥쪽으로 향하는 것처럼 느껴지는 힘

② **구심력** : 물체가 원운동을 유지하도록 중심 방향으로 작용하는 실제 힘

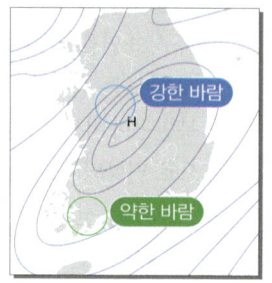

- 구심력 = 실제 힘(중심으로 당김)
- 원심력 = 느껴지는 힘(바깥으로 밀려나는 것처럼 보임)

03 – 일기도, 기호

1.일기도

① **일기도** : 특정 시점의 넓은 지역에 대한 기상 정보를 기압, 바람, 온도, 구름, 강수량 등의 요소로 지도에 나타낸 것

② **등압선** : 같은 기압을 가진 지점을 연결한 선. 간격이 좁을수록 바람이 강하고, 넓을수록 약하다.

③ **전선** : 따뜻한 공기와 차가운 공기가 만나는 경계. 종류에는 온난전선, 한랭전선, 폐색전선, 정체전선이 있다

2.일기도 기호

① 일기도에 표시되는 다양한 기상 요소를 간단한 그림이나 기호로 표현한 것

② 날씨 상태를 빠르고 명확하게 이해할 수 있도록 일기도 위에 나타내는 기호

③ 세계기상기구(WMO) 제공 일기도는 상세하며, 미디어에서 다루는 기호는 일반인이 쉽게 알아볼 수 있도록 약식 기호 사용

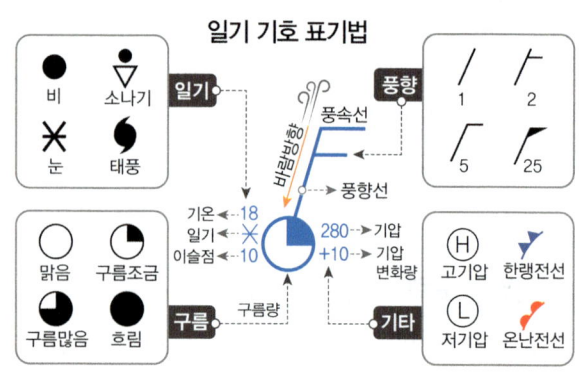

일기 기호 표기법

	10분법	0	1	2~3	4	5	6	7~8	9	10	불명
운량	기호	○ 0% 맑음	◐ 10% 이하	◔ 10%~ 30%	◔ 40%	◑ 50% 갬	◕ 60%	◕ 70%~ 80%	◑ 90%	● 흐림 100%	⊗ 관측 불가
일기	기호 현상	● 비	● 가랑비	▽ 소나기	✶ 진눈깨비	✳ 눈	▽ 소낙눈	⦧ 뇌우	≡ 안개	S 황사
바람	기호 풍속m/s	◎ 고요함	╱ 1	╱ 2	⌐ 5	Ϝ 7	Ϝ 10	Ϝ 12	⌐ 25	Ϝ 27	
기압		Ⓗ 고기압		Ⓛ 저기압		🌀 태풍					
전선		▲▲▲ 한랭전선		●●● 온난전선		▲●▲● 정체전선		▲●▲ 폐색전선			

기입 모형

출처 : www.naver.com / www.google.com

04 – 고기압 저기압

1. 고기압(High Pressure)

① 고기압은 주변보다 대기압이 높은 지역
② 북반구 기준, 바람은 시계방향으로 불며 고기압 중심에서 발산(퍼져 나감)
③ 공기가 하강하는 성질이 있으며, 하강하는 공기는 따뜻해지고, 구름 형성을 억제하여 맑은 날씨를 보임
④ 대개 안정된 날씨를 동반

암기Tip
오른손 모양과 함께 기억하면 좋다.
상승기류 / 하강기류 / 수렴 / 발산 / 저기압 / 고기압

출처 : www.naver.com / www.google.com

2. 저기압(Low Pressure)

① 저기압은 주변보다 기압이 낮은 지역
② 북반구에서는 바람이 반시계 방향으로 불며, 저기압 중심으로 수렴(모이는 현상)
③ 수렴한 공기가 상승·냉각되며 수분이 응결되어 구름이 생기고, 비나 눈이 내릴 수 있음
④ 대개 불안정한 날씨를 동반

🌐 고기압과 저기압의 특징

구분	Ⓛ 저기압	Ⓗ 고기압
정의	주변대비 중심 기압이 낮다	주변대비 중심 기압이 높다
중심 바람방향	북반구: 반시계 방향으로 들어옴(수렴)	북반구: 시계 방향으로 나감(발산)
	남반구: 시계 방향으로 들어옴	남반구: 반시계 방향으로 나감
기류	상승기류	하강기류
날씨	눈, 비, 흐림, 변덕이 심함	대체로 맑고, 건조
기온/습도	기온 하강, 습도 상승	기온 상승, 습도 하강
구름	생성(적운형)	소멸(잘 형성되지 않음, 흩어짐)
풍속/등압선	등압선 좁음 → 강한 바람	등압선 넓음 → 약한 바람

🌐 고기압과 저기압의 종류

Ⓛ 저기압	• 열대 저기압 : 열대 해양에서 발생하며, 강한 바람과 폭우 동반(태풍, 허리케인, 사이클론 등) • 온대 저기압 : 중위도에서 찬 공기와 따뜻한 공기가 만나 전선(한랭전선, 온난전선 등)을 형성 • 대륙성 저기압 : 대륙에서 형성되는 저기압으로, 육상에서 공기의 가열로 발생(수명 짧음) • 이동성 저기압 : 편서풍을 따라 서쪽에서 동쪽으로 이동하는 저기압(주로 온대 저기압)
Ⓗ 고기압	• 온대 고기압 : 중위도 지역에서 형성된 고기압으로 맑고 건조한 날씨를 가져오는 경우가 많음 • 열대 고기압 : 아열대나 열대 지역에서 형성, 덥고 습한 공기를 가져오는 고기압(북태평양 고기압) • 대륙성 고기압 : 대륙 내부에서 형성, 겨울철 차갑고 건조한 날씨(시베리아 고기압이 대표적) • 이동성 고기압 : 봄, 가을철 편서풍을 따라 서쪽에서 동쪽으로 이동(맑은 날씨 고기압)

1. 지상풍(Surface Wind)

지상풍(Surface Wind)은 지표면 근처 1km 이하에서 부는 바람으로, 기압경도력, 전향력, 마찰력의 상호작용에 의해 방향과 속도가 결정된다.

① 지면의 마찰력은 바람 속도를 줄이고, 전향력을 약화시켜 저기압 방향으로 기울어지게 만든다.

② 등압선이 직선인 경우 : 기압경도력과 전향력·마찰력의 합력이 균형을 이루며 등압선과 각을 이루어 분다.

③ 등압선이 원형인 경우 : 기압경도력, 전향력, 원심력, 마찰력이 균형을 이뤄 바람이 형성된다.

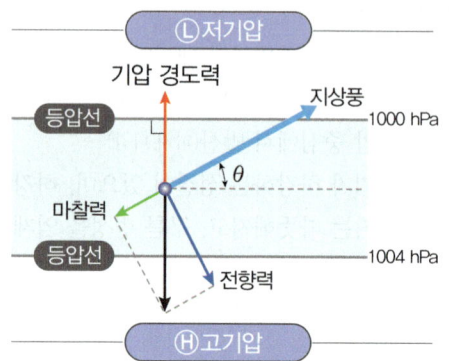

2. 지균풍(Geostrophic Wind)

지균풍은 고도 약 1km 이상의 대기 상층에서 전향력과 기압경도력이 균형을 이루어 등압선에 평행하게 부는 바람이다.

① 등압선이 직선일 경우, 바람은 등압선에 정확히 평행하게 흐른다.

② 지면과의 마찰이 거의 없기 때문에 마찰력의 영향을 받지 않는다.

③ 기압경도력이 강할수록(등압선이 촘촘할수록) 지균풍의 속도는 더 빨라진다.

④ 대기 상층의 넓고 균일한 기압 분포에서 나타난다.

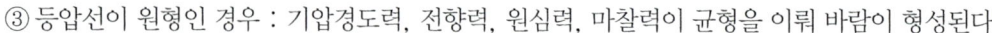

※ **전향력** : 지구의 자전으로 물체의 방향이 휘어지는 힘

3. 경도풍(Gradient Wind)

① 지상 1km 이상 상공에서 등압선이 곡선(원형)일때 부는 바람

② 기압경도력, 전향력, 원심력이 평형(균형)을 이루며 부는 바람

③ 지표면과 바람 사이에 마찰력이 없다.

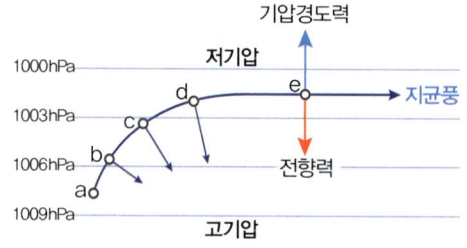

북반구 경도풍

4. 제트기류(Jet Stream)

① 제트기류는 극지방과 적도 간의 큰 온도 차와 지구 자전으로 인해 발생

② 대류권 상부 고도 약 9~12km에서 서 → 동 방향으로 강하게 부는 좁고 빠른 바람

③ 평균 속도는 겨울철 약 45m/s이며, 여름철 약 28m/s (제트기류는 겨울철 강도가 강해지고 여름철 강도가 약해진다.)

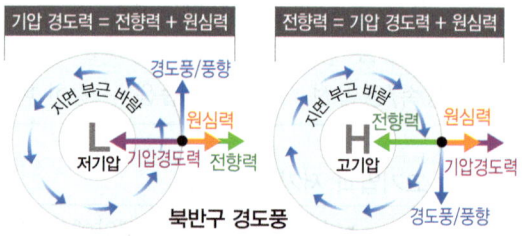

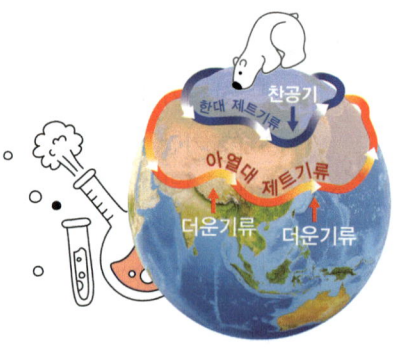

5. 스콜(국지성 돌풍/호우, Squall)

풍속 초속 8m 이상 급격히 증가하여 초속 11m 이상 도달하고, 강풍 상태가 적어도 1분 이상 지속되는 현상

① 발생 : 바다, 폭풍 전후 / 수 분~수십 분 지속

② 현상 : 갑작스러운 강풍과 함께 폭우 · 폭설 · 우박 동반

③ 기준 : 풍속 8m/s(≈16 knot) 이상 증가, 최대 풍속 11m/s(≈21 knot) 이상 지속

④ 영향 : 해상 · 항공 안전에 큰 위험

스콜과 소나기 차이

6. 거스트(돌풍, Gust)

평균 풍속대비 10knots 이상 차이가 있으며 17knots 이상 수초동안 지속되는 바람

① 발생 : 국지적, 다양한 기상 상황 / 수 초~20~30초 지속

② 현상 : 순간적으로 강하게 부는 바람

③ 기준 : 10분 평균 풍속보다 5m/s(≈10 knot) 이상 증가, 순간 최대 풍속 9m/s(≈17 knot) 이상

④ 특징 : 반드시 강수 현상(폭우 · 폭설 · 우박 등)을 동반하지는 않음

7. 태풍(Typhoon) ⭐

① 열대성 저기압 중심부의 최대 풍속이 17m/s 이상일때를 태풍으로 분류하며 폭풍우를 동반

② 열대성 저기압의 종류에는 태풍, 허리케인, 사이클론, 윌리윌리 등이 있음

③ 태풍은 주로 북위 5℃~25℃ 사이의 열대 해상에서 발생

④ 태풍의 에너지원은 바다의 따뜻한 수분 증발과 잠열에서 비롯

⑤ 태풍 발생에는 충분한 기압 차로 인해 발생하는 기압경도력이 필요

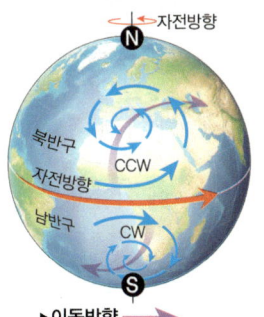

▶이동방향
▶회전방향

참조! 우리 나라를 지나는 태풍은 편서풍의 영향으로 우측방향으로 이동한다.

북반구 태풍, 반시계(CCW)방향 회전

남반구 태풍, 시계(CW)방향 회전

출처 : www.naver.com
미국항공우주국

열대저압부와 태풍의 차이 : 열대저압부 ◄ 17m/s(중심최대 풍속) ► 태풍

태풍의 눈? 태풍의 눈(Eye)은 태풍 중심에 있는 바람이 약하고 고요한 지역으로, 하늘이 맑거나 구름이 적은 것이 특징이다. 태풍의 눈은 대체로 지름 30~60km 크기로 형성되며, 주변을 둘러싼 강한 구름벽(eye wall)과 대조적으로 평온하다.

태풍의 발생 과정

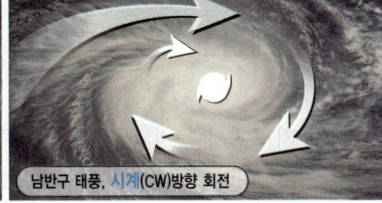

저기압(L)	열대성저기압(TD)	열대성폭풍(TS)	태풍전단계(STS)	태풍(TY)
열대 요란 (태풍씨앗)	중심최대풍속 17m/s미만	중심최대풍속 17m/s~24m/s	중심최대풍속 25m/s~32m/s	중심최대풍속 33m/s 이상
따뜻한 수증기가 대기로 상승	상승된 수증기가 열을 방출해 주변공기 온도 상승. 공기상승	주변 공기가 회전 하면서 상승 기류 형성	적란운(쌘비구름)이 발달, 많은 공기가 모여 태풍 형성	

태풍의 발달 과정

발생기	가속 → 발달기	감속 → 최성기	가속 → 쇠약기	가속 → 소멸기
회오리 시작 바람이 강해짐 구름밀집, 너울 발생	중심 기압이 하강 두꺼운 구름띠 형성 태풍의 눈이 생성	바람이 강함 중심기압 하강 멈춤 폭풍영역 수평 확장	비가 강함 중심기압 높아 짐 온대저기압으로 변화	온대성 저기압으로 전환 후 소멸

열대성 저기압(Tropical Cyclone)의 종류와 명칭

- **태풍(Typhoon)** : 북태평양 남서부 필리핀 부근 해역애서 발생하여 동북아시아를 내습하는 열대성 저기압
- **사이클론(cyclone)** : 인도양과 남서태평양에서 발생 후 그 주변에 피해를 주는 열대성 저기압
- **허리케인(hurricane)** : 서인도제도 카리브해, 북대서양, 동태평양에서 발생한 열대성 저기압, 미국 동남부에 피해
- **윌리윌리(willy-willy)** : 남태평양 해상에서 발생하는 열대성 저기압

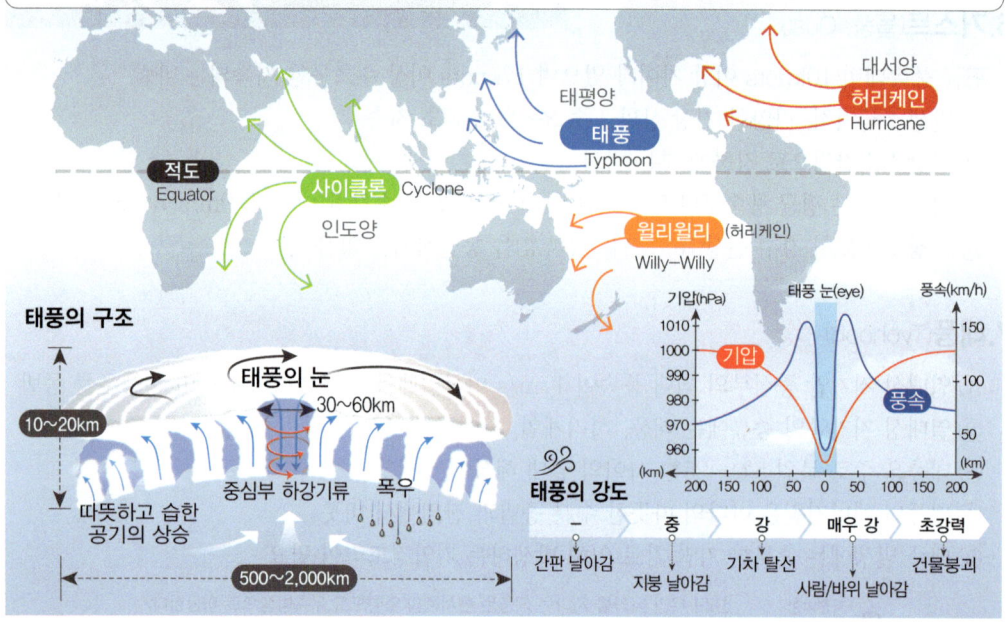

출처 : www.naver.com www.google.com

8.국지풍, 계절풍

① 해륙풍

해안 지역에서 육지와 바다는 온도의 변화 속도가 달라 이런 차이 때문에 낮과 밤에 기압이 달라지고, 바람의 방향이 바뀌면서 해풍과 육풍이 발생

○ 해풍(낮) : 낮에 바다에서 육지로 부는 바람. 육지가 바다보다 빨리 가열되어 저기압이 형성

○ 육풍(밤) : 밤에 육지에서 바다로 부는 바람. 육지가 바다보다 빨리 냉각되어 고기압이 형성

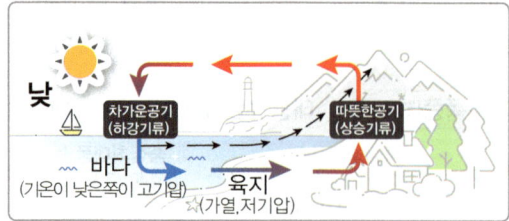

낮/여름, 해풍(바다→육지)

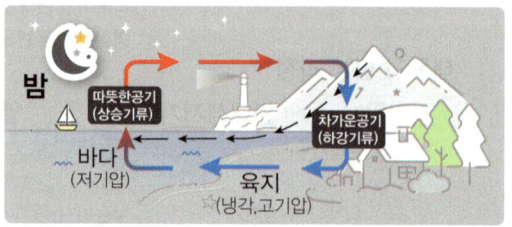

밤/겨울, 육풍(육지→바다) 출처 : www.naver.com/www.google.com

② 산풍과 곡풍(Mountain and Valley Breeze)

산악 지역에서 낮과 밤의 온도 차이에 의해 발생하는 바람

○ 곡풍(Valley Breeze) : 낮에 태양열로 산 비탈면이 가열되면서 공기가 상승하여 곡풍이 발생

[골짜기 → 산 정상으로 부는 바람]

○ 산풍(Mountain Breeze) : 밤에 산 비탈면이 냉각되면서 찬 공기가 하강하여 산풍이 발생

[산 정상 → 산 아래로 부는 바람]

산곡풍 낮(곡풍 발생) : 지표가 빨리 데워짐 → 지표에 상승기류
밤(산풍 발생) : 지표가 빨리 식음 → 지표에 하강기류

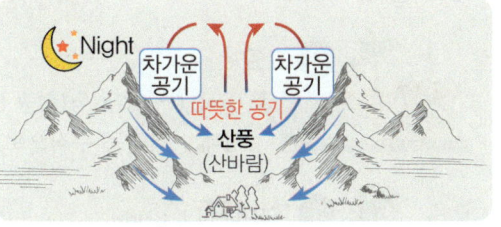

출처 : www.naver.com / www.google.com

③ 높새바람(푄 현상, Foehn)

습한 공기가 산을 넘어 내려오면서 단열 압축되어 온도가 상승하고 건조해지는 현상

우리나라는 초여름 공기가 태백산맥을 넘어오며 고온 건조해지는 현상

○ 습윤단열 변화 : 공기가 산을 오를 때 1km당 약 −5℃ 감소하며 구름을 형성하고 비를 내림

○ 건조단열 변화 : 산 정상에서 건조한 공기로 변한 후, 산을 내려오며 1km 당 약 10℃ 상승

높새바람 = 푄 현상 = 북동풍
(초여름 오호츠크해 기단의 영향으로 발생)
(높새바람, 북동풍의 순 우리말)

습윤단열 건조단열 차이점

구 분	건조단열 변화	습윤단열 변화
공기상태	수증기 응결 없음(건조 상태)	수증기 응결(포화 상태)
온도변화율	하강 시 1km당 약 10℃ 감소	상승 시 1km당 약−5℃ 감소
속도	빠르게 냉각 또는 가열	천천히 냉각

④ 계절풍

1년 주기로 바람의 방향이 바뀌는 현상

○ 남동계절풍 : 여름철 바다에서 대륙으로 불어오는 따뜻하고 습한 바람

○ 북서계절풍 : 겨울철 대륙에서 바다로 불어가는 차갑고 건조한 바람

여름철, 남동계절풍

겨울철, 북서계절풍

바람방향 정의

• 해풍 : 바다에서 → 육지로 부는 바람

• 육풍 : 육지에서 → 바다로 부는 바람

• 산풍 : 산 정상에서→ 아래로 부는 바람

• 곡풍 : 골짜기에서 → 위로 올라가는 바람

9.보퍼트 풍력 계급(Beaufort Wind Scale)

① 1805년 영국 해군 제독이자 수로학자 프랜시스 보퍼트(Francis Beaufort)가 고안한 풍력 계급
② 13개의 계급(0~12)으로 구성되며, 바람의 세기를 육지와 해상의 상태 변화로 측정
③ 초기에는 해상에서 돛의 반응을 기준으로 했으나, 이후 풍속(m/s, km/h)과 연계하여 발전
④ 현재 기상학, 항해, 항공 등 다양한 분야에서 풍속 측정의 표준 지표로 활용

■ 일상속에서 자주 체감되는 바람 : 실바람, 남실바람, 산들바람, 건들바람

〰️고풍속 〰️ 파고

0 고요(Calm)
　　　　　0.0~0.2m/s(평균 0m/s) 〰️0m　　　평균풍속을 기억하면 좋음
상태 : 연기는 수직으로 올라가고, 바다는 고요

1 실바람(Light Air)
　　　　　0.3~1.5m/s (평균 1m/s) 〰️0.1m(바다가 고요)
상태 : 연기는 날리나 풍향계는 움직이지 않음

2 남실바람(Light Breeze)
　　　　　1.6~3.3m/s(평균 2m/s) 〰️0.2m(바닷물결 보임)
상태 : 얼굴에 바람이 느껴지며, 나뭇잎이 흔들리고 깃발이 가볍게 날림

3 산들바람(Light Breeze)
　　　　　3.4~5.4m/s(평균 4m/s) 〰️0.6m(큰 물결과 흰 파도가 간간히 보임)
상태 : 나뭇잎과 가는 가지가 끊임없이 흔들리고, 깃발이 가볍게 날림

4 건들바람(Moderate Breeze)
　　　　　5.5~7.9m/s(평균 6.5m/s) 〰️1m(파도가 일고 흰 파도가 많음)
상태 : 먼지가 일고 종잇조각이 날리며 작은 가지가 흔들림

5 흔들바람(Fresh Breeze)
　　　　　8.0~10.7m/s(평균 8m/s) 〰️2m(물거품이 생김)
상태 : 잎이 무성한 작은 나무 전체가 흔들리고 호수에 물결이 일어남

6 된바람(Strong Breeze)
　　　　　10.8~13.8m/s(평균 12m/s) 〰️3m(파도가 높아지고 물보라가 생김)
상태 : 큰 나뭇가지가 흔들리고 전선이 울리며 우산 사용이 곤란함

7 센바람(Near Gale)
　　　　　13.9~17.1m/s(평균 15m/s) 〰️4m(파도가 부서지고 물거품이 바람에 날림)
상태 : 나무 전체가 흔들리며, 바람을 향해 걷기가 어려움

⑧ 큰바람(Gale)
🌬️ 17.2~20.7m/s (평균 19m/s)　〰️ 5.5m(파도가 제법 높고 물거품이 강풍에 날림)
상태 : 작은 나뭇가지가 꺾이며, 바람을 향해 걸을 수 없음(유리 깨짐)

⑨ 큰센바람(Strong Gale)
🌬️ 20.8~24.4m/s (평균 22m/s)　〰️ 7m(파도가 높고 물보라가 생김)
상태 : 건물에 다소 손해가 발생되며, 굴뚝이 넘어지고 기와가 벗겨짐

⑩ 노대바람(Storm)
🌬️ 24.5~28.4m/s (평균 26m/s)　〰️ 9m(파도가 몹시 높고 물거품이 큰 덩어리가 되어 날림)
상태 : 나무가 뿌리째 뽑히고 가옥에 큰 손해가 발생됨

⑪ 왕바람(Violent Storm)
🌬️ 28.5~32.6m/s (평균 30m/s)　〰️ 11.5m(파도가 대단히 높아 주변 배가 보이지 않음)
상태 : 경험하기 매우 힘들고, 광범위한 피해가 발생됨

⑫ 싹쓸/막쓸바람(Hurricane)
🌬️ 32.7m/s 이상(평균 –m/s)　〰️ 14m(파도가 매우 높고, 물거품 물보라로 시야가 어려움)
상태 : 매우 광범위한 피해가 발생됨(육지에서 관측된 바는 없다 함)

출처 : www.google.com

06 ─ 전선, 기단

1.전선의 개요

① 전선 : 전선면이 지표면과 만나는 선
② 전선면 : 성질과 온도가 다른 두 기단
　　(예: 찬 기단과 따뜻한 기단)이 부딪쳐 경계를
　　이루는 면
③ 공기의 특성
　ㅇ찬 공기 : 밀도가 크고 무거워 하강
　ㅇ따뜻한 공기 : 밀도가 작고 가벼워 상승
④ 구름 형성
　ㅇ상승 기류로 인해 공기가 냉각되고, 단열냉각으로 수증기가 응결되어 구름이 만들어 진다.
　ㅇ수증기 응결 시 방출된 잠열로 공기가 가열되어 부력을 얻어 상승현상 발생
⑤ 잠열 방출의 영향
　ㅇ방출된 잠열의 일부는 운동에너지로 변환되어 바람이 됨
　ㅇ이는 전선 주변에서 강한 바람과 기상 변화를 유발

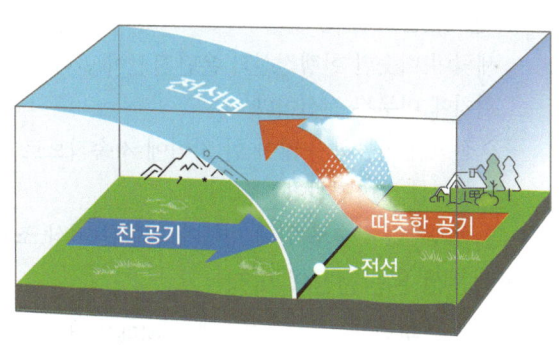

2.전선의 종류와 특성(Weather front)

① 한랭전선(Cold Front)

세력이 강한 찬 기단이 따뜻한 기단의 아래를 파고들며 형성되는 전선이다.

○ 전선면 기울기가 급하고 이동 속도가 빠름
○ 강한 상승 기류로 인해 적란운이 발달
○ 좁은 지역에서 천둥, 번개, 소나기를 동반
○ 찬 공기로 인해 기온이 떨어짐

② 온난전선(Warm Front)

따뜻한 기단이 찬 기단 위로 올라가며 형성되는 전선이다.

○ 전선면 기울기가 완만하고 이동 속도가 느림
○ 넓은 지역에 걸쳐 지속적이고 약한 강수(이슬비와 따뜻한 비)가 발생
○ 층운형 구름이 형성
○ 항공기 운항에 위험한 기상 조건을 유발

③ 폐색전선(Occluded Front)

이동 속도가 빠른 한랭전선이 느린 온난전선을 따라잡아 겹쳐지는 전선이다.

○ 두 종류의 찬 공기가 만나는 과정에서 발생되며, 온대성 저기압의 발달이 멈추고 소멸 단계로 접어든다.
 · 한랭형 폐색전선 : 한랭전선 뒤의 찬 공기가 온난전선 앞의 찬 공기보다 더 차가운 경우
 · 온난형 폐색전선 : 온난전선 앞의 찬 공기가 한랭전선 뒤의 찬 공기보다 더 차가운 경우

④ 정체전선(Stationary Front)

세력이 비슷한 한랭전선과 온난전선이 만나 대치되며 한 위치에 머무는 전선이다.

○ 전선이 이동하지 않아 한 지역에 지속적으로 비나 폭우를 유발
○ 초여름 장마전선이 대표적
○ 지속적인 강수로 인해 비행에 위험한 기상 조건을 초래

한랭전선 온난전선의 특징 ▲▲▲▲▲ ●●●●

구분	한랭전선	온난전선
전선면의 기울기	급하다	완만하다
구름 형태	적운형	층운형
비의 형태	좁은지역 소나기	넓은 지역 이슬비
전선 이동 속도	빠르다	느리다
전선통과 후 기온 변화	기온하강	기온상승

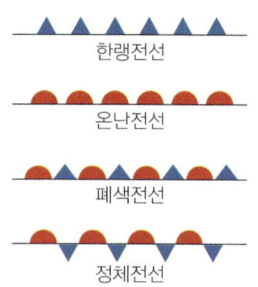

●전선(前線)의 종류 및 표기

한랭전선
온난전선
폐색전선
정체전선

3. 우리나라 주변 기단(Air Mass)

기단은 넓은 지역에 걸쳐 대기의 온도, 습도 등이 균일하게 유지되는 공기 덩어리를 말한다.

월별/계절별 기단의 주요 현상

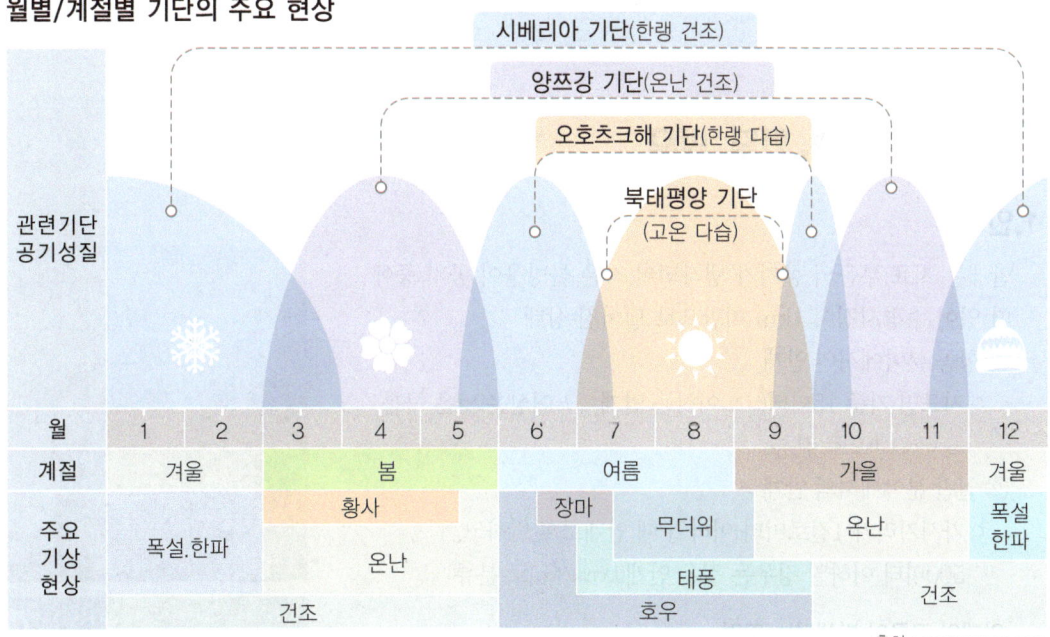

출처 : www.naver.com

① **시베리아 기단**(cP, 대륙성 한대기단)
- 겨울철 날씨에 영향
- 한랭 건조, 맑고 안정적
- 겨울철 한파, 폭설, 악천후를 유발

② **오호츠크해 기단**(mP, 해양성 한대기단)
- 초여름(장마철)에 날씨에 영향
- 한랭 다습하며 불안정
- 장맛비, 높새바람에 영향

③ **북태평양 기단**(mT, 해양성 열대기단)
- 주로 한여름 날씨에 영향
- 고온 다습하고 불안정
- 여름철 더위, 폭염, 열대야를 유발

④ **양쯔강 기단**(CT, 대륙성 열대기단)
- 봄.가을 날씨에 영향
- 고온 건조하며, 상공은 안정적이며 지상은 불안정
- 이동성 고기압으로 인해 맑고 건조한 날씨

⑤ **적도 기단**(mE, 태풍기단)
- 주로 한여름 날씨에 영향
- 한여름 태풍과 강수량 증가에 영향
- 고온 다습하고 강한 태풍을 동반

계절별 기단의 유형

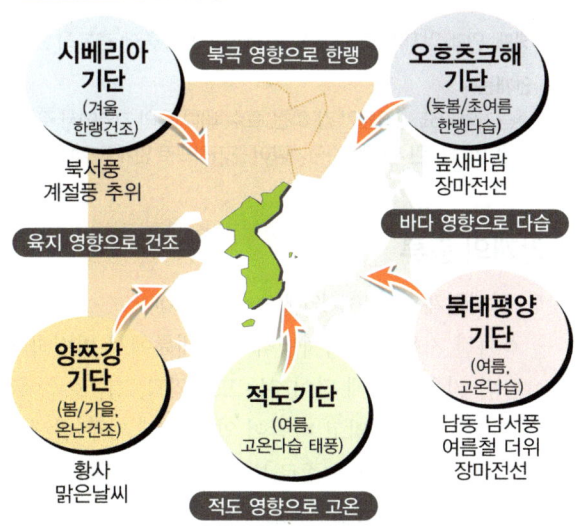

출처 : www.naver.com / www.google.com

03 비행 관련 기상

• 항공기상 7대 요소 : 구름, 기압, 기온, 강수, 습도, 바람, 시정

01 — 안개, 연무, 박무

1.안개

안개는 지표 부근의 공기가 냉각되어 작은 물방울이 공기 중에 떠 있어 수평시정이 1km 미만으로 떨어진 상태

① 항공 분야에서의 안개
  ○ 지표면 기준 15미터(50ft)이하는 안개, 그 이상은 낮은 구름 (Low cloud)으로 분류

② 일반 분야에서의 안개
  ○ 가시거리가 1킬로미터 이하일 때 안개로 판단하고, 500미터 이하일 경우는 짙은 안개(Dense fog)로 분류

안개와 구름이 발생되는 조건

첫째. 습도가 높아 수증기 공급이 원활해야 한다.
둘째. 대기 성층이 안정된 고기압 지역에서 바람이 약해야 한다.
셋째. 온도 차가 큰 공기가 서로 접촉하여 공기가 냉각되기 쉬워야 한다.
넷째. 안개 입자가 될 수 있는 응결핵이 공기 중에 충분히 존재해야 한다.

안개는~

수증기의 주요 공급원인 강·하천, 호수, 바다 등의 지역에서 주로 발생한다.
또한, 비가 내린 후에는 수증기량이 증가하므로 안개도 상대적으로 많이 발생한다.

2.안개의 종류

① **복사안개**(땅안개/방사안개, Radiation Fog)
  ○ 야간 지표면의 복사냉각으로 내륙에서 빈번하게 발생
  ○ 밤 기온이 크게 떨어지는 도심외곽, 강, 호수에서 자주 발생
  ○ 겨울 가을철 맑고 바람이 약한 밤에 자주 발생
  ○ 지표면 근처에서 주로 발생되어 땅안개라고도 함

② **이류(수평이동)안개**(Advection Fog)
  ○ 습윤하고 온난한 공기가 차가운 육지나 수면 위로 이동하면서, 하층부터 냉각되어 공기 중 수증기가 응결해 안개가 발생
  ○ 바다에서 형성된 안개는 해무(Sea fog, 바다안개)라고도 함
  ○ 복사안개보다 두께가 두꺼우며 발생 범위가 매우 넓음
  ○ 한번 발생되면 수일 또는 한달까지 지속되기도 함

창릉 도래울마을
증발안개, 연안안개

태양복사 에너지

지표면 냉각

낮에 뜨거우진 땅이 밤에 냉각되며 발생되는 안개

복사안개(땅안개)

■ 구름, 바람없는 맑은 날 밤
■ 도시외곽 지역, 농촌
■ 비 오는 날 X
■ 아침 짙은 안개는 맑은날의 징조

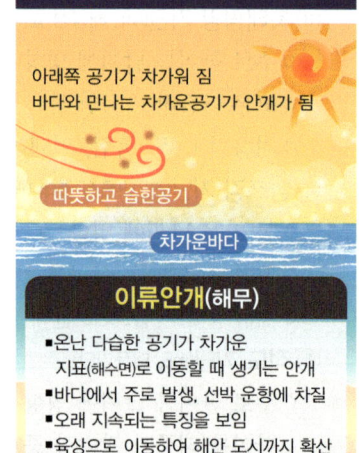

아래쪽 공기가 차가워 짐 바다와 만나는 차가운공기가 안개가 됨

따뜻하고 습한공기

차가운바다

이류안개(해무)

■ 온난 다습한 공기가 차가운 지표(해수면)로 이동할 때 생기는 안개
■ 바다에서 주로 발생, 선박 운항에 차질
■ 오래 지속되는 특징을 보임
■ 육상으로 이동하여 해안 도시까지 확산

③ **활승안개**(산안개, Upslop Fog)
  ○ 산악지역에서 주로 발생하며, 바람이 강해도 형성 가능. 대부분의 산 안개는 활승안개에 해당함
  ○ 새벽부터 아침 시간에 자주 발생하며, 습윤한 공기가 완만한 경사면을 따라 상승하며 단열팽창 냉각으로 형성됨

④ **증발안개**(Steam Fog)
  ○ 수증기 증발로 발생, 상층 대기로 확산되는 특징이 있음
  ○ 주로 겨울철 호수, 강, 바다 등에서 발생하며, 수면과 공기의 온도 차가 클수록 잘 형성됨

⑤ **전선안개**(Frontal Fog)
  ○ 온난전선 부근에서 약한 비가 내릴 때, 상층의 따뜻한 공기에서 내리는 비가 차가운 지면에 떨어져 증발하며 공기가 포화 또는 과포화되어 형성됨
  ○ 주로 저기압 중심 부근에서 발생하며, 지속성이 높음

⑥ **연안안개**(Coastal Fog)
  ○ 복사안개와 해무의 특징을 모두 가짐
  ○ 해안가에서 내륙의 차가운 공기와 바다에서 불어오는 습한 공기가 만나 형성되며 밤에 지면 냉각으로 인해 발생됨
  ○ 온난전선의 비가 차가운 지면에 떨어질 때 증발 과정을 통해 공기가 포화되어 발생됨

3. 연무, 박무, 스모그

① **연무**(Haze)
  ○ 수평시정 1km 이상 10km 미만, 상대습도 100% 근접
  ○ 대기 중에 미세한 먼지, 염분, 오염물질 등이 부유하여 시야를 흐리게 만드는 현상
  ○ 주로 대기 중 습도가 낮고 건조한 날씨에서 발생함
  ○ 공업지역, 도시에서 빈번히 발생, 대기오염과 관련이 있음

② **박무**(Mist)
  ○ 수평시정 1km 이상 10km 미만, 상대습도 80% 이상
  ○ 공기 중에 떠다니는 작은 물방울(수증기)로 인해 시야가 흐려지는 현상
  ○ 연무보다 물방울의 농도가 더 높으며 안개보다 시정이 좋음
  ○ 이슬점 부근에서 수증기가 응결되어 발생함

③ **스모그**(Smog)
  ○ 연기(Smoke)와 안개(Fog)의 합성어로, 대기오염물질이 수증기와 결합하여 형성되는 현상
  ○ 도시지역에서 습도가 높고 바람이 약한 상태에서 대기오염 물질이 정체되면서 발생함

온난 다습한 공기가 산을 오르며 차가워질 때 생기는 안개

활승안개(산안개)

■ 공기가 장애물(주로 산)을 타고 올라가며 발생
■ 습윤한 공기가 필요, 주로 바닷가에 발생
■ 내륙은 비가 내려서 습윤한 공기 필요
■ 높은 건물에서 드물게 나타남

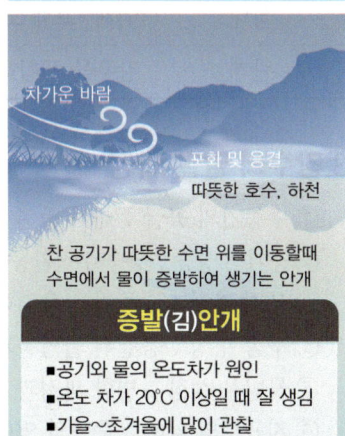

찬 공기가 따뜻한 수면 위를 이동할때 수면에서 물이 증발하여 생기는 안개

증발(김)안개

■ 공기와 물의 온도차가 원인
■ 온도 차가 20℃ 이상일 때 잘 생김
■ 가을~초겨울에 많이 관찰

비가 차가운 지면에 떨어지면서 증발과정을 통해 안개 발생

전선안개

■ 기단간 온도차로 발생
■ 기단간 온도차로 발생한 응결현상 (비 구름 생성)
■ 빗방울 증발로 안개 생성

 수평시정

1km미만

1km이상 10km미만

안개
농무(짙은안개)

박무
연무

02 — 강수(Precipitation), 강우(Rainfall)

1.정의

① 강수 : 대기 중 수증기가 응결 또는 승화되어 지표면으로 떨어져 물이될 수 있는 모든 형태
② 강우 : 강수 중 비(액체 상태의 물)만을 의미

2.강수, 강우 비교

구분	강수(Precipitation)	강우(Rainfall)
범위	눈, 비, 우박, 진눈깨비, 이슬, 서리 등(안개는 해당 안됨)	비(Rain)만 포함
상태	액체, 고체 모두 포함	액체 상태만 포함
관계	강우를 포함하는 상위 개념	강수의 하위 개념

3.강수의 발달 과정

① 수증기의 공급 : 대기 중 수증기 농도가 높아야 함
② 공기의 상승 : 상승 수직활동하며 공기냉각되며 이슬점에 도달
③ 응결 과정 : 수증기가 응결핵에 붙어 물방울로 변화
④ 구름 형성 : 응결된 물방울과 얼음 결정이 모여 구름 형성
⑤ 물방울 성장 : 병합 과정과 빙정 과정을 통해 물방울이 커짐
⑥ 지표로의 낙하 : 중력의 영향으로 물방울, 얼음 결정이 떨어짐

4.강수의 종류

안개(Fog) ← 0.02mm → 이슬(Dew) ← 0.5mm → 비(Rain)

① 액체 상태 강수

○ 비(Rain) : 대기 중 수증기가 응결하여 액체 형태로 떨어지는 0.5mm이상의 물방울
○ 이슬(이슬비, Drizzle) : 작은 물방울로 이루어진 약한 강수. 빗방울의 직경이 0.5mm 이하
○ 안개비(Mist or Fog Drizzle) : 안개 속의 매우 작은 물방울이 지표면으로 떨어지는 현상

② 고체 상태 강수

○ 눈(Snow) : 대기 중의 수증기가 얼어 고체 상태의 얼음 결정으로 떨어지는 강수
○ 우박(Hail) : 비가 상승 기류를 만나 얼음 결정으로 변하고 다시 커지며 떨어지는 강수
○ 진눈깨비(Sleet) : 빗방울이 강하 중 얼어붙어 눈과 비가 섞여 떨어지는 상태(5mm이상의 얼음덩어리)
○ 싸락눈(Graupel) : 눈 결정 주위에 물방울이 얼어붙어 형성된 작은 얼음 알갱이
○ 서리(Frost) : 차가운 표면에 수증기가 승화하여 얼음 결정으로 나타나는 현상

③ 특수 형태 강수

○ 이슬(Dew) : 밤에 대기의 수증기가 차가운 표면에 응결하여 물방울 형태로 나타나는 현상
○ 서리(Frost) : 대기의 수증기가 표면에서 얼어 얼음 결정 형태로 나타남
○ 빙우(氷雨, Freezing Rain) : 비가 지표면에 떨어진 후 바로 얼어붙는 현상
○ 우빙(雨氷, Glaze Ice) : 빙우가 지표면이나 물체에 닿아서 얼어붙어 생긴 투명한 얼음층

03 – 난류(Turbulence)

난류는 지표면의 불균일한 온도 변화와 주변의 수목, 건물, 산악 지형 등과 같은 장애물로 인해 발생하는 <mark>불규칙한 대기의 흐름</mark>이며, 이러한 대기의 흐름을 난기류라고도 한다.

1. 난류의 특징

① **불규칙한 흐름** : 공기의 흐름이 일정하지 않고 혼란스럽게 움직인다.
② **속도 및 방향 변화** : 공기의 속도와 방향이 급격히 변한다.
③ **혼합 효과** : 대기가 섞이며 구름 형성, 강수, 대기 오염 확산 등을 유발한다.
④ **발생 요인의 다양성** : 온도 차, 풍속 변화, 기압 차, 지형 등 여러 요인에 의해 발생한다.
⑤ **영향 범위** : 항공 안전, 기상 변화, 환경 오염 등 다양한 분야에 영향을 미친다.
⑥ **시간과 공간의 변화성** : 난류는 특정 지역에 국한되지 않고 시간과 공간에 따라 변화한다.

2. 난류의 종류

① 대류성 난기류
  ○ 지표면의 불균형한 가열로 인해 공기가 상승하며 형성
  ○ 적운 또는 적란운 구름이 생길 때 자주 발생
② 역학적(지형적) 난기류
  ○ 지표면 근처에서 수목, 건물, 언덕 등 장애물 등으로 인해 발생하는 소용돌이에 의해 형성
③ 산악파 난기류
  ○ 공기가 산을 넘어가면서 풍속 변화로 발생하며, 산악 비행 시 자주 나타남
  ○ 저고도 기온역전 난기류
  ○ 맑은 날 밤, 바람이 거의 없을 때 형성되는 난기류
④ 청천 난류 : 맑은 하늘에서 고고도 제트기류로 인해 발생하는 난기류
⑤ 전선 난기류 : 전선 부근의 바람 방향 및 속도 변화로 인해 저고도 윈드시어가 발생하며 형성
⑥ 비행 난기류 : 비행기 날개 윗면과 아랫면의 속도 차에 의해 발생하는 와류로, 이착륙 시 주로 나타남

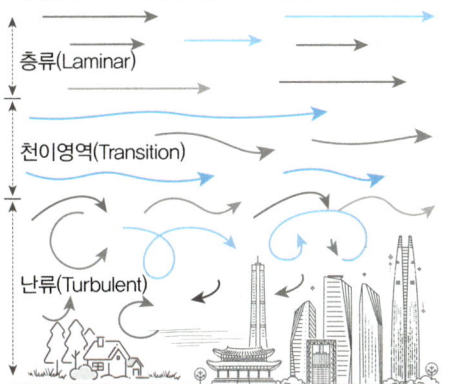

●**층류(Laminar Flow)**
층류는 유체(액체,기체)가 층을 이루며 규칙적으로 흐르는 상태

층류(Laminar)
천이영역(Transition)
난류(Turbulent)

●**청천난류(Clear airturbulence)**
폭풍이나 구름같은 전조 증상없이 맑은 하늘에 갑자기 발생 함 (풍향이 반대인 경우도 난류발생 가능)

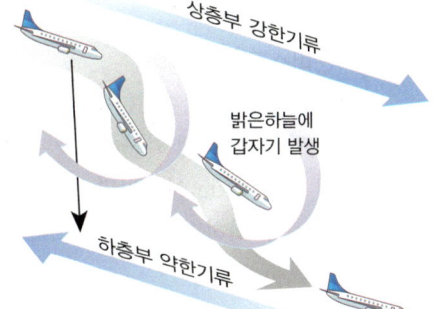

상층부 강한기류
밝은하늘에 갑자기 발생
하층부 약한기류

3. 난류 강도

① **약한 난류(Light)** : 비행 중 약간의 흔들림, 조종에 영향 없음(풍속 10knots 이하)
② **중간(보통) 난류(Moderate)** : 몸이 들썩이고 흔들림이 크지만, 조종 통제력을 상실하지 않음(풍속 10~20knots)
③ **심한(강한) 난류(Severe)** : 고도변화와 흔들림이 크고, 순간적으로 조종 통제력 상실(풍속 20~40knots)
④ **극심한 난류(Extreme)** : 강한 흔들림을 동반하며, 항공기 손상, 통제력 상실과 조종불능 상태(풍속 40kt 이상)

04 - 윈드시어, 마이크로버스트

1.윈드시어(급변풍, Wind shear)

Wind(바람) + Shear(자르다)의 합성어

① 짧은 거리에서 수평 또는 수직 방향으로 풍속
이 급격히 변하는 현상(바람 급변 현상)

② 전선, 산악 지형, 대류, 뇌우 등 다양한 요인
등의 영향으로 발생

③ 항공기의 이·착륙 중 정풍(맞바람)이나 배풍(뒷
바람)의 급격한 증가 또는 감소를 초래하여 항
공기의 실속이나 균형을 잃게 하여 사고를 유발

④ 수평 윈드시어 : 기압 불안정으로 국지적 소용돌이 발생

⑤ 연직(수직) 윈드시어 : 기류가 급변하며 청천난류(Clear Air Turbulence) 등을 유발

2.마이크로버스트(Microburst)

수평 범위 4 km 이하의 강한 국지적 하강기류가
지표에 도달하여 수평으로 확산하면서 발생하는
극심한 윈드시어

① 적란운(Cb)이나 발달한 대류운 내부에서 냉각
공기가 급격히 하강하며 발생

② 지표 도달 후 사방으로 확산 → 강력한 윈드시
어 발생

③ 지속 시간은 보통 5~15분, 그중 2~4분 사이
에 최대 강도

④ 직경은 수평적으로 1~2NM(Nautical Mile, 1해리 = 1NM = 1.852Km)

⑤ 두께는 1000ft(1ft = 30.48cm)

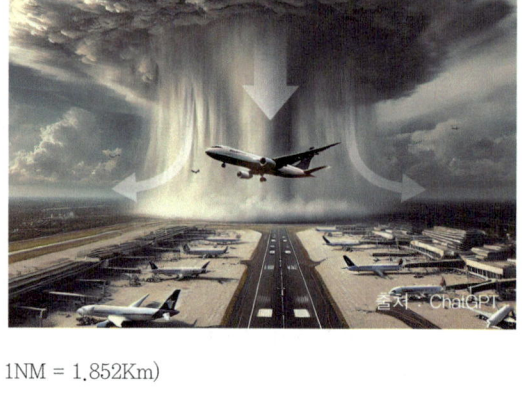

출처 : ChatGPT

※ 다운버스트(Downburst)

○ 뇌우에서 발생하는 강한 하강기류로, 지표면
에 도달 후 빠르게 확산하는 기류 현상

○ 수평 범위 4 km 이하이면 마이크로버스트,
4 km를 초과하면 매크로버스트로 구분

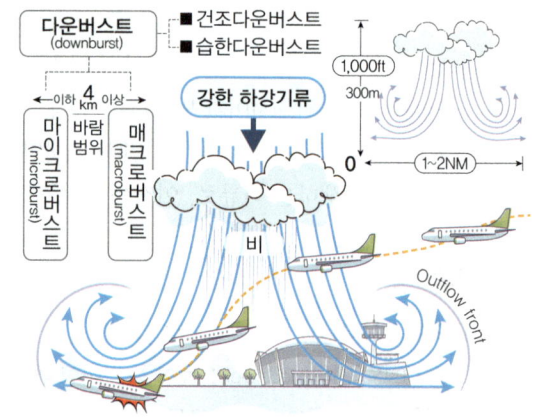

1.뇌우의 특징

뇌우(雷雨)는 강한 소나기와 번개(Lightning), 천둥(Thunder)을 동반하는 대기 현상으로, 주로 대기 불안정이 심한 지역에서 발생하며 아래와 같은 기상을 동반한다.

① **번개와 천둥** : 뇌우의 대표적인 특징
- 번개는 구름 내부, 구름과 구름, 구름과 지면 사이에서 전기의 방전으로 발생하는 섬광
- 천둥은 번개가 일어날 때 공기가 빠르게 팽창하며 나는 소리

② **강한 소나기** : 짧은 시간 국지적으로 강한 비가 발생

③ **돌풍** : 구름 하단에서 발생하는 강한 상승 바람으로 갑자기 발생(구름 하층에는 하강풍 발생)

④ **우박** : 상승 기류가 매우 강할 경우 구름 내에서 얼음 알갱이가 커져 우박으로 내릴 수 있다.

⑤ **기온 변화** : 뇌우가 발생하면서 기온이 급격히 낮아질 수 있다.

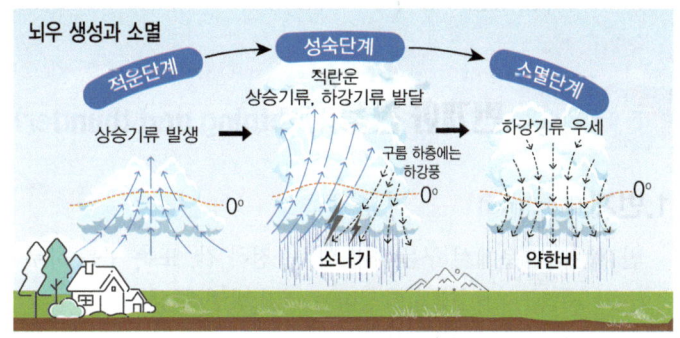

출처 : www.naver.com / www.google.com

뇌우 활동 단계

구분	적운단계 →	성숙단계 →	소멸단계
현상	활발한 결집성	구름 꼭대기 심한 난류 쇠모루 형태(적란운 발달) 대장간 쇠모루	약해지는 난류
강수현상	거의없음	강수 현상을 동반한 강한 하강기류	약해지는 강수
난류	약함	심함	약함
결빙	결빙	결빙	결빙 없음
방전	결집 및 성숙 단계에는 구름의 꼭대기 온도가 −20℃ 될 때 방전이 시작되고 아주 심한 방전은 쇠퇴 단계에 발생한다.		

2.뇌우 생성 조건

① 충분한 습기
- 대기 중에 충분한 수증기가 존재해야 함
- 수증기는 상승 기류를 따라 응결하면서 구름을 형성하고, 이 과정에서 방출된 잠열(Latent heat)이 대기의 불안정을 증가시켜 뇌우를 강화

② 불안정한 대기

　○ 따뜻하고 습한 공기가 위로 올라갈 때, 주변 공기보다 가벼워지면서 대기가 불안정

　○ 상층 공기의 온도가 빠르게 낮아질수록(온도 감소율이 클수록), 상승 기류가 강해지고 대기의 불안정
　　성이 심화

③ 공기를 밀어 올리는 상승 기류

　○ 따뜻한 공기가 상승하여 고도에 도달해야 구름 형성과 뇌우가 가능

　○ 상공에서 공기가 냉각되며 대기의 불안정성을 증가

　○ 상승 운동을 유발하는 요인 필요

　　· 대류 상승 : 지표면이 태양열로 가열되면서 따뜻한 공기가 가벼워져 상승

　　· 지형 상승 : 공기가 산이나 고도가 높은 지역을 넘으면서 강제로 상승

　　· 전선 상승 : 따뜻한 공기가 찬 공기와 충돌하면서 위로 밀려 올라 상승

　　· 저기압 상승 : 공기가 저기압 중심으로 수렴(공기가 한곳으로 모이는 현상)되며 상승

06 — 번개와 천둥(Lightning and thunder)

1. 번개(Lightning)

번개는 적란운에서 구름 내부 (+, −) 전하 간, 또는 구름 하부
(−)와 지면(+) 사이에서 발생하는 전기 방전 현상

① 번개의 온도와 천둥 발생

　○ 번개 온도 : 약 30,000℃(태양 표면 5,500℃보다 훨씬 높음)

　○ 번개의 고온으로 공기가 순간적으로 가열 팽창 → 충격
　　파 발생 → 천둥 소리 생성

② 번개의 발생 과정

　○ 전하 축적 : 적란운 내부에서 전하가 분리되어, 상부에
　　는 양전하(+), 하부에는 음전하(−)가 축적되어 이로 인해
　　구름 내부 또는 구름과 지면 사이에 큰 전하차가 형성

　○ 전하 유도 : 구름 하부의 음전하(−)는 지면의 전자를 밀
　　어내고, 양전하(+)를 끌어당긴다. 이 정전기적 작용으로
　　구름 하부와 지면 사이의 전하차가 점점 커진다.

　○ 방전 발생 : 전하차가 임계치를 넘으면 전기장이 형성되고, 구름과 지면 사이에 전기 방전이 발
　　생하는데 이를 번개라고 하며, 구름과 지면 사이에서 발생하는 번개를 낙뢰라고 한다.

2. 천둥(Thunder)

① 천둥 : 천둥은 번개(Lightning)가 발생할 때, 공기가 순간적으로 고온으로 가열되면서 급격히 팽창
　　　　하여 발생하는 충격파가 음파로 변환된 소리이다.

② 번개 후 천둥소리가 들리는 이유 : 일반적으로 20℃의 공기 중 빛의 속도(약 300,000 km/s)는 소리의
　　　속도(약 343 m/s, 0.343km/h)보다 훨씬 빠르기 때문에, 번개를 먼저 본 후 천둥소리를 듣게 된다.

③ **번개와의 거리 계산** : 번개를 본 순간부터 천둥소리가 들릴 때까지의 시간 차이를 이용하여 번개
　가 발생한 위치까지의 거리를 추정할 수 있다.
　○ 일반적으로 20℃의 공기 중 소리의 속도를 약 340m/s로 가정하여 계산한다.
　○ 예를 들어, 번개를 본 후 3초 후에 천둥소리가 들린다면, 번개가 발생한 위치까지의 거리는 약
　　1,020m로 추정할 수 있다.(거리 계산 : 거리 = 시간×소리의 속도, 3초×340m/s = 1,020m)

07 – 우박(hail)

1.정의

① 적운이나 적란운과 같은 강한 대류성 구름
　속에서 강한 상승 기류에 의해 둥글거나
　불규칙한 결정(빙정)이 직경 5mm 이상의
　알갱이로 커진 후 떨어지는 얼음 덩어리
② 우리나라는 주로 봄과 가을철 내륙에서 주
　로 발생하며, 짧고 강한 소나기와 함께 나
　타나는 경우가 많다.

우박(hail)
- 5mm이상의 얼음덩어리
- 둥글거나 불규칙한 얼음
- 구름내부의 강한 상승기류의 얼음 결정
- 적란운에서 주로 형성
- 봄.가을 소나기와 함께 발생

싸락눈/진눈깨비 ← 미만 **5mm** 이상 → 우박

2.우박의 형성 과정

① 작은 빙정(氷晶, Ice Crystal) 형성
　○ 적란운 내부의 강한 상승 기류로 작은 얼
　　음 입자(빙정)가 높은 고도로 이동
　○ 온도는 0℃에서 −40℃ 사이
② 빙정의 성장
　○ 과냉각 물방울에서 증발한 수증기가 빙정
　　에 달라붙어 크기 증가
③ 빙정의 하강
　○ 무거워진 빙정이 하강하며 물방울과 합쳐
　　져 더 크게 성장
④ 빙정의 녹음과 반복 이동
　○ 따뜻한 구역에서 표면이 녹고, 상승 기류로 차가운 고도로 다시 이동하며 얼어붙는 현상이 반복
　　되며 빙정 크기는 계속 성장
⑤ 지표로 낙하
　○ 상승 하지 못할 정도로 무거워진 빙정은 지표로 떨어 진다.

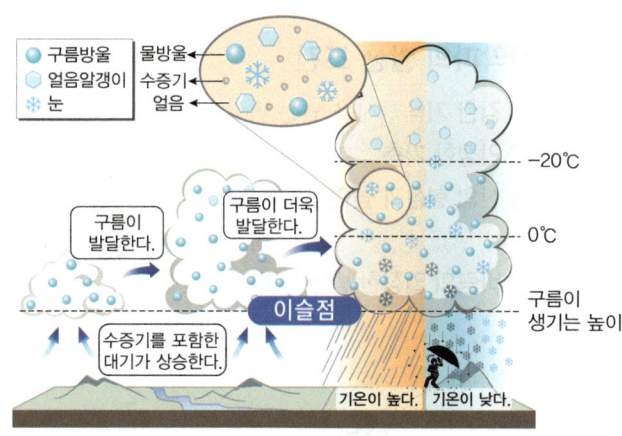

08 — 산악파(Mountain Wave)

1.정의

① 산악파는 강한 바람이 산을 넘으면서 상승과 하강을 반복하며 형성되는 대기 파동 현상이다.

② 이로 인해 강한 난류, 돌풍, 풍속 및 풍향의 급격한 변화(윈드시어)가 발생된다.

③ 항공기 운항의 안전을 위협하고, 산악 지역에서 구조물 피해와 등산 활동의 위험을 초래한다.

2.산악파로 형성되는 구름의 종류

① **모자구름**(Cap cloud)
  ○ 산맥 정상부에 형성되는 구름으로, 기류가 상승하면서 응결되어 생성

② **말린구름**(Rotor cloud)
  ○ 일렬로 늘어선 적운처럼 보이며, 정체 상태에서 형성
  ○ 상승 기류로 형성되고 하강 기류로 소멸되는 과정을 반복

③ **렌즈구름**(Lenticular cloud)
  ○ 말린구름보다 높은 고도에서 나타나며, 정체된 상태에서 지속적으로 형성
  ○ 윤곽은 부드럽지만, 기류가 불안정할 경우 거칠게 보이기도 함

자료:Metpanel OSTIV 누리집

3.산악파의 발생 조건

① **강한 기류** : 산을 넘는 바람의 속도가 충분히 강해야 하며, 일반적으로 20노트(약 10m/s) 이상

② **안정한 기층** : 대기 기온 감율이 건조 단열 감율보다 작아야 하며, 대류 활동이 적고 안정된 상태

③ **산의 형상과 높이** : 산의 높이와 경사가 적절해야 하며, 공기의 흐름을 방해하지 않으면서도 파동을 형성할 수 있는 구조

④ **바람의 일정한 방향** : 바람이 산을 직각에 가깝게 타고 넘어가야 하며, 흐름이 급격히 변하지 않고 일정해야 함

09 — 착빙(Icing)

1.개요 및 생성 조건

① 공기 중에 있는 과냉각 물방울(과냉각수, 0℃ 이하에서도 얼지 않은 물방울)이 항공기나 드론의 표면에 닿으면서 열을 잃고 즉시 얼어붙는 현상

② 주로 낮은 기온과 높은 습도가 있는 환경에서 발생되며 항공기의 날개, 엔진, 프로펠러 등에 착빙이 발생되어 항공 안전을 위협

2. 착빙의 특징

① 과냉각 물방울에 의한 착빙(Icing)

　○ 과냉각 물방울은 0℃ 이하에서도 얼지 않은 물방울을 의미하며, 착빙의 약 85%는 0℃~-10℃ 사이에서 존재하는 과냉각(Supercooled) 물방울로 인해 발생한다.

　○ 이러한 물방울이 항공기, 드론 등의 표면과 충돌하면 즉시 얼어붙어 착빙을 형성한다.

② 얼음비(Frozen Rain) 착빙(Icing)

　○ 과냉각 물방울이 지표면이나 물체와 충돌하는 순간 급격히 얼어 착빙을 형성한다.

　○ 얼음비 착빙은 비가 내리는 동안 발생하며, 투명하고 단단한 얼음층을 형성할 수 있다.

③ 서리(Frost) 형성과 착빙(Icing)

　○ 밤 동안 지표면이나 물체의 온도가 이슬점(Dew point) 이하로 떨어지면, 공기 중의 수증기가 응결하여 이슬이 형성된다.

　○ 이후 기온이 0℃ 이하로 낮아지면, 형성된 이슬이 얼어 서리(Frost) 형태의 착빙(Icing)으로 변한다.

　○ 서리는 일반적으로 차가운 표면에서 수증기가 직접 승화(기체 → 고체)하여 형성된다.

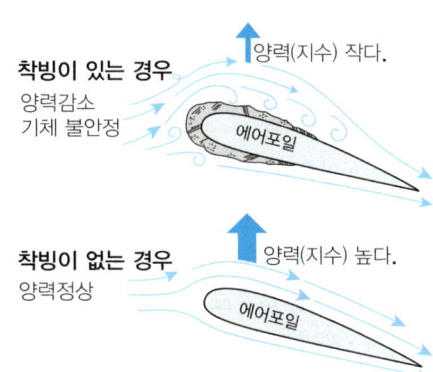

착빙이 있는 경우
양력감소
기체 불안정
양력(지수) 작다.
에어포일

착빙이 없는 경우
양력정상
양력(지수) 높다.
에어포일

3. 착빙이 항공기에 미치는 영향

① 항공기 성능 저하

　○ 공기 흐름 방해로 양력과 추력이 감소되고 항력이 증가

② 무게 증가

　○ 착빙이 발생되면 동체 중량 증가로 안정성이 저하

　○ 무게의 비대칭적 증가로 인하여 항공기의 중심 불균형을 초래

③ 조종 및 제어 능력 악화

　○ 조종면(에일러런, 러더 등)에 얼어붙어 조종 능력을 저하

　○ 조종 불안정으로 인해 항공기가 실속(Stall) 상태에 빠질 수 있음

　○ 조종사의 이.착륙 시 시야 확보에 문제 발생

④ 엔진 성능 저하

　○ 엔진 공기흐름 방해로 출력 저하, 정지 또는 손상 초래

　○ 프로펠러, 안테나, 피토관(속도 측정 장치) 등의 성능 저하

양력감소 ↓
추력감소 ←
항력증가 →
중력증가 ↑

항공기 착빙제거 작업

4. 착빙의 종류

착빙

❶ 구조착빙(기체착빙)
● 항공기 외부(프로펠러, 안테나, 앞유리, 피토관, 방향타 등)
맑은착빙, 거친착빙, 혼합착빙의 유형으로 발생(0℃ ~ -20℃사이 발생)

❷ 서리착빙
● 항공기 외부 표면(5~10% 실속 유발)
비행 성능 저하, 무게 증가, 고착 가능(0℃ 이하 발생)

❸ 유도착빙
● 엔진 흡입구, 기화기, 연료 계통
엔진 출력 저하, 심할 경우 엔진 정지(0℃ ~ -10℃사이 발생)

① 구조 착빙

구름 속의 수적(물방울) 크기, 개수 및 온도에 따라 맑은
착빙, 거친 착빙, 혼합 착빙으로 분류

○ 맑은착빙(우빙)

·온도 0℃ ~ −10℃에서 발생

·얼음이 투명하고 단단하며 표면에 매끄럽게 형성

·천천히 얼기 때문에 얼음층이 넓게 형성

·무게 증가와 항공기 표면의 공기역학적 특성 손실로
비행 성능 크게 저하

·제거가 매우 어려움

○ 거친착빙(수빙)

·온도 −10℃ ~ −20℃에서 발생

·안개비나 작은 물방울이 날개 표면에 부딪혀 형성

·빠르게 얼기 때문에 표면에 얇고 가벼운 얼음층 형성

·얼음이 불투명하고 깨지기 쉬운 거친 표면으로 형성

·항공기 표면의 공기 흐름을 방해하여 항력 증가

·맑은착빙 보다는 위험성이 낮음

○ 혼합착빙

·온도 −8℃ ~ −15℃에서 발생

·맑은착빙과 거친착빙의 혼합 형태

·얼음은 불규칙한 표면과 단단하고 두껍게 발생

·제거가 매우 어렵고, 두꺼운 얼음층은 무게와 항력을
크게 증가시켜 심각한 위험을 초래

② 서리착빙

○ 온도 0℃ 이하에서 발생

○ 항공기 표면에 공기 중 수증기가 직접 승화하거나 응
결하여 얼음 결정 형태로 형성

○ 기체 표면 온도가 이슬점 이하로 떨어질 때 형성

③ 유도착빙

○ 온도 0℃ ~ −10℃에서 발생

○ 항공기 엔진의 공기 흡입구나 연료 계통에 형성

○ 습기가 많은 공기가 엔진 흡입구로 들어가면서 온도가
급격히 낮아질 때 발생

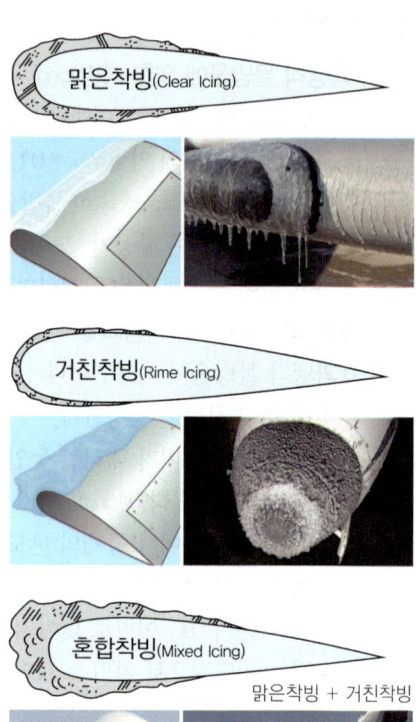

맑은착빙 + 거친착빙

출처 : www.google.com / www.naver.com

서리

유도착빙

10 – 시정(Visibility)

1. 시정

① 특정 물체(주간시정)나 불빛(야간시정)을 명확히 볼 수 있는 최대 가시거리
② 주간시정(태양빛과 자연광), 야간시정(인공광)으로 분류
③ 보통 마일(miles) 또는 킬로미터(km) 단위로 표현

2. 시정 장애물

① 대기현상 장애 : 안개, 황사, 강수(비/눈), 연무, 스모그, 하층운, 연기, 먼지, 화산재(강한비 미포함)
② 광학현상 장애 : 빛의 산란, 반사, 굴절

3. 시정의 종류

① **수평 시정**(Horizontal Visibility) : 수평 방향으로 물체를 식별할 수 있는 최대 거리.
② **수직 시정**(Vertical Visibility) : 수직 방향으로 볼 수 있는 거리, 특히 구름층이나 안개의 높이를 측정하는 데 사용됨.
③ **비행 시정**(Flight Visibility) : 비행 중 조종사가 기내에서 전방을 관측할 때 식별할 수 있는 거리.
④ **활주로 시정**(RVR, Runway Visual Range) : 활주로의 특정 지점에서 조종사가 활주로에 설치된 등화나 물체를 식별할 수 있는 최대 거리.
⑤ **기상학적 시정**(Meteorological Visibility) : 일반적인 기상 조건에서 육안으로 식별할 수 있는 최장 거리.

4. 우시정(Prevailing Visibility)

① 수평범위 사방 360° 중 최소 180° 이상의 수평 반원에서 가장 멀리 볼 수 있는 수평 가시거리
② 쉽게말해, 공항 면적의 절반 이상에서 조종사가 볼 수 있는 가장 긴 거리가 우시정이라 함
③ 만약 가장 멀리 보이는 시정이 나타나는 방향이 전체의 절반 (180°) 이상이면, 그 시정 값을 우시정으로 한다.
④ 우리나라에서는 2004년부터 우시정 제도를 도입하여 운영 중이다.

5. 실링(Ceiling)

① 하늘의 5/8 이상을 덮고 있는 가장 낮은 구름층의 밑면 높이까지의 연직거리
② 지상에서 위를 바라볼 때, 구름이나 연무 등의 장애물 이 없는 가장 낮은 구름층의 높이를 가리킴
③ 두 개 이상의 구름이 있을 경우 고도가 낮은 구름부터 높은 고도로 올라가면서 운량을 합해 5/8 이상이 되는 구름의 높이가 실링이 된다.

11 – 항공기상보고

1.기상(Weather)

① 비행 전 필수 확인 사항으로 비행하고자 하는 지역의 기상정보 확인이 필수이다.

② 민간 항공에 대한 기상 지원 책임 기관은 기상청 소속의 항공기상청(amo.kma.go.kr)이다.

2.항공기상보고(메타/METAR, Meteorological Aerodrome Report)

지상 METAR 보고에서 풍향의 기준은 진북(지구의 회전축을 기준으로 한 북쪽 방

향)을 기준으로 보고한다.

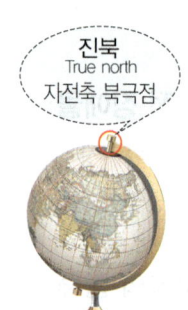

진북
True north
자전축 북극점

① 항공정기기상 보고

○ 매시간 정시 10분 전에 실시하는 기상 관측(지역 협정에 따라 30분 간격으로
수행되기도 함)

○ 보고 내용 : ICAO 식별문자, 보고 시간, 바람 정보, 시정, 활주로 가시
거리(RVR, Runway Visual Range), 현재 기상, 하늘 상태, 온도와 이슬점, 기압 등의 항
목 포함

○ 비행장 밖으로 전파되어 항공기의 안전 운항을 지원

○ 주요표기 : 약함(Light)은 "−"로, 중간(Moderate)은 표기가 없으며, 강함(Heavy)은 "+"로 표기함

· 비의 강도 표시 : −RA(약한 비), RA(보통 비), +RA(강한 비)

· 눈의 강도 표시 : −SN(약한 눈), SN(보통 눈), +SN(강한 눈)

· 안개표기 : FG(보통 안개), 안개의 강도 표기는 ±로 표현하지 않고 시정으로 표현

· 강수표기 : 비(RA, Rain), 눈(SN, Snow), 뇌우(TS, Thunderstorm), 이슬비(DZ, Drizzle)

· 시정 악화 요인 : 박무(BR, Mist 1~5km 시정), 안개(FG, Fog 1km 이하 시정), 연무(HZ, Haze)

· 표기 예시) +RA FG → 강한 비 이후 안개

② 특별관측 보고(SPECI : Special Weather Report)

○ 정시 관측(METAR) 외 급박하거나 중요한 기상 변화가 발생했을 때 즉시 수행하는 기상 관측 보고

○ 보고 기준 : 시정 변화, 구름 상태 변화, 바람 변화, 위험 기상 발생 등이 포함

③ 사고관측 보고(Accident Observation & Report)

○ 항공기의 사고를 목격하거나 통지받았을 때, 모든 기상 요소에 대해 실시하는 특별 관측

○ 사고 당시의 기상 상태를 정확히 기록하고, 항공 사고의 원인을 조사하고 분석하는 데 활용

3.터미널공항예보(타프/TAF, Terminal Aerodrome Forecast)

① 공항에서 일정 기간 항공기에 영향을 줄 수 있는 지상풍, 수평 시정, 일기, 구름 상태 등을 예보

② 주로 24시간 예보로 제공되지만, 일부 지정된 공항은 30시간 예보를 제공하기도 함

③ TAF는 METAR에서 사용되는 부호 체계를 따르며, UTC(협정 세계시) 기준으로 보통 6시간 간격
(0000Z, 0600Z, 1200Z, 1800Z)으로 1일 4회 발표되지만, 국가 및 공항에 따라 발표 주기가 다를 수 있음

④ 예보 항목에는 풍향과 풍속, 시정, 기상 현상, 구름 상태 등이 포함

⑤ 항공기 운항 계획을 수립하는 핵심 자료로 활용

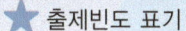
01 다음 중 지구 대기권의 주요 성분 비율에 대한 설명으로 틀린 것은?

① 산소(O_2) : 30%

② 질소(N_2) : 78%

③ 이산화탄소(CO_2) : 0.1%

④ 아르곤(Ar) : 0.9%

해설

지구 대기권은 수로 질소(78%), 산소(21%), 기타 1%는 아르곤(0.9%)과 이산화탄소(0.1%)의 미량 기체로 이루어져 있다.

02 기상현상이 주로 발생하는 대기층은?

① 성층권 ② 중간권

③ 대류권 ④ 열권

해설

대류권에서는 상승·하강 기류가 활발하여 구름 형성과 강수 등 기상현상이 나타난다.

03 지구 대기권을 낮은 곳에서 높은 곳으로 나열한 것 중 올바른 것은?

① 중간권 – 대류권 – 성층권 – 열권

② 대류권 – 성층권 – 중간권 – 열권

③ 열권 – 중간권 – 성층권 – 대류권

④ 성층권 – 대류권 – 열권 – 중간권

04 다음 중 1기압에 해당하지 않는 단위는?

① 1,013 hPa ② 29.92 inHg

③ 750 Torr ④ 760 mmHg

해설

1기압 = 1,013hPa = 760mmHg = 760Torr = 29.92inHg와 같으며, 750Torr은 1기압보다 낮다.

05 국제표준대기의 구성 요소 중 부적절한 것은?

① 해수면에서 기온은 15℃이다.

② 해수면에서 기압은 1013.25 hPa이다.

③ 해수면의 고도는 0ft이다.

④ 공기는 수증기를 포함한다.

해설

국제표준대기(ISA, International Standard Atmosphere)는 건조한 공기를 기준으로 하며, 수증기를 포함하지 않는다.

06 공기나 액체의 순환에 의해 열이 이동하는 과정은?

① 복사(Radiation) ② 대류(Convection)

③ 전도(Conduction) ④ 승화(Sublimation)

해설

대류는 공기나 액체가 가열되어 밀도 차이에 의해 자연스럽게 이동하는 과정으로, 대기와 해양에서 중요한 열 전달 방식이다.

07 기온 변화에 따른 공기 밀도 변화에 대한 설명으로 옳지 않은 것은?

① 온도가 낮아지면 공기 밀도는 증가한다.

② 기온이 일정하면 기압이 증가할수록 공기 밀도도 증가한다.

③ 고도가 증가하면 공기 밀도는 감소한다.

④ 같은 온도에서 습도가 증가하면 공기 밀도도 증가한다.

해설

수증기의 분자량(18)은 공기의 주성분인 질소(28)와 산소(32)보다 작아 습도가 높아질수록 공기 밀도는 감소한다.

08 물질 1g(또는 1kg)의 온도를 1℃ 증가시키는데 필요한 열량은?

① 잠열 ② 열용량

③ 비열 ④ 열량

정답 | 01 ① 02 ③ 03 ② 04 ③ 05 ④ 06 ② 07 ④ 08 ③

09 다음 중 대기의 안정도와 관련하여 올바르지 않은 것은?

① 온위가 감소하면 대기의 불안정성이 증가한다.

② 기온 역전이 발생하면 대기가 안정한 상태가 된다.

③ 습윤단열감률은 건조단열감률보다 작기 때문에 습기가 많은 공기는 더 쉽게 상승할 수 있다.

④ 상승하는 공기의 온도가 주변 공기보다 높으면 하강하려는 성질을 가진다.

해설
- 상승하는 공기의 온도가 주변보다 높으면 밀도가 낮아져 상승하려는 성질을 가진다.
- 하강하려는 성질을 가지는 것은 주변 공기보다 온도가 낮을 때이다.

10 공기가 상승하면서 내부 에너지가 분산되고 온도가 하강하는 과정은?

① 수증기 응결　　② 단열팽창
③ 열전도　　　　④ 기압 수렴

해설
- 공기가 상승하면 기압이 낮아져 부피가 팽창하고, 내부 에너지가 분산되어 온도가 하강함
- 이 과정에서 외부와 열 교환 없이 냉각되며, 포화 상태가 되면 구름이 형성될 수 있음

11 다음 중 복사역전층의 특성에 대한 설명으로 옳지 않은 것은?

① 구름이 많고 바람이 강할수록 더 뚜렷하게 형성된다.

② 낮보다는 밤에 형성되기 쉽다.

③ 대기가 안정되며 오염물질이 지표 부근에 정체될 가능성이 높아진다.

④ 주로 겨울철에 뚜렷하게 나타난다.

해설
- 밤에는 지표면이 냉각되면서 상층보다 온도가 낮아져 복사역전층이 형성됨
- 구름과 강한 바람은 복사냉각을 방해하여 역전층 형성을 약화시킴
- 역전층이 형성되면 대기 혼합이 줄어들어 오염물질이 지표 부근에 머무름
- 겨울철에는 밤이 길고 복사냉각이 강해져 역전층이 더욱 뚜렷하게 나타남

12 공기의 상대습도 변화와 이슬점 온도와 실제 기온의 차이에 대한 설명으로 옳은 것은?

① 상대습도가 낮아질수록 두 온도의 차는 커진다.

② 상대습도가 높아질수록 두 온도의 차는 작아진다.

③ 상대습도가 높을수록 이슬점 온도는 멀어진다.

④ 상대습도가 낮을수록 이슬점 온도는 높아진다.

해설
상대습도가 높다는 것은 공기가 수증기로 포화에 가까움을 의미하며, 이슬점 온도와 실제 기온의 차이가 작아진다.

13 구름이 형성되는 과정에서 잘못 표현된 것은?

① 기압이 낮아지면 공기 덩어리는 팽창하며 온도가 상승하여 구름이 형성된다.

② 공기 덩어리가 상승하면서 온도가 낮아지고 이슬점에 도달하면 응결이 일어나 구름이 형성된다.

③ 공기 덩어리가 상승할수록 기압이 낮아지고 부피가 팽창하면서 온도가 하강한다.

④ 대기의 불안정성이 강할수록 상승기류가 활발해져 구름이 쉽게 형성된다.

해설
공기가 상승하면 기압이 낮아지고 팽창하면서 온도가 감소하여 구름이 형성된다.

14 다음 중 구름 형성 과정에서 필요하지 않은 요소는?

① 기온의 하강
② 공기 중 수증기의 응결
③ 강한 지표면 복사열
④ 대기의 불안정성

해설
- 구름이 형성되려면 기온이 하강하고, 공기 중 수증기가 응결하며, 대기가 불안정해야 한다.
- 하지만 강한 지표면 복사열은 공기를 가열해 구름 생성을 방해할 수 있다.

15 운량 6/10~9/10일 때 해당하는 상태는?

① SCT　　　　② BKN
③ OVC　　　　④ FEW

정답 | 09 ④　10 ②　11 ①　12 ②　13 ①　14 ③　15 ②

해설

운량이 6/10 이상 9/10 이하일 때의 상태를 'BKN(Broken)' 이라 한다.

16 하층운에 속하는 구름은 무엇인가?

① 층운(St)　　　② 적운(Cu)
③ 고층운(As)　　④ 권운(Ci)

해설

- 상층운 : 권운, 권층운, 권적운
- 중층운 : 고층운, 고적운
- 하층운 : 층운, 층적운, 난층운
- 수직운 : 적운, 적란운

17 강수의 형성과 관련이 없는 요인은?

① 공기의 상승에 의한 응결
② 대기의 불안정성
③ 지구 자기장의 변화
④ 수증기의 포화 상태

해설

강수는 공기의 상승과 응결 과정에서 발생한다. 대기의 불안정성은 상승 운동을 촉진하고, 수증기의 포화 상태는 응결을 유도한다.

18 어두운 환경에서 인간의 시각적 특성에 따라 가장 밝게 보이는 색상은 무엇인가?

① 파랑　　　③ 노랑
③ 분홍　　　④ 빨강

해설

어두운 환경에서는 파란색이나 청록색이 더 밝게 보이고, 반대로 빨간색(장파장)은 어둡게 보이는 특징을 가진다.

19 우박을 동반하는 구름 유형은?

① 층운형 구름　　② 적운형 구름
③ 적란운 구름　　④ 권운형 구름

해설

적란운 구름은 강한 대류 활동으로 인해 번개, 천둥, 우박 등을 동반하는 경우가 많다.

20 구름의 분류와 특징에 대한 설명 중 틀린 것은?

① 구름은 높이에 따라 상층운, 중층운, 하층운, 수직운으로 나뉘며 10가지 운형으로 분류된다.
② 상층운은 운저고도가 보통 6km 이상이며 권운, 권적운, 권층운이 포함된다.
③ 중층운은 중위도 기준 2~6km에서 형성되며 고적운과 고층운이 존재한다.
④ 하층운은 2km 이하에서 형성되며 적운과 적란운이 포함된다.

해설

적란운은 수직운에 속하며, 하층운이 아니다.

21 고도계 수정치를 29.92inHg로 맞춘 경우 나타나는 고도는?

① 표준고도　　　② 진고도
③ 기압고도　　　④ 절대고도

해설

고도계의 수정치를 29.92inHg로 설정하면 대기압을 기준으로 한 고도를 표시하며, 이를 기압고도라고 한다.

22 다음 중 절대고도에 대한 올바른 설명은?

① 항공기의 계기 고도 값
② 기준면으로부터 측정된 높이
③ 지표면으로부터의 높이
④ 고도계 오차를 보정한 값

해설

절대고도는 지표면을 기준으로 한 항공기의 높이를 의미한다.

23 우리나라에서 평균 해수면 높이를 0m로 설정하는 기준 지역은 어디인가?

① 순천만　　　② 진해만
③ 영일만　　　④ 인천만

해설

인천만은 우리나라에서 평균 해수면 기준(0m)을 정하는 기준 지역으로 활용된다.

24 다음 중 대한민국 수준원점이 위치한 곳은 어디인가?

① 순천대학교 교내
② 인하대학교 교내
③ 광양만 원광대학교 교내
④ 부산대학교 교내

해설
대한민국 수준원점은 인천 앞바다의 평균 해수면을 기준으로 정해졌으며, 인하대학교 교내에 위치하며 높이는 26.6871m이다.

25 자북과 진북의 사이각을 무엇이라 하는가?

① 편차(Variation)
② 각속도(Angular Velocity)
③ 자이로각(Gyro Angle)
④ 방위각(Azimuth)

해설
• 자북(Magnetic North)과 진북(True North) 사이의 각도를 "편차(Variation)" 또는 "자기 편차(Magnetic Declination)"라고 함
• 이 값은 지구 자기장의 영향으로 지역별로 다르며, 항공 및 해상 항법에서 중요한 보정 요소임

26 전향력이 바람의 흐름에 미치는 영향으로 옳은 것은?

① 바람이 항상 저기압 중심으로 직접 이동한다.
② 북반구에서는 바람이 진행 방향의 오른쪽으로 휘어진다.
③ 전향력은 기압 차이가 없을 때만 작용한다.
④ 남반구에서는 바람이 고기압에서 저기압으로 곧장 이동한다.

해설
전향력은 지구의 자전으로 인해 발생하며, 북반구에서는 바람이 오른쪽으로, 남반구에서는 왼쪽으로 휘어진다.

27 일기도에서 등압선이 조밀하게 분포한 지역에서는 어떤 현상이 발생하는가?

① 공기의 정체
② 약한 바람
③ 강한 바람
④ 구름 형성 증가

해설
등압선이 조밀한 지역은 기압 차이가 크므로 바람이 강하게 분다.

28 기압이 높은 지역에서 낮은 지역으로 이동하는 공기의 흐름을 무엇이라 하는가?

① 기압경도력
② 해륙풍
③ 적란운
④ 바람

해설
바람은 고기압에서 저기압으로 이동하는 공기의 흐름이다.

29 다음 중 바람에 대한 설명으로 옳지 않은 것은?

① 풍향은 지리학상의 진북을 기준으로 표기된다.
② 바람의 속도는 m/s 또는 knot 등의 단위를 사용하여 나타낸다.
③ 바람은 기압이 높은 곳에서 낮은 곳으로 이동하는 공기의 흐름이다.
④ 풍속은 공기가 이동한 거리와 시간의 비율로 정의되지 않는다.

해설
풍속은 공기가 이동한 거리와 이에 소요되는 시간의 비율로 정의된다. 따라서 ④번이 틀린 문장이다.

30 기압경도력에 대한 설명으로 맞지 않는 것은?

① 기압경도력은 등압선이 밀집한 지역에서 강하게 나타난다.
② 기압경도력은 고기압에서 저기압으로 향하는 힘이다.
③ 기압경도력은 항상 지구의 자전 방향을 따른다.
④ 기압경도력의 크기는 단위 거리당 기압 차이에 비례한다.

해설
기압경도력은 기압의 차이로 인해 발생하는 힘이며, 등압선이 촘촘할수록 그 힘이 강해진다. 그러나 기압경도력은 지구의 자전 방향과는 관계가 없으며, 오히려 지구 자전에 의해 코리올리 효과가 나타난다.

31 고기압이 형성된 날씨의 특성에 대한 설명으로 틀린 것은?

① 고기압 지역에서는 하강 기류가 발생하여 구름이 적다.
② 고기압 지역에서는 일반적으로 맑고 건조한 날씨가 지속된다.
③ 고기압이 강할수록 바람이 더 강하게 불며 비가 내릴 가능성이 높다.
④ 겨울철 고기압의 영향으로 복사 냉각이 강해질 수 있다.

해설
고기압 지역에서는 대기가 가라앉으며 구름이 적고 건조한 날씨가 이어진다. 하지만 고기압이 강할수록 바람이 강해지는 것은 맞지만, 비가 내릴 가능성이 높아지는 것은 아니다.

32 고기압과 저기압의 특징 중 틀린 것은?

① 태풍은 열대성 고기압의 한 종류이다.
② 저기압의 중심에서는 공기가 수렴하여 상승기류가 형성된다.
③ 고기압 지역에서는 공기가 하강하여 맑은 날씨가 많다.
④ 저기압 지역에서는 대체로 구름이 많고 강수가 발생할 가능성이 높다.

해설
태풍은 열대성 저기압이지, 고기압이 아니다.

33 다음 중 제트기류의 계절적 변화에 대한 설명으로 가장 적절한 것은?

① 겨울철 강도가 강해지고 남하한다.
② 여름철 강도가 강해지고 남하한다.
③ 겨울철 강도가 약해지고 북상한다.
④ 여름철 강도가 약해지고 북상한다.

해설
제트기류는 겨울철에 강도가 강해지고 남쪽으로 이동하며, 여름철에는 약해지고 북상하는 특징이 있다.

34 갑자기 강한 바람과 폭우를 동반하며 몇 분 동안 지속된 후 멈추는 현상을 무엇이라고 할까요?

① 돌풍(Gust)
② 스콜(Squall)
③ 윈드 시어(Wind Shear)
④ 마이크로버스트(Microburst)

해설
스콜(Squall)은 갑자기 강하게 불기 시작하여 몇 분 이상 지속된 후 사라지는 바람을 뜻한다. 천둥·번개·비를 동반하는 경우도 많다.

35 다음 중 열대성 저기압의 발생 해역과 명칭이 잘못 연결된 것은?

① 허리케인(Hurricane) – 북내서양, 멕시코만
② 태풍(Typhoon) – 북서태평양
③ 사이클론(Cyclone) – 남태평양
④ 윌리윌리(Willy-Willy) – 오스트레일리아

해설
사이클론은 인도양, 벵골만, 아라비아해에서 발생하며, 남태평양은 해당되지 않음

36 태풍의 발생 원인과 가장 밀접한 요소는?

① 해수면 온도 상승
② 공기 중 습도
③ 대기 중 기류 변화
④ 대륙의 지형 구조

해설
태풍은 따뜻한 해수면에서 증발한 수증기가 응결하며 에너지를 방출해 발생한다. 일반적으로 해수면 온도가 26.5℃ 이상일 때 형성되기 쉽다.

37 산과 골짜기 사이의 온도 차이에 의해 기압 차가 발생하여 형성되는 국지풍은?

① 계절풍　　② 지상풍
③ 산곡풍　　④ 푄(Fohn) 현상

해설
산곡풍은 낮과 밤의 온도 차이로 인해 산과 골짜기 사이에서 형성되는 국지풍이다. 밤에는 찬 공기가 골짜기로 내려가는 산풍, 낮에는 따뜻한 공기가 산을 타고 올라가는 곡풍이 발생한다.

38 다음 중 해륙풍과 산곡풍에 대한 설명으로 옳지 않은 것은?

① 낮에는 바다에서 육지로 바람이 이동하여 해풍이 형성된다.
② 밤에는 육지에서 바다로 공기가 이동하며 육풍이 나타난다.
③ 낮에는 골짜기에서 산 정상으로 공기가 이동하며 곡풍이 발생한다.
④ 밤에는 산 정상에서 계곡으로 공기가 이동하며 곡풍이 형성된다.

해설
밤에는 산 정상에서 아래로 내려가는 바람은 곡풍이 아니라 산풍이다.

39 주간에는 해수면에서 육지로, 야간에는 육지에서 해수면으로 부는 바람은 무엇인가?

① 해풍   ② 해륙풍
③ 계절풍   ④ 국지풍

해설
해륙풍은 낮과 밤의 기온 차이로 인해 발생하는 바람으로, 낮에는 해풍이, 밤에는 육풍이 형성된다.

40 다음 중 높새바람이 발생할 때 나타나는 현상으로 옳지 않은 것은?

① 바람이 산을 넘으면서 기온이 상승한다.
② 공기가 단열 팽창하여 습도가 증가한다.
③ 영서 지방에서 고온 건조한 바람이 분다.
④ 영동 지방에서는 바람이 상승하며 비가 내릴 수 있다.

해설
높새바람은 태백산맥을 넘어갈 때 단열 압축되며 기온이 상승한다. 영동 지방에서는 바람이 상승하여 비를 내릴 가능성이 있지만, 영서 지방에서는 푄 현상으로 인해 고온 건조한 기후가 나타난다.

41 보퍼트 풍력계급에서 나뭇잎이 흔들리기 시작할 때의 풍속은?

① 0.3~1.5m/sec
② 1.6~3.3m/sec
③ 3.4~5.4m/sec
④ 5.5~7m/sec

해설
풍력계급 2단계(1.6~3.3m/sec) : 남실바람, 얼굴에 바람이 느껴지며 나뭇잎이 흔들리며 깃발이 가볍게 날림

42 보퍼트 풍력계급 3단계에서 바람의 특징으로 적절한 것은?

① 나뭇잎과 가지가 계속 흔들린다.
② 먼지가 일고 종잇 조각이 날린다.
③ 큰 나무가 움직이고 가지가 부러진다.
④ 도로변 표지판이 흔들린다.

해설
보퍼트 풍력계급 3단계(약한 바람)에서는 나뭇잎이 흔들리고 깃발이 움직이며, 풍속은 3.4~5.4m/s이다.

43 찬 공기가 따뜻한 공기 쪽으로 파고들 때 형성되는 전선으로, 전선 부근에서 소나기, 뇌우, 우박 등과 같은 급격한 날씨 변화를 유발하는 것은?

① 온난전선   ② 폐색전선
③ 정체전선   ④ 한랭전선

해설
한랭전선은 찬 공기가 따뜻한 공기를 밀어 올리면서 급격한 상승운동이 발생하여 강한 소나기와 뇌우, 우박 등이 동반될 수 있다.

44 우리나라의 장마기에 영향을 주는 기단의 조합으로 적절한 것은?

① 북태평양 기단 + 시베리아 기단
② 오호츠크해 기단 + 북태평양 기단
③ 양쯔강 기단 + 오호츠크해 기단
④ 시베리아 기단 + 적도 기단

해설
초여름에는 한랭 다습한 오호츠크해 기단과 고온 다습한 북태평양 기단이 만나 장마전선을 형성하며 장마가 지속된다.

45 다음 중 항공 기상의 7대 요소로 합당한 것은?

① 기압, 기온, 습도, 구름, 강수, 바람, 시정
② 기압, 전선, 기온, 습도, 강수, 바람, 난기류
③ 대기, 해수면, 구름, 강수, 기압, 기온, 시정
④ 전선, 기온, 바람, 난기류, 습도, 시정, 강수

해설

항공 기상에서 기압(Pressure), 기온(Temperature), 습도(Humidity), 구름(Clouds), 강수(Precipitation), 바람(Wind), 시정(Visibility)은 기상 관측과 예보의 핵심 요소이다.

46 안개가 발생하는 조건으로 맞지 않는 것은?

① 대기의 상대습도가 높아진다.
② 기온이 이슬점까지 내려간다.
③ 공기의 혼합이 활발하게 일어난다.
④ 기온이 하강하면서 수증기가 응결된다.

해설

안개는 대기 중의 수증기가 응결하여 작은 물방울로 부유하는 현상이다. 일반적으로 높은 상대습도와 기온 하강이 중요한 요소이다. 하지만 공기의 혼합이 활발하게 일어나면 습기가 분산되어 오히려 안개가 형성되기 어렵다.

47 대기오염물질과 수증기가 혼합되어 시정 장애를 일으키는 현상은?

① 해무 ② 박무
③ 스모그 ④ 연무

해설

스모그는 대기오염물질과 안개가 결합하여 발생하는 현상으로, 주로 산업 지역이나 대도시에서 자주 나타난다.

48 강수가 형성되는 과정에 대한 설명으로 올바른 것은?

① 공기가 상승하면서 기온이 낮아져 수증기가 응결되고, 구름이 형성되면서 강수가 발생한다.
② 공기는 항상 일정한 기온을 유지하며 수증기가 응결하여 강수를 형성한다.
③ 구름이 형성된 후 기온이 높아지면서 수증기가 응결하여 강수가 발생한다.
④ 대기의 수증기는 온도와 관계없이 강수를 형성한다.

해설

공기가 상승하면 기온이 낮아지고, 이로 인해 수증기가 응결하여 구름이 형성된다. 이후 응결된 수분이 무거워지면서 강수가 발생한다.

49 다음 중 난류가 미치는 영향으로 옳지 않은 것은?

① 난류는 경계층 내 에너지를 증가시켜 유체 혼합을 촉진한다.
② 난류는 항공기의 공기역학적 특성을 안정적으로 만든다.
③ 난류는 층류보다 높은 점성 마찰을 유발한다.
④ 난류는 레이놀즈 수가 높은 환경에서 더 쉽게 형성된다.

해설

난류는 일반적으로 유체 혼합을 촉진하고 공기역학적 저항을 증가시키지만, 항공기에는 불규칙한 영향을 주어 안정성을 해치는 경우가 많다.

50 뇌우, 전선, 지형적 요인 등에 의해 짧은 거리 내에서 풍향과 풍속이 급변하는 기상 현상은 무엇인가?

① 회오리바람 ② 돌풍
③ 윈드시어 ④ 토네이도

해설

윈드시어는 짧은 거리에서 풍속과 풍향이 급변하는 현상으로, 항공기 이착륙 시 큰 영향을 미칠 수 있다.

51 다음 중 마이크로버스트(microburst)의 특징에 대한 설명으로 올바르지 않은 것은?

① 강한 하강기류가 지면에 충돌한 후 여러 방향으로 퍼져나가는 형태를 띤다.
② 마이크로버스트는 대류권 상층에서 발생하여 지면까지 도달하는 강한 상승 기류이다.
③ 지상 가까이에서 갑작스러운 풍향 및 풍속 변화를 초래하여 항공기 운항에 심각한 영향을 미칠 수 있다.
④ 습윤형과 건조형 마이크로버스트로 구분되며, 건조형 마이크로버스트는 육상에서 더 자주 발생한다.

해설

마이크로버스트는 강한 하강기류가 지면에 충돌한 후 여러 방향으로 퍼지는 기상 현상이다. 상승 기류와 관련된 설명은 마이크로버스트의 특성과 맞지 않는다.

52 뇌우가 발생할 때 주요한 기상 조건으로 보기 어려운 것은?

① 대기 불안정
② 충분한 수증기 공급
③ 약한 상승 기류
④ 강한 대류 활동

해설

뇌우는 대기 불안정과 강한 상승 기류를 동반하여 발생한다. 약한 상승 기류는 뇌우의 형성에 기여하지 않는다.

53 다음 중 번개와 뇌우에 대한 설명으로 틀린 것은?

① 번개는 대기 중 정전기적 방전 현상이며, 구름 내부 또는 구름과 지면 사이에서 발생한다.
② 뇌우는 주로 대류권 상층부에서 발생하며, 강한 난기류를 동반할 수 있다.
③ 번개 발생 시 순간적으로 높은 온도가 형성되며, 이는 천둥 소리의 원인이 된다.
④ 뇌우가 발생하는 지역에서는 강한 돌풍과 우박이 나타날 가능성이 있다.

해설

뇌우는 대류권 하층과 중층에서 발생하며, 강한 상승 기류와 불안정한 대기 조건에서 형성된다.

54 우박이 크게 성장하는 주된 원인은?

① 따뜻한 공기층에서 오랜 시간 머무르기 때문이다.
② 공기 중의 습도가 매우 낮기 때문이다.
③ 상승 기류가 강하여 얼음 알갱이가 반복적으로 상승과 하강을 하기 때문이다.
④ 구름 속 온도가 일정하여 얼음 알갱이가 빠르게 성장하기 때문이다.

해설

우박은 강한 상승 기류가 있는 뇌운(적란운)에서 형성되며, 얼음 알갱이가 구름 속을 반복적으로 오르내리면서 크기가 커진다.

55 다음 중 산악파로 형성되는 구름의 종류가 아닌 것은?

① 렌즈구름
② 모자구름
③ 말린구름
④ 적운형 구름

56 다음 중 항공기 착빙의 종류에 해당하지 않는 것은?

① 난류착빙
② 서리착빙
③ 유도착빙
④ 구조착빙

해설

항공기 착빙에는 구조착빙, 서리착빙, 유도착빙 등이 있으며, 난류착빙이라는 용어는 사용되지 않는다. 구조착빙은 기체 표면에 생기는 착빙이며, 서리착빙은 습도가 높은 환경에서 발생하는 성상. 유도착빙은 공기 중 수분이 엔진이나 공기 흡입구에 착빙되는 현상을 말한다.

57 다음 중 대기의 시정 장애물에 해당하지 않는 것은?

① 황사
② 안개
③ 스모그
④ 강한 비

해설

대기의 시정 장애물에는 안개, 황사, 연무, 연기, 먼지, 화산재 등이 포함된다. 강한 비는 시정이 저하될 수 있지만 일반적으로 시정 장애물로 분류되지 않는다.

58 다음 중 우시정(Prevailing visibility)에 대한 설명으로 틀린 것은?

① 우시정은 조종사가 비행 중에 계기 없이도 항상 육안으로 지형을 식별할 수 있도록 보장하는 값이다.
② 우시정은 항공기 조종사가 활주로에서 이륙 또는 착륙 시 육안으로 확인할 수 있는 시정이다.
③ 우시정은 공항 관측소에서 정해진 기준에 따라 측정한 공식적인 시정값이다.
④ 우시정은 기상 조건에 따라 변동될 수 있으며, 항상 동일한 값을 유지하는 것은 아니다.

해설

우시정(Prevailing visibility)은 특정 지점에서 가장 넓은 범위에 걸쳐 측정되는 시정으로, 공식적인 기상 관측 데이터의 일부이다. 하지만 조종사가 항상 육안으로 지형을 식별할 수 있도록 보장하는 값은 아니다.

59 공항 기상 보고(METAR)에서 풍향 기준은?

① 자북
② 도북
③ 진북
④ 상대풍 방향

PART 04

항공법규

Aviation Laws

✓ 암기권장 | 주황색 밑줄 문단
☆ 별표 문단/문장

DRONE
Aviation Laws

01 법령, 신고, 인증

01 ─ 항공관련법령 및 용어

1.대한민국 법령 구조

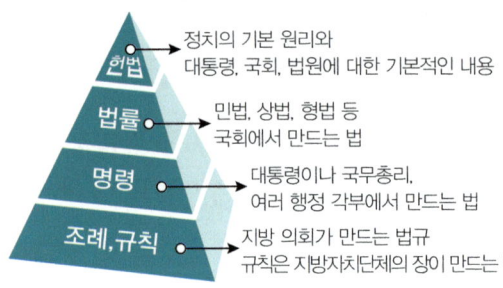

- 헌법 → 정치의 기본 원리와 대통령, 국회, 법원에 대한 기본적인 내용
- 법률 → 민법, 상법, 형법 등 국회에서 만드는 법
- 명령 → 대통령이나 국무총리, 여러 행정 각부에서 만드는 법
- 조례, 규칙 → 지방 의회가 만드는 법규 규칙은 지방자치단체의 장이 만드는 법

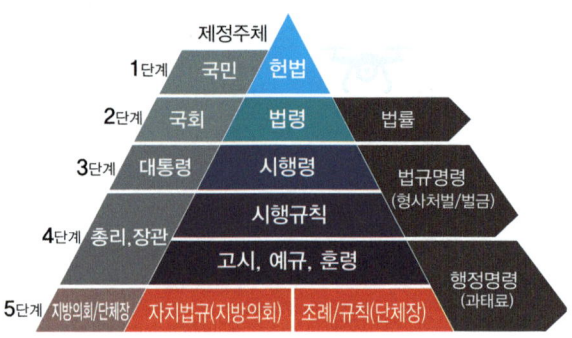

제정주체		
1단계 국민	헌법	
2단계 국회	법령	법률
3단계 대통령	시행령	법규명령 (형사처벌/벌금)
4단계 총리.장관	시행규칙	
	고시, 예규, 훈령	행정명령 (과태료)
5단계 지방의회/단체장	자치법규(지방의회) 조례/규칙(단체장)	

2.초경량항공기 관련 법률

① 국내 항공법 변천

- 1961년 3월 : 대한민국 항공법 최초 제정(1961년 6월 7일 시행)
- 2017년 3월 시행(2016년 3월 제정) : 항공법을 항공안전법, 항공사업법, 공항시설법으로 구분하여 분법(세분화) 시행

분 야	개편 전 (1961/03, 국내 항공법 최초 제정)	개편 후 (2017/03 분법 시행)
사 업	항공법	항공사업법
안 전	항공운송사업 진흥법	항공안전법
시 설	수도권신공항건설 촉진법	공항시설법

출처 : 한국교통안전공단 항공정비사 표준교재 항공법규

항공안전법	○ 항공기 등록, 운항, 항공종사자 자격, 안전성인증, 안전 관리, 공영 및 항공교통 업무 등을 규정
항공사업법	○ 초경량비행장치 사용사업, 항공운송·사용사업의 등록, 항공기 정비업, 항공교통이용자 보호, 항공레저스포츠, 상업서류 송달사업 ○ 항공사업의 진흥사업, 공항·비행장, 개발·관리·운영 ○ 항행안전시설의 설치 운영
공항시설법	○ 공항 비행장의 개발 관리 운영, 항행안전시설, 이·착륙장

② 국내 항공법 계정 취지(분법 이유)

　○ 국제기준 변화에 탄력적 대응

　○ 국민이 이해하기 쉽도록 개선

　○ 기존제도 운영상의 미비점 개선 보완

③ 항공안전법

　○ 1944년 12월 : 시카고에서 「국제민간항공협약」 체결로 ICAO 설립 근거 마련

　○ 협약(체약국 상공비행, ICAO 조직운영, 분쟁과 위약)과 19종(25년 07월 기준)의 부속서(Annex)로 구분

　　· 국제민간항공기구(ICAO, International Civil Aviation Organization) : UN산하 국제민간항공기구

　　· Annex : 회원국이 조약을 이행하기 위해 필요한 표준과 방식

　○ 1952년 12월 : 대한민국 미국 시카고에서 서명 가입

　○ 1961년 6월 : 대한민국 항공법 최초 제정 시행

④ 국내 초경량비행장치 관련 법률

　○ 2004년 : 초경량무인동력 회전익 비행장치 자격 신설(항공법 시행규칙 개정으로 무인비행장치 조종자 자격이 포함)

　○ 2009년 6월 : 경량항공기 제도 도입, 초경량비행장치와 항공기로 구분

　○ 2017년 3월 : 항공법규 분법, 무인비행장치 법규 추가, 무인헬리콥터와 멀티콥터 자격으로 분리

　　· 항공안전법 제10장 : 신고, 안전성인증, 비행승인, 교육기관, 조종자증명 등

　　· 항공사업법 제3장 제5절 : 등록 및 준용 규정 등

　　· 공항시설법 : 공항 및 비행장치의 개발, 이.착륙장, 항행안전시설 등

　○ 2020년 5월 : 드론 활용의 촉진 및 기반조성에 관한 법률(약칭: 드론법) 제정

　　· 국내 드론 산업의 발전과 안전한 활용

3. 항공관련 주요 용어(항공안전법 제2조)

① **항공기** : 공기의 반작용으로 뜰 수 있는 기기로서 최대이륙중량, 좌석 수 등 국토교통부령으로 정하는 기준에 해당하는 기기(비행기, 헬리콥터, 비행선, 활공기)

② **경량항공기** : 항공기 외에 공기의 반작용으로 뜰 수 있는 기기로서 최대이륙중량, 좌석 수 등 국토교통부령으로 정하는 기준에 해당하는 비행기, 헬리콥터, 자이로플레인(Gyroplane) 및 동력패러슈트(Powered Parachute) 등

③ **초경량비행장치** : 항공기와 경량항공기 외에 공기의 반작용으로 뜰 수 있는 장치로서 자체중량, 좌석 수 등 국토교통부령으로 정하는 기준에 해당하는 동력비행장치, 행글라이더, 패러글라이더, 기구류 및 무인비행장치 등

④ **초경량비행장치사고** : 초경량비행장치를 사용하여 비행을 목적으로 이륙하는 순간부터 착륙하는 순간까지 발생한 다음 각 목의 어느 하나에 해당하는 것으로서 국토교통부령으로 정하는 것

　○ 초경량비행장치에 의한 사람의 사망, 중상 또는 행방불명

　○ 초경량비행장치의 추락, 충돌 또는 화재 발생

　○ 초경량비행장치의 위치를 확인할 수 없거나 초경량비행장치에 접근이 불가능한 경우

⑤ **항공로**(航空路) : 국토교통부장관이 항공기, 경량항공기 또는 초경량비행장치의 항행에 적합하다고 지정한 지구의 표면상에 표시한 공간의 길

⑥ **영공**(領空) : 대한민국의 영토와 「영해 및 접속수역법」에 따른 내수 및 영해의 상공

⑦ **항공종사자** : 항공업무에 종사하려는 사람은 국토교통부령으로 정하는 바에 따라 국토교통부장관
　　　　　　　으로부터 항공종사자 자격증명을 받은 사람

⑧ **관제권**(CTR, Control Zone) : 비행장 또는 공항과 그 주변 공역으로서, 항공교통의 안전을 위하여 국토
　　　　　　　교통부장관이 지정·공고한 공역

　ㅇ수평 기준 : 공항 참조점(ARP, Airport Reference Point)으로부터 약 9.3km(5해리, NM) 반경
　ㅇ수직 기준 : 지표면 기준(AGL, Above Ground Level)으로부터 3,000ft에서 최대 5,000ft까지 설정

⑨ **관제구**(CTA, Controal Area) : 지표면 또는 수면으로부터 200m 이상 높이의 공역으로서 항공 교통의
　　　　　　　안전을 위한 공역

4.초경량비행장치의 기준 (자체중량? : 탑승자, 연료, 비상용 장치 제외, 배터리 포함)

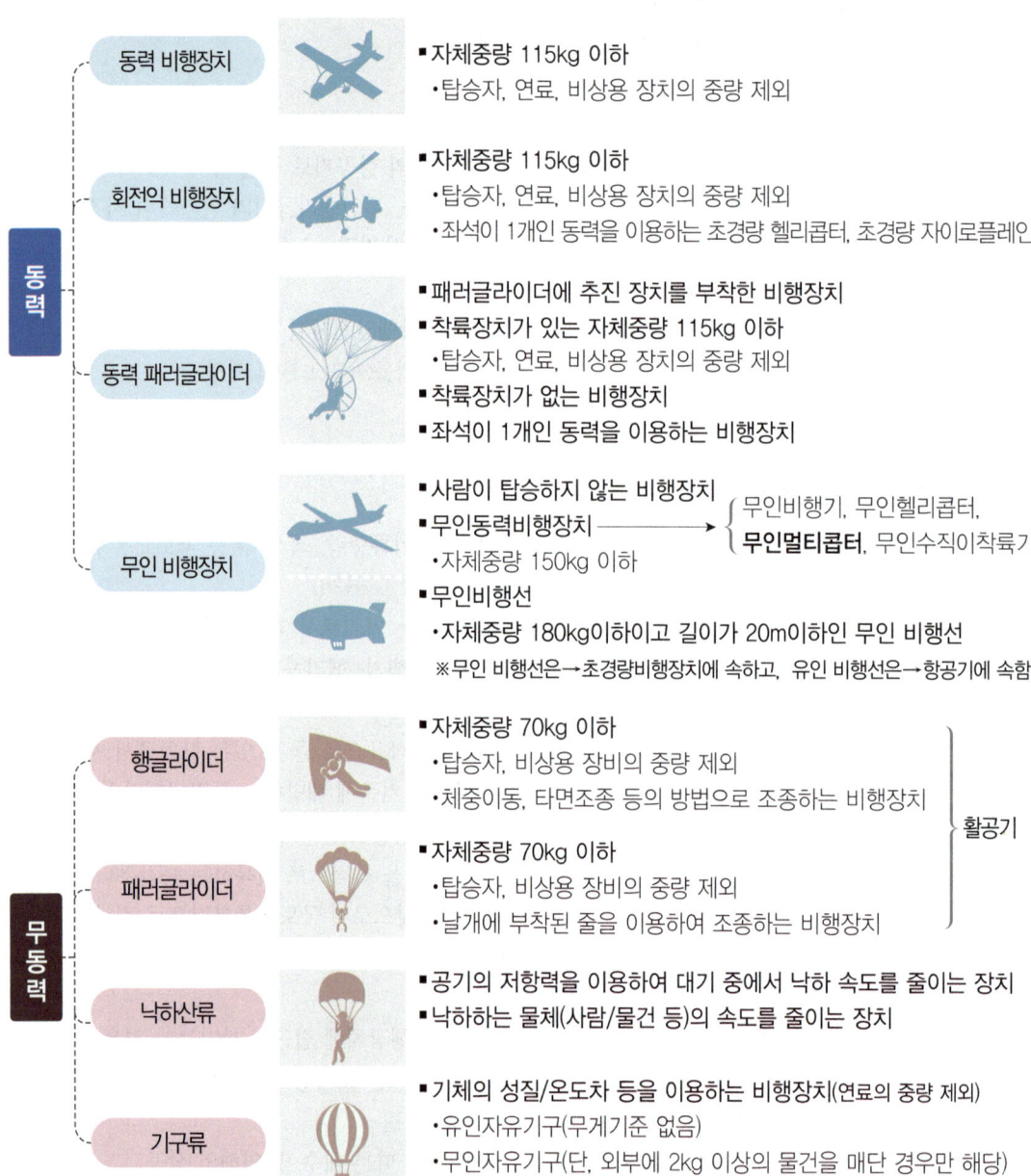

동력

동력 비행장치
- 자체중량 115kg 이하
  - 탑승자, 연료, 비상용 장치의 중량 제외

회전익 비행장치
- 자체중량 115kg 이하
  - 탑승자, 연료, 비상용 장치의 중량 제외
  - 좌석이 1개인 동력을 이용하는 초경량 헬리콥터, 초경량 자이로플레인

동력 패러글라이더
- 패러글라이더에 추진 장치를 부착한 비행장치
- 착륙장치가 있는 자체중량 115kg 이하
  - 탑승자, 연료, 비상용 장치의 중량 제외
- 착륙장치가 없는 비행장치
- 좌석이 1개인 동력을 이용하는 비행장치

무인 비행장치
- 사람이 탑승하지 않는 비행장치
- 무인동력비행장치 → 무인비행기, 무인헬리콥터, **무인멀티콥터**, 무인수직이착륙기
  - 자체중량 150kg 이하
- 무인비행선
  - 자체중량 180kg이하이고 길이가 20m이하인 무인 비행선
  ※무인 비행선은→초경량비행장치에 속하고, 유인 비행선은→항공기에 속함

무동력

행글라이더
- 자체중량 70kg 이하
  - 탑승자, 비상용 장비의 중량 제외
  - 체중이동, 타면조종 등의 방법으로 조종하는 비행장치

패러글라이더
- 자체중량 70kg 이하
  - 탑승자, 비상용 장비의 중량 제외
  - 날개에 부착된 줄을 이용하여 조종하는 비행장치

활공기

낙하산류
- 공기의 저항력을 이용하여 대기 중에서 낙하 속도를 줄이는 장치
- 낙하하는 물체(사람/물건 등)의 속도를 줄이는 장치

기구류
- 기체의 성질/온도차 등을 이용하는 비행장치(연료의 중량 제외)
  - 유인자유기구(무게기준 없음)
  - 무인자유기구(단, 외부에 2kg 이상의 물건을 매단 경우만 해당)
  - 고정된 계류식 기구

5. 초경량비행장치 신고/검사/보험/촬영/변경/말소

초경량비행장치 → **동력** →
- 동력비행장치
- 회전익비행장치
- 동력패러글라이더
- 무인비행장치

자체중량 12kg초과~115kg이하, 1인승

무인비행장치

장치 신고 2021년 1월 2kg초과 확대 도입

사업 용도에 따른 신고

- **사업용**
  - 무게와 무관하게 신고
- **비사업용**
  - 최대이륙중량 2kg초과 시 신고

2kg 이하 최대이륙중량 → 신고의무 없음

2kg 초과 최대이륙중량 → **한국교통안전공단 신고** 반드시 신고
- 제출 : 한국교통안전공단 이사장 (서류신고 : 국토교통부 장관)
- 취득 후 **30일** 이내 신고
- 신고서, 제원성능표 제출
- 소유 입증서류(영수증 외) 제출
- 드론사진 제출
- 신고증명서 발급

■ 최대이륙중량 2kg을 초과해도 신고가 필요없는 경우
- 무동력 비행장치(행글라이더, 패러글라이더, 낙하산 등)
- 계류식 기구류, 계류식 무인비행장치
- 연구, 개발, 시험 목적으로 개발된 기체
- 판매 목적으로 개발 후 판매하지 않은 기체
- 군사 목적으로 사용되는 기체

조종자 자격증 2014년 도입, 2021/03월 세분화
- 대상 : 최대이륙중량 250g초과 무인동력비행장치 조종자

TS 한국교통안전공단 시행

■자격유형 최대이륙중량
- 1종 (25kg초과~150kg 이하)
- 2종 (7kg초과~25kg 이하)
- 3종 (2kg초과~7kg 이하)
- 4종 (250g초과~2kg 이하)

■자격취득 가능 연령
- 실기평가자 : 만 18세 이상
- 지도조종자 : 만 18세 이상
- 1,2,3종 : 만 14세 이상
- 4종 : 만 10세 이상

무인멀티콥터 안전성인증검사 참조.2015/05월 도입

■**대상 : 최대이륙중량 25kg을 초과하는 기체**
(미인증 운영 시, 500만 원 이하 과태료)
- 승인권자 : 국토교통부 장관
- 검사대행 : 국토교통부령으로 정하는 기관, 단체의 장

KIAST 항공안전기술원(드론인증센터)

보험가입 참조.2020/06월 도입 → 손해보험 회사
- 사업자 : 초경량비행장치사용사업, 항공기대여업, 항공레저스포츠사업 등록
- 경량항공기 소유자 : 안정성인증 검사 전 보험/공제 가입

비행 승인

25kg 최대이륙중량 · 초과 · 이하
- –UA구역을 제외한 모든 공역은 비행승인 필요
- –UA구역 및 일반구역에서 150m 미만 비행은 승인 없이 가능

※ 비행금지구역, 비행제한구역, 관제권은 승인 필요
※ 150m 이상·야간·비가시권·인구밀집 지역은 중량에 관계없이 특별비행승인 필요
※ 무인비행선의 경우, 자체중량 12kg 이하(연료제외), 길이 7m 이하이면 비행승인 없이 비행 가능

항공 촬영
- 드론원스톱(https://drone.onestop.go.kr)에서 비행승인 및 촬영승인 신고
- ※ **비행승인**(3일전 신청_지방항공청 승인), **촬영신청**(4일전 신청_국방부 승인)_근무일 기준
- ※항공촬영 2022/12월 허가제에서 신청제로 변경

비행
- 조종자준수사항 엄수
- 조종자 증명 지참
- 비행승인서 지참
- 촬영승인서 지참 (촬영 시 해당)

변경/말소 신고 → **TS 한국교통안전공단 신고**
- 신규/변경/이전신고: **30일** 이내
- 말소신고: **15일** 이내
- 기체 소유자명, 명칭, 주소
- 기체 용도, 보관처
- 한국교통안전공단 이사장 (드론원스탑 신고)

02 – 장치의 신고, 표시

1. 장치의 신고

초경량비행장치를 소유하거나 사용할 수 있는 권리가 있는 자는 종류, 용도, 소유자의 성명등을 국토교통부령으로 정하는 바에 따라 국토교통부장관에게 신고하여야 한다.

① 무인동력비행장치 신고
  - 사업용 : 무게와 무관하며 모든 기체 신고
  - 비사업용 : 최대이륙중량 2kg 초과 시 신고(드론 실명제 도입 : 2021년 1월부터)

② 신고의 종류 및 서류 제출 시기(항공안전법 시행규칙 제301,302,303조)

구분	제출서류	신고시기

신규신고	○ 사용 권리자가 최초로 행하는 신고
	–초경량비행장치를 소유 증빙 서류 첨부
	  (매매계약서, 거래명세서, 계산서, 영수증 등)
	–초경량비행장치 제원 및 성능표 첨부
	–비행장치 사진 첨부
	  (15cm[가로] x [세로]10cm의 측면 사진)
	–기체 제작번호 사진 첨부(무인비행장치)
		○ 사유 발생일로 부터
		30일 이내

변경신고	○ 초경량비행장치의 용도변경 시 ○ 소유자의 성명 주소 명칭변경 시 ○ 보관장소 변경 시	
이전신고	○ 소유권이 이전되는 경우	
말소신고	○ 초경량비행장치가 멸실 또는 해체된 경우 ○ 존재 여부 2개월 이상 불분명한 경우 ○ 해외 매도한 경우	○ 사유 발생일로 부터 15일 이내
제출/승인	○ 드론원스탑 전산시스템, E-mail, 팩스, 우편, 방문 신고 ○ 장치신고 : 국토교통부 장관(번호발급) ○ 서류제출 : 한국교통안전공단 이사장(실무/접수) ↔ 각 지방항공청(위임)	

2. 신고번호 표시방법(항공안전법 시행규칙 제301조)

① 초경량비행장치 소유자 등은 신고번호를 선명하게 표시
② 신고번호의 색은 신고번호를 표시하는 장소의 색과 선명하게 구분되게 표시
③ 신고번호는 왼쪽에서 오른쪽으로 배열함을 원칙으로 기재
④ 신고번호는 장식체가 아닌 알파벳 대문자와 아라비아 숫자로 표시(숫자 1 제외)
⑤ 변경 또는 이전신고는 기존 신고번호를 유지하고, 말소신고 된 번호는 재사용(재발급) 금지
⑥ 사유가 있다고 인정하는 경우에는 신고번호의 표시 방법 등을 국토교통부장관의 승인을 받아 한국교통안전공단 이사장이 별도로 정할 수 있다.

■ 신고번호 표시 위치

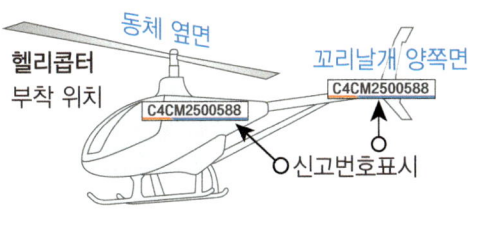

헬리콥터
부착 위치

동체 옆면

꼬리날개 양쪽면

C4CM2500588

C4CM2500588

신고번호표시

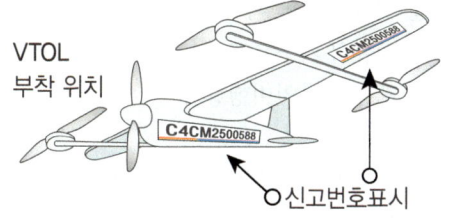

VTOL
부착 위치

C4CM2500588

신고번호표시

멀티콥터 부착 위치

C4CM2500588

신고번호표시

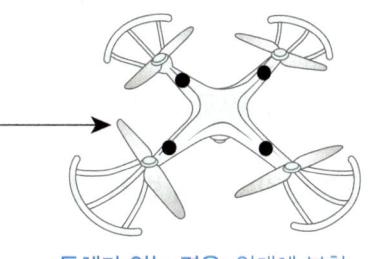

동체가 있는 경우, 동체에 우선부착
(동체에 표기 시 15cm 이상)

동체가 없는 경우, 암대에 부착
(암대에 표기 시 20cm 이상)

■ 신고번호는 전체 11자리로 표기

신고년도
등록순번

C4CM2500588

C4CM**2500588**

➤ 장치 종류별 일련번호 ─── ⑦자리
➤ 장치 종류 분류 부호 ─── ①자리
➤ 영리 여부 분류 부호 ─── ①자리
➤ 기체 중량 분류 부호 ─── ②자리

신고번호 부착 사례

■ 신고번호 표기 부호의 구성

구분	내용	표기
기체 중량	최대이륙중량 250g 이하	C0
	최대이륙중량 250g초과 2kg이하	C1
	최대이륙중량 2kg초과 7kg이하	C2
	최대이륙중량 7kg초과 25kg이하	C3
	최대이륙중량 25kg초과	C4

구분		표기	내용
영리 여부	영리	C	Commercial
	비영리	N	Nonprofit
장치 종류	무인비행기	P	airPlane
	무인헬리콥터	H	Helicopter
	무인멀티콥터	M	Multicopter
	수직이착륙기	V	VTOL
	무인비행선	S	airShip

■ 신고번호의 각 문자 및 숫자의 크기

구분		규격	비교
	가로세로비	2:3의 비율	아라비아 숫자 1 제외
세로 길이	주 날개에 표시하는 경우	20cm 이상	―
	동체 또는 꼬리날개에 표시하는 경우	15cm 이상	회전익 비행장치의 동체 아랫면에 표시하는 경우 20cm 이상
	선의 굵기	세로 길이의 1/6	―
	간격	가로길이의 1/4이상, 1/2 이하	―

3.장치 신고를 필요로 하지 않는 초경량비행장치의 범위(항공안전법 시행령 제24조)

① 행글라이더, 패러글라이더 등 무동력 비행장치
② 계류식 기구류(장치가 줄이나 로프로 고정, 사람이 탑승하는 것은 제외)
③ 계류식 무인비행장치
④ 낙하산류
⑤ 무인동력비행장치 중 최대이륙중량이 2kg 이하인 것
⑥ 무인비행선 중 연료 무게를 제외한 자체 무게가 12kg 이하이고, 길이가 7m 이하인 것
⑦ 연구기관 등이 시험, 조사, 연구 또는 개발 목적으로 제작한 기체
⑧ 판매를 목적으로 제작하였으나 판매되지 않고 비행에 사용되지 않은 기체
⑨ 군사목적으로 사용되는 초경량비행장치

4.초경량비행장치 변경 및 말소신고(항공안전법 시행규칙 제 302, 303조)

① 변경신고 : 변경 사유 발생일로 부터 30일 이내 신고
  ○ 변경 사유 → 용도, 소유자 성명, 명칭, 주소, 장치 보관장소 변경
② 말소신고 : 말소 사유 발생일로 부터 15일 이내 신고
③ 신고접수 : 한국교통안전공단 이사장(실무/접수) ← 국토교통부 장관(위임)

03 — 안전성 인증 ☆   (항공안전법 제124조)

1.안전성 인증 개요

초경량비행장치가 기술기준에 적합하며 비행안전을 확보했음을 확인하기 위해, 제작자가 제공한 서류, 설계·제작·정비 기록, 상태 및 비행성능 등을 검토하여 인증하는 과정이다.

2.안전성 인증 대상(항공안전법 시행규칙 제5조 및 제 305조)

① 동력비행장치
  ○ 연료제외 자체중량 115kg 이하, 연료 탑재량 19L 이하, 1인승
② 행글라이더, 패러글라이더 및 낙하산류
  ○ 항공레저스포츠사업에 사용되는 것만 해당
  ○ 행글라이더와 패러글라이더는 자체중량 70kg 이하
③ 기구류 : 사람이 탑승하는 것만 해당
④ 무인비행장치
  ○ 무인비행기, 무인헬리콥터 또는 무인멀티콥터 중에서 최대이륙중량이 25kg을 초과하는 것(연료 제외 자체중량 150kg 이하)
  ○ 무인비행선 중에서 연료의 중량을 제외한 자체중량이 12kg을 초과하거나 길이가 7m를 초과하는 것(연료제외 자체중량 180kg 이하, 길이 20m 이하)
⑤ 회전익비행장치 : 연료제외 자체중량 115kg 이하, 연료 탑재량 19L 이하, 1인승
⑥ 동력패러글라이더 : 착륙장치가 있는 경우 연료제외 자체중량 115kg 이하,
             연료 탑재량 19L 이하, 1인승

3.무인멀티콥터 안전성 인증 기준 및 재인증

① 기준 : 최대 이륙중량 25kg 초과하는 기체

② 재인증 : 2년마다 재인증(2022년 1월 이후, 영리·비영리 모두 2년마다 재인증으로 변경)

4.안전성 인증 검사의 종류

① 초도 인증/검사 : 국내에서 설계, 제작하거나 외국에서 수입한 경우 최초로 실시하는 인증

② 정기 인증/검사 : 안전성인증의 유효기간 만료일이 도래된 경우

③ 수시 인증/검사 : 초경량비행장치의 비행안전에 영향을 미치는 대수리, 대개조 후 기술기준에 적합한지의 유무를 확인하기 위해 실시

④ 재인증/검사 : ①②③검사의 부적합 판정을 받은 경우 재실시 하는 인증

   ○ 불합격 통지일로 부터 6개월 이내 재인증 실시

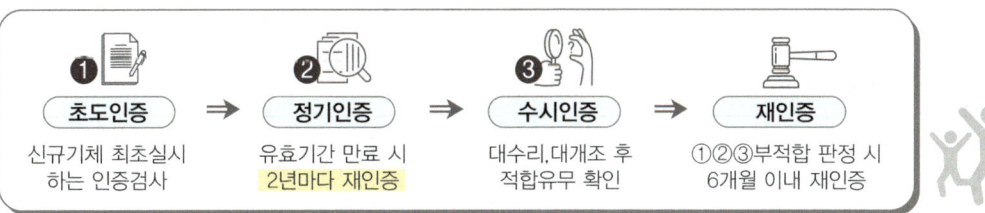

❶ 초도인증	❷ 정기인증	❸ 수시인증	재인증
신규기체 최초실시 하는 인증검사	유효기간 만료 시 2년마다 재인증	대수리,대개조 후 적합유무 확인	①②③부적합 판정 시 6개월 이내 재인증

04 — 시험비행 신청 (항공안전법 시행규칙 제304조)

시험비행 등을 위하여 허가를 받으려는 자는 허가 신청서에 초경량비행장치 시험비행등의 안전을 위한 기술상의 기준에 적합함을 입증하는 서류를 첨부하여 제출해야 한다.

1.시험비행 신청 대상

① 연구 개발 중인 초경량비행장치 : 안전성 평가를 위해 시험비행이 필요한 경우.

② 성능 개량된 초경량비행장치 : 이미 안전성 인증을 받은 장치의 성능을 향상시키고, 그 안전성을 평가하기 위해 시험비행이 필요한 경우.

③ 그 밖에 국토교통부장관이 필요하다고 인정하는 경우

2.시험비행 허가 첨부 서류(항공안전법 시행규칙 제304조)

KIAST 항공안전기술원
안전성인증검사 담당기관

① 초경량비행장치에 대한 소개서(설계개요서, 설계도면, 부품표 및 비행장치의 제원)

② 시험비행등 계획서(시험비행등의 기간, 장소 및 시험비행등 점검표를 포함)

③ 설계도면과 일치되게 제작되었음을 입증하는 서류

④ 안전 수준을 입증하는 서류(지상성능시험 결과 및 안전대책을 포함)

⑤ 조종절차 및 안전성 유지를 위한 정비방법을 명시한 서류

⑥ 초경량비행장치 사진(전체 및 측면사진을 말하며, 전자파일로 된 것을 포함한다) 각 1매

⑦ 그 밖에 시험비행등과 관련하여 국토교통부장관이 필요하다고 인정하여 고시하는 서류

02 증명, 교육기관, 준수사항

01 — 조종자 증명 (항공안전법 시행규칙 제306조)

1. 개요

초경량비행장치를 조종하려면 국토교통부가 정한 기관이나 단체에서 자격 기준과 시험 절차를 통과하여 조종자 증명을 취득 하여야 한다. 다만, 무게 250g 이하의 무인 비행기, 무인 헬리콥터, 또는 무인 멀티콥터는 예외로 증명이 필요 없다.

2. 조종자 증명 구분

구분	설명
1종	○ 최대이륙중량 25kg 초과, 1종 연료 중량을 제외한 자체중량이 150kg 이하 ○ 1종 기체를 조종한 시간 20시간(2종 자격 취득자 5시간, 3종 자격 취득자 3시간 이내 인정) ○ 실기시험(비행평가, 구술평가 실시)
2종	○ 최대이륙중량 7kg 초과, 25kg 이하 ○ 1,2종 기체를 조종한 시간 10시간 　(3종 자격 취득자 3시간 이내 인정) ○ 실기시험 있음(비행평가, 구술평가)
3종	○ 최대이륙중량 2kg 초과, 7kg 이하 ○ 1,2,3종 기체를 조종한 시간 6시간 ○ 실기시험(비행평가, 구술평가 실시)
4종	○ 최대이륙중량 250g 초과, 2kg 이하 ○ 온라인에서 시청각 교육 후 시험실시

만 18세 이상 → 실기평가자 ★★★ ▲ 지도조종자 ★★ ▲
조종자 ★ 1종
만 14세 이상 2종 3종
만 10세 이상 4종

※ 중량기준 참조 : 1종, 최대이륙중량 25kg 초과 자체중량 150kg 이하,
　　　　　　　　　2/3/4종, 모두 최대이륙중량 기준

3. 조종 자격별 비행시간 및 응시나이

구분	조종자				지도조종자	실기평가조종자
	1종	2종	3종	4종		
조종 경력	20시간	10시간	6시간	–	100시간	150시간
응시 나이	만 14세 이상			만 10세 이상	만 18세 이상	

4.조종자 증명의 취소 또는 1년 이내 효력정지의 경우(항공안전법 제125조 제5항 본문)

조종자증명 취소 대상	조종자증명 1년 이내 효력 정지 대상
○ 거짓이나 부정한 방법으로 자격을 취득 ○ 자격을 빌리거나 빌려준 경우 ○ 음주 측정을 거부한 경우 ○ 효력 정지 기간 중 비행한 경우	○ 항공안전법 위반 벌금이상의 형을 받은 경우 ○ 고의 또는 중대과실로 인명.재산 피해 유발 시 ○ 조종자 준수 사항을 위반한 경우 ○ 음주 비행한 경우

02 — 전문교육기관   (항공안전법 제126조 및 동법 시행규칙 제307조)

1.전문교육기관의 운영자 자격(국토교통부고시 제2022-624호 별표7)

① 연령이 만 25세 이상인 자로서 전문교육기관을 적정하게 운영할 수 있다고 인정되는 자

② 항공 관련 법을 위반하여 벌금 이상의 형을 받아 그 집행이 종료되었거나 집행을 받지 아니 하기로 한 날부터 2년을 경과하지 아니한 자

2.전문교육기관 지정 기준(항공안전법 시행규칙 제307조)

① 다음 각 항목의 전문교관이 있을 것

   ○ 비행시간이 200시간(무인비행장치의 경우 조종경력이 100시간) 이상이고, 국토교통부장관이 인정한 조종교육 지도조종자 과정을 이수한 지도조종자 1명(만 20세 이상) 이상

   ○ 비행시간이 300시간(무인비행장치의 경우 조종경력이 150시간) 이상이고, 국토교통부장관이 인정하는 실기평가과정을 이수한 실기평가조종자 1명(만 20세 이상) 이상

   ※초경량비행장치 조종자의 자격기준 및 전문교육기관 지정요령 제14조 별표1, 교관

② 다음 각 목의 시설 및 장비(시설 및 장비에 대한 사용권을 포함한다)를 갖출 것

   ○ 강의실 및 사무실 각 1개 이상

   ○ 이륙·착륙 시설

   ○ 훈련용 비행장치 1대 이상

   ○ 출결 사항을 전자적으로 처리·관리하기 위한 단말기 1대 이상

③ 교육과목, 교육시간, 평가 방법 및 교육훈련 규정 등 교육훈련에 필요한 사항으로서 국토교통부장관이 정하여 고시하는 기준(무인비행장치조종자의 자격 및 전문교육기관 지정기준)을 갖출 것

3.비행시간의 산정

비행 시간의 기록은 시간(hour)단위로 기재하며, 비행시간이 25분일 경우 → 0.4[25/60=0.4⅙] 소수점 이하는 반올림이 아닌 버림으로 기재한다.

예) 1시간 47분 비행한 경우 : 1 + (47/60 = 0.7833, 버림) → 1.7

4.교육과목 및 교육시간

① **기장시간** : ‐조종자 증명이 없는 사람이 지도조종자의 감독하에 단독으로 비행한 시간
　　　　　　　‐조종자 증명을 받은 사람이 단독으로 비행한 시간

② **훈련시간** : 조종자 증명이 없는 사람이 지도조종자의 원격조종장치와
　　　　　　　연결된 비행훈련용 조종기로 비행한 시간

③ **교관시간** : 지도조종자가 훈련시간(교육생)을 지도하기 위해 비행한 시간

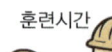

🚁 시뮬레이션, 실기교육 시간

구분	시뮬레이션 (모의비행)	실기교육 시간		
		훈련	기장	합계
1종	20	8	12	20
2종	10	4	6	10
3종	6	2	4	6

📝 학과교육 시간 우선 조종권 있음

구분	학과교육	시간
1종 2종 3종	항공법규	2
	항공기상	2
	항공역학	5
	비행운용	11
		20시간

⏰ 실기실습 내용 및 비행 시간

구분	내용	교관동반 비행 시간			단독 비행 시간		
		1종	2종	3종	1종	2종	3종
비행실습	이·착륙	2	1	0.5	3	2	1
	공중조작	2	1	0.5	3	2	1
	지표부근 조작	3	1	0.5	6	2	2
	비정상 및 비상절차	1	1	0.5	–	–	–
	합계	8	4	2	12	6	4

5.실기교육 훈련시설

① 실기교육 훈련시설이 있는 토지의 소유, 임대 또는 적법한 절차에 의해 사용할 권한이 있을 것
　(이 경우 "농지법" 등 타 법률에서 정하는 제한사항이 없을 것)

② 초경량비행장치 비행승인을 받는 데 문제가 없을 것

③ 실기교육 훈련시설에 교육 및 훈련을 방해할 수 있는 장애물 또는 불법 건축물이 없을 것

④ 실기교육 훈련시설의 노면은 해당 분야 비행장치 이·착륙 등 비행훈련에 지장을 주지 아니하도록
　평탄하게 유지되고 배수상태가 양호할 것

⑤ 비행훈련 중 교관과 교육생을 보호할 수 있는 조종자 안전휀스가 설치되어 있을 것

⑥ 위생시설은 남녀 구분하여 설치하고, 보건 위생적으로 적절할 것

⑦ 풍향, 풍속을 감지할 수 있는 시설물이 설치되어 있을 것

⑧ 실기교육 훈련시설 출입구에 목적과 주의사항을 안내하는 시설물이 설치되어 있을 것

⑨ 인접한 의료기관의 명칭, 장소의 약도 및 연락처 등 비상시 의료조치를 위하여 필요한 물품이 비
　치되어 있을 것

6. 멀티콥터/헬리콥터 비행장 규격

① 비행장 최소 기준
   ○ 길이 : 80m 이상
   ○ 폭 : 35m 이상
   ○ 높이 : 20m 이상

② 비행장 안전 휀스

안전휀스는 기체가 충돌 시 꺾이거나 찢어지지 않는 재질의 기둥과 망으로 설치

   ○ 안전휀스 높이 기준
   · 하천 부지와 같이 외부인의 접근이 거의 없는 장소 : 1.5m 이상
   · 학교 운동장처럼 외부인의 왕래가 다소 있는 장소 : 1.5m 이상
   · 도심지 등 외부인의 왕래가 잦은 장소 : 2.5m 이상
   · 인구 밀집 및 차량통행이 빈번한 장소 : 6.5m 이상

③ 조종자 안전휀스

조종자 안전 휀스는 기체가 충돌 시 쓰러지지 않고 충분히 견딜 수 있게 설치

   ○ 조종자 위치 안전휀스 기준
   · 전방 높이 : 1.3m 이상
   · 폭 : 2m 이상

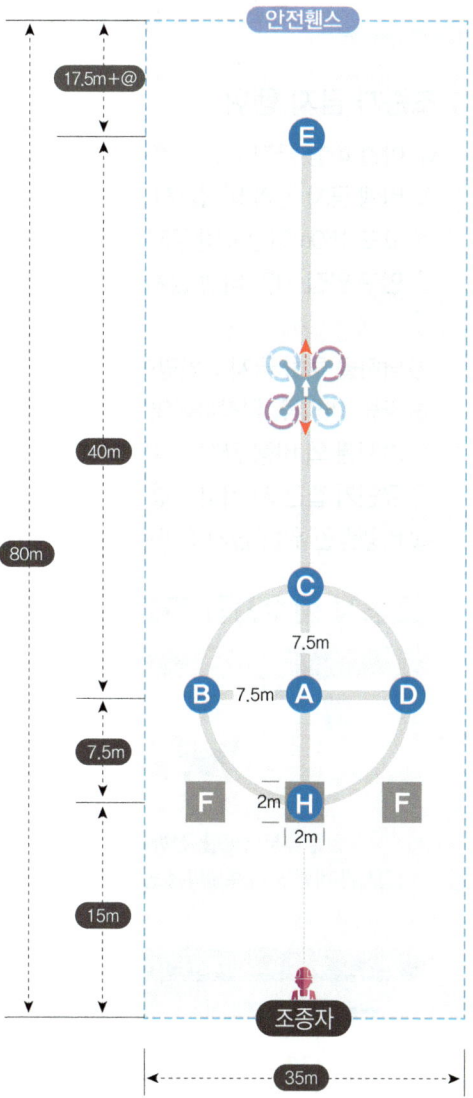

7. 전문교육기관 지정 취소(항공안전법 제126조 4항)

국토교통부장관은 초경량비행장치 전문교육기관으로 지정받은 자가 다음 각 호의 어느 하나에 해당하는 경우에는 그 지정을 취소할 수 있다.

① 거짓이나 그 밖의 부정한 방법으로 초경량비행장치 전문교육기관으로 지정받은 경우
② 초경량비행장치 전문교육기관의 지정기준 중 국토교통부령으로 정하는 기준에 미달하는 경우

03 ─ 조종자준수사항(금지행위)

(항공안전법 시행규칙 제310조)

1.조종자 금지 행위

① **야간 비행 금지** : 일몰 후부터 일출 전까지 승인 없이 비행 금지(국토교통부의 특별비행승인 허가 시 가능)

② **비행 금지 공역 비행금지** : 관제공역, 통제공역, 주의공역 비행 금지(지방항공청 허가 필요)

③ **고도 150m이상 비행금지** : 지표면 또는 구조물 상단으로 부터 150m 이상 비행금지

④ **인구 밀집 지역 비행 금지** : 주거지역, 상업지역 등 인구가 많은 곳 상공에서 위험을 초래할 가능성이 있는 비행 금지

⑤ **낙하물 투하 금지** : 인명이나 재산에 위험을 줄 수 있는 물건을 떨어뜨리는 행위 금지

⑥ **주류, 마약류, 환각물질의 섭취 후 비행 금지** : 혈중알코올 수치 0.02% 이상 상태에서 비행 금지

⑦ **가시권 외 비행 금지** : 육안으로 확인할 수 없는 상태에서 비행 금지

⑧ **유인기 접근 시 회피** : 항공기, 경량항공기, 초경량비행장치 조우(마주칠 때) 시 우측으로 회피 기동

⑨ **비행승인 위반 금지** : 비행승인을 받지 않고 비행하거나, 법과 규정을 벗어난 비정상적 비행 금지

조종자 준수사항 주요내용

야간비행 금지

일몰 후부터 일출 전까지
야간시간 비행 금지(특별비행 신청 필요)

비행금지구역/관제권 비행 금지

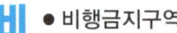

- 비행금지구역
  - 대통령실 인근/중심(P73)으로 부터 **3.7km**
  - 휴전선 부근(P518)
  - 원전중심으로 부터 **18.6km**(P61, P62, P63, P64, P65)
- 관제권
  - 비행장 공항 참조점(ARP)으로부터 **9.3km** 이내

암기Tip! 2배차이

한도 내 비행_(150m 이상 비행 금지)

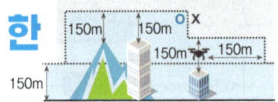

지면.수면 또는 구조물 최상단
(드론기체 반경 150m)
150m이상 고도에서 비행해야 할 경우
지방항공청 또는 국방부 허가 필요

사람이 많은 곳 비행 금지

인구가 밀집된 지역이나
그 밖에 사람이 많이 모인 장소의
상공에서 위험한 비행 금지

낙하물 투하 금지

인명이나 재산에
위험을 초래할 우려가 있는
낙하물 투하 금지

0.02% 이상, 음주비행금지

알코올 수치 0.02% 이상

조종 업무를 정상적으로 수행할 수 없는
상태에서 조종하는 행위 또는
비행 중 주류 등을 섭취하거나 사용 금지

가시권 내 비행

초경량비행장치 조종자는 항공기
또는 경량 항공기를 육안으로
식별하여 미리 피할 수 있도록 주의

암기Tip! 야비한 사나이가!

2.비행 유의 사항

① 비행 전 유의사항

  ○ 조종자 준수사항 확인 및 숙지

  ○ 기본 서류 점검 : 기체의 보험, 안전성검사, 비행승인 등의 서류 점검

  ○ 비행허가 유무, 비행구역 확인 : 비행허가 상태 및 비행구역 확인

  ○ 기상 상태 점검 : 바람 등 기상 상황, 지구자기장 상태 확인

  ○ 풍속과 무게 고려 : 드론의 무게와 풍속에 따라 비행 안정성 점검

  ○ 펌웨어 업데이트 : 드론 및 조종기의 소프트웨어가 최신 상태인지 확인

  ○ 자동안전장치(Fail-Safe) 확인 : 자동 복귀 비행 시 고도 및 경로 점검

  ○ 기체 점검 : 드론의 배터리, 프로펠러, 랜딩기어, 모터 상태를 사전에 철저히 점검

  ○ 페이로드 작동 및 고정상태 점검 : 카메라 및 짐벌, 약제통 등 페이로드 점검

  ○ 주변 장애물 확인 : 나무, 건물, 전선 등 충돌 가능성이 있는 장애물의 위치를 파악

  ○ 조종기 점검 : 조종기의 충전상태, 파손상태, 조이스틱, 토글스위치, 트림 상태 점검

  ·GPS 신호 확인 : GPS 신호가 충분한지 확인하여 안정적인 비행이 가능하도록 점검

  ·비행모드 점검 : 자동/수동 모드점검, RTH 작동 유무 확인(복귀 시 고도 설정 확인)

  ○ 워밍업 비행 : 모터 시동 후 1m이내 워밍업 비행 후 천천히 상승 비행

② 비행 중 유의사항

  ○ 고도 유지 : 허가 없이 고도 제한(보통 150m 이하)을 넘지 않도록 주의

  ○ 비상 착륙 준비 : 통신 두절 등 비상 상황에 대비해 안전한 착륙 지점 사전 설정

  ○ 야생동물 방해 금지 : 야생동물의 서식지 근처에서 소음을 유발하지 않도록 주의

  ○ 프라이버시 침해 방지 : 개인 사생활 보호를 위해 민감한 지역에서 비행 금지(아파트, 주택단지 등)

  ○ 주변 전자파 간섭 주의 : 전파 간섭이 많은 지역(통신탑, 대형 전자 장비 근처 등)을 회피

  ○ 비행 거리 유지 : 조종기와 드론 간 거리를 통신 범위 내로 유지

  ○ 배터리 잔량 확인 : 배터리 경고 수준을 설정하고 실시간으로 확인

  ○ 착륙지점 확인 : 경사지지 않고 단단하고 평탄한 개활지(이물질 날림으로 인한 프로펠러 파손 주의)

③ 비행 후 유의사항

  ○ 배터리 분리 점검 : 착륙 후 배터리를 즉시 분리하고 과열 여부를 확인한 뒤,
               안전한 장소에서 식힌 후 충전하거나 보관

  ○ 기체 상태 확인 : 드론의 프레임, 프로펠러, 모터, 페이로드 외 모든 부품의 손상 유무 확인

  ○ 로그 확인 및 기록 : 비행 중 기록된 로그(비행 거리, 고도, 시간) 확인 및 기록

사망하셨군요 ㅠ

비행전 점검 했어야지~
조심 좀 하지~ ㅠ

03 비행공역, 승인, 등화

01 — 비행 공역

1.공역의 정의

① **정의** : 공역은 항공기, 초경량비행장치 등의 안전한 활동을 보장하기 위해 지표면 또는 해수면으로부터 일정 높이까지 특정 범위로 지정된 공간(국토교통부 고시, 공역관리규정 제5조)

② **목적** : 항공기의 비행 안전과 나라의 주권 보호, 방위 목적을 달성하기 위해 공역을 지정하고 운영

③ **공역 관할 고시** : 공역위원회 심의 > 공역실무위원회/항공교통본부장 > 국토교통부장관

※**영공** → 국제법에 따라 별도 고시나 지정 없이 국제적으로 인정됨, **공역** → 국토교통부장관이 고시

2.비행정보구역 및 공역

① 비행정보구역(FIR, Flight Information Region)

ㅇ 비행정보구역(FIR)은 국제민간항공기구(ICAO)에서 국제 항공의 편익 증진과 안전 운항을 보장하기 위해 설정한 공역

ㅇ 각 국가의 항공교통업무기구가 담당하며, 해당 구역 내에서 항공교통 관제, 비행 정보 제공, 사고 경보 등의 서비스를 제공

② 인천FIR 비행정보구역

ㅇ 인천 비행정보구역은 대한민국이 책임지고 관리하는 국제적으로 공인된 공역

ㅇ 국토교통부 산하 항공교통센터에서 운영하며, 국제민간항공기구(ICAO)로부터 위임받아 관리하는 공역

ㅇ 북쪽 : 휴전선

ㅇ 동쪽 : 속초 동쪽 약 210NM/389km

ㅇ 남쪽 : 제주 남쪽 약 200NM/370km

ㅇ 서쪽 : 인천 서쪽 약 130NM/240km
　　(동경 124°까지)　※1해리 = 1.852km

③ 세계 항행안전관리 8대 권역

국제민간항공기구(ICAO)는 전 세계 공역을 8대 항행안전관리권역으로 분할하여 관리하고 있다.

ㅇ 태평양, 북대서양, 북미, 남미, 카리브(해), 아프리카·인도양, 중동, 아시아로 구성

ㅇ MID/ASIA 권역 : FIR 118개, 아시아 태평양권역 사무소 → 태국 방콕

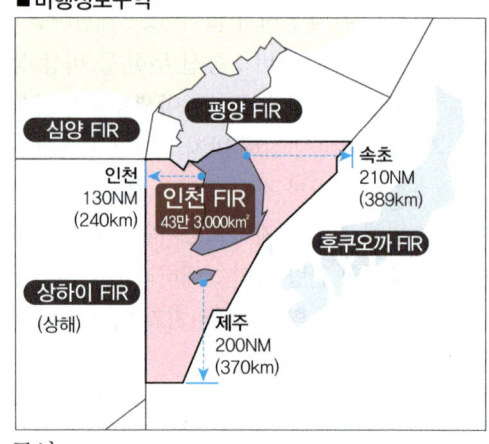

■ 비행정보구역

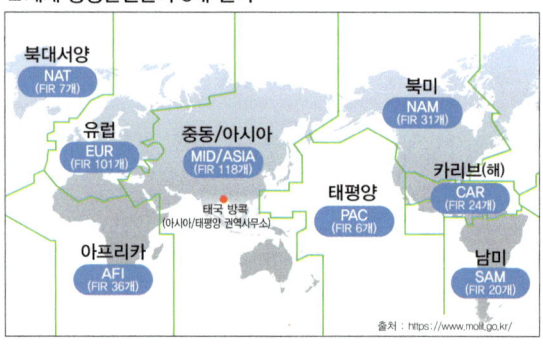

■ 세계 항행안전관리 8대 권역

출처 : https://www.molit.go.kr/

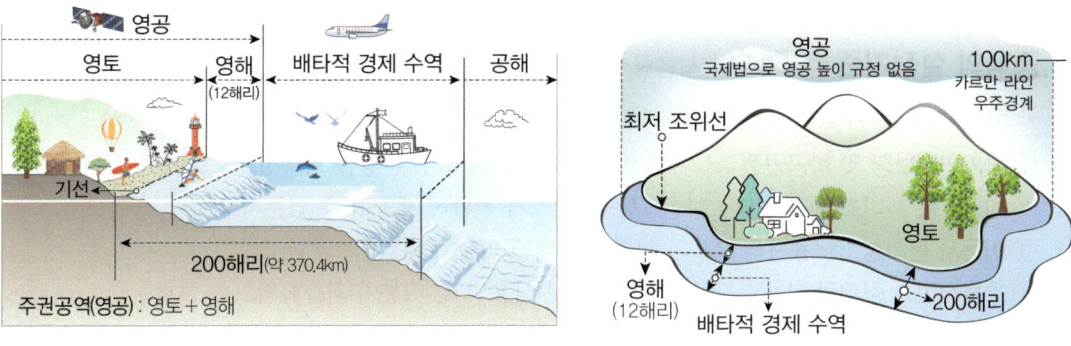

영공 / 영토 / 영해(12해리) / 배타적 경제 수역 / 공해

기선

200해리(약 370.4km)

주권공역(영공) : 영토 + 영해

영공
국제법으로 영공 높이 규정 없음
100km
카르만 라인
우주경계

최저 조위선

영토

영해(12해리)
배타적 경제 수역
200해리

- **영공** : 한 국가가 자국의 주권을 행사하는 공중 영역(설정주체 → 국제법 기준/시카고협약)
- **공역** : 항공 교통의 안전과 효율을 위해 영공 또는 일부 공역을 기능적으로 구분한 구역(설정주체 → 각국 항공 당국(국토교통부)
- **영토** : 한 국가의 주권이 미치는 육지와 내륙의 공간
- **영해** : 해당 국가의 주권이 미치는 바다, 최저 조위선(바닷물이 가장 낮아질 때의 해안선)으로부터 12해리(약 22.2km)까지
- **배타적 경제 수역**(EEZ) : 해안선으로부터 200해리(약 370.4km)까지의 해역, 어업, 광물 자원 개발 등의 경제적 권리는 가지나 주권은 적용 안됨
- **200해리** : 국가의 해양권이 확장될 수 있는 최대 거리

※ **1해리 = 1,852km**, 해리(NM)는 **거리 단위**, **1노트 = 1,852km/h**, 노트(kt)는 **속도 단위**

공역과 비행 관련

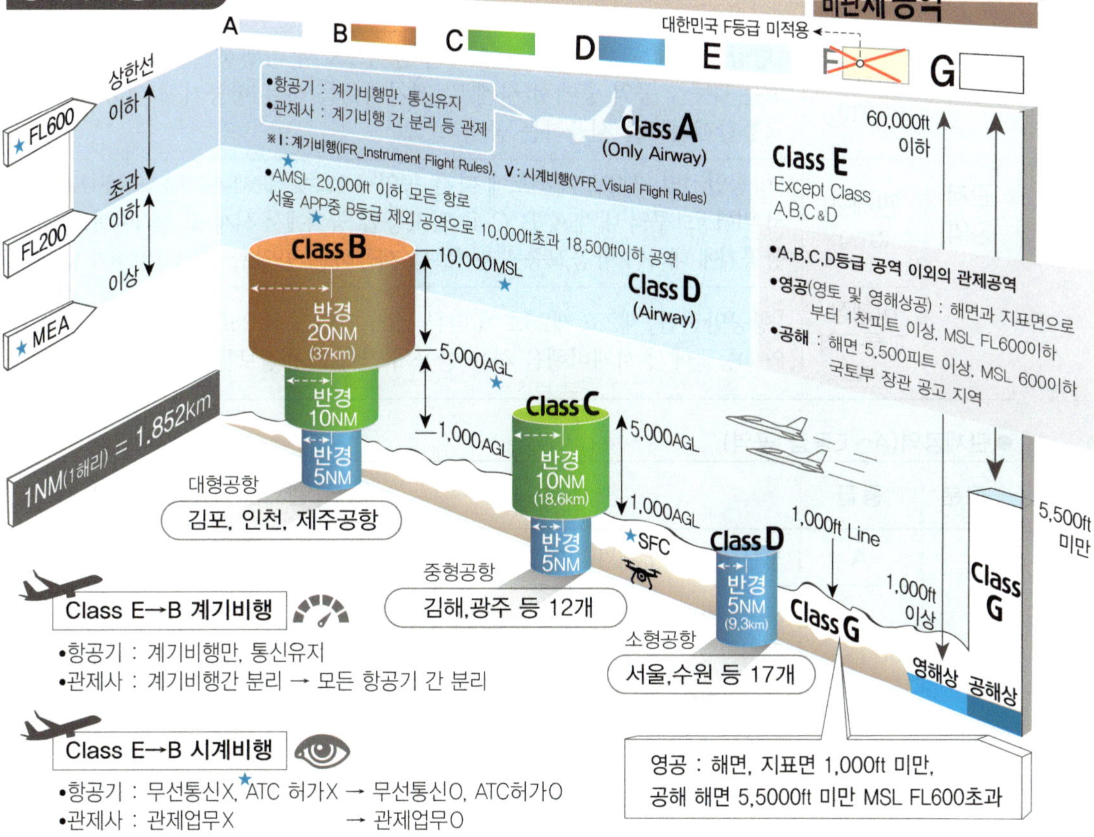

관제공역 (관제권, 관제구, 비행장 교통구역)

비관제 공역 (조언구역, 정보구역)

A B C D E F G

대한민국 F등급 미적용

상한선

FL600 이하

초과

FL200 이하

이상

MEA

1NM(1해리) = 1.852km

- 항공기 : 계기비행만, 통신유지
- 관제사 : 계기비행 간 분리 등 관제
※ I : 계기비행(IFR_Instrument Flight Rules), V : 시계비행(VFR_Visual Flight Rules)
- AMSL 20,000ft 이하 모든 항로
서울 APP중 B등급 제외 공역으로 10,000ft초과 18,500ft이하 공역

Class A (Only Airway)

Class B
반경 20NM (37km)

10,000MSL
5,000AGL
1,000AGL

반경 10NM

반경 5NM

대형공항
김포, 인천, 제주공항

Class D (Airway)

Class C
반경 10NM (18.6km)
반경 5NM

5,000AGL
1,000AGL
SFC

중형공항
김해,광주 등 12개

소형공항
서울,수원 등 17개

Class D
반경 5NM (9.3km)

1,000ft Line
1,000ft 이상

Class G

영해상 공해상

Class E
Except Class A,B,C &D

60,000ft 이하

- A,B,C,D등급 공역 이외의 관제공역
- 영공(영토 및 영해상공) : 해면과 지표면으로부터 1천피트 이상, MSL FL6000이하
- 공해 : 해면 5,500피트 이상, MSL 6000이하 국토부 장관 공고 지역

Class G

5,500ft 미만

1,000ft 이상

영공 : 해면, 지표면 1,000ft 미만,
공해 해면 5,5000ft 미만 MSL FL600초과

Class E→B 계기비행
- 항공기 : 계기비행만, 통신유지
- 관제사 : 계기비행간 분리 → 모든 항공기 간 분리

Class E→B 시계비행
- 항공기 : 무선통신X, ATC 허가X → 무선통신O, ATC허가O
- 관제사 : 관제업무X → 관제업무O

드론을 날리는 고도 150m(약500ft)를 기준으로 한다면 G등급에서 비행 가능

요약 : **고양드론교육원**

- ★**FL** : 표준대기압을 기준으로 측정(Flight Level, 1FL ⊜ 100피트, 예: FL100 = 10,000피트)
- ★**MSL** : 평균 해수면(진고도, Middle Sea Level)
- ★**AMSL** : 평균 해수면 기준높이(진고도, Above Middle Sea Level)
- ★**APP** : 항공 관제 서비스(항공기 공항 착륙 지원서비스, Approach Control)
- ★**SFC** : 지표면(Surface), 지표면을 의미
- ★**AGL** : 지표고도/지상고도(Above Ground Level)
- ★**MEA** : 최소 항로고도(Minimum Enroute Altitude)
- ★**ATC** : 항공 교통 관제(Air Traffic Control)

3.공역의 설정기준(항공안전법 시행규칙 제221조)

공역은 항공교통의 안전과 효율성을 보장하기 위해 다음과 같은 기준에 따라 설정

① **국가안전보장 및 항공안전** : 국가의 안보와 항공기의 안전 운항을 최우선으로 고려
② **항공교통 서비스 제공 여부** : 항공 교통 서비스가 원활히 제공될 수 있는지 검토
③ **이용자 편의성** : 이용자의 요구와 편의에 맞게 공역을 구분
④ **효율적이고 경제적 활용** : 공역이 효과적으로 사용되고, 비용이 최소화되도록 설계

4.공역의 구분(항공안전법 시행규칙 제221조 1항, 별표23)

국토교통부장관이 필요하다고 인정할 때에는 국토교통부령으로 정하는 바에 따라 비행정보구역을 체계적이고 효율적으로 관리하기 위해 다음과 같이 공역을 지정 구분한다.

① **관제공역**(A~E등급 공역)

항공교통의 안전을 위해 항공기의 비행 순서, 시기, 방법 등에 관해 국토교통부장관 또는 항공교통업무증명을 받은 자의 지시를 받아야 하는 공역으로 관제권 및 관제구를 포함하는 공역

구분		내용
관제공역	관제권 (CTR)	「항공안전법」 제2조제25호에 따른 공역으로서 비행정보구역 내의 B, C 또는 D등급 공역 중에서 시계 및 계기비행을 하는 항공기에 대하여 항공교통관제업무를 제공하는 공역
	관제구 (CTA)	「항공안전법」 제2조 제26호에 따른 공역(항공로 및 접근관제구역을 포함한다)으로서 비행정보구역 내의 A, B, C, D 및 E등급 공역에서 시계 및 계기비행을 하는 항공기에 대하여 항공교통관제업무를 제공하는 공역(관제권보다 범위가 넓음)
	비행장 교통구역 (ATZ)	「항공안전법」 제2조 제25호에 따른 공역 외의 공역으로서 비행정보구역 내의 D등급에서 시계비행을 하는 항공기 간에 교통정보를 제공하는 공역

● 관제공역(A~E등급 공역)

구분	등급	내용	관제권	관제구	비행장 교통구역
관제공역	A	모든 항공기가 계기 비행을 해야 하는 공역	–	O	–
	B	모든 항공기에 분리를 포함한 항공교통관제업무 제공 계기비행/시계비행을 하는 항공기가 비행가능	O	O	–
	C	모든 항공기에 항공교통관제업무가 제공되나, 시계비행 항공기는 교통정보만 제공	O	O	–
	D	모든 항공기에 항공교통관제업무가 제공되나, 계기비행을 하는 항공기와 시계비행을 하는 항공기 및 시계비행을 하는 항공기 간에는 교통정보만 제공	O	O	O 시계비행 항공기
	E	계기비행 항공기 → 항공교통관제업무 제공 시계비행 항공기 → 교통정보 제공	–	O	–

② **비관제공역**(F,G등급 공역)

관제공역 외의 공역으로, 항공기의 조종사에게 비행에 관한 조언 및 비행정보 등을 제공할 필요가 있는 공역으로 조언구역과 정보구역으로 구분(항공교통관제업무가 제공되지 않음)

구 분		내 용
비관제 공역	조언구역 (F 등급)	비행정보업무, 비행조언업무만 제공되는 비관제공역 ○ 계기비행항공기 → 비행정보업무, 비행조언업무만 제공 ○ 시계비행항공기 → 비행정보업무만 제공
	정보구역 (G 등급)	○ 모든 항공기 → 비행정보업무만 제공 ○ 항공교통관제업무 → 미제공

※한국교통업무의 종류 : 항공교통관제업무, 비행정보업무, 비행조언업무, 교통정보
※비행정보구역(FIR, Flight Information Region) : 7개의 등급으로 구분(F등급 대한민국 미적용)

③ **통제공역**

항공교통의 안전을 위해 항공기의 비행을 금지하거나 제한할 필요가 있는 공역

구 분		내 용
통제 공역	비행금지구역 (P:Prohibit Area)	안전, 국방상, 그 밖의 이유로 항공기의 비행을 금지하는 공역
	비행제한구역 (R:Restrict Area)	항공사격, 대공사격 등으로 인한 위험으로부터 항공기의 안전을 보호하거나 그 밖의 이유로 비행허가를 받지 않은 항공기의 비행을 제한하는 공역
	초경량비행장치 비행제한구역	초경량비행장치의 비행안전을 확보하기 위하여 초경량비행장치의 비행활동에 대한 제한이 필요한 공역

○ 비행금지공역(P, Prohibited)

안전, 국방상 그 밖의 이유로 항공기의 비행을 금지(서울강북지역, 휴전선, 원전 주변)
· P73 : 청와대/대통령실
· P518 : 휴전선 일대
· P61 : 부산, 고리원자력발전소
· P62 : 경주, 월성원자력발전소
· P63 : 영광, 한빛원자력발전소
· P64 : 울진, 한울원자력발전소
· P65 : 대전, 한국원자력연구소

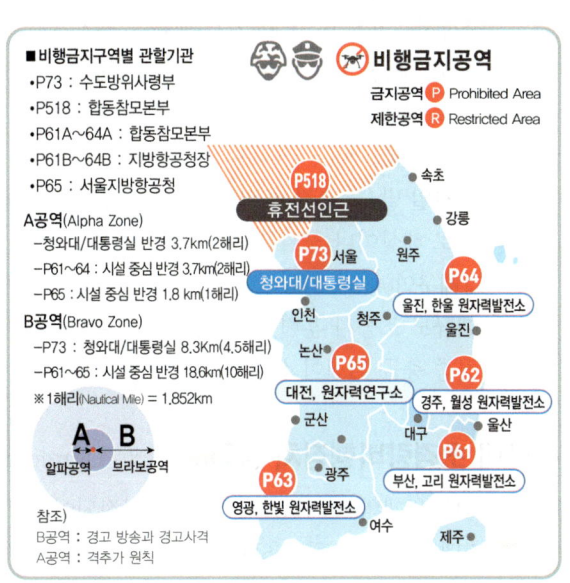

■비행금지구역별 관할기관
· P73 : 수도방위사령부
· P518 : 합동참모본부
· P61A~64A : 합동참모본부
· P61B~64B : 지방항공청장
· P65 : 서울지방항공청

비행금지공역
금지공역 P Prohibited Area
제한공역 R Restricted Area

A공역(Alpha Zone)
－청와대/대통령실 반경 3.7km(2해리)
－P61~64 : 시설 중심 반경 3.7km(2해리)
－P65 : 시설 중심 반경 1.8 km(1해리)

B공역(Bravo Zone)
－P73 : 청와대/대통령실 8.3Km(4.5해리)
－P61~65 : 시설 중심 반경 18.6km(10해리)

※1해리(Nautical Mile) = 1,852km

A B
알파공역 브라보공역

참조)
B공역 : 경고 방송과 경고사격
A공역 : 격추가 원칙

P518 휴전선인근 속초
강릉
P73 서울 원주
청와대/대통령실
P64
울진, 한울 원자력발전소
인천 울진
청주
논산 P65
대전, 원자력연구소 P62
경주, 월성 원자력발전소
군산 울산
대구
P61
부산, 고리 원자력발전소
P63 광주
영광, 한빛 원자력발전소 여수 제주

○ 비행제한구역(R, Restricted)
- 비행제한구역은 항공사격 등의 위험으로부터 항공기 안전을 보호하거나, 국가 안보 등의 이유로 비행을 제한하는 공역
- R75 : 서울 지역 및 경기도 일부지역

○ 초경량비행장치 비행제한구역
- 초경량비행장치의 안전확보를 위해 초경량비행장치의 비행활동을 제한하는 공역
  (관제공역, 통제공역, 주의공역 이에 해당)

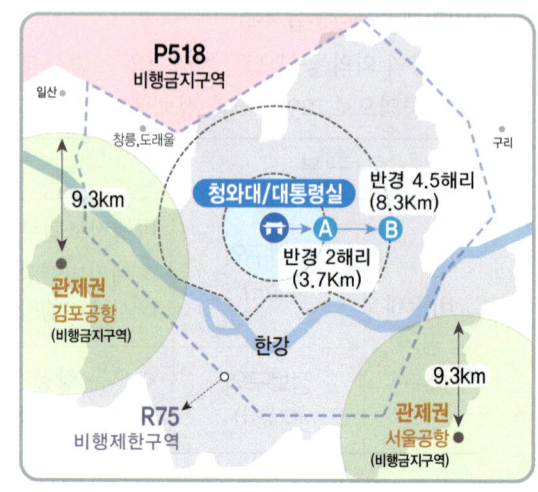

④ **주의공역**

항공기의 조종사가 비행 시 특별한 주의, 경계, 식별 등이 필요한 공역

구분		내용
주의 공역	훈련구역	민간항공기의 훈련공역으로서 계기비행 항공기로부터 분리를 유지할 필요가 있는 공역
	군작전구역	군사작전을 위하여 설정된 공역으로서 계기비행 항공기로부터 분리를 유지할 필요가 있는 공역
	위험구역	항공기의 비행시 항공기 또는 지상시설물에 대한 위험이 예상되는 공역
	경계구역	대규모 조종사의 훈련이나 비정상 형태의 항공활동이 수행되는 공역

○ 훈련구역(CATA, Civil Aircraft Training Area)
- 주로 비행 훈련 학교, 항공 클럽 등이 사용하는 구역
- 비행술 연습, 이.착륙 훈련, 비상 상황 연습 등이 이루어짐

○ 군작전구역(MOA, Military Operations Area)
- 공군, 해군, 육군 등이 군사 훈련, 공중전 시뮬레이션, 폭격 연습 등에 사용
- 주로 비행 속도, 고도, 기동성이 높은 작전이 이루어짐

○ 위험구역(D, Danger Area)
- 미사일 발사, 폭격 훈련, 공중사격 등이 이루어질 가능성이 있음
- 주로 해상이나 군사 기지 근처에 위치

○ 경계구역(A, Alert Area)
- 대규모 조종사 훈련, 비정규 항공기 활동 등이 빈번히 이루어지는 지역
- 공중 충돌 위험이 상대적으로 높은 구역

4.국내 초경량비행장치 공역(UA공역, Ultralighit vehicle flight Area)

○ 국내 43개의(2024/07.기준) 공역이 지정되어 있으며, 이 공역 내에서는 별도 승인없이 비행 가능
○ 최대이륙중량 25kg초과 멀티콥터, UA공역에서 비행가능 이외 모든 공역에서는 비행승인 필요

5. 초경량비행장치 관할지방 항공청(비행승인담당) ⭐

각 지방항공청은 무인멀티콥터(드론)의 비행승인을
담당하는 기관이다.

① 서울지방항공청

　서울특별시, 경기도, 인천광역시, 강원특별자치
　도, 대전광역시, 충청남도, 충청북도, 세종특별자
　치시, 전라북도

② 부산지방항공청

　부산광역시, 대구광역시, 울산광역시, 광주광역
　시, 경상남도, 경상북도, 전라남도

③ 제주지방항공청

　제주특별자치도

※ 특이내용

　같은 전라도 이지만, 관리 관할이 다름
　－전라북도 : 서울지방항공청 관할
　－전라남도 : 부산지방항공청 관할

---

02 – 초경량비행장치 비행승인　　(항공안전법 제127조)

1. 개요

동력비행장치 등 국토교통부령으로 정하는 초경량비행장치를 사용하여 국토교통부장관이 고시하는
초경량비행장치 비행제한공역에서 비행하려는 사람은 국토교통부령으로 정하는 바에 따라 미리 국토
교통부장관으로부터 비행승인을 받아야 한다. 다만, 비행장 및 이착륙장의 주변 등 대통령령으로 정
하는 제한된 범위에서 비행하려는 경우는 제외한다.

① 비행승인신청서 제출

　○ 비행구역 : 관제권, 관제구, 비행제한공역, 비행금지구역에서 비행 시 제출

　○ 제출기관 : 해당 지역 지방항공청장(서울지방항공청, 부산지방항공청, 제주지방항공청)

　○ 비행 공역이 겹치는 경우 : 각각의 기관에 비행승인 필요

② 비행승인 신청

　○ '드론 원스탑' 민원포털서비스

　　· https://drone.onestop.go.kr

③ 비행 계획승인 요청서 기입 항목

　○ 신청인(성명, 생년월일, 주소 등)　　○ 사업자 등록증

　○ 비행장치(용도, 소유자 신고번호 등)　○ 보험가입증명서

　○ 비행계획(일시, 구역, 목적, 경로 등)　○ 초경량비행장치사용사업 등록증 등

　○ 조종자(성명, 생년월일, 주소 등)　　※ 동승자의 자격 소지 유무는 해당 없음

④ 최대이륙중량 25kg 기준에 따른 비행승인

구분	승인유무
최대이륙중량 25kg 이하	○ 비행금지구역 및 관제권에서 비행시 승인 필요 ○ 일반공역에서 고도 150m(500ft) 이상에서 비행할 경우 승인 필요
최대이륙중량 25kg 초과	○ 모든 구역에서 승인 필요
공통사항	○ 초경량비행장치 비행공역(UA)에서는 승인 불필요

2.국가기관 등 무인비행장치의 비행승인이 필요없는 경우(항공안전법 제131조의2제2항)

① 재해·재난으로 인한 수색 ·구조
② 시설물 붕괴·전도 등으로 인한 재해·재난이 발생한 경우 또는 발생할 우려가 있는 경우의 안전진단
③ 산불, 건물·선박화재 등 화재의 진화·예방
④ 응급환자 후송
⑤ 응급환자를 위한 장기(臟器) 이송 및 구조·구급활동
⑥ 산림 방제(防除) 순찰
⑦ 산림보호사업을 위한 화물 수송
⑧ 대형사고 등으로 인한 교통장애 모니터링
⑨ 풍수해 및 수질오염 등이 발생하는 경우 긴급점검
⑩ 테러 예방 및 대응
⑪ 그 밖에 제1호부터 제10호까지에서 규정한 공공목적과 유사한 공공목적

3.비행승인 대상이 아니어도 비행승인이 필요한 경우(항공안전법 제127조 3항)

비행승인 대상이 아닌 경우라 하더라도 다음 각 호의 어느 하나에 해당하는 경우 비행승인 대상
① **관제구** : 국토교통부령으로 정하는 고도(200m) 이상에서 비행하고자 하는 경우
② **관제권** : 공항 참조점(중심점, ARP_Airport Reference Point) 기준 9.3km이내인 곳
③ **비행제한, 금지구역** : 휴전선(P518) 일대, 대통령실/관저(P73), 원자력발전소(P61~64) 및 연구소(P65)

4.국토교통부령으로 정하는 고도 ☆

① 사람 또는 건축물이 밀집된 지역
　　○ 초경량비행장치를 중심으로 수평거리 150m 이내
　　○ 가장 높은 장애물의 상단에서 150m 이내
② 1항 이외 지역
　　○ 지표면(수면), 건물 상단에서 고도 150m 이내

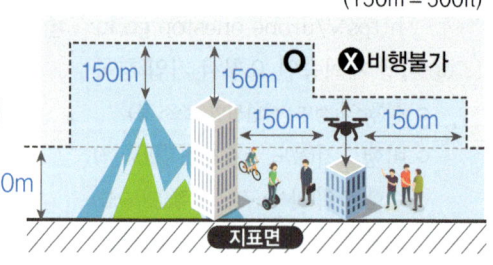

(150m = 500ft)

5.항공사진 촬영

① 2022년 12월부터 항공촬영 "허가"제도가 → "신청제"로 변경
② 드론 원스톱 민원서비스(https://drone.onestop.go.kr)에서 신청
③ 비행금지구역(P518, R73), 비행제한구역(R75), 관제권에서는 사전 비행승인 필요
④ 개활지 등 촬영금지 시설이 명백하게 없는 곳에서는 촬영신청하지 않아도 무방
⑤ 초경량비행장치 비행허가 및 촬영 승인 기관
　o 비행허가 담당 기관 : 각 지방항공청(서울지방항공청, 부산지방항공청, 제주지방항공청)
　o 항공촬영 담당 기관 : 국방부

6.6개월/12개월 범위 내 비행을 승인할 수 있는 경우(항공안전법 시행규칙 제308조 7항)

다음의 요건을 모두 충족하는 경우에는 12개월의 범위에서 비행기간을 명시하여 승인할 수 있다.
① 교육목적을 위한 비행일 것
② 무인비행장치는 최대이륙중량이 7kg 이하일 것
③ 비행구역은 「초·중등교육법」 제2조 각 호에 따른 학교의 운동장일 것
④ 비행시간은 정규 및 방과 후 활동 중일 것
⑤ 비행고도는 지표면으로부터 고도 20m 이내일 것
⑥ 비행방법 등이 안전·국방 등 비행금지구역의 지정 목적을 저해하지 않을 것

03 — 무인비행장치의 특별비행승인　(항공안전법 시행규칙 제312조의 2)

"특별비행승인"이란 야간 비행, 가시권 밖(비가시권) 비행, 고도 150m 초과 비행 등과 같이, 전문 검사 기관의 기체 검사 결과 국토교통부 장관이 고시한 안전 기준에 적합하다고 판단되는 경우, 그 범위를 정하여 승인하는 비행을 의미한다.
−실무 발급/처리 : 각 지방항공청장 ← 드론원스탑 접수(30일 이내 ~ 최대 90일)
−법적 승인권자 : 국토교통부 장관(특별비행승인서 발급)
① 특별비행 승인 관련 용어
　o 자동안전장치(Fail-Safe) : 무인비행장치 비행 중 통신두절, 저 배터리, 시스템 이상 등이 발생하는 경우 해당 무인비행장치가 안전하게 복귀하도록 귀환(RTH, return to home) 기능이 탑재된 장치
　o 충돌방지기능 : 비행 중인 무인비행장치가 장애물을 감지하여 장애물을 회피할 수 있는 기능
　o 충돌방지등 : 비행 중인 무인비행장치의 충돌방지를 위하여 주변의 다른 무인비행장치나 항공기 등에서 해당 무인비행장치를 인식할 수 있도록 하는 무선 표시 장치
　o 시각보조장치(FPV, First Person View) : 영상송신기를 통해 무인비행장치 시점에서 촬영한 영상을 무인비행장치의 조종자 등이 실시간 확인이 가능한 장치
　o CCC장비 : 항공기 계기 시스템, 통신 장비, 항법 장비
　·CCC(Command and Control, Communication) : 공통 관제 센터_ 민간 및 군사 항공기 간의 통합 관리
　　　　　　　　　　　(국방부 관할)
　·ATC(Air Traffic Control) : 항공 교통 관제, 민간 항공기 중심의 항공 교통 관리(국토교통부 관할)

② 특별비행 공통사항
　○이·착륙장 및 비행경로에 있는 장애물이 비행 안전에 영향을 미치지 않아야 함
　○자동안전장치(Fail-Safe)와 충돌방지기능을 탑재
　○추락 시 기체의 위치를 파악할 수 있는 위치 발신 기능을 갖추어야 함
　○사고대응 비상연락, 보고체계 등 비상 매뉴얼을 작성 비치, 참여인력 비상 대비 훈련 이수

③ 특별비행 야간비행
　○야간 비행 시 무인비행장치를 확인할 수 있는 한 명 이상의 관찰자 배치
　○5km 밖에서 인식가능한 정도의 충돌방지등(燈)(지속 또는 점멸방식) 장착
　○충돌방지등은 지속 점등 타입으로 전후좌우 식별이 가능하여야 함
　○자동 비행 기능을 갖추어야 함
　○적외선 카메라를 사용하는 시각보조장치(FPV, First Person View)를 장착
　○이·착륙장 주변 지상 조명시설 설치 및 서치라이트를 구비 함

No night flights

Day flights only!

④ 가시권 밖 비행 추가 기준
　○조종자의 가시권을 벗어나는 범위의 비행 시, 계획된 비행경로에 무인비행장치를 확인할 수 있는 관찰자를 한 명 이상 배치(다만, 나대지, 하천 등 피해 위험이 없는 지역에서 비상 상황시 대응수단, 낙하산, 비상착륙지 등을 마련한 경우에는 관찰자 배치를 제외할 수 있음)
　○관찰자를 배치하는 경우, 조종자와 관찰자 사이에 무인비행장치의 원활한 조작이 가능할 수 있도록 통신이 가능해야 함
　○조종자는 미리 계획된 비행과 경로를 확인해야 하며, 해당 무인비행장치는 수동/자동/반자동 비행이 가능하여야 함
　○조종자는 CCC(지휘 통제, Command and Control, Communication) 장비가 계획된 비행 범위 내에서 사용가능한지 사전에 확인
　○무인비행장치는 비행계획과 비상상황 프로파일에 대한 프로그래밍이 되어있어야 함
　○무인비행장치는 시스템 이상 발생 시, 조종자에게 알림이 가능해야 함
　○통신(RF 통신 및 LTE통신 기간망 사용 등)을 이중화해야 함
　○지상통제시스템(GCS, Ground Control System)을 갖추고 무인비행장치의 상태표시 및 이상 발생 시 GCS 알림 및 외부 조종자 알림을 장착
　○시각보조장치(FPV 등)를 장착

▶ 가시권비행(시계비행, VLOS) : Visual Line of Sight
▶ 비가시권비행(BVLOS) : Beyond Visual Line of Sight

⑤ 특별비행 승인 서류
　○장치의 종류, 형식 및 제원에 관한 서류
　○장치의 성능 및 운용한계에 관한 서류
　○장치의 조작방법에 관한 서류
　○비행계획서(비행절차, 비행지역, 운영인력 등 포함)
　○안전성 인증서(안전인증 대상에 해당하는 장치만 한정)
　○조종자의 조종 능력 및 경력 등 증명 서류
　○보험 또는 공제 등의 가입을 증명하는 서류
　○초경량비행장치 비행승인신청서
　○그 밖에 국토교통부장관이 정하여 고시하는 서류

1. 항공시설 관련 용어의 정의(공항시설법 제2조)

① **비행장** : 항공기, 경량항공기, 초경량비행장치의 이.착륙을 위해 설정한 구역(대통령령)

② **활주로** : 항공기의 착륙과 이륙을 위하여 국토교통부령으로 정하는 크기로 이루어지는 공항 또는 비행장에 설치된 구역을 말한다.

③ **비행장시설** : 비행장에 설치된 항공기의 이륙.착륙을 위한 시설과 그 부대시설로서 국토교통부장관이 지정한 시설을 말한다.

④ **항행안전시설** : 유선통신, 무선통신, 인공위성, 불빛, 색채 또는 전파를 이용하여 항공기의 항행을 돕기 위한 시설로서 국토교통부령으로 정하는 시설을 말한다.

⑤ **항공등화** : 불빛, 색채 또는 형상을 이용하여 항공기의 항행을 돕기 위한 항행안전시설로서 국토교통부령으로 정하는 시설을 말한다.

⑥ **이.착륙장** : 비행장 외에 경량항공기 또는 초경량비행장치의 이륙 또는 착륙을 위하여 사용되는 육지 또는 수면의 일정한 구역으로서 대통령령으로 정하는 것을 말한다.

2. 항공등화(공항시설법 시행규칙 제6조 별표3)

① **활주로등**(Runway Edge Lights) : 이륙 또는 착륙하려는 항공기에 활주로를 알려주기 위하여 그 활주로 양측에 설치하는 등화

② **유도로등**(Taxiway Edge Lights) : 지상주행 중인 항공기에 유도로, 대기지역 또는 계류장 등의 가장자리를 알려주기 위하여 설치하는 파란색 등화

③ **활주로유도등** : 활주로의 진입경로를 알려주기 위하여 진입로를 따라 집단으로 설치하는 등화

④ **유도로중심선등**(Runway Center Line Lights) : 지상주행 중인 항공기에 유도로의 중심.활주로 또는 계류장의 출입경로를 알려주기 위해 설치하는 등화

⑤ **풍향등**(Illuminated Wind Direction Indicator) : 항공기에 풍향을 알려주기 위하여 설치하는 등화

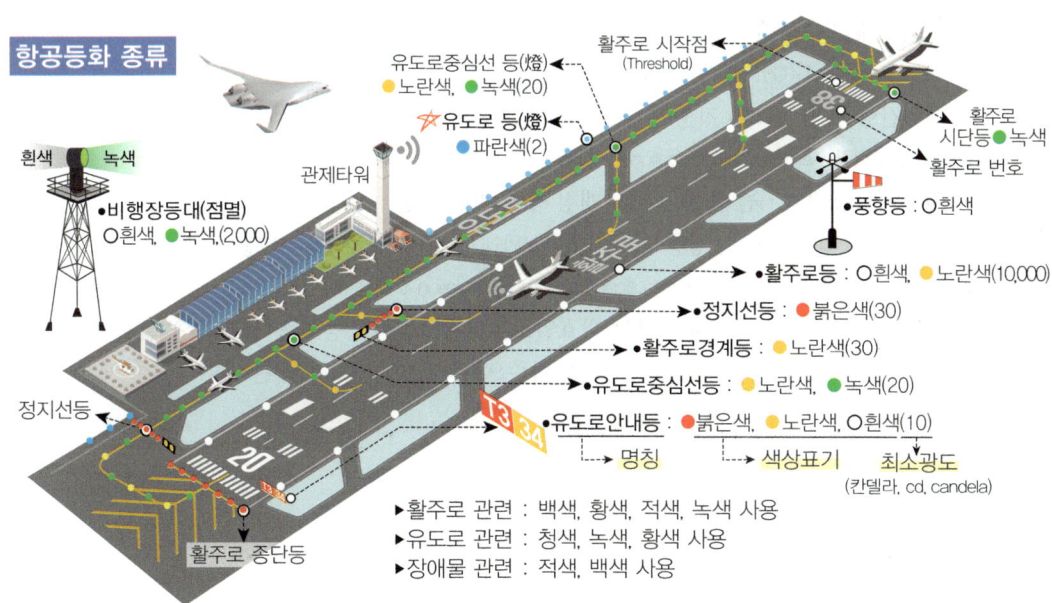

04 항공정보

01 — 항공정보 출판물

1.국제 항공 법규

① 1919년 10월 : 국제항공협약(파리협약) 채택

  ○ 자국 영공에 대한 완전하고 배타적인 주권을 인정함으로써 영공 주권의 원칙을 확립

② 1944년 12월 : 국제민간항공협약(시카고협약) 채택

  ○ 국제민간항공기구(ICAO) 설립

    ・시카고 협정으로 ICAO 1944년 12월 설립 → 1947년 4월 출범 후 실질적인 운영

③ 1952년 12월 : 국제민간항공기구(ICAO) 대한민국 가입

2.항공정보 간행물(Aeronautical Publications)

※ 항공정보업무의 제공형태

항공안전법 시행규칙 제255조(항공정보)
② 제1항에 따른 항공정보는 다음 각 호의 어느 하나의 방법으로 제공한다.
1.항공정보간행물(AIP)
2.항공고시보(NOTAM)
3.항공정보회람(AIC)
4.비행 전·후 정보(Pre–Flight and Post–Flight Information)를 적은 자료

① AIP(항공정보간행물, Aeronautical Information Publication)

  ○ 항공운항에 필수적인 영구적 정보 수록

  ○ AIP는 28일 주기(항공정보관리절차, AIRAC cycle) 정기적으로 발행

  ○ 국제민간항공기구(ICAO) 기준에 따라 각국 정부 또는 지정 기관이 공식 발행

② AIC(항공정보회람, Aeronautical Information Circular)

  ○ 비행 안전, 항행, 기술, 행정, 규정, 개정 등에 관한 내용

  ○ 항공고시보(NOTAM) 또는 항공정보간행물(AIP)에 전파의 대상이 되지 않는 정보를 수록한 공고문

③ AIRAC(항공정보관리절차, 에어랙_Aernautical Information Regulation & Control)

  ○ AIRAC 절차에 따라 공고된 정보는 발효일로부터 최소 28일 동안 변경할 수 없음(28일 주기 발효)

  ○ 운영 방식의 중요한 변경 사항을 발효일 기준으로 사전에 통보하고 관리하기 위한 체제

④ **항공고시보(노탐, NOTAM_Notice To Airmen, Notice To Airmission)**

- 비행 운항 관련 종사자들이 반드시 적시에 인지하여야 하는 공고문
  - 공항시설, 업무, 절차 또는 위험, 신설, 운영 상태등에 관한 정보
- 항공고시보의 발행은 운영 또는 제한 일자로부터 최소 7일 이전에 공고
- 항공고시보의 유효기간은 3개월
  - 3개월을 초과할 것으로 예상된다면 반드시 보충판으로 발간
- 항공고시보 발행 대상
  - 비행장, 헬기장 및 활주로의 설치, 폐지 또는 중요한 변경
  - 무선항행시설 및 공지통신서비스 운영 능력의 설치, 폐지 또는 중요한 변경
  - 항행에 영향을 미치는 위험 존재(예: 장애물, 군사훈련, 불꽃놀이, 로켓 잔해 등)
  - 이용 가능한 수색구조 시설 및 서비스의 주요 변경 사항
  - 이·착륙, 실패접근, 접근 구역 및 착륙대의 항행용 장애물 설치, 제거 및 변경

NOTAM 형식과 예문

메시지 우선순위 및 송신처 정보

GG RKZZNAXX

270046 RKRRYNYX
(E5429/24 NOTAM N → NOTAMN 신규, NOTAMR 수정, NOTAMC 취소
Q)RKRR/QRTCA/IV/BO/W/000/010/3601N12747E003

A)RKRR B)2411300000 C)2502230900
D)NOV 30 0000-0900, DEC 01 07 0000-0900, JAN
   04 0000-0900, FEB 01 0000-0900
E)TEMPO RESTRICTED AREA ACT AS FLW
   A CIRCLE RADIUS 2.69NM CENTERED ON 360053N1274632E
F)SFC G)984FT AGL)

노탐사이트

항공고시보(NOTAM, Notice to Airmen) : https://aim.koca.go.kr/

항 목	내 용
NOTAM번호	E5429/24 신규
비행정보구역	인천비행정보구역(RKRR)
QCODE	임시제한구역 활성화(QRTCA)
비행방식	계기비행(IFR) 및 시계비행(VFR)
목적	PIB 포함. 항공기 운항(BO)
경고정보	항행경고(W)
고도	지표면~1000ft(000/010)
지리참조 기준점(위치)	위도(3601N), 경도(12747E)
반경	3해리(003)

항목	내용	
A항목(지명)	인천 비행정보구역(RKRR)	
B항목(발효일시)	국제 표준시 24년 11월 30일 00시 00분 (한국 표준시 24년 11월 30일 09시 00분)	한국표준시(KST)는 국제표준시(UTC) 보다 9시간 차이로 빠르다
C항목(종료일시)	국제 표준시 25년 02월 23일 09시 00분 (한국 표준시 25년 02월 23일 18시 00분)	(대한민국 표준시 = UTC+09:00)
D항목(일정)	**국제표준시(UTC_1972/01시행)** / 한국표준시(KST,1961/08 시행) 24년11월30일 00:00~09:00 / 24년11월30일 09:00~18:00 24년12월01일 00:00~09:00 / 24년12월01일 09:00~18:00 25년01월04일 00:00~09:00 / 25년01월04일 09:00~18:00 25년02월01일 00:00~09:00 / 25년02월01일 09:00~18:00 ※국제표준시(UTC)를 한국표준시(KST)로 환산 방법 : 21h+9h=30h → 30h-24h=06:00	•UTC : 협정 세계시 (Coordinated Universal Time) •KST : 한국 표준시 (Korean Standard Tim)
E항목(NOTAM본문)	TEMPO RESTRICTED AREA ACT AS FLWA CIRCLE RADOUS 5NM CENTERED ON 361603N1270645E E항목 : 361603N, 1270645E를 중심으로 반경 5NM 임시비행제한구역	
F항목(하한)	지표면(SFC) •F/G항목 : 하한고도 지표면, 상한 고도는 5,000ft	
G항목(상한)	948FT(AGL) •지표면에서 부터, 948ft	

05 벌칙, 과태료

01 — 벌금, 과태료 및 행정처분 기준 ✪

벌금은 범죄에 대해 법원 판결을 통해 부과, **과태료**는 행정기관이 행정위반에 부과하는 금전적 제재료

1.벌칙(항공안전법 제161조)

내용	벌칙(만 원)
○ 비행 전 또는 비행 중 주류(BAC 0.02% 이상 포함)나 환각물질을 섭취한 자 ○ 음주 측정 요구에 불응하거나 방해한(者, 조종자증명 취소 병행 가능) 경우 ○ 군사시설을 불법 촬영하여 발간·유포(도서 등)하는(者) 경우	3년 이하 징역 또는 3천만 원 이하의 벌금
○ 초경량비행장치 사용사업을 등록 하지 않고 사업을 경영한 경우 ○ 조종자 증명 없이, 안전성인증(대상인 경우)을 받지 않고 비행장치를 조종한 자 ○ 과실로 항행안전시설 파손, 항공기를 추락 또는 전복시키거나 파괴한(者) 경우	1년 이하 징역 또는 1천만 원 이하의 벌금
○ 사업개선 명령 위반 또는 개선 명령을 이행하지 않은 사업자	1천만 원 이하의 벌금
○ 비행장치의 신고 또는 변경신고를 하지 않고 비행한(者) 경우 ○ 신고대상 기체(2kg 초과)를 신고하지 않고 영리목적 등으로 사용한(者) 경우	6개월 이하 징역 또는 500만 원 이하의 벌금
○ 승인을 받지 않고 비행제한공역, 관제권을 비행한(者) 경우 ○ 비행승인대상지역에서 승인없이 비행 또는 승인 외 지역을 비행한(者) 경우 ○ 초경량비행장치 사고 후 미신고 또는 거짓으로 통보한(者) 경우 ○ 일반구역에서 25kg 초과 기체를 비행 또는 150m 초과 비행한(者) 경우 ○ 국토교통부장관의 허가를 받지 않고 무인자유기구를 비행시킨(者) 경우	500만 원 이하의 벌금

2-1.과태료부가 기준(항공안전법 시행령 제30조, 별표5)

① 가중 적용 기간 : 최근 5년간 같은 위반행위로 과태료 처분을 받은 경우에 적용
② 기간 계산 방식 : 직전 과태료 부과처분일과 그 후 같은 위반행위 적발일을 기준으로 산정
③ 차수 산정 : 가중처분의 적용 차수는 직전 부과처분 차수의 다음 차수
④ 감경 사유 범위(최대 1/2 감경, 체납자 제외)
  ○ 위반행위가 사소한 부주의나 오류로 인한 것으로 인정되는 경우
  ○ 법 위반 상태를 시정하거나 해소하기 위해 노력한 사실이 인정되는 경우
  ○ 위반행위의 정도·동기·결과 등을 고려하여 감경할 필요가 있다고 인정되는 경우
⑤ 가중 사유 범위(최대 1/2 가중, 법 제166조 상한 초과 불가)
  ○ 위반 내용의 정도가 중대하여 공중(公衆)에 미치는 영향이 크다고 인정되는 경우
  ○ 법 위반 상태의 기간이 6개월 이상 지속된 경우
  ○ 위반행위의 정도·동기·결과 등을 고려하여 가중할 필요가 있다고 인정되는 경우

2-2.**과태료**(항공안전법 시행령)

내용 (과태료 암기법 : 3차 과태료 기준, 1차인 경우 50%, 2차인 경우 75%에 해당)	과태료(만 원)		
	1차	2차	3차
○ 보험가입 대상이 보험 가입하지 않고 비행한(者) 경우_(항공사업법 과태료) ○ 안전성인증 대상 기체를 안전성인증을 받지 않고 비행한(者) 경우	250	375	500
○ 기체(250g 초과)를 **조종자 증명 없이 비행**한(者) 경우	200	300	400
○ 조종자 증명을 빌려 조종을 수행한 경우, 빌려준 경우, 알선한(者) 경우 ○ 조종자 준수사항을 위반하고 비행한(者) 경우 ○ 야간 특별비행승인 없이 비행한(者) 경우 ○ 허가받은 범위 외에서 비행한(者) 경우(경미한 경우)	150	225	300
○ 기체에 신고번호를 표시하지 않거나 거짓으로 표기한(者) 경우 ○ 구소 안선장비를 미장착 또는 휴대하지 않고 비행을 한(者) 경우	50	75	100
○ 사고에 관한 보고를 하지 않거나 거짓(허위)으로 보고한(者) 경우 ○ 초경량비행장치의 말소신고를 하지 않은(者) 경우	15	22.5	30

3.**행정처분 기준**

구분	내용	처분
과실에 의한 인명피해	부상자	30일 자격정지
	중상자	90일 자격정지
	사망자 발생	자격취소
제 3자의 재산피해	10억 미만	30일 자격정지
	10억 이상~100억 미만	90일 자격정지
	100억 이상	180일 자격정지
조종자 준수사항 위반	1차 위반	150만 원, 정지 30일
	2차 위반	225만 원, 정지 60일
	3차 위반	300만 원, 정지 180일
음주(마약) 수치	0.02 이상~0.06 미만	60일 자격정지
	0.06 이상~0.09 미만	120일 자격정지
	0.09 이상	180일 자격정지
조종자증명 취소	•부정한 방법으로 자격 취득 •자격 정지 중 비행 •자격을 빌리거나 빌려준 경우 •음주 측정 거부(3년 이하 징역 또는 3천만 원 이하의 벌금, 병행 가능)	

06 초경량비행장치 사용사업

01 — 용어설명

① **항공기 사용 사업** : 항공운송사업 외의 사업으로서 타인의 수요에 맞추어 항공기를 사용하여 유상으로 농약살포, 건설자재 등의 운반, 사진촬영 또는 항공기를 이용한 비행훈련 등 국토교통부령으로 정하는 업무를 하는 사업

② **항공기 대여업** : 유상으로 항공기, 경량항공기 또는 초경량비행장치를 대여(貸與)하는 사업

③ **초경량비행장치 사용 사업** : 국토교통부령으로 정하는 초경량비행장치를 사용하여 유상으로 농약살포, 사진촬영, 교육 등 국토교통부령으로 정하는 업무를 하는 사업

④ **항공레저스포츠 사업** : 유상으로 다음 각 목의 어느 하나에 해당하는 서비스를 제공하는 사업

○ 항공기(비행선과 활공기에 한정), 경량항공기 또는 국토교통부령으로 정하는 초경량비행장치를 사용하여 조종교육, 체험 및 경관조망을 목적으로 사람을 태워 비행하는 서비스

○ 항공레저스포츠를 위하여 대여하여 주는 서비스
　· 활공기 등 국토교통부령으로 정하는 항공기
　· 경량항공기
　· 초경량비행장치

○ 경량항공기 또는 초경량비행장치에 대한 정비, 수리 또는 개조서비스

02 — 사용사업 요건 범위 ✪

초경량비행장치를 사용하여 유상으로 농약살포, 교육, 사진촬영 등 국토교통부령으로 정하는 사업

① 사용사업 등록 : 한국교통공단 이사장(실무/접수) → **지방항공청장** ↔ 국토교통부장관(위임)

② 사용사업 양도·양수, 휴·폐업 : 지방항공청장(발급) ↔ 국토교통부장관(위임)

1.초경량비행장치사용사업의 등록 요건(항공사업법 제48조, 항공사업법 시행령 [별표 9])

① 자본금 또는 자산평가액
　○ 법인 : 납입자본금 3천만 원 이상
　○ 개인 : 자산평가액 3천만 원 이상
　○ 다만, 최대이륙중량이 25kg 이하인 무인비행장치만을 사용하여 사업을 하려는 경우는 제외

② 조종자 : 1명이상

③ 장치 : 초경량비행장치 1대 이상(무인비행장치로 한정)

④ 보험 또는 공제 가입
　○ 대인 1.5억 원 이상, 대물 2천만 원 이상의 보험 또는 공제 가입

2.초경량비행장치사용사업의 사업범위(항공사업법 시행규칙 제6조)

① 비료 또는 농약 살포, 씨앗 뿌리기 등 농업 지원
② 사진촬영, 육상·해상 측량 또는 탐사
③ 산림 또는 공원 등의 관측 또는 탐사
④ 조종교육
⑤ 그 밖의 업무로서 다음 각 목의 어느 하나에 해당하지 아니하는 업무
　○ 국민의 생명과 재산 등 공공의 안전에 위해를 일으킬 수 있는 업무
　○ 국방·보안 등에 관련된 업무로서 국가 안보를 위협할 수 있는 업무

03 — 사용사업 등록, 변경, 보험

1.초경량비행장치사용사업의 신규 등록, 서류(항공사업법 시행규칙 제47조)

① 사업계획서　　　: 목적, 안전관리대책, 자본금, 상호, 사용시설, 인력, 개업일시 등
② 자본금 입증서류 : 최대이륙중량 25kg 이하 사용 시 제외
③ 조종자 증명　　 : 배터리 포함 자체중량 12kg 이하 사용 시 제외
④ 신고증명서　　 : 최대이륙중량 25kg 초과 사용 시 안전성 인증서 추가
⑤ 보험가입증명서 : 대인 1억 5천만 원 이상, 대물 2천만 원 이상, 기체에 제작번호 표기
⑥ 사업자등록증　 : 법인의 경우 법인 등기부등본
⑦ 부동산을 사용할 수 있음을 증명하는 서류 : 비행장 임대차 계약서 등
⑧ 초경량비행장치 : 사진

2.초경량비행장치 사용 사업의 변경 신고

① 변경신고(양도, 양수, 휴업, 폐업) : 변경신고 사유가 발생한 날로부터 30일 이내
② 등록, 변경, 말소 신고 : 드론원스탑(온라인) → 한국교통안전공단 이사장(실무/접수) ↔ 지방항공청장
③ 변경 사유 항목
　○ 자본금의 감소
　○ 사업소의 신설 또는 변경
　○ 대표자 변경
　○ 대표자의 대표권 제한 및 그 제한의 변경
　○ 상호의 변경
　○ 사업 범위의 변경

3.보험(항공사업법 시행규칙 제70조)

항공운송사업, 항공기사용사업, 항공기대여업을 운영하려는 경우, 반드시 아래의 보험에 가입해야 하며, 보험가입 신고서를 국토교통부장관에게 제출해야 한다. 이는 보험 변경 또는 갱신의 경우에도 동일하게 적용된다.

① **배상책임보험**(대인/대물)
　○ 가입 의무 : 모든 항공운송사업자 및 사용사업자가 필수적으로 가입해야 하는 보험
　○ 배상 대상 : 대인 및 대물
　○ 보상 한도
　　· 대인 : 자동차 손해배상 보장법 시행령 제3조 1항에 따라 1억 5천만 원 이상
　　· 대물 : 동 시행령 제3조 3항에 따라 2천만 원 이상의 보험 또는 공제 가입
② **자차보험**(항공보험 등)
　○ 가입 여부 : 교육기관 및 기타 사용사업자 등의 선택 보험
　○ 배상 대상 : 자가 장비
　○ 보상 한도 : 수리비용 보상한도 내 설계
③ **자손보험**(개인배상책임 등)
　○ 가입 의무
　　· 교육기관 : 지역에 따라 필수 가입
　　· 기타 사용사업자 : 선택 가입
　○ 배상 대상 : 조종자 자신의 신체
　○ 보상 한도 : 조종자 자신의 신체 손상에 대한 치료비 등 보상

04 – 비행장치 사고 보고

1. 사고 정의

"초경량비행장치사고"란 초경량비행장치를 사용하여 비행을 목적으로 이륙하는 순간부터 착륙하는 순간까지 발생한 다음 각 목의 어느 하나에 해당하는 것으로서 국토교통부령으로 정하는 것을 말한다.
① 초경량비행장치에 의한 사람의
　○ 사망 : 30일이내 그 사고로 사망한 경우
　○ 중상 : 7일 내 48시간 초과 입원치료, 골절(코뼈/손가락/발가락 골절 제외), 2~3도 화상 또는 신체 표면의
　　　　　 5% 초과 화상, 내장의 손상, 열상(찢어진 상처)의 심한 출혈, 접염 물질 또는 유해 방사선 노출
　○ 행방불명 : 초경량비행장치 내부에 있던 사람이 1년간 생사가 분명하지 아니한 경우
② 초경량비행장치의 추락, 충돌, 화재 발생
③ 초경량비행장치의 위치를 확인할 수 없거나 초경량비행장치에 접근이 불가능한 경우

2. 사고 보고 제도의 목적

우리나라는 2009년 6월부터 국가 항공안전시스템의 향상도모를 목적으로 자율보고와 의무보고를 분리하여 운영 중에 있다.
① **자율보고제도** : 항공 안전 강화를 위한 자율적 보고 장려
② **의무보고제도** : 법적 의무를 통해 항공 안전 정보를 신속
　　　　　　　　　 히 확보

구분	의무보고(즉시)	자율보고
목적	사고 및 준사고 정보 확보	잠재적 위험 탐지 및 예방
운영 주체	국토교통부	한국교통안전공단
보고 성격	법적 의무 보고	익명 보고 가능
대상 사례	사고, 준사고	안전 장애, 일반적 위험 요소
보고 의무	필수	없음

3.사고 보고 내용(항공안전법 시행규칙 제312조)

초경량비행장치사고를 일으킨 조종자 또는 그 초경량비행장치소유자등은 다음 각 호의 사항을 한국
교통안전공단에 보고하여야 한다.

① 초경량비행장치 사고란
- ○ 비행 중 충돌, 추락, 전복 등으로 인한 인명피해 또는 재산피해 발생
- ○ 비행 중 안전운항에 영향을 미치는 고장 또는 장애 발생
- ○ 인근 사람, 건축물, 차량, 시설물 등에게 피해를 준 경우

② 사고발생 통보(항공·철도 사고조사에 관한 법률 제17조)
- ○ 누가 : 초경량비행장치 조종자(조종자가 통보할 수 없는 경우에는 그 소유자)
- ○ 언제 : 사고 발생한 것을 인지한 즉시(지체 없이) 통보(보고)

③ 보고내용
- ○ 조종자 및 그 초경량비행장치소유자등의 성명 또는 명칭
- ○ 사고가 발생한 일시 및 장소
- ○ 초경량비행장치의 종류 및 신고번호
- ○ 사고의 경위
- ○ 사람의 사상(死傷) 또는 물건의 파손 개요
- ○ 사상자 성명 등 사상자의 인적사항 파악을 위하여 참고가 될 사항

④ 사고발생 시 신고 기관
- ○ 항공기 및 철도 사고 발생 시 신고 기관
  - · 지방항공청 "항공·철도사고조사위원회" 신고(국토교통부장관 지방항공청장에게 위임)
  - · 2005년 11월 출범 : 항공 철도 조사 기관 병합(항공사고조사위원회 + 코레일/철도청)
  - · 신고 관련 정보
    - −보고방법 : 전화, 팩스, 인터넷, 이메일, 구두 등
    - −홈페이지/전화 : http:www.araib.go.kr(T.044-201-5447)
- ○ 초경량비행장치 사고 발생 시 신고 기관
  - · "한국교통안전공단", 초경량사고조사팀에 신고(T.054-459-7381~2)
  - ※ 경량항공기 이상의 사고 → "항공·철도사고조사위원회"
- ○ 경찰/소방서
  - · 인명피해 또는 재산 피해가 동반된 경우, 경찰 및 소방서에 신고

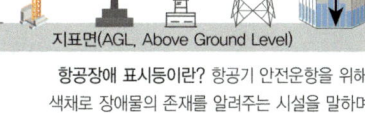

항공기 사고 예방을 위한 항공장애 표시등과 주간표지의 설치

충돌사고 예방

크레인 60m / 풍력터빈 / 굴뚝 / 철탑 송전탑 / 150m (500ft)

지표면(AGL, Above Ground Level)

항공장애 표시등이란? 항공기 안전운항을 위해 색채로 장애물의 존재를 알려주는 시설을 말하며, 고층건물(150m 이상) 및 굴뚝, 크레인(60m 이상) 등에 의무적으로 설치

 항공철도 사고조사위원회

사고신고 기관 | 2025년 01월 부터 기관 분리

 항공기·경량항공기 사고 신고/통보 | 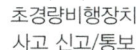 초경량비행장치 사고 신고/통보

신고기관

 항공철도 사고조사위원회 | TS 한국교통안전공단

■한국형 도심항공교통(K-UAM) 운용, 공역 구상도 _참조용

도입기(2025~2029)	성장기(2030~2034)	성숙기(2035~)
기내 기장탑승.조종	원격 조종	자율비행

현재 ← → **미래**

- ATM : 국가 항공교통 전체를 관리하는 체계
  (Air Traffic Management)
- UATM : UAM 운항을 위한 전용 교통관리체계
  (Urban Air Traffic Management)
- UTM : 드론 등 무인기의 비행을 위한 관리체계
  (Unmanned Aircraft System Traffic Management)
- UAM : 도심 내 공중 모빌리티 개념
  (Urban Air Mobility)
- PAV : 개인이 사용하는 소형 항공기, eVTOL 등
  (Personal Air Vehicle)

무인항공기(600Kg 초과)

성층권 무인기

성층권 무인기

ATM 18km 이하

운송용 항공기

운송용 항공기

4.3km

경량항공기

경량항공기

UAM(150~600Kg)

UATM 300~600m

신설계획

UAM 회랑(전용 하늘길)
드론 하이웨이

고속비행 영역

개인용 자율비행항공기(PAV)

드론택시
개인용 자율비행 항공기

UAM ~150m 이하

가시권비행드론

150m

VTOL

저속비행 영역

드론 150kg이하

소형드론

※ 1ft(피트) = 30.48cm
- 민간 여객기 30,000~40,000ft (약 9~12km)에서 운항
- 경비행기 10,000~20,000ft(약 3~6km)
- 전투기 : 보통 30,000ft 이상 비행 가능, ■헬리콥터 평균 500~10,000ft(150m~3km)

자료 : 국토교통부

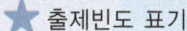
01 국내 항공법과 관련된 내용 중 사실과 다른 것은?

① 1961년 제정된 항공법이 현재까지 유지되고 있다.
② 항공안전법은 2017년 3월 항공법에서 분리되었다.
③ 경량항공기 제도는 2009년 처음 도입되었다.
④ 항공사업법은 항공운송 및 항공기 사용사업에 관한 법률이다.

해설
1961년 제정된 항공법은 이후 여러 차례 개정을 거쳐, 2017년에는 항공안전법, 항공사업법, 공항시설법으로 분리되었다.

02 2017년 개정된 항공법에 포함되지 않은 법률은?

① 항공사업법　　② 공항시설법
③ 항공안전법　　④ 항공산업법

해설
• 개편전 : 항공법, 항공운송사업 진흥법, 수도권신공항건설 촉진법
• 개정 후 항공안전법, 항공사업법, 공항시설법으로 분법

03 초경량비행장치 신고 유형에 해당하지 않는 것은?

① 신규신고　　② 정기검사
③ 이전신고　　④ 말소신고

해설
초경량비행장치의 신고 유형
• 신규신고 : 최초 신고
• 변경신고 : 용도, 주소, 명칭, 장소 변경 시 신고
• 이전신고 : 소유권 이전
• 말소신고 : 멸실 또는 해체된 경우, 2개월이상 유실, 해외 매도한 경우
• 신고기관 : 한국교통안전공단 이사장 대행(국토교통부 장관).

04 말소 신고와 관련하여 맞지 않는 사항은?

① 초경량 비행장치가 멸실된 경우 말소 신고를 한다.
② 초경량 비행장치의 존재 여부가 2개월 이상 불분명한 경우 말소 신고를 한다.
③ 초경량 비행장치가 외국에 매도된 경우 말소 신고를 한다.
④ 초경량 비행장치를 분실한 경우 반드시 30일 이내에 말소 신고를 한다.

해설
초경량 비행장치를 분실, 멸실, 해체한 경우에는 15일 이내에 말소 신고를 해야 한다.

05 다음 중 초경량비행장치의 신고번호 표시방법으로 틀린 것은?

① 신고번호는 조종자가 소지하는 서류에만 기록한다.
② 기체의 외부에서 쉽게 확인할 수 있도록 표시한다.
③ 동체가 있는 경우 동체에 우선 부착하고, 없는 경우 암대에 부착한다.
④ 신고번호는 비행 중 판독할 수 있도록 선명하게 표시한다.

해설
• 초경량비행장치의 신고번호는 기체 외부에서 쉽게 확인할 수 있도록 부착
• 비행 중에도 식별 가능하도록 선명하게 표시

06 다음 중 초경량비행장치 신고가 필요 없는 경우에 해당하지 않는 것은?

① 사람이 탑승하지 않는 계류식 기구
② 연구개발 목적의 기체
③ 최대이륙중량 5kg의 무인동력비행장치
④ 낙하산류

---

07 다음 중 안전성 인증 대상이 아닌것은?

① 등력비행장치로 연료제외 자체중량 115kg 이하
② 패러글라이더 자체중량 70kg 이하
③ 사람이 탑승하는 기구류
④ 무인멀티콥터 최대이륙중량 25kg 이하

해설

• 무인멀티콥터 자체중량 25kg 이하 인증 제외
• 무인멀티콥터 자체중량 25kg 초과 인증 대상

08 안전성인증 검사 종류에 포함되지 않는 것은?

① 중도검사　　② 정기검사
③ 수시검사　　④ 초도검사

해설

• 초도검사 : 신규기체 최초 실시하는 인증검사
• 정기검사 : 유효기간 만료 시 2년마다 재인증
• 수시검사 : 대수리, 대개조 후 적합유무 확인
• 재인증 : 초도,정기,수시 검사에서 부적합 판정 시 6개월 이내 재 검사 실시

09 초경량비행장치의 안전성 인증 유효기간은?

① 1년　　　　② 2년
③ 3년　　　　④ 4년

해설

안전성인증검사 : 2022년 1월 이후 영리.비영리 모두 2년 단위로 실시한다.

10 다음 중 시험비행 신청 대상이 아닌 경우에 해당하는 것은?

① 연구기관에서 연구를 목적으로 제작한 기체
② 판매를 목적으로 제작하였으나 비행되지 않은 기체
③ 최대이륙중량이 2kg 이하인 무인동력비행장치
④ 자체중량이 15kg인 무인비행선

해설, P183

• 항공안전법 시행령 제24조에 따르면 연구·조사·개발 목적의 기체, 판매 목적으로 제작되었으나 비행되지 않은 기체, 그리고 2kg 이하의 무인동력비행장치는 시험비행 신청 대상이 아니다.
• 하지만 자체중량 15kg의 무인비행선은 해당 기준을 초과하여 시험비행 신청이 필요하다.

11 다음 중 초경량비행장치의 조종자 운영 기체에 관한 설명으로 틀린 것은?

① 1종 : 최대이륙중량 25kg 초과, 150kg 이하
② 2종 : 최대이륙중량 7kg 초과, 25kg 이하
③ 3종 : 최대이륙중량 2kg을 초과, 7kg 이하
④ 4종 : 최대이륙중량 250g을 초과 2kg 이하

해설

• 1종은 최대이륙중량이 25kg 초과 자체중량 150kg 이하
• 2.3.4종은 모두 최대이륙중량 기준

12 초경량비행장치 조종자 자격이 취소되지 않는 경우는?

① 부정한 방법으로 조종자 자격을 취득한 경우
② 자격 정지 기간 중에 비행한 경우
③ 음주 측정을 거부한 경우
④ 조종자가 과도한 비행을 반복한 경우

해설

• 조종자의 과도한 비행은 자격 취소 사유에 해당하지 않는다.

13 다음 중 무인멀티콥터 조종자 증명 효력 정지 (1년 이내)에 해당하지 않는 것은?

① 항공안전법을 위반하여 벌금형 이상의 처벌을 받은 경우
② 기체 결함으로 인해 비행 중 사고가 발생한 경우
③ 음주 상태에서 무인멀티콥터를 조종한 경우
④ 조종자가 준수해야 할 사항을 위반한 경우

해설

기체 결함으로 인해 발생한 사고는 조종자의 고의 또는 중대 과실이 없는 경우 효력 정지 사유에 해당하지 않는다.

14 초경량비행장치 사용사업 변경이 필요한 경우, 변경신청은 언제까지 해야 하는가?

① 사유 발생 후 10일 이내
② 사유 발생 후 15일 이내
③ 사유 발생 후 30일 이내
④ 사유 발생 후 45일 이내

해설
2kg을 초과하는 초경량비행장치 반드시 신고
- 취득 후 : 30일 이내 신고
- 변경신고 : 30일 이내
- 말소신고 : 15일 이내

15 초경량비행장치 조종자 전문교육기관의 시설 및 장비 기준으로 적절하지 않은 것은?

① 파손기체 수리 시설
② 강의실 및 사무실 각 1개 이상
③ 이륙.착륙 시설
④ 훈련용 비행장치 1대 이상

해설
초경량비행장치 조종자 전문교육기관은 강의실, 사무실, 이륙 · 착륙 시설 및 훈련용 비행장치를 보유해야 한다.

16 초경량비행장치 조종자 전문교육기관의 지정 기준으로 맞는 것은?

① 비행시간이 50시간 이상인 지도조종자 1명 이상 보유
② 비행시간이 100시간 이상인 지도조종자 2명 이상 보유
③ 비행시간이 150시간 이상인 실기평가 조종자 1명 이상 보유
④ 비행시간이 300시간 이상인 실기평가 조종자 1명 이상 보유

해설
초경량비행장치 조종자 전문교육기관의 지정 등(항공안전법 시행규칙 제307조)
- 초경량비행장치 조종자 전문교육기관 지정기준은 비행시간이 200시간 이상인 지도조종자 1명 이상
- 300시간 이상인 실기평가조종자1명 이상 보유하여야 한다.

17 다음 중 초경량비행장치 조종자의 금지사항으로 옳지 않은 것은?

① 야간 비행을 할 수 있으나, 반드시 등화를 장착해야 한다.
② 가시권 내에서만 비행을 실시한다.
③ 조종자는 음주 상태에서 비행할 수 없다.
④ 비행 전, 해당 공역의 비행 가능 여부를 확인해야 한다.

해설
초경량비행장치는 원칙적으로 야간 비행이 금지되어 있으며, 특별한 허가 없이 등화 장착만으로 야간 비행을 수행할 수 없다.

18 초경량비행장치 조종자 준수사항에 해당하지 않는 것은?

① 일출 전.후 야간 비행 금지
② 고도 150m이상 비행 금지
③ UA 공역 비행 금지
④ 혈중알코올 농도 0.02%이상 비행 금지

해설
- 혈줄알코올 농도는 0.02% 이상 비행이 금지된다. 이외,
- 낙하물 투하금지
- 인구 밀집 지역 비행 금지
- 가시권 외 비행금지
- 유인기 접근 시 회피 기동
- 비행금지 공역 비행 금지(대통령실/관저, 휴전선 인근, 원전주변, 관제권)

19 항공 종사자의 혈중 알코올 농도 제한 기준으로 맞는 것은?

① 0.01% 이하
② 0.02% 이하
③ 0.03% 이하
④ 0.05% 이하

해설
- 항공 종사자는 혈중 알코올 농도가 0.02% 이상일 경우 항공기 조종이 금지된다.
- 0.02 이상~0.06 미만 : 60일 자격정지
- 0.06 이상~0.09 미만 : 120일 자격정지
- 0.09 이상~   : 180일 자격정지

20 다음 중 초경량비행장치의 비행 중 유의사항에 맞지 않는 것은?

① 비행 전 기체 및 배터리 상태를 철저히 점검한다.
② 조종자는 항상 비행 중 기체와 일정한 거리를 유지해야 한다.
③ 강풍이 불 때에도 조종기 성능이 우수하면 안전하게 비행할 수 있다.
④ 조종 불능 상황 발생 시 즉시 비상 착륙을 시도한다.

해설
강풍이 불 경우 조종기 성능과 관계없이 기체가 불안정해질 가능성이 크므로, 비행을 삼가해야 한다.

정답 | 15 ① 16 ④ 17 ① 18 ③ 19 ② 20 ③

21 초경량비행장치의 비행이 가능한 공역으로 올바른 것은 무엇입니까?

① 초경량비행장치 전용 비행구역(UA)
② 안전한 장소에서 고도 200m 이상의 공역
③ 해 뜨기 직전 밝은 여명 시간대
④ 관제권

해설
- 초경량비행장치는 지정된 전용 비행구역(UA)이나 150m 이하 공역에서 비행이 가능하다.
- 200m 이상 공역이나 민간항공기 운항이 많은 공역에서는 별도의 승인 없이 비행할 수 없다.

22 대한민국 영공에 대한 설명으로 틀린 것은?

① 영공은 대한민국의 영토 및 영해의 상공이다.
② 대한민국의 영공은 국제법에 의해 규정된다.
③ 영공에서는 국가의 완전하고 배타적인 주권이 행사된다.
④ 국토교통부 장관이 영공의 범위를 지정하고 고시한다.

해설
- 영공은 국가의 주권이 미치는 공간이며, 대한민국의 영공은 국제법상 대한민국의 영토와 영해의 상공으로 규정된다.
- 따라서 영공의 범위는 국토교통부 장관이 아닌 국제법과 국내법에 의해 정해진다.(공역 지정은 국토교통부 장관이 고시)

23 공역 설정 기준으로 적절하지 않은 것은?

① 항공교통의 원활한 서비스 제공
② 공역을 최대한 넓게 확보하여 운용
③ 효율적이고 경제적인 활용
④ 국가의 안보를 고려한 설정

해설
- 공역은 항공교통의 안전과 원활한 흐름을 위해 설정되며, 최소한의 공역을 효과적으로 활용하는 것이 원칙이다.
- 공역을 불필요하게 넓게 확보하는 것은 비효율적이며 경제적 활용 원칙에 부합하지 않는다.

24 모든 항공기가 계기비행을 해야 하는 공역은?

① A등급 공역   ② B등급 공역
③ C등급 공역   ④ G등급 공역

해설
A등급 공역에서는 모든 항공기가 계기비행(IFR)을 해야 한다. 시계비행(VFR)은 허용되지 않는다.

25 비행정보구역(FIR) 지정 목적과 거리가 먼 것은?

① 항공기 간 충돌 방지 및 항행 안전 확보
② 국가 안보와 군사 작전의 효율적 수행
③ 국제항공기 운항의 표준화된 항로 설정
④ 특정 국가의 영공 주권 강화를 위한 지정

해설
- 비행정보구역(FIR)은 항공기 안전을 보장하기 위해 설정된 공역으로, 주로 항행 안전과 국제 항공질서 유지가 목적이다.
- FIR은 국가 영공과는 별개이며, 특정 국가의 영공 주권을 강화하는 용도로 지정되지 않는다.

26 인천비행정보구역(FIR)의 경계에 대한 설명으로 틀린 것은?

① 동쪽 경계는 속초 동쪽으로 부터 약 210NM
② 남쪽 경계는 제주 남쪽으로 부터 약 200NM
③ 북쪽 경계는 휴전선 이북
④ 서쪽 경계는 인천 서쪽으로 부터 약 130NM

해설
인천 FIR의 북쪽 경계는 휴전선까지이며, 이북은 포함되지 않는다.

27 항공교통관제가 제공되지 않는 공역을 고르시오.

① A등급   ② B등급
③ G등급   ④ E등급

해설
G등급 공역은 비관제 공역으로, 항공교통관제 서비스가 제공되지 않는다.

28 다음 중 항공기의 공역 등급 구분에 대한 설명으로 옳지 않은 것은?

① B등급 공역에서는 항공교통관제 서비스를 제공한다.
② C등급 공역에서는 IFR 및 VFR 항공기 모두 항공교통관제 서비스를 받는다.
③ D등급 공역에서는 VFR 항공기는 관제승인이 필요 없다.
④ G등급 공역은 비관제공역으로, IFR 항공기도 항공교통관제 서비스를 받을 수 없다.

29 항공 교통의 안전을 확보하기 위해 지표면 또는 수면으로부터 200m(약 660ft) 이상 높이에서 지정되는 공역은 무엇인가?

① 관제구   ② 비행정보구역

③ 항공로   ④ 관제권

해설
• 관제구는 항공기의 안전한 운항을 위해 설정된 공역으로,
• 200m 이상의 영역에서 항공 교통을 관리한다.

30 통제공역에 대한 설명으로 틀린 것은?

① 통제공역은 항공교통의 안전과 국가안보를 고려하여 설정된다.

② 통제공역에서는 특정 조건을 충족한 항공기만 비행이 허가된다.

③ 통제공역은 항공기 운항과 무관하게 임의로 설정된다.

④ 군사작전·훈련 또는 중요시설 보호를 위해 설정된다.

해설
통제공역은 항공교통의 안전과 국가안보를 위해 설정되며,
• 비행금지구역(P, Prohibited Area) : 안전, 국방 등 이유로 항공기의 비행이 완전히 금지된 공역
• 비행제한구역(R, Restricted Area) : 항공사격 등 위험 요소로 인해 허가받지 않은 항공기의 비행이 제한된 공역
• 초경량비행장치 비행제한구역 : 초경량비행장치의 안전을 위해 비행활동이 제한된 공역

31 다음 중 비행금지구역으로 맞지 않는 것은?

① 휴전선 일대   ② 원자력 발전소

③ 대통령 집무실   ④ 항공교통 관제센터

해설
• 비행금지구역은 국가 안보 및 항공안전을 위해 설정된다.
• 휴전선 일대, 원자력 발전소, 대통령 집무실은 국가안전보장과 항공안전을 고려한 주요 비행금지구역
• 항공교통 관제센터는 비행금지구역으로 지정되지 않는다.

32 공항참조점(ARP)으로부터 반경 5NM(9.3km)내에서 비행이 제한되는 공역은 어디인가?

① 항공로   ② 비행장교통구역

③ 관제권   ④ 비행정보구역

해설
• 관제권(CTR)은 공항참조점(ARP)을 중심으로 반경 약 5NM(9.3km) 이내에서 설정되며,

• 해당 구역 내 항공기는 관제 허가를 받아야 비행할 수 있다.

33 다음 중 비행금지구역 코드와 해당 원자력 발전소의 연결이 잘못된 것은?

① P-61 부산-고리   ② P-62 경주-월성

③ P-63 영천-한빛   ④ P-64 울진-한울

해설
P-63는 영광 한빛 원전과 연결되어 있다.

34 다음 중 초경량비행장치의 비행승인을 받아야하는 공역의 범위 설명으로 틀린 것은?

① 공항 중심 반경 9.3km(5NM)

② 원전주변 P61~P64 반경 18.6km(10NM)

③ 대통령집무실/관저 P73 반경 3.7km(2NM)

④ 공항 주변 반경 3km, 고도 500ft 이내

35 항공기의 조종사가 비행 중 주의, 경계, 식별이 특히 요구되는 공역은 어디인가?

① 통제공역   ② 주의공역

③ 관제공역   ④ 비관제공역

해설
주의공역은 조종사가 비행 중 특별한 주의와 경계를 기울여야 하는 공역으로, 항공 충돌 방지를 위해 비행 전 반드시 확인해야 한다.

36 비행 중인 항공기가 주의공역에 포함되지 않는 공역은?

① 군작전구역   ② 경계구역

③ 비행제한구역   ④ 훈련구역

37 다음 중 전라북도의 항공 업무를 담당하는 기관은 어디인가?

① 부산지방항공청   ② 제주지방항공청

③ 서울지방항공청   ④ 광주지방항공청

정답 | 29 ①   30 ③   31 ④   32 ③   33 ③   34 ④   35 ②   36 ③   37 ③

38 초경량비행장치를 제한 공역에서 비행하고자 하는 자는 누구에게 비행승인 신청서를 제출해야 하는가?

① 국토교통부 장관
② 지방항공청장
③ 한국교통안전공단 이사장
④ 국방부 장관

39 비행승인이 필요하지 않은 경우에 해당하지 않는 것은?

① 군용, 경찰용 또는 세관용 무인비행장치
② 재해·재난 시 수색, 구조, 화재 진화, 응급환자 후송
③ 가축 전염병 예방과 확산 방지를 위한 소독
④ 긴급한 항공촬영 및 측량 작업

40 다음 중 항공법규상 비행승인이 반드시 필요한 경우에 해당되지 않는 것은?

① 사람이 밀집된 지역에서 비행하는 경우
② 관제권 내에서 비행하는 경우
③ 관제구 내에서 비행하는 경우
④ 금지구역 제외 일반 공역에서 비행하는 경우

해설

비행금지구역이 아닌 일반 공역에서는 특별한 제한 없이 비행할 수 있다. 하지만 사람 밀집 지역, 관제권 및 관제구에서는 안전상의 이유로 비행승인이 필요하다.

41 다음 중 특별비행 비행승인을 필요로 하지 않는 경우는?

① 야간 비행
② 가시권 밖 비행
③ 고도 150m 초과 비행
④ 비행 금지구역 내 비행

해설

비행 금지구역 내 비행은 특별한 경우를 제외하고 원칙적으로 금지된다. 그러나 나머지 항목은 항공법에 따라 특별비행승인을 받을 경우 가능하다.

42 공항 또는 비행장의 위치를 항공기에 알리기 위해 공항 주변에 설치하는 등화는 무엇인가?

① 비행장등대(Aerodrome Beacon)
② 유도로등(Taxiway Edge Lights)
③ 활주로경계등(Runway Guard Lights)
④ 활주로등(Runway Edge Lights)

해설

비행장등대(Aerodrome Beacon)_흰색과 녹색이 점멸
공항의 위치를 항공기에 시각적으로 알리기 위해 설치하는 등화이다.

43 항공 종사자들에게 배포되는 공고문 중, 비행 안전, 항행, 기술, 행정, 규정 개정 등 전반적인 사항을 포함하여 제공되는 공고문은 무엇인가?

① AIC   ② NOTAM
③ AIRAC   ④ AIP

해설

AIC(Aeronautical Information Circular)는
• 항공 종사자들에게 비행 안전 및 규정 개정, 기술적 정보 등을 제공하는 공고문이다.

44 항공 종사자들이 공항 시설, 항공 업무, 절차 등의 변경 및 설정에 대한 정보를 신속히 파악할 수 있도록 고시하는 문서는 무엇인가?

① ATIS   ② AIP
③ METAR   ④ NOTAM

해설

NOTAM은 항공고시보로,
• 조종사를 포함한 항공 종사자들이 적시에 필요한 정보를 받을 수 있도록 공항 시설 및 항공 업무의 변경 사항 등을 전파하는 공문이다.

45 다음 중 항공기사고예방을 위한 항공장애 표시등 설치 기준은?

① 200ft(MSL)   ② 300ft(AGL)
③ 500ft(AGL)   ④ 400ft(MSL)

해설

기본 의무설치 기준 : 「항공안전법 시행규칙」 제69조에 따라 지표면 기준 150 m(≈500ft) 이상의 구조물에는 항공장애등을 설치해야 한다.

정답 | 38 ② 39 ④ 40 ④ 41 ④ 42 ① 43 ① 44 ④ 45 ③

46 항공 정보 간행물(AIP)에 대한 설명으로 옳지 않은 것은?

① 긴급한 공항 시설 변경 사항은 AIP 개정 없이 즉시 반영된다.

② 공기 운항에 필수적인 항공법규, 절차 및 공항 정보를 포함하고 있다.

③ 국제항공기구(ICAO)의 기준에 따라 국가별로 발행된다.

④ 항공항행에 필수적이며 항공 정보가 형구적으로 수록된 간행물이다.

해설
- AIP는 항공 정보 간행물로 항공 운항 관련 정보를 공식적으로 제공하지만,
- 긴급 변경 사항은 AIP 개정 없이 NOTAM을 통해 우선 고시된다.

47 항공고시보(NOTAM)의 유지기간에 대한 설명으로 올바른 것은?

① 1개월 ② 2개월
③ 3개월 ④ 6개월

해설
- 항공고시보(NOTAM)는 3개월 이내의 기간 동안 유지되며,
- 3개월을 초과하면 반드시 항공정보간행물 보충판(AIP Supplement)으로 발행해야 한다.

48 안전성 인증을 받지 아니하고 비행한 사람에게 부과되는 과태료는?

① 200만 원 이하의 과태료
② 300만 원 이하의 과태료
③ 400만 원 이하의 과태료
④ 500만 원 이하의 과태료

해설
안전성 인증 대상인 초경량비행장치를 안전성 인증을 받지 아니하고 비행한 경우 500만 원 이하의 과태료 부과

49 초경량비행장치의 말소 신고를 하지 않아 3차 이상 위반한 경우 부과되는 과태료 금액은?

① 22.5만 원 ② 30만 원
③ 15만 원 ④ 50만 원

해설
1차_15만 원, 2차_22.5만 원, 3차_30만 원

50 초경량비행장치 조종자가 준수사항을 지키지 않고 비행할 경우 부과되는 과태료 기준은?

① 100만 원 이하 ② 200만 원 이하
③ 300만 원 이하 ④ 500만 원 이하

해설
초경량비행장치 조종자가 관련 규정을 준수하지 않고 비행하면 300만 원 이하의 과태료가 부과된다.
- 1차 : 150만 원
- 2차 : 225만 원
- 3차 : 300만 원

51 조종자 증명을 받지 않고 지속적으로 비행한 경우, 3차 이상 적발 시 부과되는 과태료는?

① 500만 원 ② 400만 원
③ 300만 원 ④ 200만 원

해설
초경량비행장치 조종자 증명을 받지 않고 비행을 한 경우 과태료의 부과기준(항공안전법 시행령 별표 5)
- 1차 : 200만 원
- 2차 : 300만 원
- 3차 : 400만 원

52 초경량비행장치 조종자가 고의 또는 중대한 과실로 인해 사고를 유발하여 사망자가 발생한 경우, 해당 조종자에 대한 행정처분 기준은 무엇인가?

① 조종자증명 취소 ② 효력 정지 90일
③ 효력 정지 60일 ④ 효력 정지 30일

해설
조종자가 중대한 과실 또는 고의로 사고를 발생시켜 사망자가 나올 경우, 행정처분 기준은 조종자증명 취소이다.
- 부상자 : 효력 정지 30일
- 중상자 : 효력 정지 90일
- 사망자 : 조종자증명 취소

53 어두운 환경에서 인간의 시각적 특성에 의해 가장 밝게 보이는 색상은 무엇인가?

① 빨강 ③ 노랑
③ 보라 ④ 파랑

54 항공종사자의 혈중 알코올 농도가 0.02% 이상 0.06% 미만일 때 적용되는 행정처분은?

① 조종자격 정지 180일
② 조종자격 정지 120일
③ 조종자격 정지 60일
④ 조종자 증명 취소

해설
- 혈중 알코올 농도 0.02% 이상 0.06% 미만 : 효력 정지 60일
- 혈중 알코올 농도 0.06% 이상 0.09% 미만 : 효력 정지 120일
- 혈중 알코올 농도 0.09% 이상 : 효력 정지 180일

55 조종자 증명 취소 사유에 해당하지 않는 것은?

① 비행 중 과실에 의한 중상자가 발생한 경우
② 거짓이나 부정한 방법으로 자격을 취득한 경우
③ 음주측정을 거부한 경우
④ 자격 정지 중 비행한 경우

해설
과실에 의한 중상자, 부상자의 발생은 자격취소가 아닌 자격정지 대상이다.

56 초경량비행장치 사용사업 등록을 위해 충족해야 하는 요건 중 잘못된 것은?

① 지도조종자 1명 이상, 비행경력 100시간 이상이어야 한다.
② 실기평가조종자 1명 이상, 비행경력 150시간 이상이어야 한다.
③ 법인은 납입자본금 4천만 원 이상을 갖추어야 한다.
④ 사용사업을 위한 초경량비행장치를 최소 1대 이상 보유해야 한다.

해설
법인의 자본금 요건은 4천만 원이 아니라 3천만 원 이상

57 초경량비행장치사용사업에서 허용되지 않는 업무는?

① 농업 지원을 위한 비료 및 농약 살포
② 조종교육
③ 산림 및 공원 탐사
④ 국방·보안 관련 업무

해설
초경량비행장치사용사업은 농업 지원, 측량, 탐사, 조종교육 등이 가능하지만, 국가 안보를 위협할 수 있는 국방·보안 관련 업무는 허용되지 않는다.

58 다음 중 초경량비행장치 사고로 인한 중상으로 인정되지 않는 경우는?

① 손가락, 발가락, 코뼈 골절 발생
② 2도 화상으로 입원 치료 필요
③ 7일 이내 48시간 이상 입원 치료
④ 출혈이 심한 열상 발생

해설
- 사망 : 30일 이내 그 사고로 사망한 경우
- 중상 : 손가락, 발가락, 코뼈 골절은 중상 기준에서 제외
- 행방불명 : 초경량비행장치 내부에 있던 사람이 1년간 생사가 분명하지 아닌한 경우

59 초경량비행장치 사고 발생 시 신고 기관은?

① 항공철도사고조사위원회
② 한국교통안전공단
③ 항공교통관제소
④ 관할 지방항공청장

해설
2025년 01월 부터 초경량비행장치 사고 발생 시, 항공철도사고조사위원회에서 한국교통안전공단으로 변경

60 초경량비행장치 사고보고 시 포함되지 않는 사항은?

① 사고 발생 일시 및 장소
② 조종자 및 소유자의 성명 또는 명칭
③ 보험가입 증명서류
④ 사상자의 인적사항

해설
항공안전법 시행규칙 제312조(초경량비행장치사고의 보고 등)
법 제129조제3항에 따라 다음 각 호의사항을 보고하여야 한다.
- 조종자 및 그 초경량비행장치소유자등의 성명 또는 명칭
- 사고가 발생한 일시 및 장소
- 초경량비행장치의 종류 및 신고번호
- 사고의 경위
- 사람의 사상(死傷) 또는 물건의 파손 개요
- 사상자의 성명 등 사상자의 인적사항 파악을 위하여 참고가 될 사항

기출유형

실전모의고사

Practice Mock Test

합격기준
-40문항
-객관식 4지선다형
-70(점)% 이상 합격
-50분 시험

DRONE

Practice Mock Test

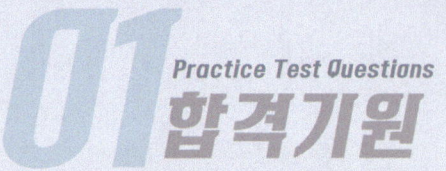
01 국제민간항공기구(ICAO)가 표준 용어로 채택한 무인항공기 시스템의 명칭은 무엇인가?

① UAV(Unmanned Aerial Vehicle)
② Drone
③ RPAS(Remotly Piloted Aircraft System)
④ UAS(Unmanned Aircraft System)

02 헬리콥터가 좁은 지역에서도 운용될 수 있는 주요한 이유는 무엇인가?

① 고속비행
② 짧은 이륙거리
③ 저고도 비행
④ 제자리 비행

03 무인비행장치에 탑재되는 임무장비(Payload)로 볼 수 없는 것은 무엇인가?

① 주간감시 카메라
② 열영상 감시기
③ 데이터 전송장비
④ 통신중계 장치

04 멀티콥터가 비행 중 균형을 유지하고 기체의 움직임을 감지하는 데 가장 핵심적인 장치는 무엇인가?

① 전자변속기
② 기압계
③ GPS 모듈
④ 자이로 센서

05 다음 중 멀티콥터에 사용되는 브러시리스(BLDC) 모터의 작동 특성에 대한 설명으로 옳지 않은 것은?

① 전자 변속기 없이도 속도 제어가 가능하다.
② 브러시가 없어 유지보수가 용이하다.
③ 회전 마찰이 적어 고속 운전이 된다.
④ 효율이 높아 열 발생이 적다.

06 무인멀티콥터에서 사용되지 않는 배터리 종류는 무엇인가?

① Li-Po
② Ni-MH
③ Ni-Cd
④ Ni-CH

07 다음 중 리튬 폴리머 배터리를 안전하게 충전하기 위한 방법으로 가장 적절한 것은?

① 실내 공기가 안정된 공간에서 충전한다.
② 바람이 잘 통하는 곳에서 충전한다
③ 충전 중 배터리를 냉장 보관한다.
④ 충전기 종류와 상관없이 아무거나 사용한다.

08 사용 후 배터리 처리 방식으로 올바르지 않은 것은?

① 소금물에 일정 시간 담가 방전 후 폐기한다
② 단자가 노출되지 않도록 절연 처리한다
③ 재사용 가능한 배터리는 충전해 사용한다
④ 폐기 전 배터리를 해체하여 분리한다

09 다음 중 항공기 사고 발생 시 취해야 할 조치로 적절하지 않은 것은?

① 구조 활동보다 기체 보존을 우선한다.
② 사고 사실을 관계 당국에 지체 없이 알린다.
③ 사고 현장을 보호하여 조사에 방해가 없도록 한다.
④ 조사 기관의 지시에 따라 조치를 진행한다.

10 아래 보기 중 벡터량에 해당하지 않는 것을 고르면?

① 가속도
② 질량
③ 속도
④ 전기상

11 다음 중 베르누이 정리의 개념에 맞지 않는 것은?

① 유속이 커지면 정압은 낮아진다.
② 위치에 따른 전체 압력은 일정하다.
③ 유속과 밀도가 일정하면 총 에너지는 보존된다.
④ 흐름이 빨라지면 정압과 동압이 함께 증가한다.

12 일정한 고도를 유지하며 등속으로 수평 비행하는 항공기에서 힘의 균형 관계로 옳은 것은?

① 양력 = 항력, 추력 〉 중력
② 추력 = 양력, 항력 = 중력
③ 양력 = 중력, 추력 = 항력
④ 추력 = 항력, 양력 〉 중력

13 가스터빈 엔진의 일반적인 특성으로 보기 어려운 것은?

① 연료 효율이 높아 경제적이다.
② 구조가 단순하여 내구성이 좋다.
③ 고속, 고고도 비행에서 효율이 높다.
④ 출력 대비 중량비가 우수하다.

14 받음각이 변화해도 모멘트가 일정하게 유지되는 점은 무엇인가?

① 유체 중심
② 압력 중심
③ 공기력 중심
④ 중력 중심

15 고정익 항공기 이륙거리 산정 시 포함되지 않는 구간은 무엇인가?

① 상승거리
② 자유 활주거리
③ 전이거리
④ 지상 활주거리

16 비행기의 엘리베이터에 대한 설명으로 가장 적절한 것은?

① 비행기의 수직축을 중심으로 회전하는 운동을 조종한다.
② 롤링 동작을 조절하여 기체 좌우 균형을 맞춘다.
③ 이륙 시 양력을 직접 증가시키는 장치이다.
④ 기체의 피칭 운동을 조절하는 데 사용된다.

17 헬리콥터에 작용하는 기본적인 네 가지 힘에 대한 설명으로 틀린 것을 고르시오.

① 항력은 로터의 회전과 같은 방향으로 작용한다.
② 양력은 헬리콥터가 공중에 뜰 수 있게 하는 힘이다.
③ 추력은 방향 조종을 가능하게 하는 힘이다.
④ 중력은 항공기의 무게에 해당하며 이를 극복해야 한다.

18 헬리콥터 비행 중 발생하는 와류에 대한 설명으로 적절하지 않은 것은?

① 팁 와류는 양력 생성 효율을 저하시킨다.
② 와류는 주요한 소음 원인 중 하나다.
③ 유도 항력을 감소시켜 연료 효율을 높인다.
④ 로터 블레이드 진동 증가의 원인이 될 수 있다.

19 다음 중 지면 효과(Ground Effect)와 관련하여 옳지 않은 설명은?

① 지면에 가까울수록 양력이 커진다.
② 양력 대 항력비가 향상된다.
③ 출력 대비 하중 지지가 향상된다.
④ 고도가 높을수록 지면 효과가 커진다.

20 대기 중에서 상승 기류가 주로 일어나는 층은 어디인가?

① 중간권
② 성층권
③ 열권
④ 대류권

21 표준 대기 조건에서 해수면 기온이 15℃일 경우, 고도 3,000피트 상공의 기온은 어떻게 되는가?

① 6℃
② 3℃
③ 9℃
④ 12℃

22 공기 밀도의 변화를 일으키는 요인으로 적절하지 않은 것은 무엇인가?

① 온도가 상승하면 밀도는 낮아진다.
② 수증기 함량이 많아지면 밀도는 감소한다.
③ 고도가 낮을수록 밀도는 낮아진다.
④ 기압이 높아지면 밀도는 높아진다.

23 공기 중 수증기가 응결을 시작하는 온도를 무엇이라 하는가?

① 이슬점
② 포화온도
③ 대기온도
④ 상대습도

24 물질 1g(또는 1kg)의 온도를 1℃ 올리는 데 필요한 열량을 일컫는 용어는 무엇인가?

① 열용량
② 현열
③ 비열
④ 잠열

25 기온역전층이 형성되었을 때 나타나는 현상으로 올바르지 않은 것을 고르시오.

① 상층으로 갈수록 기온이 높아진다.
② 대류가 억제되어 오염물질이 축적된다.
③ 기온역전은 공기의 흐름을 막는다.
④ 대류를 촉진하여 대기 혼합을 활발하게 한다.

26 공기 중에서 온도가 0℃ 이하임에도 불구하고 얼지 않고 액체 상태로 존재하는 물을 무엇이라 하는가?

① 착빙
② 수증기
③ 과냉각수
④ 응결수

27 전향력이 가장 강하게 작용하는 지점은 어디인가?

① 극지방
② 저위도
③ 중위도
④ 적도

28 나뭇잎과 가는 가지가 지속적으로 흔들리고, 깃발이 가볍게 펄럭이는 정도의 풍속은 보퍼트 풍력계급상 몇 m/sec로 보는가?

① 0.3~1.5m/sec
② 1.6~3.3m/sec
③ 3.4~5.4m/sec
④ 5.5~7.9m/sec

29 다음 중 낮과 밤의 기온 차로 발생하는 바람 현상에 대한 설명으로 옳지 않은 것은?

① 낮에는 해풍이 불어 바다에서 육지로 공기가 이동한다.
② 밤에는 육풍이 불어 육지에서 바다로 공기가 흐른다.
③ 낮에는 산 정상에서 골짜기로 공기가 이동하는 산풍이 나타난다.
④ 낮에는 골짜기에서 산 정상으로 공기가 이동하는 곡풍이 나타난다.

30 한랭전선이 온난전선보다 더 빠르게 이동하면서 온난전선을 따라붙고 이어서 난기가 상승하게 되는 전선의 형태를 무엇이라 하는가?

① 정체전선
② 대류성 전선
③ 북태평양 고기압
④ 폐색전선

31 다음 중 유동의 상태에 따른 경계층 박리 특성 설명으로 옳지 않은 것은?

① 층류는 난류보다 마찰 손실이 작다.
② 난류는 유체 입자 간 혼합이 활발하다.
③ 층류 경계층은 박리가 어려운 특성을 가진다.
④ 난류 경계층은 박리가 잘 일어나지 않는다.

32 주로 안개비나 층운에서 발생하며 부서지기 쉬운 착빙은 무엇인가?

① 맑은착빙
② 거친착빙
③ 서리착빙
④ 비착빙

33 다음 중 신고하지 않아도 되는 초경량비행장치는?

① 동력비행장치
② 자이로플레인
③ 초경량헬리콥터
④ 인력활공기

34 초경량비행장치 초도인증 이후, 일정 주기마다 안전성을 다시 확인하기 위해 실시하는 인증 절차는 무엇인가?

① 수시인증
② 재인증
③ 정기인증
④ 추가인증

35 항공안전법에서 '관제권'으로 지정되는 공역에 대한 설명으로 옳은 것은?

① 공항을 중심으로 반경 9.3km 이내의 공역이다.
② 공항 주변의 고도 1,000m 이상의 공역이다.
③ 특정 시간대에 항공기가 집중적으로 운항하는 구역이다.
④ 고도와 관계없이 비행금지구역을 포함하는 공역이다.

36 초경량비행장치가 특정 공역에서 활동하려 할 때, 비행 승인을 위한 신청서를 접수하는 기관은 어디인가?

① 한국교통안전공단
② 지방항공청
③ 국토연구원
④ 공군작전사령부

37 초경량비행장치가 관제기관의 승인을 받지 않고 비행할 수 있는 공역은 어디인가?

① 주의공역
② UA구역
③ 관제공역
④ 군작전공역(MOA)

38 국제민간항공기구(ICAO)는 세계 민간항공의 안전과 질서를 목적으로 설립된 국제기구로, 다음 중 어느 협약에 따라 창설된 것인가?

① 바르샤바 협약
② 도쿄 협약
③ 몬트리올 협약
④ 시카고 협약

39 무인비행장치가 안전성 인증 대상임에도 불구하고 인증을 받지 않고 운용되었을 때 부과되는 과태료 기준으로 옳은 것은?

① 200만 원 이하
② 300만 원 이하
③ 400만 원 이하
④ 500만 원 이하

40 초경량비행장치 사고가 발생한 경우, 아래 중 옳지 않은 것은 무엇인가?

① 사고 인지 후 정당한 사유 없이 보고하지 않으면 처벌 대상이다.
② 사고 발생신고 여부는 사업자가 자율적으로 판단할 수 있다.
③ 사고 발생 시 한국교통안전공단에 보고해야 한다.
④ 거짓으로 사고를 보고한 경우 벌금이 부과된다.

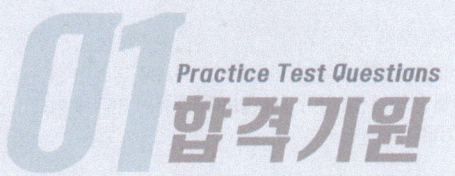
제 01회 정답　　218 페이지

01 ③ 02 ④ 03 ③ 04 ④ 05 ① 06 ④ 07 ② 08 ④
09 ① 10 ② 11 ④ 12 ③ 13 ① 14 ③ 15 ② 16 ④
17 ① 18 ③ 19 ④ 20 ④ 21 ③ 22 ③ 23 ① 24 ③
25 ④ 26 ③ 27 ① 28 ③ 29 ③ 30 ④ 31 ③ 32 ②
33 ④ 34 ③ 35 ① 36 ② 37 ② 38 ④ 39 ④ 40 ②

01 ③

ICAO에서는 'Remotely Piloted Aircraft System(RPAS)'을 공식 용어로 채택하고 있다.

02 ④

헬리콥터는 수직이착륙 및 제자리비행이 가능하여 공간이 제한된 지역에서도 운용이 가능하다.

03 ③

탑재임무장비는 정찰, 감시, 통신 등의 목적 수행을 위한 장비이며, 데이터 전송장비는 항공기 본체의 기본 시스템에 포함된다.

04 ④

자이로 센서는 회전 및 기울임 등 자세 변화를 감지하여 비행 안정성을 유지하는 핵심 센서이다.

05 ①

브러시리스 모터는 반드시 전자 변속기(ESC)를 통해 제어해야 하며, 직접적인 속도 조절이 불가능하다.

06 ④

Ni-CH는 실제 존재하지 않는 배터리 종류로, 드론 배터리로 사용되지 않는다.

07 ②

리튬 폴리머 배터리는 충전 중 발열이 있을 수 있으므로 반드시 통풍이 잘 되는 환경에서 충전해야 한다.

08 ④

배터리를 임의로 해체하면 폭발 위험이 있어 매우 위험하다. 절대 해체하지 않아야 한다.

09 ①

인명 구조가 최우선이며, 기체 보존은 그 다음이다. 구조 활동보다 보존을 우선하는 것은 부적절하다.

10 ②

질량은 크기만 있는 스칼라량이며, 나머지는 모두 크기와 방향을 가진 벡터량이다.

11 ④

유속이 증가하면 동압은 증가하지만, 정압은 감소한다. 따라서 두 압력이 동시에 증가하지 않는다.

12 ③

등속 수평 비행에서는 수직방향 힘(양력과 중력), 수평방향 힘(추력과 항력)이 각각 균형을 이룬다.

13 ①

가스터빈 엔진은 연료 소비가 많아 경제성이 떨어지는 편이다.

14 ③

공기력 중심은 받음각이 변하더라도 모멘트 변화가 없어 안정성을 판단하는 기준이 된다.

15 ②

자유활주거리는 항공기가 추진력을 받기 전의 움직임으로 이륙거리 산정에 포함되지 않는다.

16 ④

엘리베이터는 비행기의 가로축(lateral axis)을 중심으로 하는 피칭 운동을 조종하여 기수의 상승 또는 하강을 조절한다.

17 ①

항력은 로터의 회전과 반대 방향으로 작용하여 운동을 방해하는 힘이다.

18 ③

와류는 유도 항력을 증가시키며, 이는 연료 효율을 저하시키는 요인이다.

19 ④

지면 효과는 항공기가 지면 가까이 있을 때 발생하며, 고도가 높아질수록 효과는 감소한다.

20 ④

대류권은 지표면과 접한 대기층으로, 지면의 복사열에 의해 대류 현상이 활발하게 일어난다.

21 ③

표준 대기에서는 1,000ft 상승 시 약 −2℃씩 온도가 감소한다. 3,000ft면 약 6℃ 감소하여 15℃ − 6℃ = 9℃가 된다.

22 ③

고도가 낮을수록 기압이 높고, 따라서 공기 밀도는 오히려 높아진다.

23 ①

공기 중의 수증기가 포화 상태가 되어 응결이 시작되는 온도는 이슬점이라 한다.

24 ③

비열은 단위 질량당 온도를 1℃ 높이기 위해 필요한 열량을 의미하며, 물질 고유의 성질이다.

25 ④

기온역전은 상층 기온이 더 높아져 대류 활동을 억제하는 현상으로, 대기 혼합을 방해하고 오염물질을 축적시킨다.

26 ③

과냉각수는 어는점 이하로 내려갔지만 고체로 변하지 않고 액체 상태로 남아 있는 물을 의미한다.

27 ①

전향력은 지구 자전에 의한 가상의 힘으로, 위도가 높아질수록 그 효과가 커진다. 극지방에서 가장 강하게 나타난다.

28 ③

보퍼트 풍력계급상 3.4~5.4m/sec는 '약한 바람'으로, 나뭇잎과 작은 가지가 흔들리는 특징을 가진다.

29 ③

낮에는 햇볕을 많이 받는 산 정상의 공기가 따뜻해져 공기가 위로 상승하고, 상대적으로 차가운 골짜기에서 산 정상으로 바람이 이동하는 곡풍이 나타난다.
낮에는 곡풍, 밤에는 산풍이 발생한다.

30 ④

한랭전선이 온난전선에 병합되면서 발생하는 전선을 폐색전선이라 하며, 이로 인해 따뜻한 공기는 지면에서 분리된다.

31 ③

난류 경계층은 에너지 교환이 활발하여 벽면에 가까운 유속 손실이 적고, 이로 인해 박리가 잘 일어나지 않는다. 층류는 반대로 박리가 더 쉽게 일어난다.

32 ②

거친착빙은 층운이나 안개비와 같은 작은 과냉각 물방울에 의해 생기며, 불투명하고 쉽게 부서지는 특징이 있다.

33 ④

신고를 필요로 하지 아니하는 초경량비행장치의 범위
• 행글라이더, 패러글라이더 등 동력을 이용하지 아니하는 비행장치
• 기구류(사람이 탑승하는 것은 제외)계류식 무인비행장치
• 낙하산류
• 무인동력비행장치 중에서 최대이륙중량이 2kg 이하인 것
• 무인비행선 중에서 연료의 무게를 제외한 자체무게가 12kg 이하이고, 길이가 7m 이하인 것
• 연구기관 등이 시험·조사·연구 또는 개발을 위하여 제작한 초경량비행장치
• 제작자 등이 판매를 목적으로 제작하였으나 판매되지 아니한 것으로서 비행에 사용되지 아니하는 초경량비행장치
• 군사목적으로 사용되는 초경량비행장치

34 ③

• 정기 인증: 안전성 인증의 유효기간 만료일이 도래하여, 새로운 안전성 인증을 받기 위해 실시하는 인증.

35 ①

관제권은 공항 중심으로 반경 약 5해리(9.3km) 이내의 공역으로, 항공기 이착륙의 안전을 위해 항공교통 관제업무가 수행되는 구역이다.

36 ②

초경량비행장치의 제한 공역 내 비행은 지방항공청이 관할하며, 이에 따라 승인은 이곳에 신청한다.

37 ②

초경량비행장치는 UA(초경량비행장치 비행전용공역)에서는 별도의 비행 승인 없이 비행할 수 있다.

38 ④

ICAO는 1944년 체결된 시카고 협약을 기반으로 설립된 정부 간 국제기구이다.

39 ④

최대이륙중량 25kg을 초과하는 기체는 안전성인증이 필수이며 이를 위반하면 500만 원 이하의 과태료가 부과된다.

40 ②

초경량비행장치 사고는 한국교통안전공단에 보고해야 하며, 사업자의 판단에 따라 보고 여부를 결정할 수 없다.

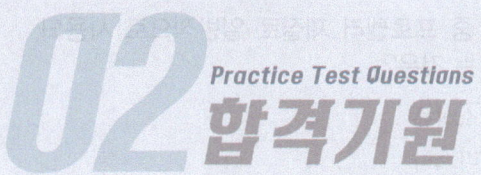
01 다음 중 초경량비행장치에 대한 설명으로 틀린 것은?

① 무인동력 비행장치는 연료 중량을 제외한 자체 중량이 120kg 이하인 무인비행기, 무인헬리콥터 또는 무인 멀티콥터이다.

② 초경량비행장치는 동력비행장치, 행글라이더, 패러글라이더, 기구류 및 무인비행장치 등으로 구분된다.

③ 무인비행선은 연료 중량을 제외한 자체 중량이 180kg 이하이며, 길이가 20m 이하이다.

④ 회전익 비행장치에는 초경량 자이로플레인과 초경량 헬리콥터 등이 포함된다.

02 다음 중 초경량비행장치의 범주에 포함되지 않는 것은?

① 기체의 성질과 온도 차를 이용한 유인 기구

② 추진력을 갖춘 115kg 이하 패러글라이더

③ 자체 중량이 150kg이하인 무인멀티콥터

④ 좌석이 1개이며 120kg 이하의 동력 비행장치

03 고정익과 회전익 방식의 장점을 동시에 구현한 무인항공기는 어떤 종류인가?

① 옥토콥터

② 틸트로터 VTOL

③ 고정익 UAV

④ 수직익기

04 드론 방제작업 중 필수 활동 인원이 아닌 자는 누구인가?

① 신호자

② 운전자

③ 보조자

④ 조종자

05 무인비행장치가 비행 중 고도, 속도, 거리, 시간 등의 정보를 바탕으로 목표지점까지 예상 경로로 비행하는 방법은 무엇인가?

① GPS 항법

② 지문 항법

③ 무선 항법

④ 추측 항법

06 조종면 중 기본적인 조종을 담당하지 않는 것을 고르시오.

① 방향타

② 승강타

③ 승강타 트림

④ 도움 날개

07 비행체에서 센서 데이터를 처리하고 모터의 속도를 조절하는 장치는?

① 전자변속기(ESC)

② 비행제어장치(FC)

③ 프레임(frame)

④ 임무장비(payload)

08 비행 후 점검 시 확인이 불필요한 것은?

① 비행 전 조종기 설정값 점검
② 기체의 균열 및 손상 여부
③ 프로펠러 고정 나사의 풀림 여부
④ 모터의 이상 소음 확인

09 비행 교육에서 효과적인 교육 방법으로 부적절한 것은?

① 교육생의 동기 유발 : 자발적인 학습 의욕을 키워준다.
② 과도한 시범 제공 : 잘못된 조작을 과도하게 시범으로 제공한다.
③ 개별적 접근 : 교관과 교육생 간 원활한 관계가 효과를 높인다.
④ 교관의 실수 인정 : 교관은 자신의 실수를 과감히 인정하고 수정한다.

10 유체가 흐르는 관의 단면적이 달라질 때 속도, 정압, 동압 사이의 관계로 맞는 설명은?

① 좁은 구간에서는 속도가 낮아지고 정압이 증가한다.
② 넓은 구간에서는 속도가 증가하고 동압이 커진다.
③ 좁은 구간에서는 속도가 증가하고 정압이 낮아진다
④ 관의 직경에 관계없이 동압은 일정하게 유지된다.

11 드론이 공중에 떠 있을 수 있도록 작용하는 네 가지 주요 힘은 무엇인가?

① 양력, 추력, 중력, 항력
② 추력, 비틀림력, 항력, 무게
③ 모멘트, 양력, 항력, 질량
④ 회전력, 중력, 추력, 반작용

12 다음 중 프로펠러 재질로 일반적으로 사용되지 않는 것은?

① 탄소섬유
② 플라스틱
③ 목재
④ 강철

13 항공기 날개에서 실속 현상이 발생하는 상황으로 옳은 것은?

① 유체의 흐름이 날개골 앞전에서 분리되어 양력이 급감하는 경우
② 날개에 작용하는 무게중심이 이동하여 실속이 발생하는 경우
③ 항력이 감소하면서 양력이 증가하는 현상
④ 유체의 흐름이 정체되어 날개가 가라앉는 현상

14 항공기 날개 설계 시 종횡비에 대한 정의로 가장 적절한 것은?

① 시위 길이와 두께의 비율
② 날개면적과 스팬 길이의 비율
③ 스팬 길이와 시위 길이의 비율
④ 날개 앞전과 후전의 거리

15 항공기가 정상적으로 선회하기 위해 만족해야 하는 조건으로 올바른 것은?

① 원심력과 양력이 같아야 한다.
② 구심력과 중력이 같아야 한다.
③ 원심력과 구심력의 크기가 다르고 방향이 같다.
④ 원심력과 구심력의 크기가 같고 방향이 반대이다.

16 멀티콥터의 착륙 직전, 회전익 아래쪽 공기 흐름이 지면에 반사되어 압력이 상승하고 양력이 증가하는 현상은 무엇인가?

① 자동 회전 현상
② 공기 밀도 효과
③ 지면 영향 효과
④ 회전 날개 위빙

17 국제표준대기(ISA) 기준으로 해수면에서의 표준 기온과 표준 기압을 바르게 짝지은 것은?

① 0℃, 1013.25mb
② 15℃, 29.92inHg
③ 32°F, 1013.25hPa
④ 150, 1013.25mb

18 물질이 고체, 액체, 기체 사이의 상태로 변할 때 흡수되거나 방출되는 열에너지를 무엇이라 하는가?

① 비열
② 현열
③ 잠열
④ 열량

19 바람이 고기압에서 저기압으로 불어갈 때 북반구에서 경로가 휘어지는 원인은 무엇인가?

① 기압경도력
② 지향력
③ 전향력
④ 중력

20 등압선 간격이 좁은 지역에서 발생하는 기상현상은 무엇인가?

① 바람 증가
② 기온 하강
③ 대기 불안
④ 맑은 하늘

21 북반구의 저기압에 대한 설명으로 적절하지 않은 것은?

① 상승 기류가 동반된다.
② 바람은 시계방향으로 분다.
③ 흐리고 비가 오는 날씨가 많다.
④ 바람은 반시계방향으로 돈다.

22 7~8월에 주로 한반도 상공으로 이동하여 무더운 날씨와 태풍을 유도하는 기단은 무엇인가?

① 적도 기단
② 오호츠크해 기단
③ 양쯔강 기단
④ 북태평양 기단

23 다음 중 이류안개가 가장 자주 발생하는 지역은 어디인가?

① 내륙 고지대
② 산간 평지
③ 해안지역
④ 평탄한 내륙

24 항공기가 슬립, 피치, 롤링 등 자세 변화가 발생하고, 항공기 평형 유지를 위해 높은 주의가 요구된다. 승객은 좌석에서 몸이 들썩이는 느낌을 받으며, 지상풍이 10kts 이상일 때 자주 나타난다. 이러한 상황에서 해당하는 난류의 분류는 무엇인가?

① 약한 난류
② 심한 난류
③ 보통 난류
④ 극심한 난류

25 항공기의 안전 운항에 직접적인 영향을 미치는 윈드시어(Wind Shear)에 대한 설명으로 적절하지 않은 것은?

① 이착륙 시 속도 급감으로 활주로 이탈을 유발할 수 있다.
② 강한 상승기류로 인해 발생되는 기류 현상이다.
③ 짧은 시간 내 방향이나 속도의 급격한 변화로 구성된다.
④ 청천 상태에서도 예기치 않게 발생할 수 있다.

26 강한 번개가 자주 발생할 때, 해당 지역의 뇌우에 대한 설명으로 옳지 않은 것은?

① 번개가 잦으면 뇌우가 성장 중인 신호다.
② 뇌우의 강도는 번개의 강도와 관련이 있다.
③ 번개는 뇌우와 별개로 발생하는 현상이다.
④ 스콜라인이 발달하면 수평 번개가 나타난다.

27 산악지형에서 형성되는 독특한 구름인 렌즈형 구름은 어떤 기류에 의해 만들어지는가?

① 대류현상
② 공기층 분리
③ 역전층
④ 난기류

28 빙결온도 이하에서 존재하는 과냉각 수증기나 물방울이 항공기 표면에 닿아 형성되는 기상현상은 무엇인가?

① 열적 복사
② 역전 현상
③ 착빙 현상
④ 난류 발생

29 항공기 운항에 활용되는 METAR 보고에서 바람의 방향은 어떤 북을 기준으로 나타내는가?

① 진북
② 자북
③ 도북
④ 자기북과 진북

30 초경량비행장치의 기체 등록을 하고자 할 때, 그 신청은 누구에게 해야 하는가?

① 국방부장관
② 지방항공청장
③ 국토교통부장관
④ 한국교통안전공단 이사장

31 초경량비행장치의 안전성과 관련된 기술적 관리와 검증을 담당하는 기관은 어디인가?

① 비행교육원
② 항공안전기술원
③ 공군 항공학교
④ 국토안전관리원

32 무인멀티콥터 조종자격 시험에 응시하기 위한 나이 조건으로 맞는 것은?

① 만 16세 이상
② 만 12세 이상
③ 만 14세 이상
④ 만 18세 이상

33 초경량비행장치 조종자가 준수해야 할 사항 중, 야간 비행과 관련하여 올바르지 않은 것은?

① 기상조건이 양호하더라도 일몰 후에는 비행할 수 없다.
② 일출 전에 준비만 하고 실제 비행은 일출 후에 한다.
③ 일몰과 동시에 착륙을 완료해야 한다.
④ 야간이라도 시계비행이 가능하면 비행이 허용된다.

34 항공기, 경량항공기 또는 초경량비행장치의 안전한 운항과 수색 및 구조 등을 위해 국토교통부장관이 수직 및 수평 범위를 정하여 공고하는 공역은 무엇인가?

① 비행정보구역
② 주의 공역
③ 통제구역
④ 비관제 공역

35 야간비행 또는 시계외 비행을 하려는 자가 지방항공청장에게 제출해야 하는 특별비행 승인 신청서에 첨부하지 않아도 되는 서류는 어느 것인가?

① 조종자의 조종 능력 및 경력 증명서
② 무인비행장치의 조작 절차 설명서
③ 안전성 인증서
④ 비행계획서

36 지상 주행 중인 항공기가 유도로를 따라 이동할 수 있도록 시각적으로 안내하기 위해 사용하는 조명은 어떤 색으로 표시하는가?

① 백색
② 황색
③ 청색
④ 녹색

37 조종사를 포함한 항공 종사자에게 즉시 전달되어야 하는 공항 시설, 항공 업무, 절차 등의 설정 또는 변경 사항을 고지하는 방식은 무엇인가?

① AIP
② NOTAM
③ TAF
④ METAR

38 초경량비행장치를 조종자격 없이 비행한 경우에 해당하는 처벌로 올바른 것은?

① 6개월 징역 또는 500만 원 벌금
② 300만 원 이하 과태료
③ 200만 원 이하 과태료
④ 400만 원 이하 과태료

39 음 중 초경량비행장치 사용사업 등록 시 필수 요건이 아닌 것은?

① 조종자 1명 이상 확보
② 제3자 책임보험 가입
③ 초경량비행장치 1대 이상 보유
④ 자본금 5천만 원 이상 확보

40 무인멀티콥터(드론)를 이용하여 사업을 수행할 경우, 항공법상 필수로 가입해야 하는 보험은 무엇인가?

① 동산종합보험
② 약제살포 책임보험
③ 대인 · 대물 배상책임보험
④ 자손종합보험

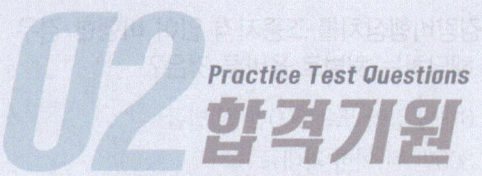
제 02회 정답   225 페이지

01 ① 02 ④ 03 ② 04 ② 05 ④ 06 ③ 07 ② 08 ①
09 ② 10 ③ 11 ① 12 ④ 13 ① 14 ③ 15 ④ 16 ③
17 ② 18 ③ 19 ③ 20 ① 21 ② 22 ④ 23 ③ 24 ③
25 ② 26 ③ 27 ④ 28 ③ 29 ① 30 ④ 31 ② 32 ③
33 ④ 34 ① 35 ③ 36 ③ 37 ② 38 ④ 39 ④ 40 ③

01 ①

무인동력 비행장치는 연료 중량을 제외한 자체 중량이 150kg 이하인 무인비행기, 무인헬리콥터 또는 무인 멀티콥터이다.

02 ④

초경량 동력비행장치는 반드시 115kg 이하이어야 하며, 120kg은 법적 기준을 넘으므로 초경량비행장치에 해당하지 않습니다.

03 ②

틸트로터 VTOL은 이륙 및 착륙은 수직으로 가능하고, 비행은 고정익처럼 효율적으로 수행할 수 있는 복합 구조이다.

04 ②

방제작업의 필수 인원은 조종자, 보조자, 신호자이며, 운전자는 포함되지 않는다.

05 ④

추측항법은 대기속도, 시간, 풍향, 풍속 등을 이용해 항공기의 위치를 예측하는 방법이다.

06 ③

주 조종면은 항공기의 방향을 직접 조종하는 장치인 도움 날개, 승강타, 방향타이다. 승강타 트림은 보조 조종 장치에 해당된다.

07 ②

ESC는 모터 속도를 "실행"하지만, 센서 데이터를 처리하고 모터 제어 명령을 내리는 핵심 두뇌는 비행제어장치(FC)입니다.

08 ①

조종기 설정값 점검은 비행 전에 해야 할 사항이다.

09 ②

과도한 시범은 교육생에게 공포감을 주거나 자신감을 저하시켜 교육 효과가 떨어진다.

10 ③

베르누이의 정리에 따르면 단면이 좁아지면 유체의 속도는 증가하고, 정압은 감소하며 동압은 증가한다.

11 ①

드론에는 양력(상승), 중력(하강), 추력(전진), 항력(저항)의 네 가지 힘이 균형을 이루며 작용한다.

12 ④

강철은 무겁고 비효율적이어서 일반적으로 사용되지 않는다.

13 ①

실속은 날개 표면에서 경계층이 분리되어 양력이 감소하고 항력이 증가하는 현상이다.

14 ③

종횡비는 스팬(날개의 가로 길이)을 시위(앞전에서 후전까지의 세로 길이)로 나눈 비율을 말한다. 종횡비는 양력과 저항에 영향을 준다.

15 ④

항공기가 정상선회를 하기 위해서는 구심력과 원심력이 서로 같고 반대 방향으로 작용해야 평형이 유지된다.

16 ③

지면과 가까울 때 양력이 증가하는 현상은 '지면 효과'라고 하며, 공기 흐름이 지면에 반사되어 양력이 커지는 것이 특징이다.

17 ②

ISA 기준으로 해수면에서의 표준 기온은 15℃, 표준 기압은 29.92inHg로 설정된다.

18 ③

잠열은 물질의 상태가 변할 때 온도 변화 없이 흡수되거나 방출되는 열로, 상태 변화에 핵심적인 역할을 한다.

19 ③

바람은 직선으로 이동하려 하지만, 전향력에 의해 북반구에서는 우측으로 휘게 된다.

20 ①

등압선 간격이 좁을수록 기압 차가 커서 바람이 세게 분다.

21 ②

북반구 저기압은 반시계방향으로 회전하고, 중심부에서 상승 기류가 발생하며, 비나 흐림 등의 악천후가 자주 발생한다. 시계방향 회전은 고기압의 특징이다.

22 ④

북태평양 기단은 여름철 고온다습한 공기를 공급하며, 태풍과 함께 한반도에 영향을 준다.

23 ③

이류안개는 따뜻하고 습한 공기가 차가운 해수면 위를 지날 때 수증기가 응결하여 발생한다. 주로 해안에서 형성된다.

24 ③

보통 난류는 항공기가 자세를 유지하기 위해 조종사가 집중해야 할 정도의 불규칙한 기류이며, 승객이 느낄 정도의 동요가 있다.

25 ②

윈드시어는 주로 하강기류와 관련된 돌풍성 기류로, 강한 상승기류와는 성격이 다르다.

26 ③

번개는 뇌우의 활동성과 밀접한 관계가 있다. 뇌우와 번개는 독립적인 현상이 아니다.

27 ④

렌즈형 구름은 산악을 넘는 공기가 파동 형태로 움직이며 형성되며, 이때 발생하는 난기류가 원인이다.

28 ③

착빙 현상은 0℃ 이하의 대기에서 과냉각 물방울이 비행체에 부딪히면서 얼음으로 변해 표면에 붙는 현상으로, 항공 안전에 치명적일 수 있다.

29 ①

METAR에서 바람 방향은 '진북'을 기준으로 10분간 평균치를 나타낸다. 시계방향으로 각도를 표시한다.

30 ④

초경량비행장치의 등록은 「항공안전법」에 따라 한국교통안전공단 이사장에게 신청하도록 되어 있다.

31 ②

항공안전기술원은 초경량비행장치의 기술 검토 및 안전성 평가를 담당한다.

32 ③

무인멀티콥터 조종자 시험의 연령 기준은 만 14세 이상이다.

33 ④

일몰 후부터 일출 전까지는 날씨와 관계없이 비행이 금지된다.

34 ①

비행정보구역(FIR)은 항공기 등에 필요한 정보를 제공하기 위해 국제민간항공협약에 따라 설정된다.

35 ③

안전성 인증서는 초경량비행장치 안전성 인증 대상인 경우에만 필요하다.
무인비행장치 특별비행승인 신청서의 첨부 서류
- 무인비행장치의 종류 · 형식 및 제원에 관한 서류
- 무인비행장치의 성능 및 운용 한계에 관한 서류
- 무인비행장치의 조작 방법에 관한 서류
- 무인비행장치의 비행절차, 비행지역, 운영인력 등이 포함된 비행계획서
- 안전성 인증서(초경량비행장치 안전성 인증 대상에 해당하는 무인비행장치에 한정한다.)
- 무인비행장치의 안전한 비행을 위한 무인비행장치 조종자의 조종 능력 및 경력 등을 증명하는 서류

36 ③

유도로등은 항공기의 지상 이동을 유도하기 위해 설치되며, 일반적으로 청색으로 표시된다.

37 ②

NOTAM은 'Notice to Airmen'의 약어로, 항공 관련 긴급 정보나 변경 사항을 빠르게 전파하기 위한 수단이다.

38 ④

조종자격 없이 비행한 경우는 400만 원 이하의 과태료에 처해진다.

39 ④

등록요건상 자본금은 3천만 원 이상으로 규정되어 있으며, 5천만 원은 법적 요건이 아니다.

40 ③

항공사업을 위한 드론 사용 시에는 타인에게 끼칠 수 있는 손해를 보상하기 위한 대인 · 대물 배상책임보험 가입이 필수이다.

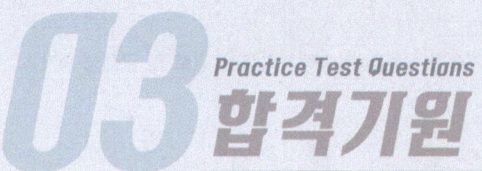
01 드론이라는 명칭의 기원으로 적절하지 않은 것은?

① 'Queen Bee'에서 비롯되었다.
② 초기에는 무인표적기로 사용되었다.
③ 군사 훈련용으로 시작되었다.
④ 최초 명칭은 Bomb Drone이었다.

02 초경량 동력비행장치로 분류되기 위한 연료 제외 무게 기준은 얼마 이하이어야 하는가?

① 150kg
② 115kg
③ 225kg
④ 70kg

03 무인멀티콥터 시스템을 이루는 주요 4대 구성 요소로 분류할 때, 이에 해당하지 않는 항목은 어느 것인가?

① 착륙부
② 구동부
③ 제어부
④ 통신부

04 무인멀티콥터에서 센서 정보와 조종기의 입력 신호를 종합하여 모터의 출력을 조절하는 핵심 장치는 무엇인가?

① 비행제어장치
② 스키드
③ 브러시리스 모터
④ 전자변속기

05 무인 비행장치의 현재 위치를 판단하는 데 주로 사용되는 장치는 무엇인가?

① 초음파 센서
② 자세 제어 센서
③ 거리 측정 센서
④ 위성 항법 장치

06 다음 중 BLDC 모터와 BDC 모터의 비교에서 잘못된 설명을 고르시오.

① BDC 모터는 브러시가 있어 정기적인 교체가 필요하다.
② BDC 모터는 구조가 간단하여 저가이다.
③ BLDC 모터는 반영구적인 수명을 가진다.
④ BLDC 모터는 고가로 활용도가 낮다.

07 멀티콥터 비행 전 점검 사항 중 올바른 설명은 무엇인가?

① 기체 외관은 점검하지 않아도 된다.
② GPS 수신이 잘 되는 지역에서는 확인할 필요 없다.
③ 날씨는 비행에 영향을 주지 않으므로 무시해도 된다.
④ 비행 제한 구역, 날씨, 지형 등은 반드시 확인한다.

08 다음 중 쉘(SHEL) 모델의 Environment 요소에 해당하지 않는 것은?

① 기상 조건
② 조종사 간 의사소통
③ 조명 상태
④ 항공기 소음

09 비행학습 중 집중력 저해 요인이 아닌 것은 무엇인가?

① 공정한 피드백 제공
② 동기 부족
③ 불필요한 긴장감
④ 차별적 대우

10 다음 중 방향을 가지는 물리량이 아닌 것은?

① 온도
② 항력
③ 속도
④ 가속도

11 비행 중 날개에 작용하는 전체 항력에 대한 설명으로 옳은 것은?

① 유해항력 + 압력항력 + 형상항력
② 마찰항력 + 형상항력 + 유도항력
③ 압력항력 + 마찰항력 + 유도항력
④ 형상항력 + 유해항력 + 마찰항력

12 받음각이 커짐에 따라 흐름이 분리되는 시점에서 나타나는 양력과 항력의 변화로 옳은 것은?

① 양력은 증가하고 항력은 감소한다.
② 양력은 감소하고 항력은 급증한다.
③ 양력과 항력이 모두 감소한다.
④ 양력과 항력이 모두 증가한다.

13 회전하는 프로펠러에 의해 발생하는 반작용 현상에 대한 설명으로 옳은 것은?

① 회전 방향과 동일한 쪽으로 기체가 기울어진다.
② 엔진 동작 시 수직 안정판에 영향을 주는 현상이다.
③ 프로펠러의 회전으로 인해 동체에 반대 방향의 힘이 작용한다.
④ 날개의 받음각이 일정하게 유지되지 않아 발생한다.

14 비행기 날개 종횡비가 커질 때 일반적으로 발생하지 않는 현상은 무엇인가?

① 활공 성능 향상
② 유도 항력 감소
③ 실속 증가
④ 유해 항력 증가

15 무인멀티콥터의 조종기 모드 중 Mode 2 설정에서 수직으로 하강하기 위해 수행해야 하는 조작으로 옳은 것은?

① 오른쪽 조종간을 내린다.
② 왼쪽 조종간을 올린다.
③ 왼쪽 조종간을 내린다.
④ 오른쪽 조종간을 올린다.

16 헬리콥터의 전진비행 중 회전익에서 생기는 양력의 비대칭 문제를 해소하기 위한 메인로터 블레이드의 운동을 무엇이라 하는가?

① 플래핑 운동
② 리드-래깅 운동
③ 페더링 운동
④ 동시 피치 운동

17 바람이 형성되는 가장 근본적인 원인은 무엇인가?

① 구름의 이동
② 지구의 자전
③ 태양 복사에너지의 불균형
④ 기단의 온도 차

18 공기가 상승함에 따라 주위 압력이 낮아지고 공기 덩어리가 팽창하면서 기온이 낮아지는 현상은 무엇이라 하는가?

① 단열압축
② 습윤단열 변화
③ 건조단열 변화
④ 단열팽창

19 항공기 높이에 대한 정의 중 진고도의 설명으로 맞는 것은?

① 항공기 아래 지형과의 실제 수직 거리이다.
② 표준 대기압(29.92inHg) 기준으로 설정된 고도이다.
③ 해수면 기준으로 측정한 실제 항공기의 높이이다.
④ 이륙 공항 기준으로 수정한 고도 값이다.

20 다음 중 고기압과 저기압의 성질을 바르게 설명하지 않은 것은?

① 고기압 지역에서는 구름이 많이 생긴다.
② 고기압은 하강기류를 동반한다.
③ 저기압에서는 비가 내리기 쉽다.
④ 저기압은 불안정한 대기 상태를 나타낸다.

21 다음 중 제트기류의 계절적 특성과 위치 변동에 대한 설명으로 옳지 않은 것은?

① 북반구 겨울철에는 기온 경도가 커져 제트기류가 강해진다.
② 여름철에는 제트기류의 위도가 더 높고 속도는 약해진다.
③ 남반구의 겨울에는 북반구보다 기온 경도가 작아 제트기류가 북쪽으로 이동한다.
④ 계절에 따라 제트기류의 위치는 수천 km 차이가 날 수 있다.

22 찬 공기의 기세가 강하여 따뜻한 공기를 아래로 파고들며 생기는 전선 형태는?

① 폐색전선
② 정체전선
③ 온난전선
④ 한랭전선

23 복사안개가 발생하는 조건 중 해당하지 않는 것을 고르시오.

① 강한 바람
② 맑은 하늘
③ 밤 시간
④ 지표면 냉각

24 다음 중 응결핵에서 이슬비로 변화하는 물방울의 지름 크기 순서로 맞는 것은?

① 구름 → 안개 → 응결핵 → 이슬비
② 이슬비 → 구름 → 안개 → 응결핵
③ 응결핵 → 구름 → 안개 → 이슬비
④ 안개 → 응결핵 → 이슬비 → 구름

25 다음 중 난류 발생과 직접적인 관련이 없는 것은?

① 적란운 발달 시
② 풍향 변화가 클 때
③ 공기 밀도의 감소
④ 수평 기온 구배가 작을 때

26 뇌우가 발생하기 위한 필수 조건으로 볼 수 없는 것은?

① 따뜻하고 습한 공기가 존재한다.
② 강한 상승 기류가 발생한다.
③ 고기압의 중심에서 공기가 상승한다.
④ 불안정한 대기 상태가 형성된다.

27 강한 상승기류와 함께 대기 불안정이 심화될 때 발생할 수 있는 구름 형태로 알맞은 것은?

① 난층운
② 적란운
③ 층적운
④ 권운

28 고도에 따른 바람의 변화로 짧은 거리 내에서 바람의 방향이나 속도가 갑작스럽게 변하는 현상으로, 주로 뇌우나 전선, 지형에 의해 발생하는 것은 무엇인가?

① 돌풍
② 토네이도
③ 윈드시어
④ 허리케인

29 다음 중 시정에 대한 설명으로 옳지 않은 것은?

① 시정의 단위는 마일(mile)이다.
② 시정은 육안으로 목표물을 식별할 수 있는 최대 거리이다.
③ 시정은 주로 기상 관측 시 활용된다.
④ 시정은 주간, 야간 모두 측정이 가능하다.

30 다음 중 항공안전법상 공역의 정의 설명으로 틀린 것은?

① 비행정보구역 : 비행 및 구조 활동에 필요한 정보를 제공하는 공역
② 관제권 : 공항 및 그 인근 공역으로 지정된 구역
③ 관제구 : 지표면 또는 수면으로부터 150m 이상 높이의 공역
④ 비행금지구역 : 군사 작전 등을 이유로 항공기의 비행이 제한되는 공역

31 초경량비행장치 소유자나 기타 등록사항에 변경이 생겼을 경우, 관련 법령에 따라 신청해야 하는 기간은 다음 중 며칠 이내인가?

① 30일
② 10일
③ 25일
④ 15일

32 초경량비행장치가 대수리 또는 대개조된 경우, 기술기준 적합 여부를 확인하기 위해 시행하는 검사는 무엇인가?

① 재검사
② 수시검사
③ 정기검사
④ 초도검사

33 초경량동력비행장치의 시험비행 허가를 신청할 때 제출하지 않아도 되는 서류는 무엇인가?

① 장치의 사진
② 안전관리 매뉴얼
③ 시험비행계획서
④ 장치 소개서

34 무인초경량비행장치 전문교육기관이 지도조종자로 등록하고자 할 경우 확보해야 하는 최소 비행시간으로 옳은 것은?

① 150시간
② 200시간
③ 50시간
④ 100시간

35 다음 중 복수의 공역이 중첩된 구역에서 초경량무인비행장치를 비행하고자 할 때, 허가 기준에 대한 설명으로 옳지 않은 것은?

① 우선 순위 기관의 허가만 받으면 된다.
② 관할 기관이 여러 곳이면 각각의 기관에 허가를 받아야 한다.
③ 군 비행금지구역(P구역)에서의 비행은 군의 허가가 필요하다.
④ 민간 항공 관제권에서는 국토교통부의 승인이 필요하다.

36 비행제한공역에서 초경량비행장치를 운용하려는 경우, 작성해야 하는 서류와 그 제출 대상이 올바르게 연결된 것은?

① 특별비행승인신청서 – 국토교통부장관
② 비행승인신청서 – 지방항공청장
③ 특별비행승인신청서 – 지방항공청장
④ 비행승인신청서 – 국토교통부장관

37 항공고시보(NOTAM)에 대한 설명으로 옳지 않은 것은?

① 항공고시보의 유효기간은 3개월이다
② 조종사와 항공관계자에게 중요한 정보를 전달하는 수단이다.
③ 유효기간이 7일 이상인 정보도 포함될 수 있다.
④ 항공고시보는 매일 갱신되어 발행된다.

38 항공종사자의 음주 기준에 대한 규정으로 맞는 것은?

① 혈중 알코올 농도 0.06% 이상
② 혈중 알코올 농도 0.03% 이상
③ 혈중 알코올 농도 0.02% 이상
④ 혈중 알코올 농도 0.05% 이상

39 다음 중 「항공사업법」에서 규정한 용어의 정의로 틀린 것은 어느 것인가?

① 항공레저스포츠란 체험이나 경기 등의 목적을 위한 비행활동을 말한다.
② 초경량비행장치 사용사업이란 유상으로 농약 살포나 촬영업무 등을 수행하는 것이다.
③ 항공보험이란 기체 · 화물 · 전쟁 · 제3자 등에 관한 보험을 포함한다.
④ 항공운송총대리점업이란 항공운송사업자를 대신하여 무상으로 계약을 체결하는 것이다.

40 항공사고 발생 시 초기 대응 절차 중 올바르지 않은 조치는?

① 구조활동을 위해 신속하게 인명을 구한다.
② 사고 원인 규명을 위해 기체와 현장을 그대로 보존한다.
③ 항공안전당국에 신속하게 사고 사실을 알린다.
④ 보험회사에 먼저 연락하여 손해 접수를 한다.

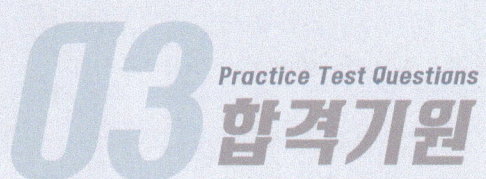

제 03회 실전모의고사
정답 및 해설

제 03회 정답
232 페이지

01 ④ 02 ② 03 ① 04 ① 05 ④ 06 ④ 07 ④ 08 ②
09 ① 10 ① 11 ③ 12 ② 13 ③ 14 ③ 15 ③ 16 ①
17 ③ 18 ④ 19 ③ 20 ① 21 ③ 22 ④ 23 ① 24 ③
25 ④ 26 ③ 27 ④ 28 ③ 29 ① 30 ③ 31 ① 32 ②
33 ② 34 ④ 35 ① 36 ② 37 ④ 38 ③ 39 ④ 40 ④

01 ④
'Drone'이라는 단어는 'Queen Bee'에서 유래되었으며, 'Bomb Drone'이라는 명칭은 공식적으로 사용된 적이 없다.

02 ②
초경량 동력비행장치는 연료를 제외한 기체 무게가 115kg 이하여야 한다.

03 ①
무인멀티콥터의 4요소
• 통신부 : 멀티콥터와 지상 조정자가 각종 데이터를 주고받는 송.수신기
• 구동부 : 프로펠러, 모터, 변속기, 배터리 등
• 제어부 : 멀티콥터의 비행을 조정(비행제어, 각종 센서)
• 탑제부/페이로드부 : 비행목적에 따른 탑재물(카메라, 살포기, 약재 등)

04 ①
비행제어장치는 FC(Flight Controller)라고 하며, 무인멀티콥터의 두뇌 역할을 한다. 센서와 조종기 신호를 분석해 모터의 출력을 조절한다.

05 ④
위성 항법 장치는 GPS/GLONASS와 같은 시스템으로, 무인 비행장치의 위치를 실시간으로 파악할 수 있다.

06 ④
BLDC 모터는 BDC 모터에 비해 고가이지만, 출력과 수명이 우수해 활용도가 높다. BDC 모터는 브러시의 마모로 인해 유지보수가 필요하다.

07 ④
비행 전에는 비행 제한 구역, 기상, 지형, 기체 상태 등 전반적인 항목을 반드시 점검해야 한다.

08 ②
조종사 간의 의사소통은 Liveware-Liveware 요소에 해당하며, Environment 요소가 아니다.

09 ①
공정한 피드백은 학습 동기를 부여하고 집중력을 향상시킨다.

10 ①
스칼라양은 방향이 없는 물리량이며, 온도는 크기만을 가지는 스칼라에 속한다.
• 벡터는 크기와 방향을 가짐(중력, 추력, 양력, 항력, 속도, 가속도, 힘)
• 스칼라는 크기만을 가짐(속력, 길이, 온도, 압력, 밀도, 넓이, 면적, 시간, 질량, 에너지)

11 ③
날개에 작용하는 항력은 형상항력(=압력항력 + 마찰항력)과 유도항력으로 구성된다.

12 ②
받음각이 일정 이상 증가하면 날개 주위 흐름이 분리되며 양력은 급감하고 항력은 급격히 증가한다. 이를 실속이라 한다.

13 ③
프로펠러가 한 방향으로 회전할 때, 작용과 반작용의 법칙에 따라 동체에는 반대 방향으로 회전하려는 토크 반작용이 발생함

14 ③
종횡비가 커지면 실속은 감소하고, 활공 성능은 좋아지며, 유도 항력은 줄어든다. 그러나 유해 항력은 오히려 증가하는 경향이 있다.

15 ③
Mode 2에서는 스로틀(상하 상승 · 하강 제어)이 왼쪽 조종간에 위치하며, 수직 하강 시에는 왼쪽 조종간을 내린다.

16 ①
전진비행 시 회전 방향에 따라 발생하는 양력 불균형을 해소하기 위해 블레이드가 위아래로 움직이며 받음각을 조절하는 운동을 플래핑이라 한다.

17 ③

태양 복사에너지의 불균형으로 지구 표면의 온도 차이가 생기고, 이로 인해 기압 차가 발생하면서 바람이 만들어진다.

18 ④

상승하는 공기는 외부 열출입 없이 팽창하며 온도가 낮아지는데, 이를 단열팽창이라 한다.

19 ③

진고도는 평균 해수면으로부터 항공기까지의 실제 높이를 의미한다.

20 ①

고기압에서는 공기가 아래로 내려가면서 구름이 소멸되고 대체로 맑은 날씨가 된다.

21 ③

남반구 겨울에도 제트기류는 강화되며, 기온 경도가 커지면 제트기류는 적도 쪽으로 내려간다.

22 ④

한랭전선은 찬 공기가 따뜻한 공기를 빠르게 밀어내며 생기는 전선으로, 기온이 급격히 떨어지고 강수 가능성이 높다.

23 ①

복사안개는 대체로 맑고 바람이 약한 밤에 지표면이 빠르게 냉각되며 형성된다. 바람이 강하면 공기가 섞이기 때문에 안개가 형성되기 어렵다.

24 ③

응결핵(0.0002mm) → 구름(0.02mm) → 안개(0.2mm) → 이슬비(0.5mm) 순으로 크기가 증가한다.

25 ④

수평 기온 구배가 작을 경우 기류의 변화가 적어, 난류 발생 가능성이 낮다.

26 ③

뇌우는 저기압에서 발생하는 강한 상승 기류가 원인이며, 고기압은 하강기류가 중심이다.

27 ②

적란운은 강한 상승 기류와 불안정한 대기 상태에서 형성되어 폭우, 낙뢰, 우박 등을 동반하는 구름이다.

28 ③

윈드시어는 짧은 수평 또는 수직 거리 내에서 풍속과 풍향이 급변하는 현상으로, 항공 운항 시 매우 위험하다.

29 ①

시정의 단위는 주로 킬로미터(km)이며, mile은 국제 기준 단위가 아니다.

30 ③

관제구는 지표면 또는 수면으로부터 200m 이상 높이의 공역으로 지정됨. ③은 잘못된 설명임

31 ①

항공안전법 시행규칙 제301조, 초경량비행장치의 용도변경, 소유자의 성명 주소 명칭변경 및 보관장소 변경 시 30일 이내 신고

32 ②

수시검사는 비행안전에 영향을 줄 수 있는 중대한 정비 이후, 기준에 맞는지를 확인하기 위해 수시로 진행되는 절차이다.

33 ②

항공안전법 시행규칙 제304조에 따라 안전관리 매뉴얼은 필수 첨부서류가 아니다.

34 ④

지도조종자로 지정되기 위해서는 100시간 이상의 비행경력을 갖추어야 한다.

35 ①

공역이 중첩된 경우, 모든 관할 기관에 각각 허가를 받아야 한다. 우선 순위 개념으로 하나의 기관만 허가를 받는 것은 잘못된 절차이다.

36 ②

비행제한공역에서 초경량비행장치를 운용하려는 경우, 비행승인 신청서를 지방항공청장에게 제출해야 한다.

37 ④

항공고시보는 매일이 아닌, 28일 간격으로 발간되며, 그 외 긴급 정보는 별도 NOTAM으로 발표된다.

38 ③

항공안전을 위해 항공종사자는 혈중 알코올 농도 0.02% 이상일 경우 비행업무에 종사할 수 없다.

39 ④

항공운송총대리점업은 '유상'으로 계약 체결을 대리하는 것이 맞음.

40 ④

사고 발생 시 가장 우선되어야 할 조치는 인명구조와 사고보고이며, 보험사 연락은 이후에 진행하는 절차이다.

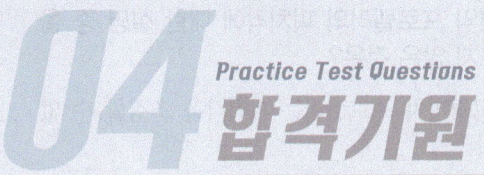
01 다음 중 GPS의 특징으로 틀린 것은?

① 지구상의 현재 위치를 측정하는 시스템이다.
② GPS는 날씨의 영향을 받겠지만 건물 등에는 영향을 받지 않는다.
③ 실내에서는 GPS신호를 수신할 수 없다.
④ GPS 위성은 복수로 존재한다.

02 항공법상 초경량 동력비행장치의 정의와 관련하여 틀린 내용을 고르시오.

① 동력을 사용하는 초소형 고정익 비행장치를 포함한다.
② 탑승자, 연료 및 비상용 장비를 제외한 중량 기준이 적용된다.
③ 좌석 수에 제한이 없다.
④ 유인 계류식 열기구도 초경량비행장치에 포함된다.

03 무인항공기를 활용한 방제 작업 시 기본적으로 지켜야 할 안전 수칙에 해당하지 않는 것은?

① 신호수 성인 유무 확인
② 바람 방향 확인
③ 보호장비 착용
④ 방제 전 장비 점검

04 다음 중 지구 위성항법시스템(GNSS)과 운용 국가가 맞지 않는 것은?

① GPS – 미국
② 글로나스 – 러시아
③ 베이더우 – 중국
④ 갈릴레오 – 일본

05 다음 중 무선국 허가 없이 사용할 수 있는 무선주파수 대역은?

① 5.8GHz 대역을 고출력 장비로 사용할 경우
② 3.6GHz 대역에서 원거리 통신을 할 경우
③ 가시권 내에서 저출력 무선주파수를 사용할 경우
④ 2.4GHz 대역의 고출력 장비를 사용하는 경우

06 무인멀티콥터에서 기체의 방향(기수)을 감지하기 위해 사용되는 장비는 무엇인가?

① 항법보조장비
② 레이저 지시기
③ GPS
④ 지자계 센서

07 리튬 폴리머 배터리 사용 시 안전 수칙 중 맞지 않는 것은?

① 충전 중에는 불연성 소재 위에서 진행한다.
② 배터리를 사용 후 완전 방전될 때까지 유지한다.
③ 배터리가 팽창하면 즉시 사용을 중지한다.
④ 충격을 주지 않도록 조심스럽게 다룬다.

08 장기간 배터리를 보관할 때 안전을 위해 유의해야 할 사항으로 옳지 않은 것은?

① 고온 다습한 장소는 피한다.
② 외부 충격이 없는 곳에 보관한다.
③ 완전히 충전된 상태(4.2V)로 보관한다.
④ 실온의 통풍이 잘 되는 장소에 둔다.

09 멀티콥터 운용 중 비상상황이 발생했을 때 가장 우선적으로 해야 할 행동은 무엇인가?

① 자세 모드로 전환하여 조종을 시도한다.
② 즉시 안전한 장소로 착륙 또는 추락 유도한다.
③ 조종기 전원을 차단한다.
④ 주위에 큰 소리로 비상상황을 알린다.

10 교육생의 기능향상과 이해도를 높이기 위한 교육 방식이 아닌것은?

① 시각적 자료 제공
② 비행 시범 활용
③ 과도한 칭찬과 지속적인 교시
④ 동영상, 이미지, 시뮬레이션 활용

11 프로펠러 날개에서 발생하는 회전력은 어떤 물리적 법칙과 관련이 있는가?

① 작용과 반작용의 법칙
② 관성의 법칙
③ 힘과 가속도의 법칙
④ 유체의 법칙

12 항공기에서 날개의 상·하부에 흐르는 공기 속도 차이에 의한 압력 차이를 설명하는 법칙은 무엇인가?

① 뉴턴의 운동 법칙
② 가속도의 법칙
③ 베르누이의 원리
④ 작용—반작용 법칙

13 회전익 프로펠러의 피치각에 대한 설명 중 올바르지 않은 것은?

① 고정피치 프로펠러는 피치각을 조정할 수 없다.
② 피치각이 바뀌는 프로펠러는 가변피치 프로펠러라고 한다.
③ 프로펠러의 받음각은 항공기의 속도에 따라 변하지 않는다.
④ 받음각은 공기의 유입 방향과 시위선이 이루는 각이다.

14 어떤 항공기의 양력이 24이고 항력이 3일 경우, 양항비로 적절한 값은 어느 것인가?

① 6
② 8
③ 10
④ 12

15 비행기가 회전 운동을 수행할 때 발생할 수 있는 역편요 현상에 대한 설명으로 옳지 않은 것은?

① 항공기가 경사 비행을 할 때 선회 방향의 반대쪽으로 기수가 돌아가려는 현상을 말한다.
② 보조익 조작에 의해 롤링이 발생하면 반대 방향으로 기수 방향이 틀어질 수 있다.
③ 선회 중에 옆 미끄러짐이 발생하면 그 방향으로 기수가 자동으로 회전하게 된다.
④ 보조익 조작 없이도 날개의 받음각 차이로 인해 롤링이 시작될 수 있다.

16 비행기의 기체가 앞뒤로 기울어지는 피칭 (pitching) 운동을 조종하는 데 주로 사용되는 조종면은 무엇인가?

① 방향키(rudder)
② 승강키(elevator)
③ 플랩(flap)
④ 도움날개(aileron)

17 쿼드콥터가 우측으로 이동하려면 어떤 방식으로 프로펠러 회전 속도가 조절되어야 하는가?

① 좌측 앞뒤 프로펠러가 더 빠르게 회전한다.
② 우측 앞, 좌측 뒤 프로펠러가 더 빠르게 회전한다.
③ 좌측 앞, 우측 뒤 프로펠러가 더 빠르게 회전한다.
④ 우측 앞뒤 프로펠러가 더 빠르게 회전한다.

18 멀티콥터가 착륙 지점에 가까워질수록 상승기류에 의해 기체가 불안정해지며 제어가 어려워지는 현상은 무엇에 해당하는가?

① 전이성향
② 횡단류 효과
③ 양력 불균형
④ 지면 효과

19 장거리 무선통신이 가능하게 되는 주요 대기층에 해당하는 것은?

① 성층권
② 중간권
③ 대류권
④ 열권

20 밀도고도와 기압고도의 기준 일치를 설명하는 가장 정확한 조건은?

① 고도계 오차가 없을 때
② 고도가 아닌 온도가 낮을 때
③ 표준대기의 온도가 유지될 때
④ 풍속이 일정할 때

21 하층운에 해당하는 구름은 무엇인가?

① Cu(적운)
② As(고층운)
③ St(층운)
④ Ci(권운)

22 지표면 마찰력의 영향을 주로 받는 마찰층의 평균 범위로 적절한 것은?

① 1,000ft 이하
② 4,000ft 이하
③ 2,000ft 이하
④ 3,000ft 이하

23 고기압에 대한 설명으로 적절하지 않은 것을 고르시오.

① 고기압 영역에서는 전선이 잘 형성되지 않는다.
② 중심 부근에서 하강기류가 나타난다.
③ 구름이 적고 맑은 날씨가 이어진다.
④ 북반구에서는 반시계 방향으로 회전한다.

24 열대 해상에서 발생하여 점차 발달하면서 강력한 바람과 비를 동반하게 되는 기상 현상은 무엇인가?

① 고위도 고기압
② 온대성 저기압
③ 열대성 저기압
④ 지상 기류

25 북반구에서 경도풍의 방향이 결정되는 주요 원인은 무엇인가?

① 중력
② 전향력
③ 태양 복사
④ 증기압

26 적운형 구름이 주로 발달하는 상황으로 적절한 것은?

① 온난한 하강 기류
② 수평으로만 움직이는 기류
③ 대기의 수직 불안정성 증가
④ 고기압 중심

27 짧은 거리에서 풍향과 풍속이 갑작스럽게 변동될 때 발생하는 현상으로, 항공기 이착륙 시 위험을 초래하기도 한다. 다음 중 해당 기상 현상으로 알맞은 것은?

① 돌풍
② 윈드시어
③ 토네이도
④ 해풍

28 착빙 현상에 의한 항공기 운항에 미치는 영향으로 올바르지 않은 것은?

① 착빙 현상은 겨울철에만 발생한다.
② 항공기의 양력을 감소시킨다.
③ 항공기의 무게가 증가하여 연료 소모가 늘어난다.
④ 항공기의 비행 속도를 늦출 수 있다.

29 다음 중 METAR에서 "+RA FG"가 나타내는 기상 상태로 가장 적절한 것은 무엇인가?

① 약한 비와 안개
② 보통 비 이후 안개
③ 강한 비 이후 안개
④ 중간 정도의 비와 옅은 안개

30 비사업용 무인동력비행장치는 다음 중 어느 경우에 기체신고 대상이 된다?

① 중량이 2kg 이하일 때
② 중량이 250g을 초과할 때
③ 중량이 70kg 이하일 때
④ 최대이륙중량이 2kg을 초과할 때

31 다음 중 무인동력비행장치의 분류 기준에 대한 설명으로 옳은 것은?

① 1종은 연료 제외 최대이륙중량이 25kg 초과 자체중량 150kg 이하인 장치
② 2종은 최대이륙중량이 7kg 초과 25kg 미만인 비행장치
③ 3종은 최대이륙중량이 2kg 초과 7kg 미만인 장치
④ 4종은 최대이륙중량이 250g 초과 2kg 미만인 장치

32 초경량비행장치 조종자에 대한 약물 및 음주 관련 제한사항으로 옳지 않은 것은?

① 환각성 화학물질의 사용은 금지된다.
② 혈중알코올농도 0.02% 이상이면 비행이 금지된다.
③ 마약류 복용 시 비행은 제한된다.
④ 음주 기준은 자동차 운전자의 기준인 0.03%를 따른다.

33 다음 중 비관제 공역에 해당하는 것은?

① 관제권
② 조언구역
③ 비행금지구역
④ 초경량비행장치 비행제한구역

34 비관제 공역으로 올바르게 설명된 것은?

① 항공기가 반드시 비행 허가를 받아야 하는 공역이다.
② 특정한 위험 요소로 인해 비행이 제한되는 구역이다.
③ 항공기에 비행 관련 정보는 제공하되 관제는 이루어지지 않는 공역이다.
④ 국토교통부 장관의 지시에 따라 항공기 순서 등을 조정하는 공역이다.

35 무인비행장치로 야간비행 또는 가시권 밖 비행을 하려는 자는 관련 서류를 첨부하여 특별비행승인을 신청하여야 한다. 다음 중 필수 첨부 서류가 아닌 것은?

① 조작 방법 설명서
② 비행장치 성능 자료
③ 기체 형식 및 제원표
④ 안전성 인증서

36 항공 종사자의 음주 여부 판단 기준은 무엇을 기준으로 하는가?

① 0.03%
② 0.05%
③ 0.02%
④ 0.08%

37 초경량무인비행장치를 운용하는 자가 비행 전 안전성 인증을 받지 않고 비행한 경우, 해당 위반에 대한 1차 과태료는 얼마인가?

① 300만 원
② 500만 원
③ 250만 원
④ 375만 원

38 초경량비행장치 조종자가 마약 또는 환각물질의 영향을 받은 상태에서 비행하여 정상적인 조종이 불가능할 경우, 1차 위반 시 행정처분으로 맞는 것은?

① 조종자 자격 효력정지 60일
② 조종자 자격 효력정지 180일
③ 조종자 자격 효력정지 120일
④ 조종자 증명 취소

39 초경량비행장치로 제한공역을 허가 없이 비행한 경우, 어떤 처벌이 적용되는가?

① 과태료 300만 원 이하
② 징역 1년 또는 벌금 1,000만 원 이하
③ 벌금 500만 원 이하
④ 과태료 200만 원 이하

40 초경량비행장치 사용사업자에게 변경신고 의무가 없는 경우는 무엇인가?

① 자본금이 감소된 경우
② 대표자가 바뀐 경우
③ 사업 범위에 변경이 있는 경우
④ 변경사유 발생 후 15일 이내 신고하는 경우

01 ② 02 ③ 03 ① 04 ④ 05 ③ 06 ④ 07 ② 08 ③
09 ④ 10 ③ 11 ① 12 ③ 13 ③ 14 ② 15 ③ 16 ②
17 ① 18 ④ 19 ④ 20 ③ 21 ② 22 ④ 23 ④ 24 ③
25 ② 26 ③ 27 ② 28 ① 29 ③ 30 ④ 31 ② 32 ④
33 ② 34 ③ 35 ④ 36 ③ 37 ③ 38 ① 39 ③ 40 ④

01 ②

GPS의 장애요소는 태양의 활동 변화, 주변 환경(고층 빌딩, 구름 낀 날씨 등)에 의한 일시적인 문제, 의도적인 방해, 위성의 수신 장애 등 다양하며, 이로 인해 GPS에 장애가 오면 드론이 조종불능(노콘, No Control) 상태가 될 수 있다.

02 ③

항공안전법 시행규칙 제5조에 따르면 초경량 동력비행장치는 동력을 사용하는 고정익 비행장치이며, 탑승자·연료·비상장비를 제외한 자체 중량이 115kg 이하이고, 연료탑재량이 19L 이하이며, 좌석은 1개여야 한다.

03 ①

신호수의 나이 제한에 대한 규정은 없다.

04 ④

갈릴레오 시스템은 유럽연합(EU)에서 운영하며, 일본은 관련 국가가 아닙니다.

05 ③

가시권 내에서 저출력 주파수를 사용하는 경우는 무선국 허가가 필요하지 않습니다.

06 ④

지자계 센서는 자기장을 이용하여 기체의 방향을 인식하는 데 사용된다.

07 ②

리튬 폴리머 배터리는 완전 방전 시 성능이 저하되므로 적정 전압을 유지해야 한다.

08 ③

리튬이온 배터리는 완전 충전 상태에서 장기간 보관 시 성능 저하 및 안전 문제 발생 가능성이 있다.

09 ④

기체보다 주변 사람의 안전이 더 중요하므로, 비상상황 발생 시 우선적으로 주위에 위험 상황을 빠르게 알려야 한다.

10 ③

교육생의 이해를 돕기 위해 시각적 자료나 실제 시범 비행을 사용하는 것이 효과적이나, 과도한 칭찬과 지속적인 교시는 학습에 방해가 될 수 있다.

11 ①

프로펠러에서 발생하는 회전력은 날개에 의해 가해지는 힘에 대한 반응으로 나타나는 회전력과 반작용에 의한 결과로 설명된다. 이는 뉴턴의 작용과 반작용의 법칙에 해당된다.

12 ③

베르누이의 원리는 공기의 속도 변화에 따라 압력 차이를 설명하며, 항공기 날개에 의해 발생하는 양력의 원리로 사용된다.

13 ③

받음각은 공기의 유입 방향과 프로펠러의 시위선이 이루는 각을 말하며, 항공기 속도에 따라 계속 변한다.

14 ②

양항비는 양력 ÷ 항력이므로 24 ÷ 3 = 8이 된다.

15 ③

역편요는 선회 중 보조익 조작 시 롤링 방향과 반대 방향으로 기수가 돌아가려는 현상이며, 옆 미끄러짐 방향으로 기수가 회전하는 것이 아니다.

16 ②

• x축—세로축—옆놀이(rolling) – 도움날개(aileron)
• y축—가로축—키놀이(pitching)—승강키(elevator)
• z축—수직축—빗놀이(yawing)—방향키(rudder)

17 ①

쿼드콥터가 움직이려고 하는 방향의 반대 쪽의 프로펠러(모터)가 더 빨리 회전하여 양력증가

18 ④

멀티콥터가 지면 가까이 접근할수록 지면에서 반사된 양력이 상승하여 부양력이 커지고, 이로 인해 조작이 어려워지는 현상

19 ④

열권에는 전리층이 존재하며, 이 전리층은 전파를 반사시켜 장거리 통신이 가능하게 한다.

20 ③

밀도고도는 기온과 밀도의 영향을 받으므로, 표준 대기 조건이 유지될 때 기압고도와 일치한다.

21 ③

하층운은 해발 약 2km 이하에서 나타나며, 낮고 넓게 퍼지는 특성을 가지고 있다. 층운(St)은 이러한 하층운에 해당한다.

22 ④

지표면으로부터 약 3,000ft까지의 대기층을 마찰층이라고 하며, 이 범위에서는 지형과의 마찰로 인해 바람의 방향과 속도에 변동이 생긴다.
1km = 3,280ft

23 ④

북반구 고기압에서는 바람이 시계 방향으로 회전한다. 반시계 방향은 저기압의 특징이다.

24 ③

열대성 저기압은 열대 해역에서 발생하여 발달 시 태풍으로 이어지며 강한 바람과 폭우를 동반한다.

25 ②

전향력은 북반구에서 공기의 흐름을 오른쪽으로 틀게 하며, 경도풍 방향을 결정짓는다.

26 ③

적운은 대기 중 불안정성이 증가할 때 강한 상승 기류에 의해 발달하며, 이는 강수나 뇌우로 이어질 수 있다.

27 ②

윈드시어는 매우 짧은 거리 내에서 바람의 방향이나 속도가 급격하게 바뀌는 현상으로, 주로 뇌우나 전선, 산악 지형에 의해 유발

28 ①

착빙 현상은 겨울철에만 발생하는 것이 아니라, 기온이 0도 이하인 지역에서 비행 중에도 발생할 수 있습니다. 따라서 겨울철만 조심하는 것은 적절하지 않습니다.

29 ③

"+"는 강함을, "RA"는 비(Rain), "FG"는 안개(Fog)를 의미하므로, "+RA FG"는 강한 비와 짙은 안개를 나타낸다.

30 ④

법령에 따라 비사업용은 최대이륙중량이 2kg을 초과할 경우 신고가 필요하다.

31 ①

- 1종 최대 이륙중량 25kg 초과, 연료를 제외 자체중량 (배터리 포함) 150kg 이하
- 2종 최대 이륙중량 7kg 초과 25kg 이하
- 3종 최대 이륙중량 2kg 초과 7kg 이하
- 4종 최대 이륙중량 250g 초과 2kg 이하

32 ④

초경량비행장치 조종자는 항공종사자와 동일한 규정을 적용받으며, 혈중알코올농도 0.02% 이상 시 조종이 제한된다. 0.03%는 자동차 운전자 기준이다.

33 ②

조언구역은 항공기의 안전한 비행을 위하여 조언을 제공하지만 관제가 이루어지지 않는 비관제 공역에 해당한다.

34 ③

비관제 공역은 관제공역이 아닌 지역으로, 항공교통관제는 이루어지지 않지만 조언이나 비행정보는 제공된다.

35 ④

안전성 인증서는 제출이 요구되지 않는다. 필수 서류는 조작법, 성능, 형식 및 제원 등이다.

36 ③

항공 종사자는 혈중알코올농도 0.02% 이상일 경우 음주로 간주되며, 적발 시 형사처벌 대상이며, 적발 시 3년 이하 징역 또는 3천만 원 이하의 벌금에 처한다.

37 ③

초경량무인비행장치는 항공안전법에 따라 비행 전 안전성 인증을 받아야 하며, 이를 이행하지 않을 경우 과태료는 최대 500만 원(1차 250만 원, 2차 375만 원, 3차 500만 원)이다.

38 ①

마약이나 환각물질의 영향을 받은 상태에서 비행 시, 1차 위반은 조종자 자격의 60일간 효력정지가 적용된다.

39 ③

제한공역 또는 비행금지구역에서 허가 없이 비행할 경우, 항공안전법에 따라 500만 원 이하의 벌금 또는 과태료가 부과될 수 있다.

40 ④

변경신고는 변경사유 발생일로부터 30일 이내 신고해야 하며, 15일 이내는 말소신고 기한에 해당한다.

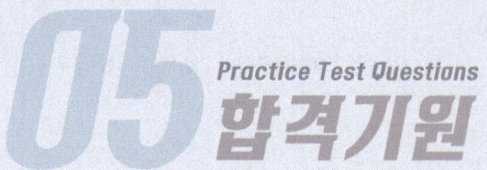
01 ICAO에서 정의한 무인항공기 시스템의 공식 용어는 무엇인가?

① UAV
② RPAS
③ VTOL
④ MAV

02 초경량 비행장치 중 신고의무가 적용되는 것으로 적절한 것은?

① 군용 동력 비행장치
② 계류식 열기구
③ 낙하산
④ 민간용 동력 비행장치

03 고정익 비행장치와 회전익 비행장치의 가장 큰 운용상 차이로 올바른 것은?

① 후진 이동
② 측면 비행
③ 회전 기동
④ 정지 비행

04 동력 비행장치가 비행 중 한쪽으로 치우칠 경우, 조종사는 조종간을 지속적으로 당기거나 밀어야 한다. 이때 조종력 부담을 줄이기 위해 사용하는 장치는 무엇인가?

① 트림
② 플랩
③ 승강타
④ 방향타

05 다음 중 BLDC 모터와 DC 모터의 구조적 차이와 운용 특성에 대한 설명으로 적절한 것은?

① BLDC 모터는 정류자와 브러시를 통해 전기 흐름을 제어한다.
② DC 모터는 전자제어장치 없이 정밀한 속도 제어가 가능하다.
③ DC 모터는 기계적 마모 부품이 많아 수명에 한계가 존재한다.
④ BLDC 모터는 기계적 정류 방식으로 구동 효율을 높인다.

06 비행이 종료된 후 드론의 상태를 점검하는 과정에서 반드시 확인해야 할 사항이 아닌 것은 무엇인가?

① 기체의 파손 여부
② 모터 주변의 이상 유무
③ 배터리의 충전량
④ 프로펠러의 이탈 여부

07 항공 안전 관련 인적요인을 분석하는 대표적 모델 중 하나인 SHELL 모델의 구성요소로 보기 어려운 것은?

① 환경
② 인간
③ 시스템
④ 인간 외 생물

08 정지된 유체에 잠긴 물체의 한 점에 작용하는 압력에 대한 설명으로 가장 적절한 것은?

① 압력은 특정 방향에서만 일정하게 나타난다.
② 유체 내 압력은 위쪽이 아래쪽보다 항상 크다.
③ 유체의 압력은 방향과 관계없이 일정하게 작용한다.
④ 압력은 유체의 흐름 속도에 따라 결정된다.

09 다음 중 간섭항력(Interference Drag)의 발생 원인으로 가장 적절한 것은 무엇인가?

① 항공기 표면과 공기 사이의 마찰로 인해 발생
② 기체 형상에 따른 압력 분포 차이와 경계층 분리로 인해 발생
③ 초음속 비행 시 충격파가 형성되어 발생
④ 날개·동체·미익 등 접합부에서 공기 흐름이 교차하며 소용돌이가 발생

10 붙임각(취부각)의 설명 중 올바르지 않은 것은?

① 붙임각이 커지면 계속 양력이 증가하게 된다.
② 붙임각은 로터 블레이드와 회전면 사이의 각도로 정의된다.
③ 붙임각은 실제로 받음각(영각)에 영향을 준다.
④ 붙임각의 변화는 풍판에 작용하는 힘에 영향을 준다.

11 항공기의 이륙 거리를 짧게 하기 위한 조건으로 적절하지 않은 것은 무엇인가?

① 무게를 줄인다.
② 고양력 장치를 사용한다.
③ 뒤에서 바람을 받는다.
④ 추력을 증가시킨다.

12 날개의 면적이 동일한 조건에서 가로세로비(Aspect Ratio)를 증가시킨 경우에 대한 설명으로 옳지 않은 것은?

① 활공 거리가 길어진다.
② 유도 항력이 감소된다.
③ 유도 항력 계수가 낮아진다.
④ 유도 항력이 증가되어 착륙 거리가 짧아진다.

13 헬리콥터의 조종 장치 중 동시피치레버(collective pitch lever)를 조작할 때 나타나는 주된 운동 형태는 무엇인가?

① 좌우로 움직이는 운동
② 전후로 나아가는 운동
③ 수직 방향의 운동
④ 방향을 전환하는 운동

14 표준대기를 구성하는 기체 비율 중 옳게 나열된 것은 무엇인가?

① 산소 21%, 질소 78%, 기타 1%
② 질소 21%, 산소 78%, 기타 1%
③ 산소 50%, 질소 48%, 기타 2%
④ 산소 30%, 질소 68%, 기타 2%

15 다음 중 공기 속에 포함된 수증기의 양을 수치로 표현한 것으로 알맞은 것을 고르시오.

① 이슬
② 안개
③ 습도
④ 기압

16 구름이 형성되는 데 있어 가장 적은 관련이 있는 요소를 고르시오.

① 냉각
② 응결핵
③ 수증기
④ 온난전선

17 항해나 지형 측정 시 사용하는 나침반이 지시하는 북쪽은 다음 중 무엇을 뜻하는가?

① 진북
② 도북
③ 북극
④ 자북

18 일기도상에서 등압선의 간격이 좁게 나타나는 지역에서 주로 나타나는 현상은 무엇인가?

① 기압이 일정하게 유지된다.
② 바람이 거의 불지 않는다.
③ 바람의 세기가 세어진다.
④ 강수량이 많아진다.

19 다음 중 바람이 피부에 느껴지고 나뭇잎이 흔들리며, 풍향계가 회전하기 시작하는 시점의 풍속 범위로 알맞은 것은?

① 1.6~3.3m/s
② 3.4~5.4m/s
③ 5.5~7.9m/s
④ 8.0~10.7m/s

20 안개가 잘 생기기 위한 대기 상태로 적절하지 않은 것은?

① 지표면의 냉각이 활발할 것
② 바람이 약하거나 없을 것
③ 수증기량이 많을 것
④ 대기 혼합이 강할 것

21 균일한 속도로 흐르는 공기 중, 평판 전면에서 발생하는 경계층의 변화 순서를 바르게 배열한 것은 무엇인가?

① 천이 영역 → 난류 경계층 → 층류 경계층
② 난류 경계층 → 천이 영역 → 층류 경계층
③ 층류 경계층 → 천이 영역 → 난류 경계층
④ 층류 경계층 → 난류 경계층 → 천이 영역

22 다음 중 윈드시어에 대한 설명으로 올바르지 않은 것은?

① 고도에 따라 바람의 속도나 방향이 급격히 변하는 현상이다.
② 착륙 중 윈드시어를 만나면 항공기는 갑자기 고도가 상승한다.
③ 상승 및 하강 기류 모두 윈드시어를 유발할 수 있다.
④ 갑작스러운 풍향 변화로 항공기 조종이 어려워질 수 있다.

23 다음 중 뇌우가 성숙 단계에 접어들었을 때 일반적으로 나타나는 현상이 아닌 것은?

① 천둥과 번개가 동반된다.
② 강한 하강기류가 상층에서 시작된다.
③ 우박이나 소나기가 발생할 수 있다.
④ 빗방울이 굵어지고 강수량이 증가한다.

24 다음 중 착빙 현상이 항공기에 미치는 영향으로 옳지 않은 것은?

① 양력 증가
② 추력 감소
③ 항력 증가
④ 실속속도 상승

25 다음 중 시정(visibility)의 유형에 해당하지 않은 것은?

① 기상 시정
② 우세 시정
③ 수직 시정
④ 좌측 시정

26 터미널공항예보(TAF)의 내용 중 틀린 것은 무엇인가?

① 기온 변화 예보
② UTC를 기준으로 6시간 간격으로 발표
③ 주로 24시간 예보로 제공
④ 바람의 방향과 세기

27 다음 중 항공안전법상 초경량비행장치에 포함되지 않는 비행체는 무엇인가?

① 행글라이더
② 동력 패러글라이더
③ 비행선
④ 동력비행장치

28 초경량비행장치 신고 후, 신고증명서 및 기체번호를 발급하는 주체로 적절히 연결된 것은 무엇인가?

① 신고증명서-국토교통부장관, 신고번호-지방항공청장
② 신고증명서-지방항공청장, 신고번호-한국교통안전공단 이사장
③ 신고증명서-한국교통안전공단 이사장, 신고번호-국토교통부장관
④ 신고증명서-국토교통부장관, 신고번호-한국교통안전공단 이사장

29 다음 중 초경량비행장치 안전성 인증검사 유효기간에 대한 설명으로 옳지 않은 것은?

① 일반 장치는 발급일로부터 2년이다
② 비영리 목적 장치는 2년으로 한다
③ 안전성 인증검사는 발급일 기준 1년으로 한다
④ 재검사 불합격 시 3개월 이내 재검사 가능하다

30 초경량비행장치 지도 조종자가 되기 위해 충족해야 하는 최소 연령 요건으로 옳은 것은?

① 만 10세
② 만 16세
③ 만 18세
④ 만 14세

31 비행자가 반드시 지켜야 할 초경량비행장치의 비행 제한 사항으로 옳지 않은 것은?

① 통제공역 내에서 비행하지 않는다.
② 낙하물을 투하하지 않는다.
③ 일몰 후부터 일출 전까지는 비행하지 않는다.
④ 기상 상태가 맑으면 야간 비행도 허용된다.

32 R-75 비행제한구역에 대한 설명으로 옳은 것은?

① 군사 훈련 및 공수 훈련 구역
② 서울지역 및 경기 일대 비행금지 구역
③ 서울지역 및 경기 일대 비행제한 구역
④ 초경량 비행기 전용 구역

33 다음 중 비관제 공역에 해당하는 등급은 무엇인가?

① A등급 공역
② D등급 공역
③ E등급 공역
④ G등급 공역

34 다음 중 주의공역 구분에 대한 설명으로 맞지 않는 것은 무엇인가?

① 훈련구역은 민간 항공기의 훈련을 위한 공역으로, 군사 훈련과는 구분된다.
② 군작전구역은 군사 작전과 관련된 비행이 이루어지며, 비행 통제와 제한이 있을 수 있다.
③ 경계구역은 대규모 조종사의 훈련이나 비정상 형태의 항공 활동이 수행되는 공역이다.
④ 위험구역은 항공기 비행을 금지하는 구역으로, 위험 요소가 존재할 때 비행을 금지해야 한다.

35 다음 중 비행승인 없이 비행할 수 있는 무인동력비행장치의 최대이륙중량 기준으로 맞는 것은?

① 5kg 이하
② 7.5kg 이하
③ 15kg 이하
④ 25kg 이하

36 드론 조종자 준수사항 위반 시 과태료 처분에 해당하지 않는 항목은 무엇인가?

① 1차 위반 시 경고만 주어진다
② 1차 위반 시 150만 원
③ 2차 위반 시 225만 원
④ 3차 위반 시 300만 원

37 다음 중 초경량비행장치 조종자 자격 취소 사유에 해당되는 경우는?

① 주류나 약물의 영향을 받아 정상적인 비행이 어려운 상태에서 비행한 경우
② 허위나 부정한 방법으로 초경량비행장치 조종자 자격을 취득한 경우
③ 초경량비행장치 조종자의 의무를 위반한 경우
④ 초경량비행장치의 사고 발생 시 고의 또는 중대한 과실로 인명 또는 재산 피해를 일으킨 경우

38 초경량비행장치를 비행승인 대상지역에서 승인 없이 비행하거나 승인 외 지역을 비행한 경우 부과되는 과태료 금액은 얼마인가?

① 250만 원
② 300만 원
③ 375만 원
④ 500만 원

39 다음 중 초경량비행장치의 사용이 불가능한 사업 범위는?

① 비료나 농약을 살포하는 농업 지원
② 사진 촬영, 측량 또는 탐사
③ 무인 택배 배달
④ 산림 및 공원 관측과 탐사

40 초경량비행장치 사고 발생 즉시 한국교통안전공단에 보고하여야 하는데 그 내용이 아닌 것은?

① 사고 발생 일시 및 장소
② 초경량비행장치 소유자의 성명 또는 명칭
③ 초경량비행장치의 종류 및 신고번호
④ 사고의 정확한 원인분석 결과

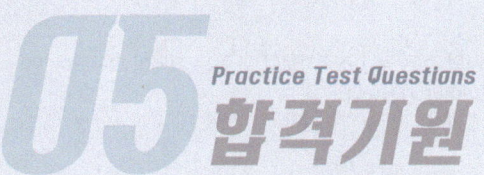
제 05회 정답
246 페이지

01 ② 02 ④ 03 ④ 04 ① 05 ③ 06 ③ 07 ④ 08 ③
09 ④ 10 ① 11 ③ 12 ④ 13 ③ 14 ① 15 ③ 16 ④
17 ④ 18 ③ 19 ④ 20 ④ 21 ② 22 ② 23 ② 24 ①
25 ④ 26 ① 27 ③ 28 ③ 29 ③ 30 ③ 31 ④ 32 ②
33 ④ 34 ④ 35 ④ 36 ① 37 ② 38 ② 39 ③ 40 ④

01 ②

ICAO에서는 무인항공기 시스템을 RPAS(Remotely Piloted Aircraft System) 라고 공식 정의한다.

02 ④

동력을 사용하는 민간 초경량 비행장치는 항공법에 따라 반드시 신고하여야 한다.

03 ④

회전익 항공기는 프로펠러(로터)의 회전을 통해 수직 이착륙 및 정지 비행이 가능하다는 특징이 있다.

04 ①

트림은 조종간에 가해지는 힘을 줄여 조종사가 더 편하게 비행할 수 있도록 한다.

05 ③

DC 모터는 브러시와 정류자 등의 기계적 부품이 마모되어 내구성 측면에서 한계가 있으며, 이는 BLDC와의 주요 차이점이다.

06 ③

배터리의 충전량은 비행 전 확인해야 할 항목이며, 비행 후에는 충전보다는 상태 점검이 우선이다.

07 ④

SHELL 모델은 Liveware(인간), Hardware(장비), Software(규정), Environment(환경)으로 구성되며, '인간 외 생물'은 해당되지 않는다.

08 ③

정지된 유체 내에서는 어떤 방향에서도 같은 깊이라면 압력은 동일하게 작용한다.

09 ④

간섭항력: 기체 각 부위의 연결부(날개-동체, 수평·수직 꼬리날개 등)에서 공기 흐름이 교차 → 난류와 소용돌이 발생 → 항력 증가

10 ①

붙임각이 커지면 받음각이 커지고 양력이 증가할 수 있으나, 일정 수준 이상에서는 실속이 발생하여 양력이 감소할 수 있다.

11 ③

배풍은 항공기의 진행 방향과 반대에서 부는 바람으로, 이륙 시 필요한 거리를 늘리고 안전을 저해할 수 있다.

12 ④

가로세로비가 클수록 유도 항력은 감소하고, 이는 활공 성능을 향상시켜 활공 거리를 길게 한다. 유도 항력이 증가된다는 설명은 틀렸다.

13 ③

• 동시(콜렉티브) 피치레버 : 피치를 동시에 증가 또는 감소시켜 양력을 조절하여 수직으로 상승, 하강시킨다.
• 주기(사이클릭) 피치레버 : 헬리콥터의 회전면을 전, 후, 좌, 우로 기울여서 헬리콥터의 비행 방향을 조절한다.

14 ①

표준대기의 조성은 질소 약 78%, 산소 약 21%, 기타기체 약 1%로 구성된다.

15 ③

습도는 공기 중 수증기의 양을 백분율로 나타낸 값으로, 대기의 수증기량을 파악할 수 있다.

16 ④

온난전선은 간접적인 요인이며, 구름 형성의 직접 요인이라 보기 어렵다.

17 ④

나침반의 N극이 가리키는 방향은 자북으로, 지구 자기장의 영향을 받는다.

18 ③

등압선이 조밀할수록 기압차가 크기 때문에 바람이 강하게 분다.

19 ①

피부로 바람이 느껴지고 나뭇잎이 흔들리며 풍향계가 돌아가기 시작하는 풍속은 보퍼트 풍력 계급 2에 해당하며, 이는 1.6~3.3m/s이다.

20 ④

안개는 습한 공기가 냉각되어 생성되며, 안정된 대기와 약한 바람이 적합하다. 반대로 강한 난류(혼합)는 안개 형성을 방해한다.

21 ③

경계층은 공기 유동 시 먼저 층류 상태에서 형성되며, 이후 천이 영역을 거쳐 난류로 발전하게 된다.

22 ②

윈드시어는 고도나 위치에 따라 바람의 급격한 변화로 인해 항공기가 고도를 잃거나 불안정한 자세를 취하게 만든다. 고도가 갑자기 상승하기보다는 하강 위험이 더 크다.

23 ②

뇌우의 상층에서는 일반적으로 상승기류가 강하게 작용한다. 강한 하강기류는 주로 하층에서 발생한다.

24 ①

착빙은 양력을 감소시키고 항력 및 실속 속도를 증가시키므로, 양력이 증가한다는 설명은 잘못된 것이다.

25 ④

시정의 분류에는 기상 시정, 우세 시정, 수직 시정, 경사 시정 등이 있으나, '좌측 시정'이라는 용어는 사용되지 않는다.

26 ①

터미널공항예보(TAF)는 UTC를 기준으로 6시간 간격으로 발표되며, 주로 24시간 예보로 제공된다. 그러나 기온 변화 예보는 포함되지 않는다.

27 ③

비행선은 항공기에 해당되며 초경량비행장치로 분류되지 않는다. 단, 무인비행선의 경우 초경량비행장치에 해당된다.

28 ③

신고증명서는 한국교통안전공단 이사장이 발급하며, 신고번호는 국토교통부장관이 부여한다.(항공안전법 및 시행규칙 기준)

29 ③

일반적으로 초경량비행장치의 안전성 인증검사 유효기간은 발급일로부터 2년이며, 비영리 목적의 장치도 동일하게 2년이다. 영리 목적의 기체인 경우 1년 이었으나, 2022/02월 2년으로 변경됨

30 ③

지도 조종자의 경우 일반 조종자보다 더 높은 자격이 요구되며, 만 18세 이상이어야 가능하다.

31 ④

초경량비행장치는 일출 전 및 일몰 후, 즉 야간 비행이 전면 금지된다. 날씨가 맑더라도 예외는 없다.

32 ③

R-75 비행제한구역은 서울 및 경기 일대에서 비행에 제한이 적용되는 구역이다.

33 ④

비관제 공역은 G등급으로 분류되며, 항공기의 통제가 필요하지 않다.

34 ④

"비행을 금지"하는 것이 아니라, 위험 활동이 있을 수 있으니 피하는 것이 바람직한 구역입니다.

35 ④

최대 이륙 중량 25kg을 초과하는 무인동력비행장치가 관제권, 비행금지구역, 비행제한구역 이외의 지역에서 비행할 경우, 고도가 150m 미만이거나, 자체 중량이 12kg 이하(연료 제외)이고 길이가 7m 이하인 무인비행선은 비행승인을 받지 않아도 된다.

36 ①

드론 조종자 준수사항 위반 시, 1차 위반에 대해 경고가 아닌 과태료 150만 원이 부과된다.

37 ②

초경량비행장치 조종자 자격 취소 사유는 허위나 부정한 방법으로 자격을 취득한 경우가 포함된다.

38 ②

초경량비행장치를 비행승인 대상지역에서 승인 없이 비행하거나 승인 외 지역에서 비행한 경우, 과태료는 300만 원

39 ③

초경량비행장치는 농업 지원, 측량, 탐사와 같은 분야에서는 활용될 수 있지만, 상업적 운송 사업인 무인 택배 배달은 현재 초경량비행장치의 사용 범위에 포함되지 않는다.

40 ④

사고의 정확한 원인분석은 한국교통안전공단에서 실시하므로 보고 내용에 포함되지 않는다.

합격희망?

합격보장, 난이도별, 추가 문제 모음

실전모의고사 모두 풀어보셨나요?
어려운 문제가 걸려도 한번에 합격하고 싶다?
그렇다면 아래 QR 문제까지 풀어주세요.

상기 QR코드를 통해 접속 가능하며,
추가된 문제를 모두 풀면 100% 합격보장 !!

공부를 안해서 불합격? 그렇지 않습니다!

필기 학과 시험은 CBT 방식으로 무작위 출제됩니다.
같은 날 동일한 장소에서 시험을 보더라도,
"누구는 쉬운 문제를, 누구는 어려운 문제를 받을 수 있습니다"
그렇다 하여 쉬운 문제만을 고대하며 여러 번 시험을 보시겠습니까?
단 한 번에 합격할 수 있도록 철저히 준비하십시오!

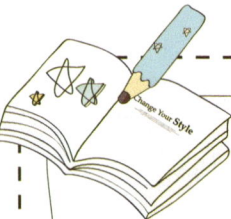

Memo

최신 개정된 법령 및 출제경향 반영

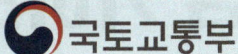 국토교통부  한국교통안전공단 시행

실기 시험 종합안내서
Comprehensive Practical Exam Guide

- 목 차 -

01 – 실기 교육장 비행전.후 숙지사항

① 날씨 공역 점검

- ○우천 : 비행 전 또는 비행 중 눈, 비, 안개, 상황 발생 시 비행 중단
- ○강풍 : 비행 전 또는 비행 중 풍속 5m/s 이상 비행 금지(교육원 관계자의 비행 허가 유무 확인 후 비행)

② 비행전.후 점검

- ○기본 사항
  - ·안전 복장 구비, 안전모 착용
- ○조종기/배터리 점검
  - ·조종기 점검 : 충전상태 확인, 트림상태, 조종모드 확인 후 이륙
  - ·배터리 충전 : 배터리 충전 방법과 순서에 따라 충전 및 분리
  - ·배터리 확인 : 볼트 체커기를 이용하여 완충된 배터리만 사용(비행전 배터리 점검 철저)
- ○기체 점검
  - ·비행 전, 프로펠러 파손유무 확인, 볼트/너트 조임 상태 점검
  - ·배터리함 및 배터리 고정 장착상태 점검
- ○비행 후 조종기 OFF(5분 이상 휴식하는 경우)
  - ·휴식 전 : 기체 배터리 분리 → 조종기 전원 OFF → 휴식
  - ·휴식 후 : 조종기 ON → 기체 배터리 연결 → 비행

③ 비행 중 주의사항 및 비상상황 대처법

- ○비행 타이머 작동 후 비행 실시
  - ·비행 전 타이머 작동 후 비행 시작_공지된 비행시간 초과하여 비행 금지
- ○무리한 비행(과도한 조작) 금지
  - ·이륙비행 : 첫 비행 이륙 시 1m 이내 워밍업 비행 후 천천히 상승
  - ·고속비행 금지 : 교관이 교육한 지정 속도 외 고속 비행 절대 금지
    - -전.후진 비행 : 고속비행으로 인한 사고 다발, 모든 코스 동일한 속도로 비행
    - -비상착륙 : 빠른 착륙에 따른 사고 다발, 절대 안전 비행 필요
    - -자세모드 비행 : 충분한 자세모드 연습 후 비행 실시, 위험 즉시 GPS전환
    - -하드랜딩 금지 : 착륙 시 기체에 충격이 가지 않도록 부드럽게 착륙
- ○비행 중 배터리 경고(부족) 상황 발생 시
  - ·비행 중 적색 LED 점멸 시 → 즉시 복기 후 착륙(비행 타이머 알람 이후 즉시 착륙!)
  - ·기체가 갑자기 하강하는 경우 → 아래 라바콘이 없는 지점으로 착륙

02 — 실기 전자출결 어플설치 및 회원가입

PLAY스토어 APP스토어

TS드론 스마트출결 검색 🔍

■ 드론교육원 비행 교육 시, 전자 출결 확인을 위한 TS한국교통안전공단의 어플을 다운받아 설치 해야 한다.
■ PLAY스토어(APP스토어) ➡ 검색 ➡ **TS드론스마트출결** (TS 드론 비행경력시스템)

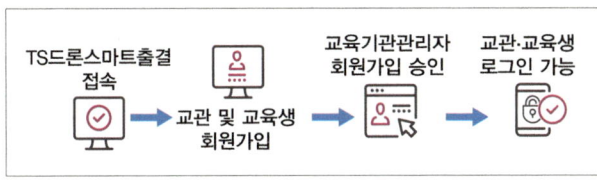

※ 최초 App 사용 시 회원가입이 필요하며,

로그인은 회원가입 신청 완료 이후 교육기관 관리자의 회원 가입
승인 절차를 통해 이용 가능!!(교육원 관계자에게 회원가입 사실 통보)

회원가입 방법

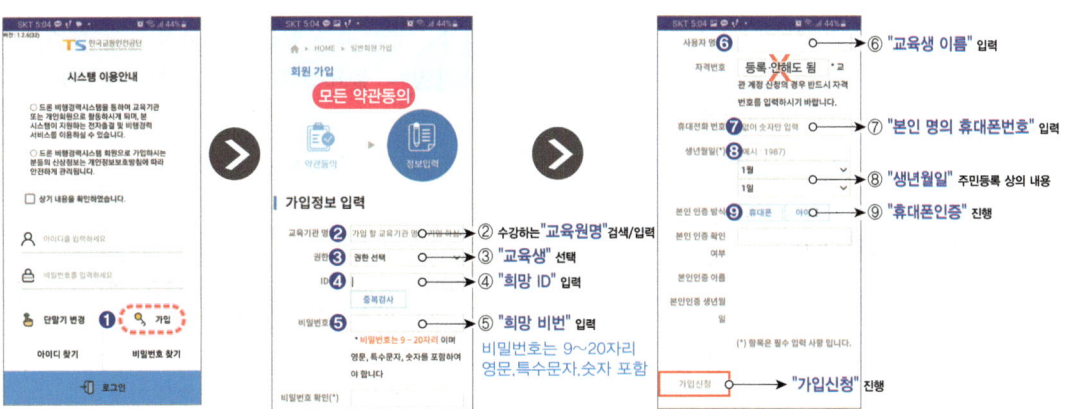

▷**교육기관** : 수강하는 **드론교육원** 검색 후 선택	▷**자격번호** : 교육생은 입력 안함, 교관자격 번호 입력
▷**권 한** : 교육생으로 선택 (교관인 경우 교관 선택)	▷**휴대전화** : 본인의 휴대폰번호 입력
▷**ID 설정** : 영문과 숫자 조합의 4~12자 입력(ID 중복 불가)	▷**생년월일** : 본인의 생년/월/일 입력
▷**비밀번호** : 특수문자, 영문 및 숫자 조합의 8자리 이상 입력	▷**본인인증** : 휴대폰/아이핀 본인인증을 통해인증 진행
▷**사용자명** : 이름 기재	**TS공단** 출결·이의신청 문의 : 054–459–7939

> **참조!** 어플 가입 시 "**HMAC 확인이 필요합니다**"라는 메시지가 노출되거나,
> 또는 기타 사유로 회원가입 신청이 안되는 경우 **PC를 통해 회원가입** 요망!

1.실기시험

① 접수일자 : 연도별 시험일정 참조

② 실기 응시료 : 72,600원(재응시 동일)

③ 접수시작 : 연중 지정 공지된 시험 일자에 선착순 접수(빠른 시험 희망 시 비행교육원과 상담, 협의)

④ 시험일자/장소 지정 : 응시생 홈페이지에서 응시료 결제 후 → 교육기관에서 일자/장소 지정

　ㅇ 교육생 지정불가, 응시생 교육원 상호 협의 후 교육기관에서 시험일자 접수 가능

⑤ **시험일자 변경** : 시험전주 월요일 이전(23:59분 이전) 교육원 관계자를 통해 변경가능, 이후 불가

⑥ 응시기체 : 응시생의 개인기체 가능하나 대부분 교육원에서 준비한 기체 및 교관 동반 후 시험

⑦ 실기시험 방법 : 1,2종 조종자(비행평가 + 구술평가), 3종 실기없음, 실기평가자(비행평가)

⑧ 시작시간 : 평균 오전 8시 시작, 7:30분전 필히 도착

⑨ 응시제한 및 부정행위 처리

　ㅇ 시험 시작 이후에 시험장 도착한 응시생 응시 불가

　ㅇ 시험위원 허락없이 시험 도중 무단으로 이탈한 응시생 시험 종료처리

　ㅇ 부정행위 또는 주의사항이나 시험감독의 지시에 따르지 아니하는 사람은 즉각 퇴장조치 및
　　무효처리되며, 향후 2년간 응시자격 정지

⑩ 환불규정

　ㅇ 환불기준 : 수수료를 과오납한 경우, 공단의 귀책사유 등으로 시험을 시행하지 못한 경우
　　시험당일 시험 불가 날씨인 경우 현장에서 시험포기 및 환불요청 가능(시험장 참석자에 한함)

　ㅇ 환불 가능 시간 : 시험 6일 전날 23:59까지

　ㅇ 환불시기 : 신청즉시(실제 환불 확인은 카드사나 은행에 따라 5~6일 소요, 환불담당 031-645-2106)

2.실기시험 세부내용

구분	세부내용
실 비행시험	ㅇ 비행전 절차 　비행전 점검, 기체의 시동, 이륙전 점검, 공역/바람점검 ㅇ 이륙 및 공중조작 　이륙비행, 공중 정지비행(호버링), 직진 및 후진 수평비행, 　삼각비행, 원주비행, 비상조작 ㅇ 착륙조작 　정상접근 및 착륙(자세모드), 측풍접근 및 착륙 ㅇ 비행 후 점검 　비행 후 점검, 비행기록 ㅇ 종합능력 　안전거리 유지, 계획성, 판단력, 규칙의 준수, 조작의 원활성
구술시험	ㅇ 기체에 관련한 사항, 조종자에 관련한 사항, 공역 및 비행장에 　관련한 사항, 일반지식 및 비상절차, 이륙 중 엔진 고장 및 이륙 포기

3. 실기시험 합격자 발표

① 발표방법: 시험종료 후 인터넷 홈페이지
② 발표시간 : 시험당일 18:00시
③ 합격기준 : 채점항목의 모든 항목에서 "S"(Satisfactory)등급이어야 합격
④ 합격취소 : 응시자격 미달 또는 부정한 방법으로 시험에 합격한 경우 합격 취소

04 — 응시자격/입과자격/비행경력증명서

1. 응시자격/입과자격

조종자 자격증 및 수료증 취득을 위해 항공안전법 등 관련 규정에 따라 응시자격 및 입과자격 요건을 확인하는 절차

① 응시자격 신청 대상자 : 조종자 1종, 2종, 3종 과정
  ○ 결과 : 적격(→ 교육원 통보 후 실기결제 및 시험일자 협의), 기각(→ 교육원과 협의 후 재 응시 신청 필요)
② 입과자격 신청 대상자 : 지도조종자(교관), 실기평가자 과정
  ○ 결과 : 적격(→ 교육원 통보 후 입과일자 확인 후 교육신청), 보류(→ 교육원과 협의 후 재 입과 신청 필요)

2. 응시자격/입과자격 대상 및 서류

구분		대상 및 준비 서류
응시자격 신청	대상	○조종자1.2.3종 응시자 과정 ※1.2종 : 필기 합격 후 신청 가능 ※3종 : 실기 합격 후 신청 가능 응시자격 신청 가능
	서류	1.비행경력증명서 1부_필수 ※1종 20h, 2종 10h, 3종 6h 2.유효한 보통2종 이상 운전면허 사본 1부_필수 ※유효한 보통2종 이상 운전면허 신체검사증명서 　또는 항공신체검사증명서 3.전문교육기관 이수증명서 1부_추가(전문교육기관 이수자에 한함)
입과자격 신청	대상	○지도조종자 응시자 과정(교관) ○실기평가자 응시자 과정
	서류	1.비행경력증명서 1부_필수 ※상세비행경력증명서(지도조종자 100h, 실기평가자 150h) ※총괄요약 비행경력증명서 2.유효한 보통2종 이상 운전면허 사본 1부_필수 ※유효한 보통2종 이상 운전면허 신체검사증명서 　또는 항공신체검사증명서 3.전문교육기관 이수증명서 1부_추가(전문교육기관 이수자에 한함)

3.개요 및 신청 방법

① 구분

　○응시자격 : 1.2.3종 조종자가 교육원에서 비행훈련 후 실기 시험 응시를 위해 자격유무를 확인하기 위한 절차로 비행관련 서류를 공단에 제출 후 적격유무를 판단 받는 절차

　○입과자격 : 지도조종자 및 실기평가자가 비행훈련 후 실기 시험 응시를 위해 자격유무를 확인하기 위한 절차로 비행관련 서류를 공단에 제출 후 적격유무를 판단 받는 절차

② 자격신청

　○시기 : 학과시험 접수 전부터(학과시험 합격 무관 단, 3종은 합격 후 신청 가능) 실기시험 접수 전까지

　○기간 : 업무일 기준 3~7일 소요(실기시험 접수전까지 미리 신청)

　○장소 : 홈페이지[응시자격신청] 메뉴 이용

　○대상 : 자격 종류/기체 종류가 다를 때마다 신청

　　※ 대상이 같은 경우 한번만 신청 가능하며 한번 신청된 것은 취소 불가

　○효력 : 최종합격 전까지 한번만 신청하면 유효

　　※ 학과시험 유효기간 2년이 지난 경우, 제출서류가 미비 시 다시 제출

　　※ 제출서류에 문제가 있는 경우 합격했더라도 취소 및 민·형사상 처벌 가능

③ 신청 사이트

　○응시자격신청 : 1.2.3종 조종자 응시자

　　·신청 : https://lic.kotsa.or.kr/

　○입과자격신청 : 지도조종자/실기평가자 응시자

　　·신청 : https://www.kaa.atims.kr/

4.비행경력증명서 자주 기각되는 사례

비행경력증명서
점검사항

구분	기각사례
비행경력증명서	1.초경량비행장치 조종자 증명 운영세칙 별지 서식과 양식이 다른 경우 　(발급번호, 지도조종자와 발급책임자 누락 등) 2.기각 후 또는 새로 발급한 증명서의 발급일을 갱신하지 않은 경우 3.증명서 개인정보(응시자 및 지도조종자)에 오류가 있는 경우 　(응시자의 이름, 생년월일 및 지도조종자 자격번호 등) 4.비행시간 합계 오류(기장, 훈련, 소계) 5.전문교육기관 수료기준(기장 12h, 훈련 8h)에 맞지 않는 경우 학과 면제 불가 6.발급책임자, 지도조종자 도장 또는 사인 누락 7.2페이지 이상되는 비행경력서인 경우 총계 누락
신체검사증명서	○운전면허증의 적성검사 기간이 지난 경우(유효하지 않는 증명서 등재) ○신체검사증명서에 응시자 본인의 이름과 서명 누락
기타	○제출된 파일(이미지)의 촬영/스캔 상태가 불량한 경우

✪ 응시자격 신청방법

조종자 1.2.3종

응시자격신청이란? 실기시험을 볼 수 있는 자격조건을 확인하는 단계로, 비행경력 사실 확인과 운전면허증·신체검사서 등 제출서류를 검토한 후, 실기시험 응시 자격의 유무를 검증·부여하는 절차, 자격 적격 판정을 받은 경우에만 실기시험 신청이 가능

준비서류
(응시자)
- 비행경력증명서(1종 20시간, 2종 10시간, 3종 6시간)
- ※촬영/스캔 이미지 준비(교육원에서 발급)
- 운전면허증(2종 이상 면허증) 촬영 스캔 이미지 준비(1M이내)
- 신체검사서(미성년자 또는 운전면허 미소유자에 한함)

▼

자격신청
(응시자)
- TS국가자격시험 홈페이지
- https://lic.kotsa.or.kr/
- 비행경력증명서, 운전면허증 외 관련서류 제출

▼

자격검토
(TS공단)
- 제출서류 검토
- 응시조건 및 면제조건 확인
- 서류 적격 유무 확인
- **3~7일 소요**

▼

결과통보
(TS공단)
- SMS문자 통보
- TS국가자격 홈페이지 확인
- 부여(적격), 기각(부적격) 유무 확인

▼

결과확인
(응시자)
- **부적격으로 판정난 경우**
  ※교육원과 부적격 내용 확인 후 재 응시 신청
- **적격으로 판정난 경우**
  ※3종 응시자(자격증 신청 가능)
  ※1.2종 응시자(실기시험 접수 가능)

■ 운전면허증 소지자 점검사항

⚠ **주의!**

주민등록증 인정 불가

- 운전면허증
- 신체검사서 } 중 1개 준비

행정안전부
모바일 운전면허증 가능
https://www.mobileid.go.kr/

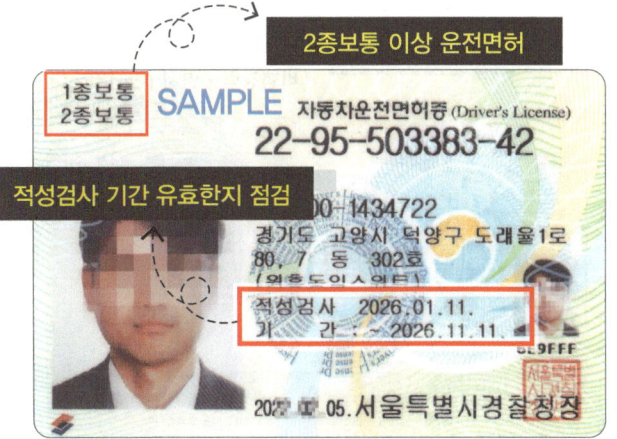

2종보통 이상 운전면허

1종보통
2종보통

SAMPLE 자동차운전면허증(Driver's License)
22-95-503383-42

적성검사 기간 유효한지 점검

00-1434722
경기도 고양시 덕양구 도래울1로
80, 7 동 302호
적성검사 2026.01.11.
기 간 : ~ 2026.11.11.

20   05.서울특별시경찰청장

🐾 입과자격 신청방법

지도조종자/교관, 실기평가조종자

입과자격신청이란? 지도조종자 교육 신청 조건에 맞는 자격요건을 갖추었는지를 검증하는 단계
자격이 부여된 후에만 입과 교육 신청이 가능

준비서류
(응시자)

- 비행경력증명서(지도조종자 100시간, 실기평가조종자 150시간)
  ※촬영/스캔 이미지 준비(교육원에서 발급)
- 운전면허증(2종 이상 면허증) 촬영 스캔 이미지(1M이내)
- 시행시 사용된 기체의 안전성인증서 준비

▼

자격신청
(응시자)

- 항공교육훈련포털 홈페이지
- https://www.kaa.atims.kr/
- 상기 관련서류 제출

▼

자격검토
(TS공단)

- 제출서류 검토
- 응시조건 및 면제조건 확인
- 서류 적격 유무 확인
- **3~7일 소요**

▼

결과통보
(TS공단)

- SMS문자 통보
- 항공교육훈련포털 홈페이지 확인
- 부여(적격), 보류(부적격) 유무 확인

▼

결과확인
(응시자)

- **보류로 판정난 경우**
  ※교육원과 보류 내용 확인 후 재 입과 신청
- **부여로 판정난 경우**
  ※교육신청 가능
  ※교육은 매달 실시

■ **지도조종자, 실기평가조종자** 총괄요약본(비행경력증명서) 제출전 서류 점검 사항

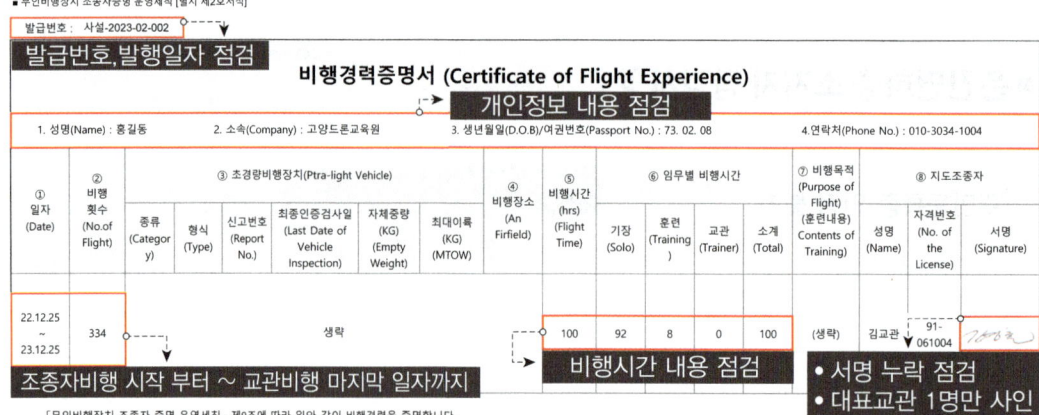

⚙️ 비행경력증명서 주요 점검 사항

1.비행경력증명서

비행경력증명서란? 교육생이 허가받은 교육원에서 비행 훈련한 시간을 기재한 비행관련 경력증명서이다.

■ 비행시간 관련 자주하는 질문

- 필기시험 합격 전에 비행시간을 채울 수 있나요? : **네, 가능합니다.**
- 1종 면허 취득 전에 교관 또는 실기평가자 과정의 비행시간을 채울 수 있나요? : **네, 가능합니다.**

※ **빠른 취득을 원할 경우!** 다음 단계 과정의 비행시간을 미리 채워두는 것이 좋습니다.

→ 교관과정, 실기평가자 과정

2.비행경력증명서 점검 사항_상세본

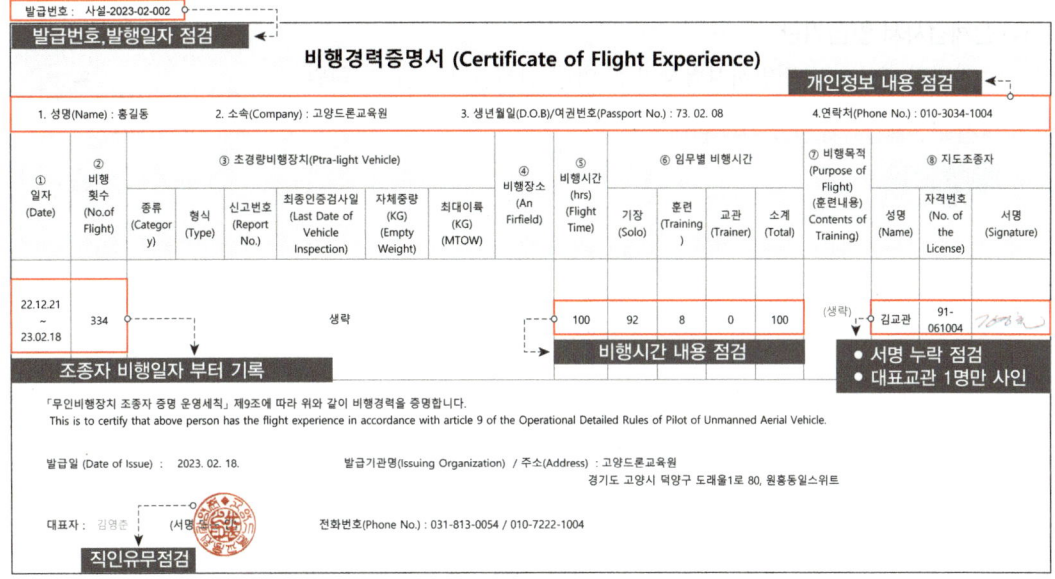

3.비행경력증명서 점검 사항 _총괄요약본(지도조종자, 실기평가조종자에 한함)

05 신체검사서 발급 안내

① 신체검사 발급 제출 대상
- 미성년자
- 운전면허 미소지자(운전면허 소지자는 해당없음)

② 신체검사서 준비물
- 사진(3.58cm x 4.5cm) 2매
- 검사비용(기관별 상이, 1만 원 이내)

③ 신체검사서 예시

● 신체검사서 P1　　　　● 신체검사서 P2　　　　● 신체검사서 P3

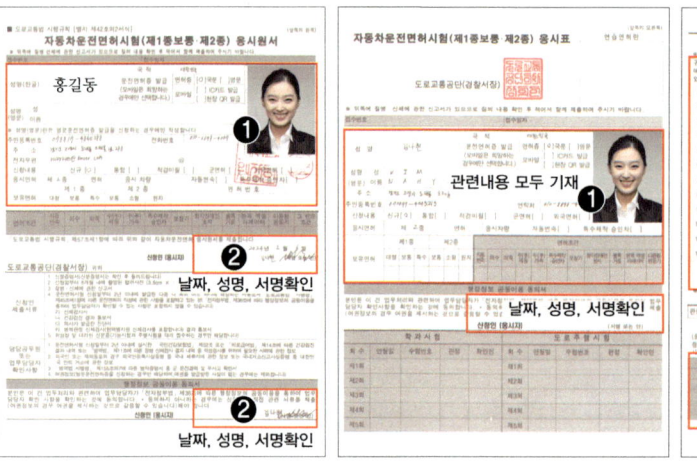
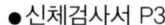
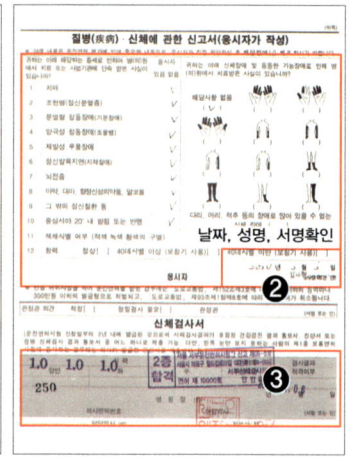

▶박스가 표기된 곳은 모두 올바르게 기재되어야 하며, 누락 시 기각 사유가 될 수 있음.

신체검사증명서 점검사항

❶ 사진 부착상태 점검　　❷ 응시자 본인 성명, 서명 점검
❸ 의사면허 번호, 성명, 서명 점검　　❹ 선명하고 평탄한 스캔 후 등록

④ 신체검사서 발급기관
- 지역별 자동차 운전면허시험장 또는 아래 신체검사 발급 병·의원

전국 신체검사서
발급 기관 사이트

■ 전국 신체검사서 발급 기관 안내

서울	부산	경기	인천	대구	울산	대전	강원
경북	경남	전북	전남	충북	충남	제주	

강남 면허시험장	강남 면허시험장		
도봉 면허시험장	가야성모의원	서울시 서초구 방배로 175 동성빌딩	02-532-2345
	강남우리집의원	서울시 강남구 개포로 229 정원빌딩 2층	02-2291-8885
강서 면허시험장	경찰공제회 강남의원	서울시 강남구 테헤란로114길 23	02-556-1825
서부 면허시험장	더불어내과의원	서울시 광진구 긴고랑로 41 공유공간나눔 2층	02-469-7577

☻ 조종자별 실기시험 안내

○시험실시 ⊗시험 미실시

실기 평가 영역		★ 조종자			★★ 지도조종자	★★★ 실기평가조종자
영역	항목	3종	2종	1종		
		GPS모드 시험				ATTI모드 시험
비행전점검	비행전 점검	실기시험 미실시 (교육원 훈련비행으로 대체)	○	○	실기시험 미실시 (교육원 훈련비행으로 대체)	○
	기체의 시동		○	○		○
	이륙전 점검		○	○		○
이륙 및 공중조작	이륙 비행		○	○		○
	공중 정지 비행(호버링)		⊗	○		○
	전진 및 후진 수평비행		○	○		○
	삼각 비행		○	○		○
	마름모 비행		○	⊗		⊗
	원주 비행		⊗	○		○
	비상 조작		⊗	○		○
착륙 조작	정상접근 및 착륙(ATTI)		⊗	○		⊗
	측풍접근 및 착륙		○	○		⊗
비행후점검	비행 후 점검		○	○		○
	비행기록		○	○		○
구술평가	1. 기체관련한 사항 2. 조종자에 관련한 사항 3. 공역 및 비행장에 관련한 사항 4. 일반지식 및 비상절차 5. 이륙 중 엔진고장에 관련한 사항 ※ 상기 항목 중 1개씩, 평균 5문항 이상 출제					

1.자격증 발급

① 온라인 홈페이지에 신청(24시간) : 발급 신청 후 1주일 소요(등기 우편 비용 별도)

② 방문신청(근무시간) : 방문신청 즉시 현장 발급

③ 발급 비용, 서류, 기타

- 명함사진 1부, 신분증(방문 신청시 필요)
- 발급비용 : 11,000원(신용카드/계좌이체, 방문_카드/현금)

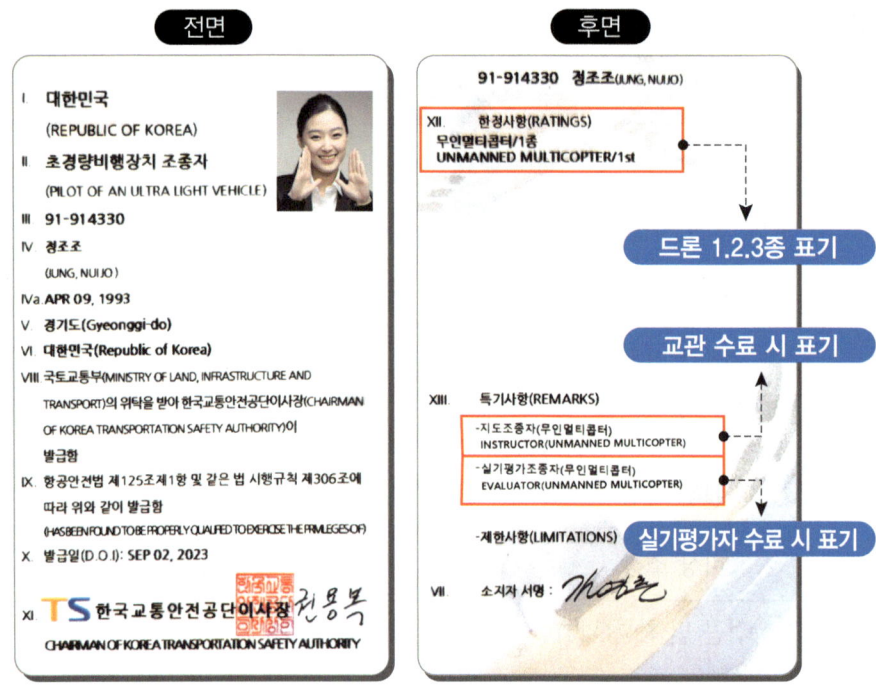

전면

후면

- 1.2.3종 자격증 동일 디자인
- 세로형 국.영문 통합형 자격증
- 지도조종자/실기평가자는 수료 후 별도 자격증 발행하지 않고 특기사항란에 기재 됨.

2.TS한국교통공단 드론 관련 전화번호

① 드론 조종자 담당 : 031-645-2113, 2104

② 드론 지도조종자 담당 : 031-645-2107, 2108

③ 드론 실기평가조종자 담당 : 031-645-2101

④ 드론자격시험센터 : 031-645-2106

⑤ 자격증 발급 문의 : 031-645-2102

DRONE ※청색 필히 암기 필요, 구술시험 단골문제
조종자 준수사항

가시거리 외 비행 금지

초경량비행장치 조종자는 항공기
또는 경량 항공기를 육안으로
식별하여 미리 피할 수 있도록 주의

음주비행 금지

알코올 도수 **0.02%** 이상

조종 업무를 정상적으로 수행할 수 없는
상태에서 조종하는 행위 또는
비행 중 주류 등을 섭취하거나 사용 금지

낙하물 투하 금지

인명이나 재산에
위험을 초래할 우려가 있는
낙하물 투하 금지

150m이상 비행 금지

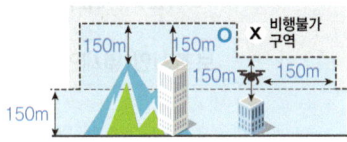

지면.수면 또는 구조물 최상단(드론기체 반경 150m)
기준, 150m이상 고도에서 비행해야 할 경우
특별비행승인 필요

인구밀집 지역 비행 금지

인구가 밀집된 지역이나
그 밖에 사람이 많이 모인 장소의
상공에서 위험한 비행 금지

야간비행 금지

일몰 후부터 일출 전까지
야간시간 비행 금지

항공기 접근시 회피 기동

우측으로 회피기동

초경량비행장치 조종자는 모든 항공기,
경량항공기 및 동력을 이용하지 아니하는
초경량비행장치에 대하여 진로를 양보

소유자 정보기재

자격증, 신고증명서 소지
소유자 이름 및 연락처 드론에 기재
최대이륙중량 2kg 초과 기체신고 (21.1.1부터)

조종자 유의 사항

- 군 방공 비상사태 인지 시
  즉시 비행중지
- 항공기 부근에 접근 금지
- 다른 초경량 비행장치에
  가깝게 접근 금지
- 사주(사방) 경계 철저
- 기상 악화 시 비행 금지
- 기체 흔들기, 자세 기울기,
  급상승, 급강하, 급선회 금지
- 최대 이륙 중량 초과 금지
- 이륙 전 기체 및 엔진 점검
- 장애물 없는 곳에서 이·착륙
- 정해진 용도 이외 사용 금지
- 고압 송전선 부근 비행 금지

비행금지구역, 관제권 비행 금지

- 비행금지구역
  - 대통령실 인근/중심(P73)으로 부터 3.7km(2해리)
  - 휴전선 부근(P518)
  - 원전중심으로 부터 18.6km(P61~P65)

암기Tip! 2배차이

- 관제권
  - 비행장 공항 참조점(ARP)으로부터 9.3km 이내

국토교통부 ✛고양드론교육원

✪ 주시안(우세안, 主視眼, Dominant eye)이란?

두 눈 중에서 시각 정보를 처리할 때 더 우세하게 작용하는 눈을 말한다.
오른손잡이는 오른손을 주로 사용하듯, 한쪽 눈이 다른 쪽보다 더 정확하거나 빠르게 대상을
인식하고, 시각적 우선권을 갖는 현상이다.
예) 카메라 촬영 시 뷰파인더를 볼 때 자연스럽게
    사용하는 눈이 주시안일 가능성이 높다.

나의 주시안을 알아 내는 방법

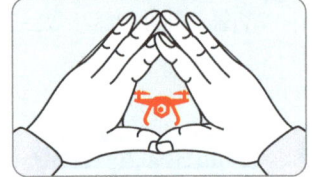

삼각형 테스트(Triangle Test)

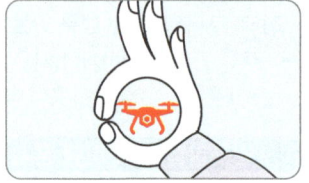

손가락 포인팅 테스트(Pointing Test)

주시안(우세안)

보조시안(열세안)

①상기 이미지와 같이 두 손 또는 한 손을 사용해 측정한다.
②주변에 초점으로 할 목표물을 정한다.
③두 눈을 뜬 상태에서 동그라미 중앙에 목표물이 나타나도록 한다.
④눈을 좌/우 번갈아 감아보며 동그라미 속 목표물을 주시한다.
⑤사물이 동그라미 속에 사라지지 않고 남아 있는 경우, 감지 않고 보는 눈이 주 시안이다.
　-왼눈을 감았을 때 원형 안에 사물이 있다면 오른 눈으로 사물을 보는 것이므로 오른눈 잡이
　-오른 눈을 감았을 때 원형 안에 사물이 있다면 왼눈으로 사물을 보는 것이므로 왼눈 잡이

오른눈 잡이
난 왼쪽 눈을 감았을 때 손안에
사물이 남아 있으니...
나의 주시안(우세안)은 오른쪽 눈

왼눈 잡이
난 오른쪽 눈을 감았을 때 손안에
사물이 남아 있으니...
나의 주시안(우세안)은 왼쪽 눈

※대부분의 사람은 주시안과 주손이 같지만,
　주시안과 주손이 다른 사람, 좌/우 모든 손을 사용하는 양손잡이, 양발 잡이 등도 상당수 존재

※주시안이 오른쪽이면 우측 기동, 왼쪽이면 좌측 기동이 편한 경우가 많다.
　개인차가 있으므로 본인에게 편한 방향으로 기동하면 된다.
　단, 오른 눈 잡이가 오른쪽이 아닌 왼쪽 비행이 더 편하다는 교육생도 있으므로 본인이
　편하고 익숙한 방향을 찾아 기동하면 된다.

✪ 실기시험 채점 항목 외 시험 준비물

■ 실기시험 평가자 채점표

실기시험 채점표

초경량비행장치조종자(무인멀티콥터)

SAMPLE

등급표기
S : 만족(Satisfactory)
U : 불만족(Unsatisfactory)

응시자성명	홍길동	비행장치	순돌이드론	판정	합격
시험일시	2025.05.11	시험장소	고양대덕시험장		

구분 순번	영역 및 항목	등급
구술시험		
1	기체에 관련한 사항	S
2	조종자에 관련한 사항	S
3	공역 및 비행장에 관련한 사항	S
4	일반지식 및 비상절차	S
5	이륙 중 엔진 고장 및 이륙 포기	S
실기시험(비행 전 절차)		
6	비행 전 점검	S
7	기체의 시동	S
8	이륙 전 점검	S
실기시험(이륙 및 공중조작)		
9	이륙비행	S
10	공중 정지비행(호버링)	S
11	직진 및 후진 수평비행	S
12	삼각비행	S
13	원주비행(러더턴)	S
14	비상조작	S
실기시험(착륙조작)		
15	정상접근 및 착륙	S
16	측풍접근 및 착륙	S
실기시험(비행 후 점검)		
17	비행 후 점검	S
18	비행기록	S
실기시험(종합능력)		
19	안전거리 유지	S
20	계획성	S
21	판단력	S
22	규칙의 준수	S
23	조작의 원활성	S

실기시험위원 의견

○○드론교육원의 교육생은....
안정되고 차분한 자세로, 모든 기동을 참~ 잘합니다.
모든 분들 합격입니다 축하드립니다.

실기시험위원 : 김평가   자격번호 : 9102545

■ 실기시험 준비물

▷ 공통 사항

- 복장단정 : 반바지, 슬리퍼 절대 금지
- 추위대비 : 장갑, 핫팩 외
- 더위대비 : 냉수, 모자, 토시, 선글라스 외
- 우천대비 : 비옷, 우산 외
- 긴장대비 : 우황청심환, 안정제 외

▶ 응시생 준비물

- 운전면허증 소유자
  - **운전면허증 실물** (이미지 불가), **수험표**

    행정안전부
    모바일 운전면허증 가능
    http://www.mobileid.go.kr/

- 미성년자(운전면허 미소지자 포함)의 경우
  - **신체검사서 + 수험표 + 주민등록등본**
  - **추가(학생증 또는 여권 중 하나)**
    학생증인 경우, 생년/월/일 기록유무 점검

▷ 교관 준비물

- 비행경력증명서
  - 각 응시생별 비행경력증명서
- 시험장 비행승인서(드론원스탑 출력)
  - 필요 시 해당 응시 지역 비행승인서
- 교육장 비행승인신청서(드론원스탑 출력)
  - 응시생이 교육 기간 중 사용된 기체
- 각종 증빙서류
  - 응시기체 신고증명서
  - 응시기체 보험증서
  - 응시기체 제원표
- 조종기, 안전모, 배터리, 전압 체커기 외
  - 기타 : 우천대비(캐노피, 비닐, 테이프 외)
    조종기(예비배터리, 목걸이 외)
    볼펜, 체크리스트, 운반용 카트,
    비상공구, 상비약 외

멀티콥터 실기평가표 □1종 □2종

SAMPLE

●성명 : 홍길동   ●비행시작 : 10:04분   ●비행시작 : 10:18분   ●일자 : 2025년 10월 04일

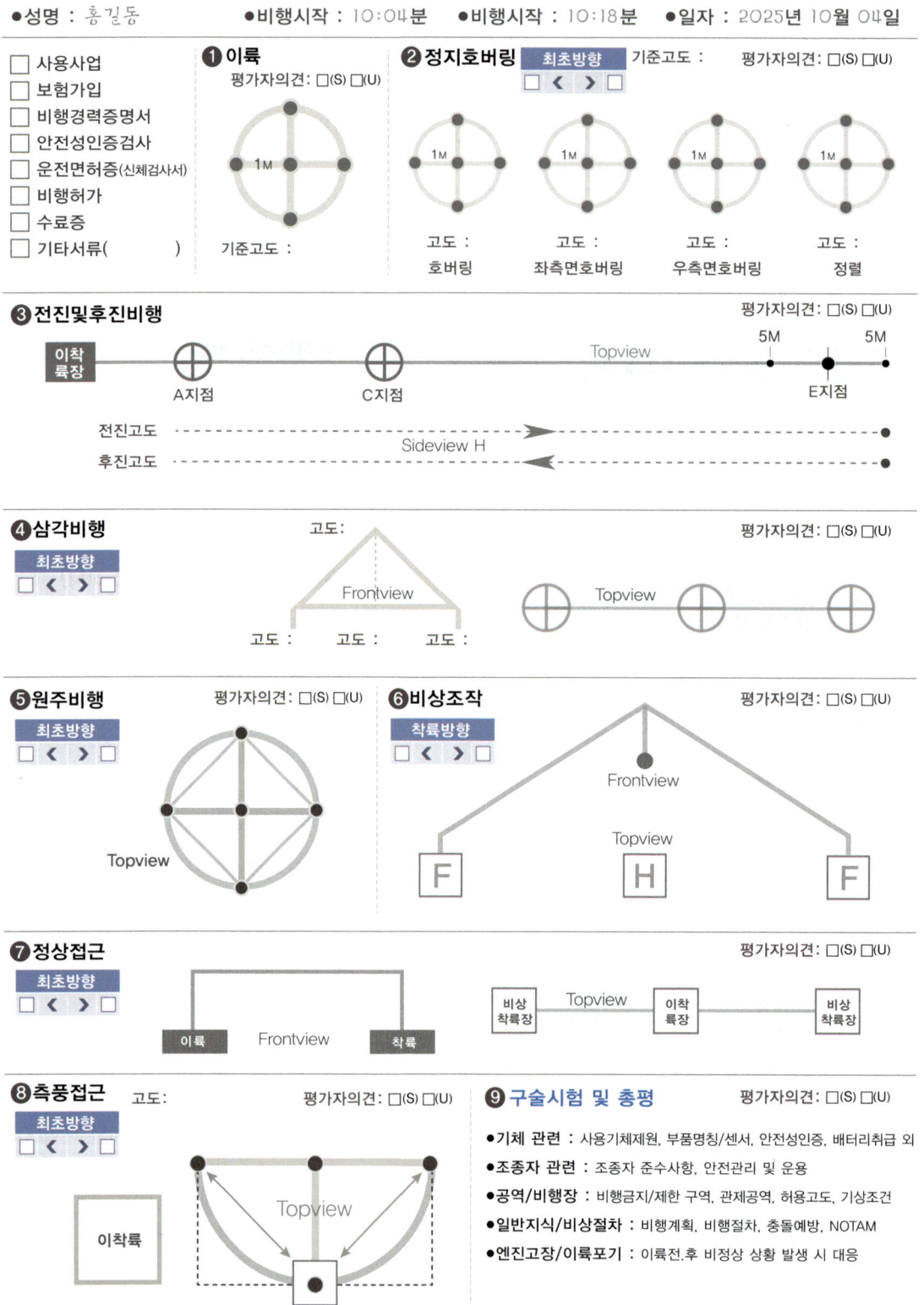

□ 사용사업
□ 보험가입
□ 비행경력증명서
□ 안전성인증검사
□ 운전면허증(신체검사서)
□ 비행허가
□ 수료증
□ 기타서류(   )

❶ 이륙
평가자의견: □(S) □(U)
1M
기준고도 :

❷ 정지호버링   최초방향   기준고도 :   평가자의견: □(S) □(U)
□ ‹ › □
1M   1M   1M   1M
고도 :   고도 :   고도 :   고도 :
호버링   좌측면호버링   우측면호버링   정렬

❸ 전진및후진비행   평가자의견: □(S) □(U)
이착
륙장   A지점   C지점   Topview   5M   5M   E지점
전진고도   Sideview H
후진고도

❹ 삼각비행   평가자의견: □(S) □(U)
최초방향
□ ‹ › □
고도:
Frontview
고도 :   고도 :   고도 :
Topview

❺ 원주비행   평가자의견: □(S) □(U)
최초방향
□ ‹ › □
Topview

❻ 비상조작   평가자의견: □(S) □(U)
착륙방향
□ ‹ › □
Frontview
Topview
F   H   F

❼ 정상접근   평가자의견: □(S) □(U)
최초방향
□ ‹ › □
이륙   Frontview   착륙
비상
착륙장   Topview   이착
륙장   비상
착륙장

❽ 측풍접근   고도: 평가자의견: □(S) □(U)
최초방향
□ ‹ › □
이착륙
Topview

❾ 구술시험 및 총평   평가자의견: □(S) □(U)
●**기체 관련** : 사용기체제원, 부품명칭/센서, 안전성인증, 배터리취급 외
●**조종자 관련** : 조종자 준수사항, 안전관리 및 운용
●**공역/비행장** : 비행금지/제한 구역, 관제공역, 허용고도, 기상조건
●**일반지식/비상절차** : 비행계획, 비행절차, 충돌예방, NOTAM
●**엔진고장/이륙포기** : 이륙전.후 비정상 상황 발생 시 대응

✿ 비행 전/후 점검일지

비행 전/후 점검일지란?
안전한 운용을 위해 비행 전과 후에 드론 및 관련 장비의 상태를 점검하고 기록하는 서식이다.

(기체별 교육원별 상이할 수 있음)

비행전/후 점검일지

청색 비행전 기록, 적색 비행후 기록

기본정보

기체 번호	☑ C4CM2300588 (1호기) ☐ C4CM2300589 (2호기)	조종자 성명	홍길동	점검일자	2025년 10월 04일
		비행시작시간	09:10	비행종료시간	09:30

이륙 전 점검 사항

NO	내 용	확인	비 고
1	안전모 등 비행에 적당한 복장을 착용 하셨습니까?	OK ☑	
2	FC/GPS 작동 상태 및 배터리 충전 확인 하셨습니까?	OK ☑	
3	주위의 장애물 확인 및 안전거리 확보 하셨습니까?	OK ☑	
4	기상상태, 풍속, 풍향 확인 하셨습니까?	OK ☑	
5	비행승인 절차 진행 및 이.착륙 장소로 적절 합니까?	OK ☑	

기체 점검 사항

NO	구분	내 용	확인 비행 전	확인 비행 후	이상증상
1	기체	프롭, 모터, 유격, 볼트풀림, 이물질 마모 점검	OK ☑	OK ☑	
		메인바디 크랙 및 파손, 볼트 풀림 점검	OK ☑	OK ☑	
		LED경고 등, GPS 고정 상태 점검	OK ☑	OK ☑	
		암대 고정, 균열, 파손, 마모 상태 점검	OK ☑	OK ☑	
		랜딩스키드 고정, 균열, 파손, 마모 상태 점검	OK ☑	OK ☑	
2	배터리	배터리함&고정, 균열, 파손, 마모 상태 점검	OK ☑	OK ☑	
3	조종기	조종기 균열, 파손 및 충전 상태 점검	OK ☑	OK ☑	

✦ ○○드론교육원

☣ 실기 시험장 고도설정 및 시험 중 기체파손 공지

■실기 시험장 기준고도 설정(기준고도 3~5m이내 설정)

1. 시험 전 기체 캘리작업 시 참관하여, 시험장 배경 참조하여 3~5m 이내 기준고도 설정
2. 응시자의 신체 키에 맞춰, 비행장 배경과 라바콘의 높이를 추정하여 기준고도 설정 후 비행
3. 긴장감으로 인해 비행 속도가 빨라 지므로, 마음속으로 "천천히"라는 단어를 되새기며 비행

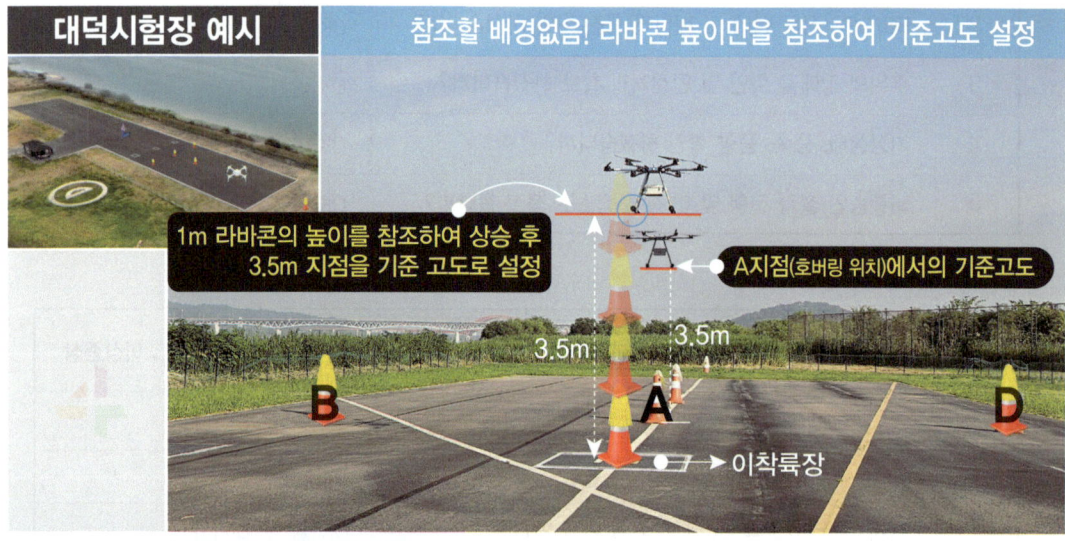

실기 시험 중 기체파손?   ※교육원별 배상 기준이 다를 수 있으므로 시험 전 확인 필요

실기 시험 중 응시생의 실수로 인한 기체 파손이 발생된 경우 안내

1. 시험 중 기체가 파손된 경우, "이후 응시생은 자동 탈락" 되므로 참조(예비 기체가 없는 경우)
2. 1항에 대한 우려가 있는 수험생은 시험에 적합한 본인의 기체를 지참하여야 하며
   그렇지 아니한 경우 1항에 따라 자동 탈락되는 것을 감수하는 조건으로 응시
3. 기체 파손을 초래한 수험생은 교육원 공지에 따라 수리비를 배상할 수 있으며
   위험한 상황이 발생되지 않도록 시험 중 무리한 비행 금지

✿실기 조종 방법 및 용어 안내_ Mode**2**기준

시동/아밍(Amining)

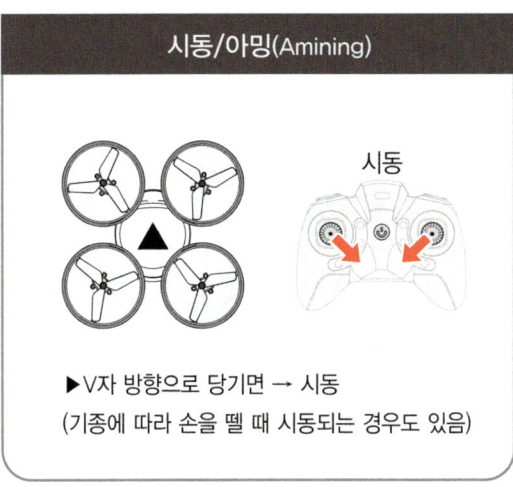

▶V자 방향으로 당기면 → 시동

(기종에 따라 손을 뗄 때 시동되는 경우도 있음)

착륙/이륙 _(Landing, Take off)

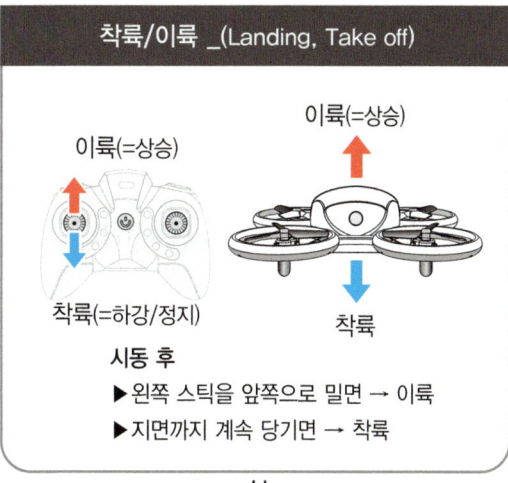

시동 후

▶왼쪽 스틱을 앞쪽으로 밀면 → 이륙

▶지면까지 계속 당기면 → 착륙

||

좌회전/우회전 _러더(Ruder,Yaw)

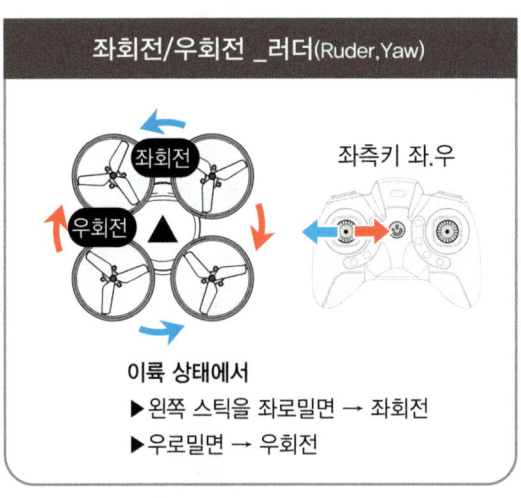

이륙 상태에서

▶왼쪽 스틱을 좌로밀면 → 좌회전

▶우로밀면 → 우회전

상승/하강 _스로틀(Throttle, Throttle)

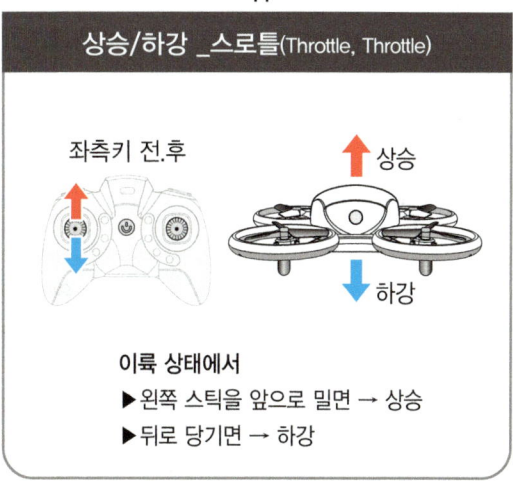

이륙 상태에서

▶왼쪽 스틱을 앞으로 밀면 → 상승

▶뒤로 당기면 → 하강

좌/우 이동 _에일러론(Aileron, Roll)

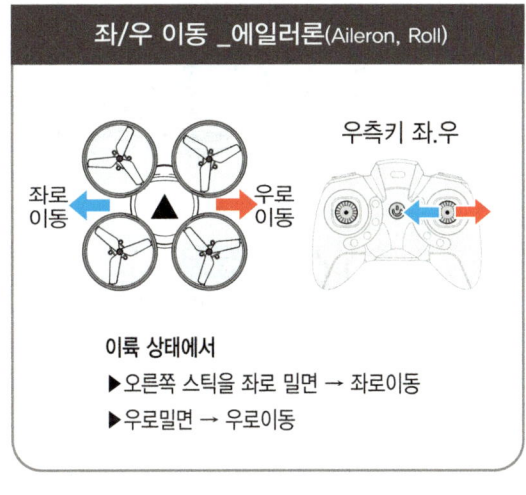

이륙 상태에서

▶오른쪽 스틱을 좌로 밀면 → 좌로이동

▶우로밀면 → 우로이동

전진/후진 _엘리베이터(Elevator, Pitch)

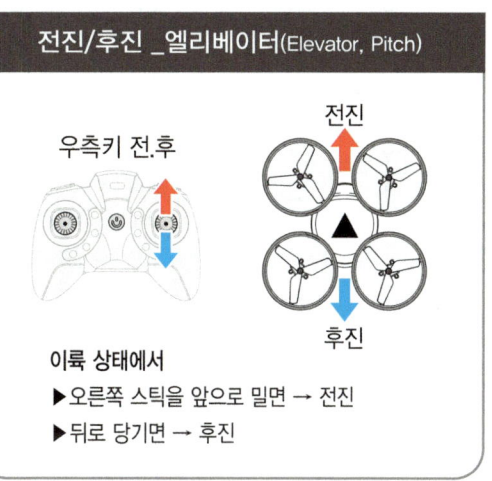

이륙 상태에서

▶오른쪽 스틱을 앞으로 밀면 → 전진

▶뒤로 당기면 → 후진

😎 실기 비행장 규격, 위치표현, 방향표현

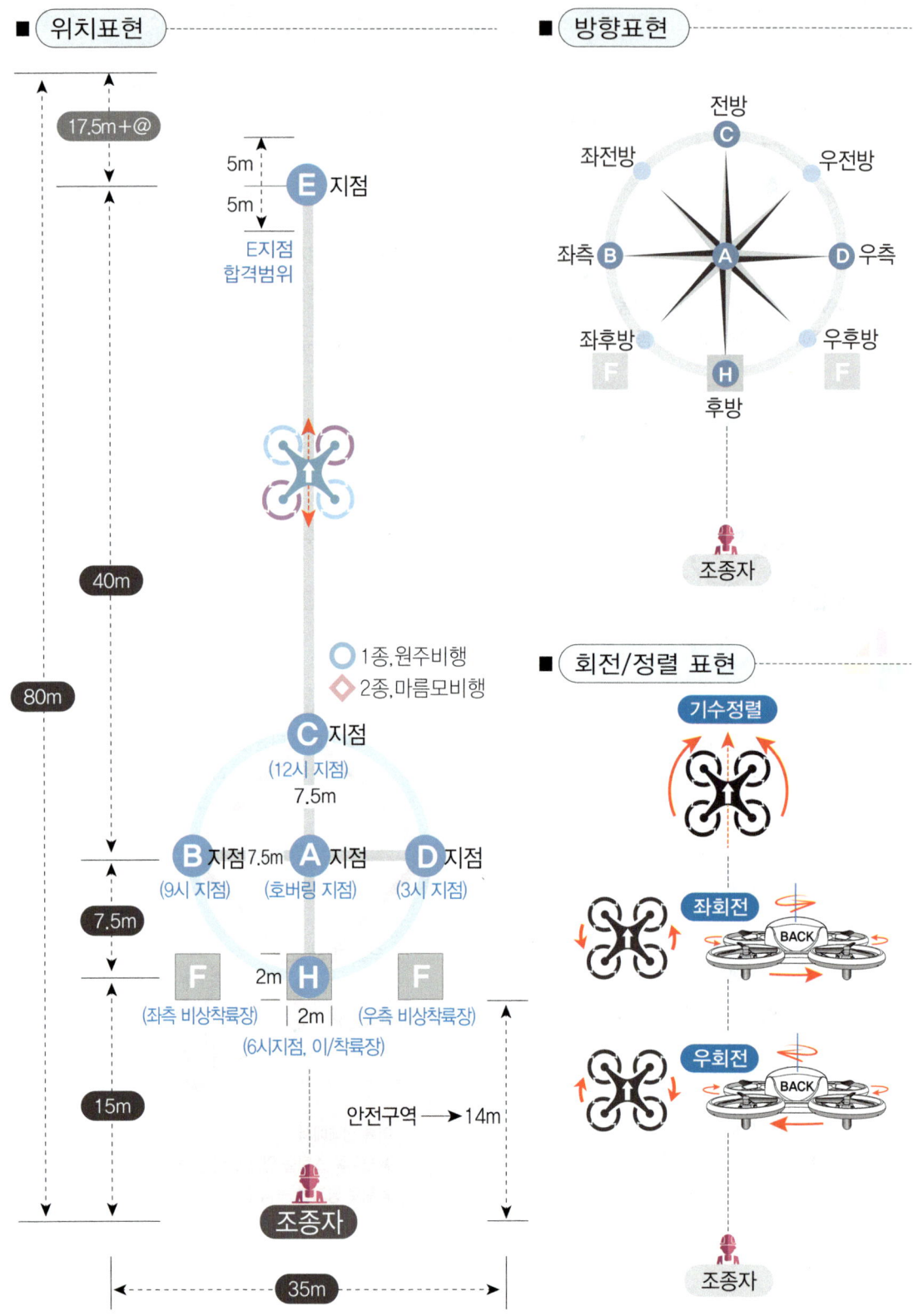

■ 위치표현

17.5m+@

5m
5m

E 지점

E지점
합격범위

1종, 원주비행
2종, 마름모비행

40m

80m

C 지점
(12시 지점)
7.5m

B 지점 7.5m **A** 지점 **D** 지점
(9시 지점) (호버링 지점) (3시 지점)

7.5m

F 2m **H** **F**
(좌측 비상착륙장) | 2m | (우측 비상착륙장)
(6시지점, 이/착륙장)

15m

안전구역 → 14m

조종자

35m

■ 방향표현

전방
C
좌전방   우전방

좌측 **B**   **A**   **D** 우측

좌후방   우후방
F   **H**   **F**
후방

조종자

■ 회전/정렬 표현

기수정렬

좌회전   BACK

우회전   BACK

조종자

⚙️ 실기비행 조종자 구호 ★[정지]구호 이후엔 하나,둘,셋,넷,다섯 카운트 실시!

■비행준비

▶배터리 점검 →1/2번 배터리 이상무(체커기로 확인 하며) → 배터리 장착(기체 배터리 함에 올려 두기만)

▶비행전 기체 점검

1~6번 로터, 모터, 암대 이상무(6번까지 동일하게 실시) → GPS 이상무 → 메인 프레임 이상무

→ 배터리 함 이상무 → 랜딩기어(스키드) 이상무

▶조종기 점검 → 토글 스위치, 조이스틱 이상무 → 조종기 전원 인가 → 충전상태 이상무

▶배터리 전원 연결 (➕ 우선 연결 후 ➖ 연결) → 비행점검표 작성 → 기체 점검 완료

▶조종자 위치로

■비행장 안전점검

▶공역점검, 전/후, 좌/우(손으로 방향을 가리키며) → 이상무

▶바람점검, 바람 이상무(바람이 없는 경우), 바람 00시 방향 0m/s → 이상무(바람이 있는 경우)

■비행준비 완료(비행순서 변경/누락 시 탈락)

▶조종기 Trim확인 → 기체 LED확인 → 시동(하겠습니다) → 이륙 → [정지] (기준고도 3~5m이내 설정)

▶이륙 후 기체 점검 Ⓗ

전/후, 좌/우, 좌러더/우러더 → 이상무 → [정지]

▶정지 비행 실시 Ⓐ (호버링, 선회 시 전후, 좌/우, 상/하 허용범위 이탈 주의)

호버링 위치로 → [정지] → 좌측면 호버링 → [정지] → 우측면 호버링 → [정지] → 기수정렬 → [정지]

▶전·후진 비행 실시 Ⓐ ▶ Ⓔ ▶ Ⓐ (전진 및 후진 수평비행, 모든 기동의 기준속도가 되므로 빠른 기동 금지)

→ 전진 → [정지] → 후진 → [정지]

▶삼각 비행 실시 Ⓐ ▶ Ⓓ ▶ Ⓐ' ▶ Ⓑ ▶ Ⓐ (기동방향 자유 선택)

삼각비행 위치로→[정지]→좌상승/우상승→[정지]→좌하강/우하강→[정지]→호버링 위치로→[정지]

▶원주 비행 실시 Ⓗ ▶ Ⓓ ▶ Ⓒ ▶ Ⓑ ▶ Ⓗ (기동방향 자유 선택)

원주비행 위치로 → [정지] → 원주비행준비 → [정지] → 원주비행실시 → [정지] → 기수정렬 → [정지]

▶비상 조작 실시 Ⓗ ▶ Ⓗ' ▶ Ⓕ (빠른 하강 비행으로 추락사고 가장 많음, 단독 비행 시 절대주의 요함!)

2m 고도상승, 1m, 2m → [정지] → 비상(1m이내 일시정지[3초미만] 후 또는 즉시 착륙)

▶정상 접근(및 착륙) 실시 Ⓕ ▶ Ⓗ (기동방향 자유 선택)

자세(ATTI) 모드 전환 → LED 확인 → 시동 → 이륙 → [정지] → 정상접근 실시

→ [정지] → 착륙(이륙, 착륙 시 기체 중심이 착륙장 라인을 벗어나지 않도록 주의)

▶측풍 접근(및 착륙) 실시 Ⓗ ▶ Ⓓ ▶ Ⓗ (대각선 비행)

GPS 모드 전환 → LED 확인 → 시동 → 이륙 → [정지]

→ 측풍접근 위치로 → [정지] → 우측면 호버링 → [정지] → 측풍접근 실시 → [정지]

→ 착륙(이륙, 착륙 시 기체 중심이 착륙장 라인을 벗어나지 않도록 주의)

■비행종료

▶기체점검 위치로 → 배터리 전원 분리(분리 후 보관함에 넣음) → 조종기 전원 차단(OFF)

(➖우선 분리 후 ➕분리)

▶비행 후 기체점검(기체 정렬 후 점검, 필요 시 약식 점검)

→ 1~6번 로터, 모터, 암대 이상무 → GPS 이상무 → 메인 프레임 이상무 → 배터리 함 이상무

→ 랜딩기어 이상무 → 비행점검표 작성

▶조종자 퇴장(구술시험 위치로 이동)

※구호는 교육 기관별 상이할 수 있으며, 시험 중 갑자기 구호가 생각나지 않는 경우 "다음 비행/실시" 구호 후 진행

02 실기비행 매뉴얼

✪ 자격 분류별 실기평가 항목

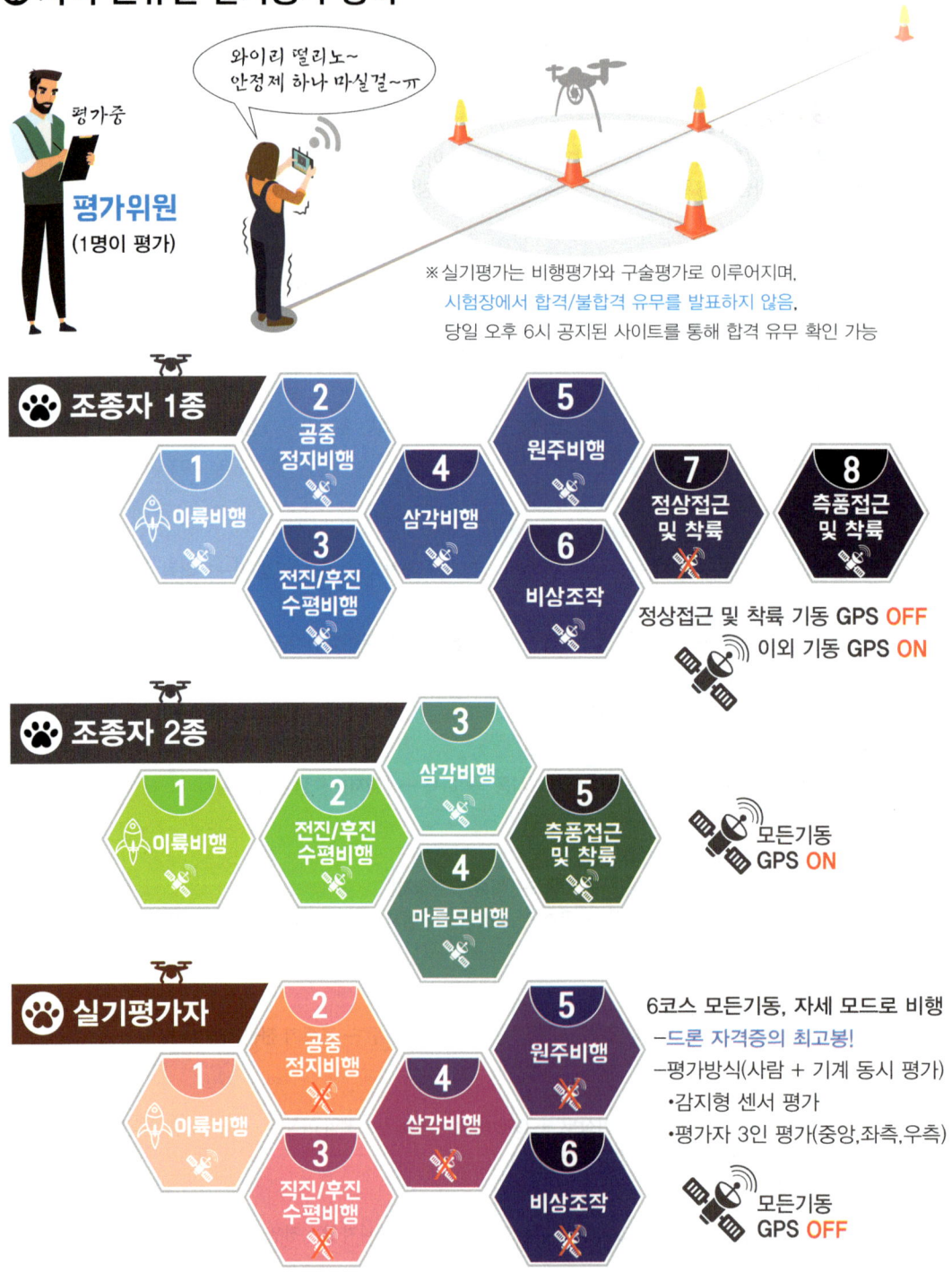

평가중

평가위원
(1명이 평가)

와이리 떨리노~
안정제 하나 마실걸~ㅠ

※ 실기평가는 비행평가와 구술평가로 이루어지며,
시험장에서 합격/불합격 유무를 발표하지 않음.
당일 오후 6시 공지된 사이트를 통해 합격 유무 확인 가능

🐾 조종자 1종

1 이륙비행
2 공중 정지비행
3 전진/후진 수평비행
4 삼각비행
5 원주비행
6 비상조작
7 정상접근 및 착륙
8 측풍접근 및 착륙

정상접근 및 착륙 기동 GPS OFF
이외 기동 GPS ON

🐾 조종자 2종

1 이륙비행
2 전진/후진 수평비행
3 삼각비행
4 마름모비행
5 측풍접근 및 착륙

모든기동
GPS ON

🐾 실기평가자

1 이륙비행
2 공중 정지비행
3 직진/후진 수평비행
4 삼각비행
5 원주비행
6 비상조작

6코스 모든기동, 자세 모드로 비행
–드론 자격증의 최고봉!
–평가방식(사람 + 기계 동시 평가)
•감지형 센서 평가
•평가자 3인 평가(중앙,좌측,우측)

모든기동
GPS OFF

☺실기 평가 기준

실기시험 기동 시 기체의 **위치, 고도, 기수방향, 기동흐름** 4요소를 기본으로 평가한다.
일시적으로 기준을 벗어난 경우, 즉시 복귀할 수 있는 지의 유무를 평가한다.

1 평가기준 **위치**

- 기체가 있어야할 **중심부의 위치에서 벗어나는 정도 평가**
- 기체허용 한계치를 벗어난 경우 즉시 복귀 유무 평가
- 위치 평가 기준은 **비행 경로에서 좌우 또는 전후 ±1m(폭2m)이내 허용**

기준경로, 비행 허용범위

중심

1m   1m

기체 중심

2 평가기준 **고도**

기준고도?
전체 실비행 기동에서 기준이 되는 고도
최초 이륙 비행 상승 후 정지 호버링 시
기준 고도 결정

기체고도?
기준고도에서 스키드 기준 ±0.5m이내

- 기준고도는 기체의 스키드 기준으로 설정
- **기준고도 지면기준 3~5m 이내 설정**
- 기체고도 지면기준 2.5~5.5m 이내
- **기준고도 설정 후 스키드 기준 상하 ±0.5m 이내 허용**

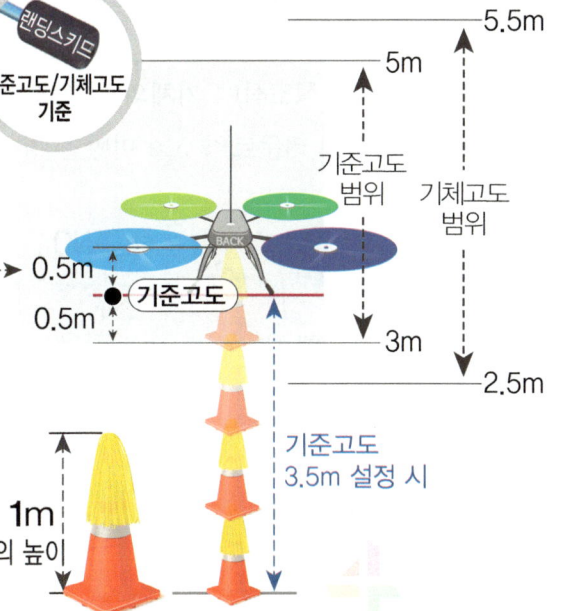

랜딩스키드
기준고도/기체고도
기준

5.5m

5m

기준고도
범위

기체고도
범위

0.5m
기준고도
0.5m

3m

2.5m

기준고도
3.5m 설정 시

1m
라바콘 1개의 높이

기준고도를 3.5m로 설정 시, 라바콘의 3개 반 높이

전체 비행 중 **위치, 고도, 방향, 흐름**은 **기본적으로 지켜야할 사항이다!**

③ 평가기준 **기수방향**

- **기수방향**
  비행기수가 규정방향 보다 얼마나 편향된 정도를 평가
- **기수 규정방향의 ±15°이내 허용**
  비행 기수가 틀어진 상태에서 비행하지 않도록 주의

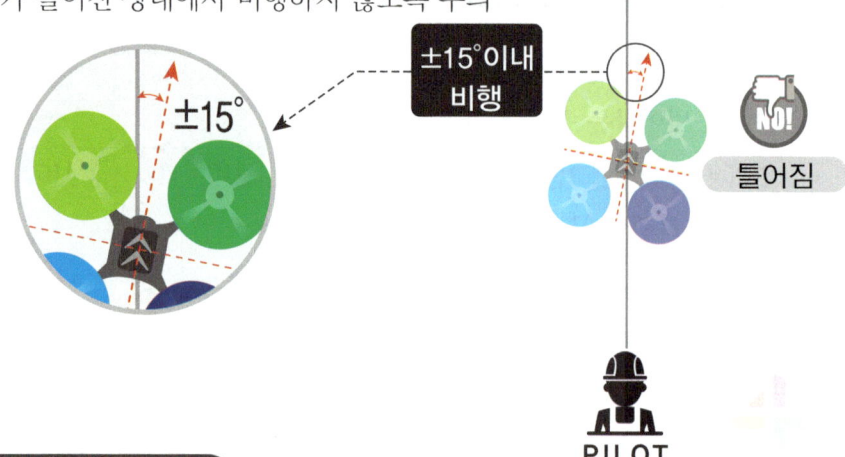

④ 평가기준 **기동흐름**

- **기동중 멈춤** : 3초 미만 멈춤 2회 이상 또는 3초 이상 멈춤 1회 이상이면 탈락 조건에 해당
  기동 중 일시 멈춤(3초 미만)은 각 기동 별 1회에 한해 허용

- **일시정지**(비상조작) : **기체의 멈춤 시간이 3초 이상이면 탈락의 조건**

- **정지**(호버링 카운트) : 5초 미만인 경우 탈락의 조건(빠른 속도 카운트 금지)

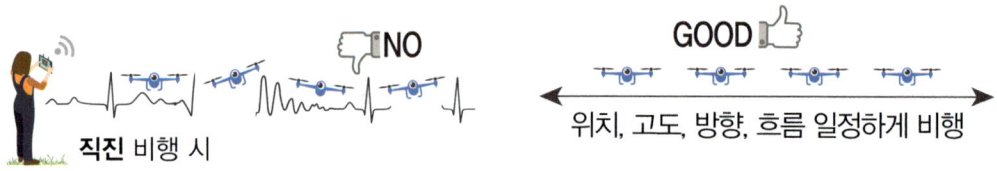

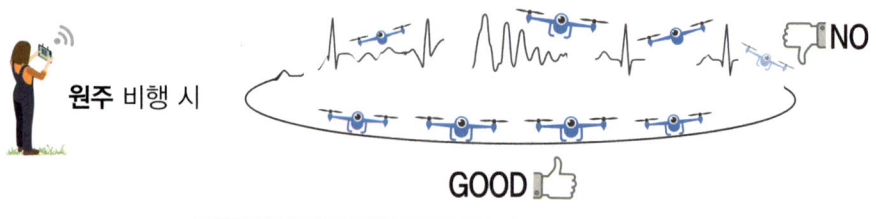

비행 중 멈춤 현상 없이 부드럽고 일정하게 비행

✪ 실기 비행 방법

1 이륙비행(Take off)   ----▶ 기수방향   ○ 1.2종_시험항목

※정지 호버링 시 : 카운트(정지, 하나/둘/셋/넷/다섯) 실시

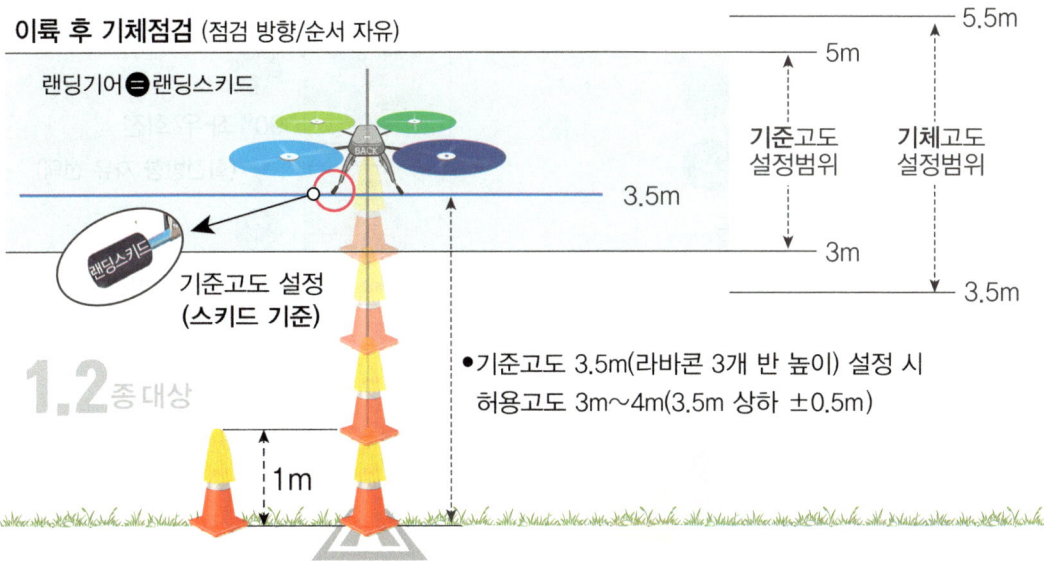

이륙 후 기체점검 (점검 방향/순서 자유)

랜딩기어➡랜딩스키드

랜딩스키드

기준고도 설정
(스키드 기준)

1.2종 대상

1m

3.5m

5m
5.5m

기준고도
설정범위

기체고도
설정범위

3m

3.5m

●기준고도 3.5m(라바콘 3개 반 높이) 설정 시
허용고도 3m~4m(3.5m 상하 ±0.5m)

가. 세부 기동 순서

① 이착륙장 H지점에서 이륙 상승
② 정지 호버링(정지 시 3~5m 이내 기준고도 설정, 회전익 모드의 허용범위 포함)
  −모든 기동은 설정한 기준 고도의 허용범위(±0.5m)를 유지
③ 이륙 후 점검(호버링 중 에일러론, 엘리베이터, 러더 이상 유무 점검)
④ 정지 호버링
※기동 후 호버링 A지점으로 전진 이동

나. 주요 평가 기준

① 세부 기동 순서대로 진행할 것
② 지정된 고도(기준고도, 허용범위 포함)까지 상승할 것
③ 이륙 시 이·착륙장 H지점 기준 수직 상승할 것
④ 상승 속도가 너무 빠르지 않고 상승 중 멈춤 없이 속도 유지될 것
⑤ 기수방향이 전방을 유지할 것
⑥ 기체의 자세 및 위치를 유지할 수 있을 것
⑦ 정지 호버링 기준시간을 준수할 것

심호흡하고 5초 후 다음 비행

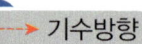 기수방향 ◯ 1종_시험항목 ⊗ 2종_해당없음

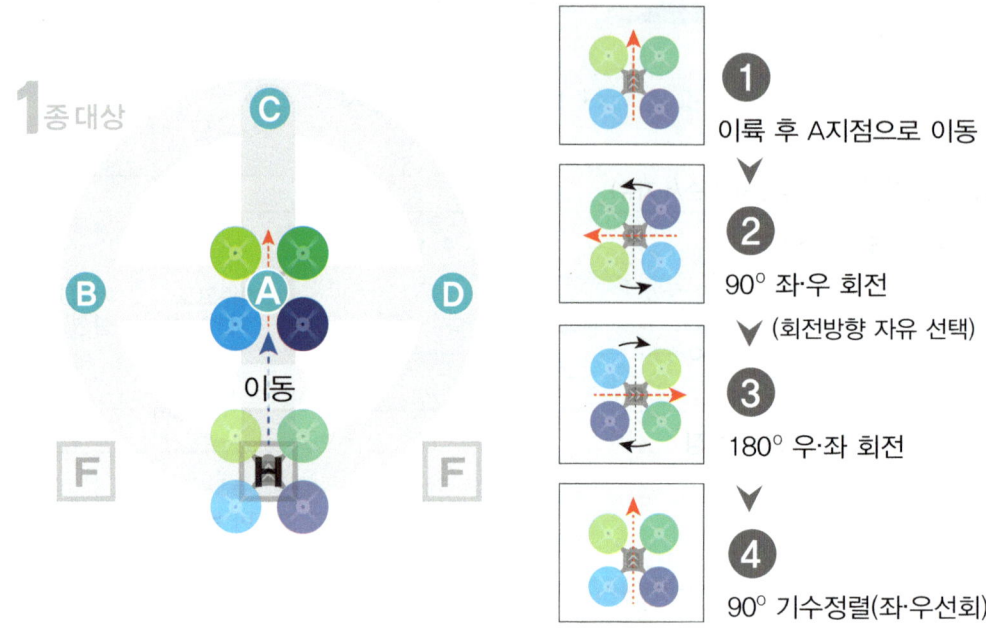

1 이륙 후 A지점으로 이동

2 90° 좌·우 회전
(회전방향 자유 선택)

3 180° 우·좌 회전

4 90° 기수정렬(좌·우선회)

1종 대상

C

B A D

이동

F H F

가. 세부 기동 순서

① A지점(호버링 위치)에서 기준 고도, 기수전방 상태로 정지 호버링 실시

② 좌·우로 90° 회전

③ 정지 호버링

④ 우·좌로 180° 회전

⑤ 정지 호버링

⑥ 좌(우)로 90° 회전하여 기수 전방으로 정렬

⑦ 정지 호버링

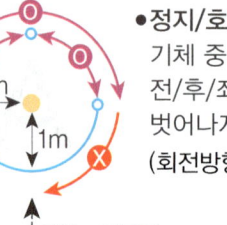

● **정지/호버링 비행 시**
기체 중심이 A지점 기준
전/후/좌/우 1m를
벗어나지 않도록 주의
(회전방향 자유 선택)

기체↔조종자
대면비행 금지

나. 주요 평가 기준

① 세부 기동 순서대로 진행할 것

② 기동 중 고도 변화 없을 것

③ 기동 중 위치 이탈 없을 것

④ 회전 중 멈춤 없을 것

⑤ 회전 전·후 적절한 기수방향을 유지할 것

⑥ 정지 호버링 기준시간을 준수할 것

⑦ 회전 방향은 좌→우 또는 우→좌로 할 것(대면비행 금지)

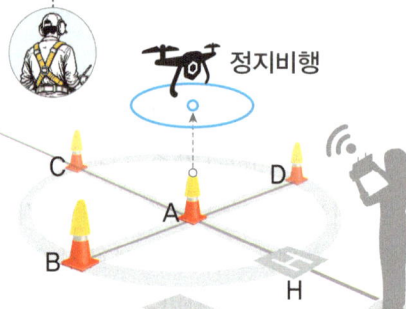

정지비행

심호흡하고 5초 후 다음 비행

3 직진 및 후진 비행

(Forward/Backward)

기수방향 ○1종_시험항목 △2종_코스상이

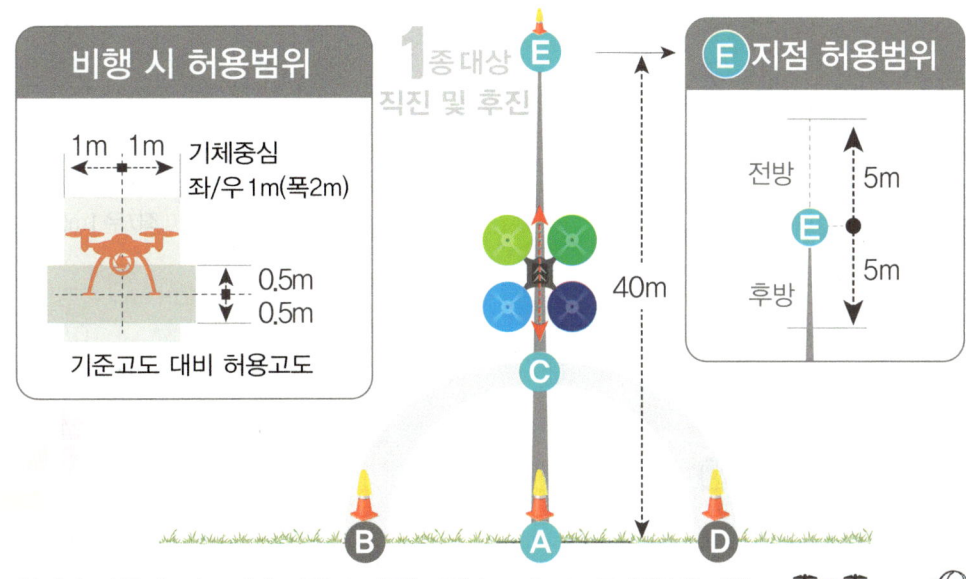

※ 첫번째 기동 속도는 전체 기동의 기준(표준)속도가 되므로 천천히 비행

원근감으로 인해
조종자와 멀어질수록
기체는 작아지고 고도는 떨어지는 것처럼 보인다.

가. 세부 기동 순서

① A지점에서 E지점까지 40m 수평 전진
② E지점에서 정지 호버링(3초 이상)
③ E지점에서 A지점까지 40m 수평 후진
④ A지점에서 정지 호버링

A → E → A 기동순서

나. 주요 평가 기준

① 세부 기동 순서대로 진행할 것
② 기수방향이 전방을 유지할 것
③ 기동 중 고도 변화 없을 것
④ 좌우 경로 이탈 없을 것

⑤ 기동 중 속도의 변화가 없이 일정하게 유지할 것(멈춤 등이 없을 것)
⑥ E지점을 못 미치거나 초과하지 않을 것(E지점에서는 전후 5m까지 인정)
⑦ 정지 호버링 기준시간을 준수할 것

심호흡하고 5초 후 다음 비행

3 직진 및 후진 비행
(Forward/Backward)

기수방향 ○2종_시험항목
△1종_코스상이

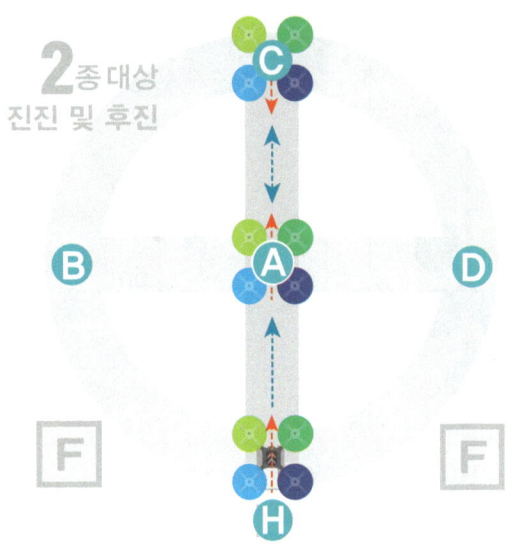

2종대상
진진 및 후진

C

B A D

F F

H

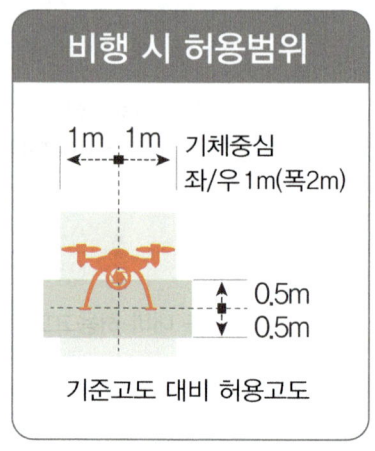

비행 시 허용범위

1m 1m 기체중심
좌/우 1m(폭2m)

0.5m
0.5m

기준고도 대비 허용고도

H → C → A 기동순서

가. 세부 기동 순서

① H지점에서 C지점까지 15m 수평 전진
② C지점에서 정지 호버링(3초 이상)
③ C지점에서 A지점까지 7.5m 수평 후진
④ A지점에서 정지 호버링

나. 주요 평가 기준

① 세부 기동 순서대로 진행할 것
② 기수방향이 전방을 유지할 것
③ 기동 중 고도 변화 없을 것
④ 경로 이탈 없을 것
⑤ 기동 중 속도의 변화가 없이 일정하게 유지할 것(멈춤 등이 없을 것)
⑥ C지점을 못 미치거나 초과하지 않을 것
⑦ 정지 호버링 기준시간을 준수할 것

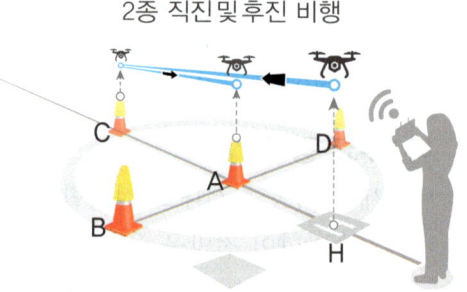

2종 직진및후진 비행

E

C D

A

B H

심호흡하고 5초 후 다음 비행

4 삼각비행 (Triangle) - - - - ▷ 기수전방 ○ 1.2종_시험대상

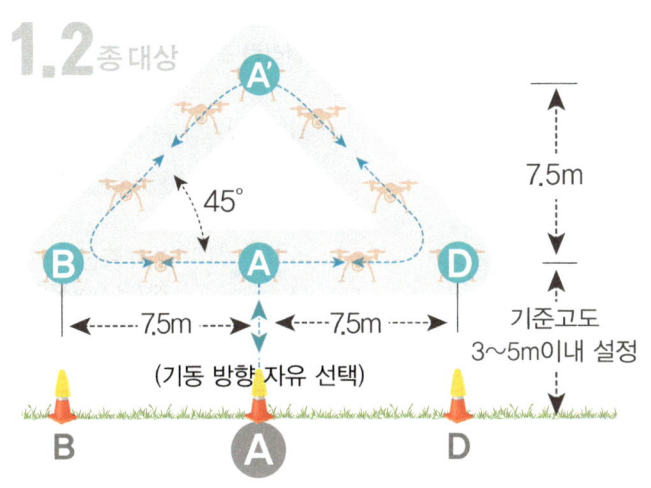

1.2종대상

45°

B ◀- 7.5m -▶ A ◀- 7.5m -▶ D

(기동 방향 자유 선택)

7.5m

기준고도
3~5m이내 설정

B   A   D

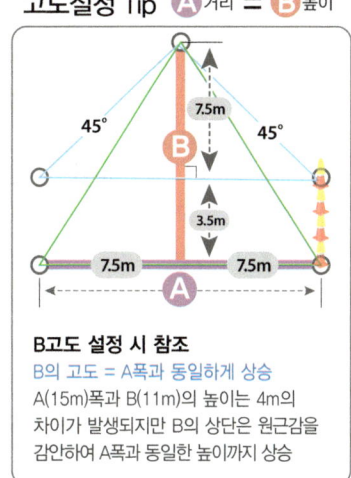

고도설정 Tip Ⓐ거리 = Ⓑ높이

45°   45°

7.5m

B

3.5m

7.5m   A   7.5m

B고도 설정 시 참조
B의 고도 = A폭과 동일하게 상승
A(15m)폭과 B(11m)의 높이는 4m의
차이가 발생되지만 B의 상단은 원근감을
감안하여 A폭과 동일한 높이까지 상승

Ⓐ → ⒷⒹ → Ⓐ' → ⒷⒹ → Ⓐ   **기동순서**

가. 세부 기동 순서

① 기준고도 높이의 A지점에서 B(D)지점까지 수평 직선 이동

② 정지 호버링

③ A지점 상공의 최고 상승지점(기준고도+수직 7.5m)까지
45°방향(대각선)으로 상승 이동

④ 정지 호버링

⑤ 기준 고도 높이의 D(B) 지점까지 45°방향(대각선)으로 하강 이동

⑥ 정지 호버링

⑦ A지점으로 수평 직선 이동

⑧ 정지 호버링

※기동 후 이·착륙장(H지점) 지점으로 후진 이동

나. 주요 평가 기준

① 세부 기동 순서대로 진행할 것

② 기수방향이 전방을 유지할 것

③ 기동 중 적절한 위치, 고도 및 경로 유지

④ 기동 중 속도의 변화가 없이 일정하게 유지할 것(멈춤 등이 없을 것)

⑤ 정지 호버링 기준시간을 준수할 것

삼각비행

E

C   A   D

B   H

심호흡하고 5초 후 다음 비행

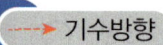

5 원주비행 (Circle, Rudder)

→ 기수방향

○ 1종_대상
⊗ 2종_해당없음

러더턴(러더+엘리베이터)
과도한 에일러런 조자 금지

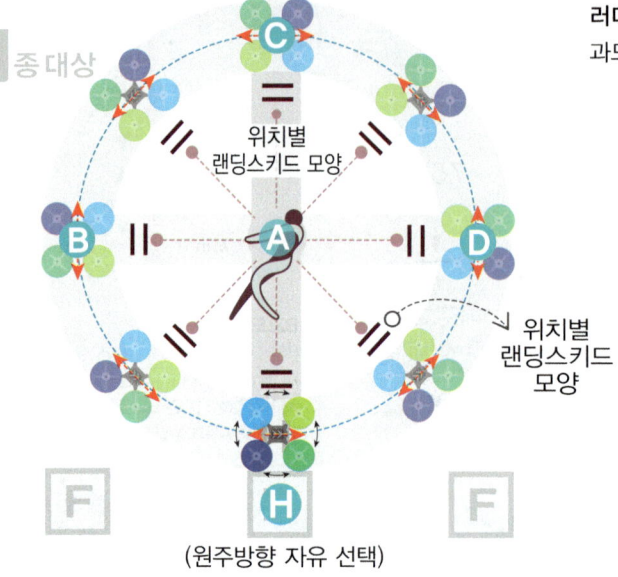

1종 대상

위치별
랜딩스키드 모양

A

위치별
랜딩스키드
모양

(원주방향 자유 선택)

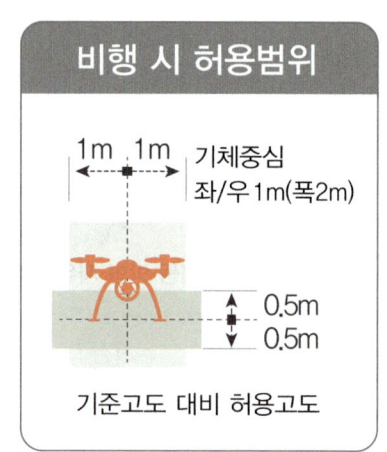

비행 시 허용범위

1m 1m 기체중심
좌/우 1m(폭2m)

0.5m
0.5m

기준고도 대비 허용고도

H → BD → C → BD → H   기동순서

가. 세부 기동 순서

① 이착륙장 H지점 상공에서 기준고도 높이, 기수방향 전방 상태로 정지 호버링
② 기수를 좌·우로 90°회전, 정지 호버링
③ A지점을 중심축으로 반경 7.5m 원주 기동 실시
　－이착륙장(H지점) → B(D)지점 → C지점 → D(B)지점 → 이·착륙장(H지점)
④ 이착륙장 H지점 상공으로 복귀 후 정지 호버링
⑤ 우(좌)로 90°회전하여 기수방향을 전방으로 정렬, 정지 호버링

나. 주요 평가 기준

① 세부 기동 순서대로 진행할 것
② 각 지점을 허용범위 내 반드시 통과해야 함
③ 진행 방향과 기수방향 일치 및 유지
④ 기동 중 적절한 위치, 고도 및 경로 유지
⑤ 회전 중 멈춤 없을 것
⑥ 기동 중 속도의 변화가 없이 일정하게 유지할 것(멈춤 등이 없을 것)
⑦ 정지 호버링 기준 시간을 준수할 것

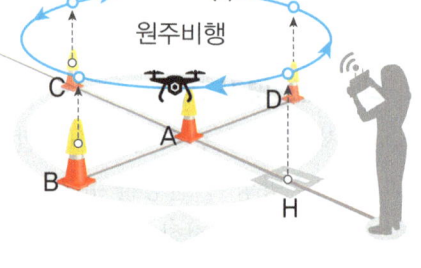

원주비행

심호흡하고 5초 후 다음 비행

5 마름모비행 (Rhombus)

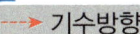 기수방향 　◯2종_시험대상
　　　　　　　　　　 ⊗1종_해당없음

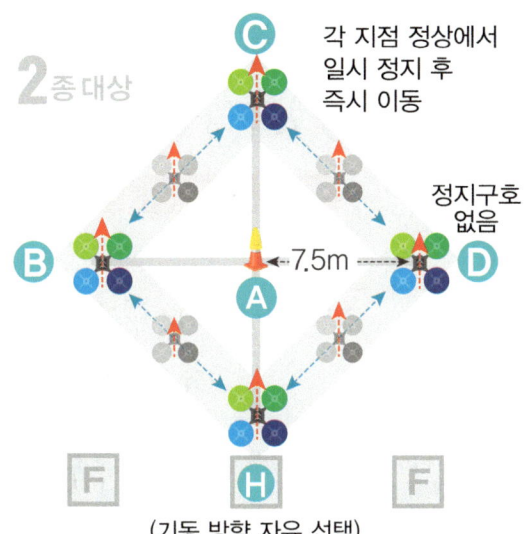

2종 대상

각 지점 정상에서
일시 정지 후
즉시 이동

정지구호
없음

←7.5m→

(기동 방향 자유 선택)

F　　H　　F

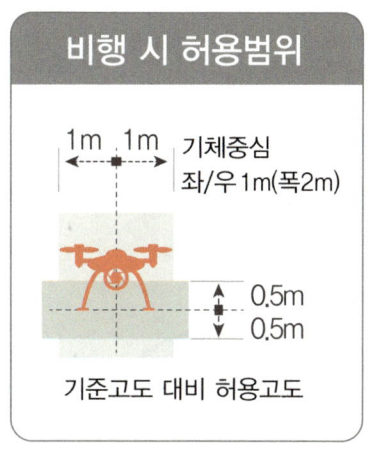

비행 시 허용범위

1m　1m 　기체중심
좌/우 1m(폭 2m)

0.5m
0.5m

기준고도 대비 허용고도

H → BD → C → BD → H 　기동순서

가. 세부 기동 순서

① 이착륙장 H지점 상공에서 기준고도 높이,
　기수방향 전방 상태로 정지 호버링

② 기수를 전방으로 유지한 채 B → C → D → 이착륙장(H지점)
　또는 D → C → B → 이착륙장(H지점) 순서로 진행

③ 정지 호버링

※ 기동 후 기수를 전방으로 향한 채 B(D) 지점으로 이동

나. 주요 평가 기준

① 세부 기동 순서대로 진행할 것

② 각 지점을 허용범위 내 반드시 통과해야 함

② 기수방향이 전방을 유지할 것

③ 기동 중 적절한 위치, 고도 및 경로 유지

④ 기동 중 속도의 변화가 없이 일정하게 유지할 것(멈춤 등이 없을 것)

⑤ 정지 호버링 기준시간을 준수할 것

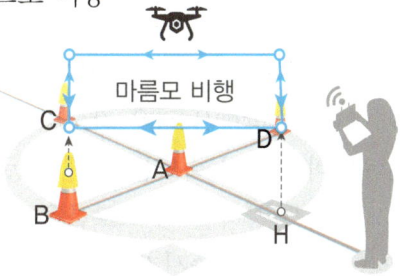

마름모 비행

심호흡하고 5초 후 다음 비행

6 비상조작 (Emergency Operation)

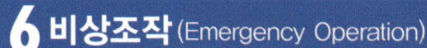
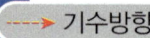 기수방향  1종_시험대상

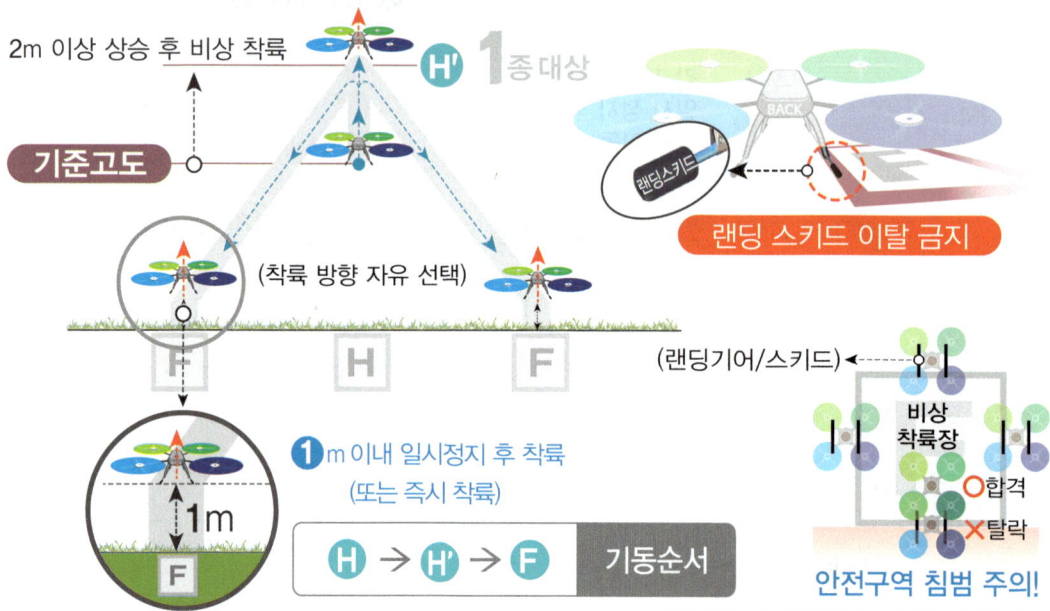

2m 이상 상승 후 비상 착륙

H' 1종대상

기준고도

랜딩 스키드 이탈 금지

(착륙 방향 자유 선택)

F   H   F

1m 이내 일시정지 후 착륙
(또는 즉시 착륙)

1m

F

H → H' → F   기동순서

(랜딩기어/스키드)

비상
착륙장

○합격
✕탈락

안전구역 침범 주의!

랜딩기어가 착륙장을 이탈하지 않아도
안전구역 침범 시 탈락 조건에 해당

가. 세부 기동 순서

① 이착륙장 H지점 상공, 기준 고도에서 2m이상 고도 상승

② 정지 호버링

③ "비상"구호 후 즉시 하강 및 횡으로 비상 착륙장 F지점까지 비상 착륙

④ 비상 착륙장 F지점에 접근 후 즉시 안전하게 착지하거나,
   1m 이내의 고도에서 일시 정지 후 신속하게 위치와 자세를 보정하며 착륙

⑤ 착륙 및 시동종료

나. 주요 평가 기준

① 세부 기동 순서대로 진행할 것

② 기수방향이 전방을 유지할 것
   (기수방향은 좌우 각 45°까지 허용)

③ 비상 강하 속도는 일반 기동의 속도보다 1.5배 이상 빠를 것

④ 비상 강하할 때 스로틀을 조작하여 강하를 지연시키거나,
   고도를 상승시키지 말고 적정 경로로 이동할 것

⑤ 비상 강하 시 일시 정지한 경우(3초미만)의 고도는
   비상 착륙장 지표면 기준 1m까지만 인정(일시 정지 없이 즉시 착륙 가능)

⑥ 착지 및 착륙 지점이 스키드(착륙 시 지면에 닿는 부속)
   기준으로 일부라도 비상착륙장 내에 있거나 접해 있을 것

⑦ 정지 호버링 기준시간을 준수할 것

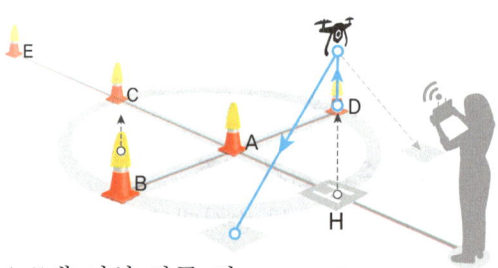

심호흡하고, 손가락 풀고 5초 후 다음 비행

(Normal Approach and Landing_ATTI모드)

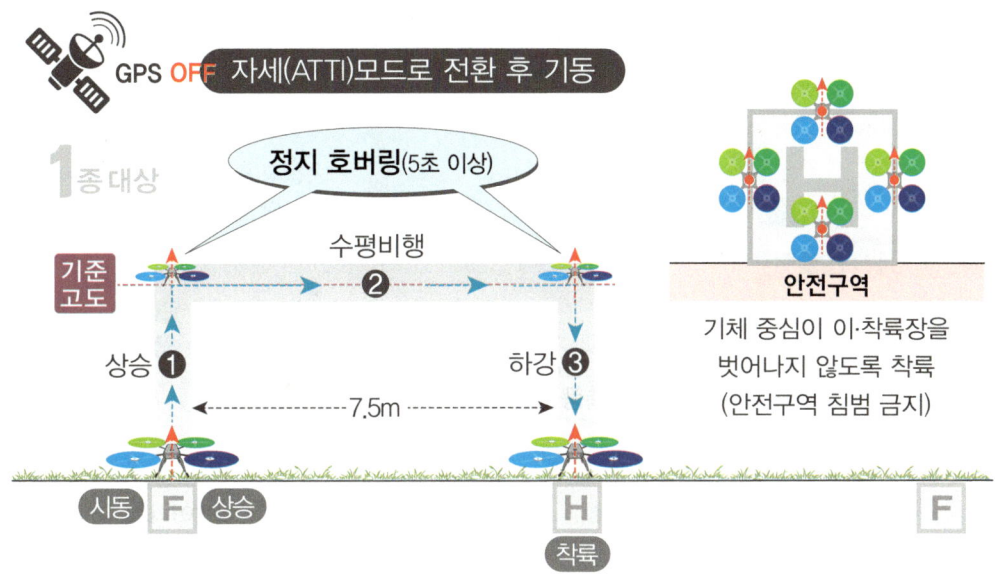

가. 세부 기동 순서

① 비행모드를 자세제어 또는 수동조작 모드로 전환
② 비상착륙장 F지점에서 이륙, 기수 전방, 기준 고도까지 상승
③ 정지 호버링
④ 이착륙장 H지점 상공까지 수평 횡이동
⑤ 정지 호버링
⑥ 착륙장 내 착륙지점을 향해 강하
⑦ 착륙 및 시동종료

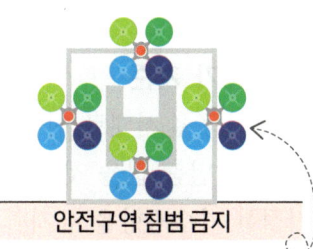

※ 기동 후 GPS전환 후 시동, 이륙 후 기수 전방상태에서 B(D)지점으로 이동

나. 주요 평가 기준

① 세부 기동 순서대로 진행할 것
② 기수방향이 전방을 유지할 것
③ 수평 횡 이동 시 고도 변화 없을 것
④ 경로 이탈이 없을 것(특히, 전후 이탈주의)
⑤ 기동 중 속도의 변화가 없이 일정하게 유지할 것(멈춤 등이 없을 것)
⑥ 착륙 지점은 기체의 중심축을 기준으로 착륙장을 벗어나지 않도록 착륙
⑦ 모든 세부 기동은 자세제어 또는 수동조작 모드로 시행할 것
⑧ 정지 호버링 기준시간을 준수할 것

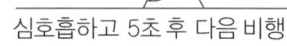

심호흡하고 5초 후 다음 비행

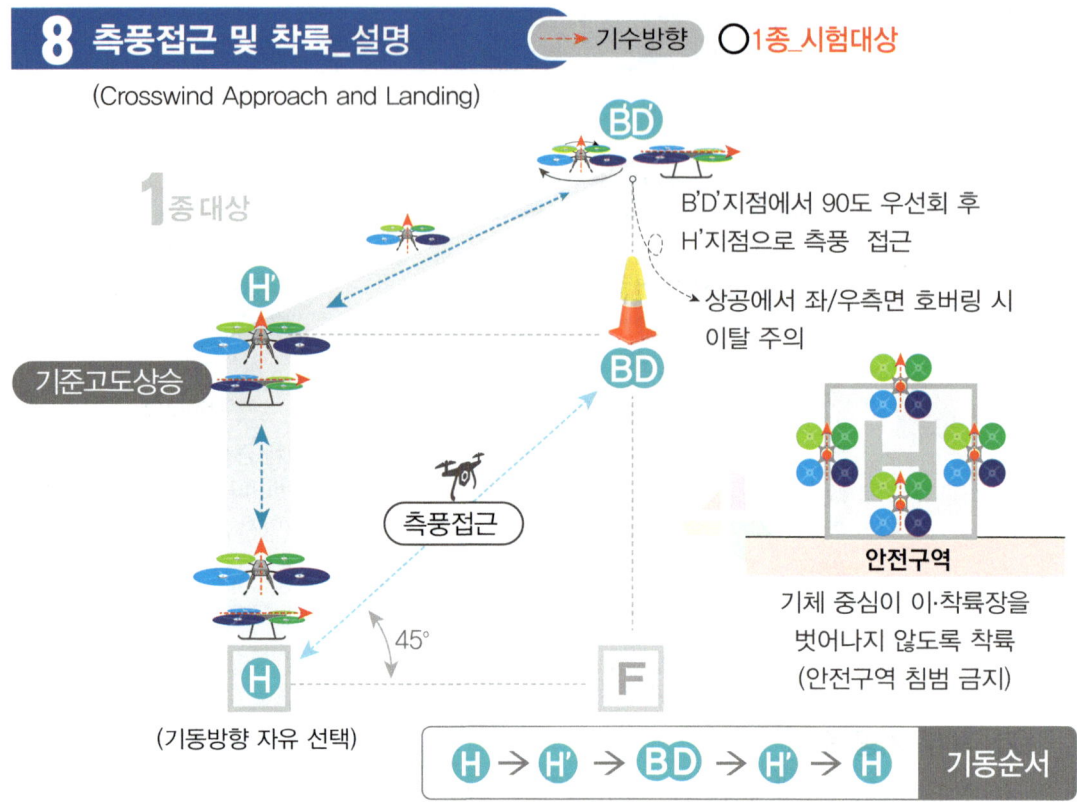

8 측풍접근 및 착륙_설명
(Crosswind Approach and Landing)

기수방향 ○**1종_시험대상**

1종 대상

BD'지점에서 90도 우선회 후
H'지점으로 측풍 접근

상공에서 좌/우측면 호버링 시
이탈 주의

안전구역
기체 중심이 이·착륙장을
벗어나지 않도록 착륙
(안전구역 침범 금지)

기준고도상승

측풍접근

45°

(기동방향 자유 선택)

H → H' → BD → H' → H   **기동순서**

가. 세부 기동 순서

① B(D) 지점에서 기준고도 높이, 기수방향 전방 상태로 정지 호버링
② 기수를 90°회전(B지점은 좌회전, D지점은 우회전)
③ 정지 호버링
④ 이착륙장 H지점 상공까지 측면 상태로 직선경로(최단 경로)로 수평 이동
⑤ 정지 호버링
⑥ 착륙장 내 착륙지점을 향해 강하
⑦ 착륙 및 시동 종료

나. 주요 평가 기준

① 세부 기동 순서대로 진행할 것
② 회전 중 멈춤 없을 것
③ 적절한 기수방향을 유지할 것
④ 수평 비행 시 고도 변화 없을 것
⑤ 경로 이탈이 없을 것
⑥ 기동 중 속도의 변화가 없이 일정하게 유지할 것(멈춤 등이 없을 것)
⑦ 착륙 지점은 기체의 중심축을 기준으로 착륙장을 벗어나지 않도록 착륙
⑧ 정지 호버링 시간 준수

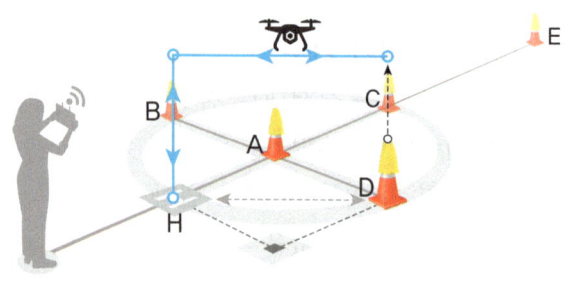

SATISFACTORY
드론국가자격증 합격기원

기출유형
구술 평가문제

구술평가
동영상 파일

★★★ 암기필수
★★★ 암기필요
★★☆ 암기요청
★☆☆ 암기희망

DRONE
Face-to-Face Test Questions

■ 구술평가

01. 출제항목 세부내역

02. 교육원 기체 예시

03. 구술평가 기출

▷기체에 관한 사항

▷조종자에 관련한 사항

▷공역 및 비행장에 관련한 사항

▷이륙 중 고장, 이륙 포기에 관련한 사항

■ 실기시험 FAQ

구술평가

01 — 구술평가 출제 항목별 세부내역

※조종자의 지식 및 실기 수행 능력 확인을 위해 각 항목은 빠짐없이 평가

※응시자 1인 항목별 1문제, 전체 5문제 이상 평균 출제

구분	세부내용	평가기준
기체에 관련한 사항	가. 기체형식(무인멀티콥터 형식) 나. 기체제원(자체중량, 최대이륙중량, 배터리 규격) 다. 기체규격(프로펠러 직경 및 피치) 라. 비행원리(전후진, 좌우횡진, 기수전환의 원리) 마. 각부품의 명칭과 기능 　　(비행제어기, 자이로센서, 기압센서, 지자기센서, GPS수신기) 바. 안전성인증검사, 비행계획승인 사. 배터리 취급시 주의사항	각 세부 항목별로 충분히 이해하고 설명할 수 있을 것
조종자에 관련한 사항	가. 초경량비행장치 조종자 요건 및 준수사항 나. 안전관리 및 비행운용에 관한 사항	
공역 및 비행장에 관련한 사항	가. 비행금지구역 나. 비행제한공역 다. 관제공역 라. 허용고도 마. 기상조건(강수, 번개, 안개, 강풍, 주간)	
일반지식 및 비상절차	가. 비행계획 나. 비상절차 다. 충돌예방(우선권) 라. NOTAM(항공고시보)	
이륙 중 엔진 고장 및 이륙 포기	이륙 중 비정상 상황 시 대응 방법	

시험용 기체의 주요 사항_예시

※시험 중 사용되는 기체의 주요 사양은 구술평가 대상으로 암기필요!

Sample

시험 응시에 사용될
기체의 사양을 암기
(교육원 문의 필요)

모델명	SDR H-E2021
무게	13kg (배터리 제외)
	자체중량_17.1kg (배터리 16,000mAh 2개 포함)
최대 이륙중량/시간	최대 이륙중량 26kg, 최대비행 시간 25분
기체(비행시) 크기	204.1 × 185.8 × 71cm (Top view, LED기준)
대각선 축간거리	1390mm (모터 중심에서 모터 중심 까지)
모터	SDR P70 120kv × 6개
프로펠러	2680(26인치 폴딩프롭 6개, 8인치(8도)
	66cm 20.3cm
권장배터리	22.2V(6s) 16,000mAh x 2 Pack
최대비행속도	50km/h

멀티콥터 기체/조종기 주요 명칭

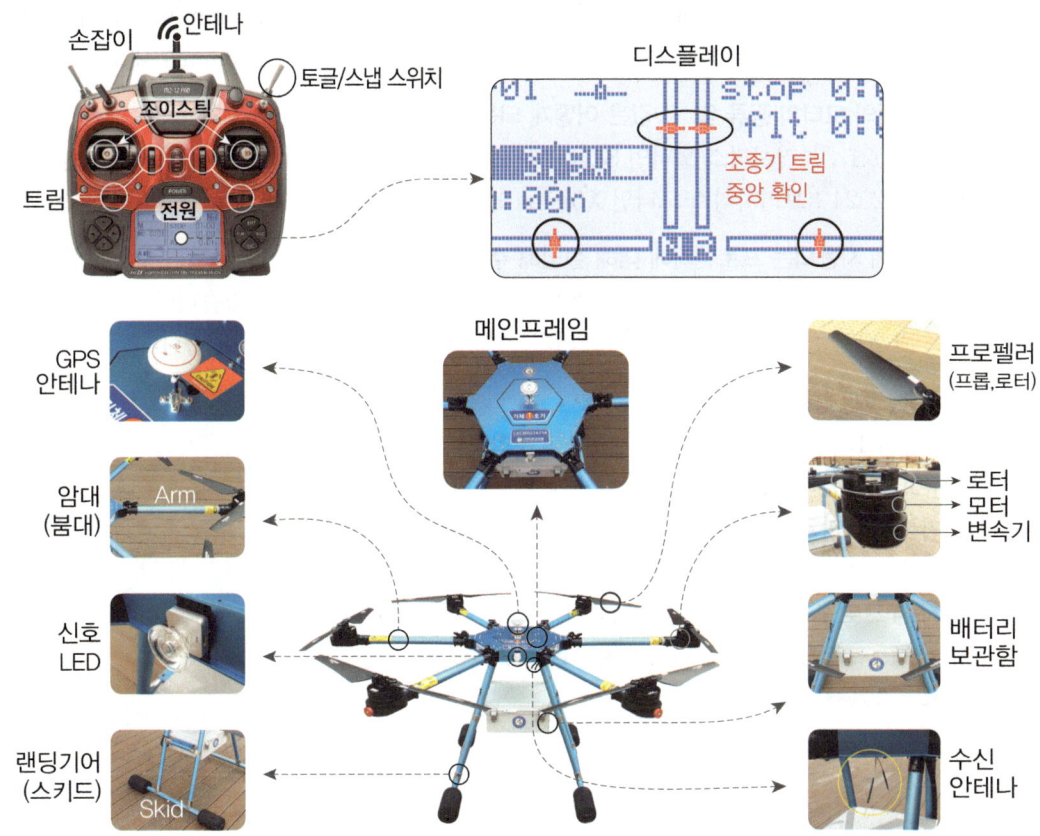

손잡이   안테나
조이스틱   토글/스냅 스위치
트림
전원

디스플레이

조종기 트림
중앙 확인

메인프레임

GPS
안테나

암대
(붐대)   Arm

신호
LED

랜딩기어
(스키드)   Skid

프로펠러
(프롭,로터)

로터
모터
변속기

배터리
보관함

수신
안테나

🛸① 기체에 관련한 사항   교육원에 요청하여, 응시생 본인이 사용할 기체의 제원 암기!

★★★현 사용 기체의 명칭과 제원은 어떻게 되나요..

- H-E2021 : 순돌이드론 SDR H-E2021이며, 프롭이 6개인 헥사콥터입니다. 기체의 자체중량(배터리 포함)은 17kg이고, 최대이륙중량은 26kg입니다.
- H-EB2024 : 순돌이드론 SDR H-EB2024이며, 프롭이 6개인 헥사콥터입니다. 기체의 자체중량(배터리 포함)은 14kg이고, 최대이륙중량은 26kg입니다.

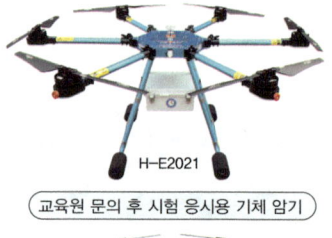

H-E2021

교육원 문의 후 시험 응시용 기체 암기

H-EB2024

★★☆현 사용 기체의 축간거리와 크기에 대해 설명해 보세요.

- H-E2021 : 대각선 축간거리(모터 중심 간 거리)는 1390mm이며, 전체 높이는 710mm입니다.
- H-EB2024 : 대각선 축간거리(모터 중심 간 거리)는 1320mm이며, 전체 높이는 665mm입니다.

★☆☆사용 기체(1·2호기 동일)의 기상 제한치에 대해 설명해 주세요.

- 풍속 : 최대 풍속 10m/s까지 운용 가능합니다.
- 강우 : 캐노피 착용 시 최대 10mm까지 운용 가능하며, 미착용 시 2~3mm 이내로 제한됩니다.
- 강설 : 캐노피 착용 시 최대 10mm까지 운용 가능하며, 미착용 시 2~3mm 이내로 제한됩니다.

★☆☆사용기체의 모터의 종류 및 kv값은 어떻게 되는지 설명해 주세요.

- H-E2021 : 브러시리스 모터인 SDR P70 120kv(120rpm/V) 모터 6개로 구성되어 있습니다.
- H-EB2024 : 브러시리스 모터인 X6 Plus 150kv(150rpm/V) 모터 6개로 구성되어 있습니다.

★★★현 기체에 사용되는 프로펠러에 대해 설명해 주세요.

- H-E2021 : 프로펠러는 26인치 8피치(2680) 폴딩 프롭을 사용하고 있습니다.
- H-EB2024 : 프로펠러는 24인치 8피치(2480) 폴딩 프롭을 사용하고 있습니다

★★★피치(pitch)에 대해 설명해 주세요.

프로펠러 1회전 시 기체가 이동한 거리를 말합니다.

- 유효 피치란? 프로펠러 1회전 시 실제로 움직인 거리
- 기하학적 피치란? 프로펠러 1회전 시 이론적으로 움직인 거리
- ※참조) 프로펠러(propeller)의 유사 개념의 단어

  날개(wing) = 블레이드(blade) = 프롭(prop) = 로터(rotor) = 회전익(Rotary wing)

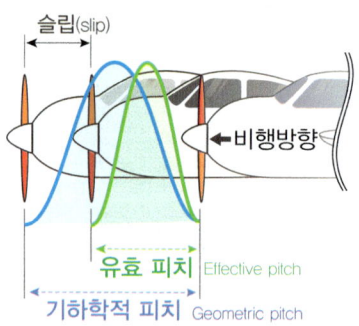

슬립(slip)

비행방향

유효 피치 Effective pitch

기하학적 피치 Geometric pitch

※ 슬립 = (기하학적 피치 - 유효 피치)

★★★**프로펠러에 2680라는 숫자가 기록되어 있다면 어떤 의미인지 설명해 주세요.**

앞 두 자리 '26'은 프로펠러의 직경이 26인치라는 뜻으로, 회전 시 형성되는 원의 지름을 의미합니다. 뒤 두 자리 '80'은 피치가 8.0인치라는 뜻으로, 프로펠러가 한 바퀴 회전할 때 나아가는 거리입니다.

※참조) 1인치 = 2.54cm

· 피치란? 프로펠러가 1회전할 때 전진하는 거리입니다.

· 2680R의 의미는? 숫자 뒤에 'R'이 붙은 경우, 시계방향 회전의 프로펠러를 의미합니다.

· 숫자만 있는 경우는? 'L' 표기가 생략된 반시계방향 회전 프로펠러입니다.

· 2680은 무엇을 의미하나요? 앞의 두 자리는 직경, 뒤의 두 자리는 피치를 의미합니다.

★★★**기체의 자체중량과 최대이륙중량에 대해 설명해 주세요.**

자체중량은 기체 본체와 배터리를 포함한 중량을 의미합니다. 최대이륙중량은 적재 후 안전하게 이륙할 수 있는 최대 중량을 말합니다.

※참조)

● 페이로드(payload)

페이로드(payload)는 최대이륙중량에서 자체중량을 제외한 중량입니다. 페이로드라는 용어는 운송업에서 유래된 말로, 운임을 지불해야 하는 적재물을 뜻합니다.

★★★**프로펠러(프롭/로터) 숫자에 따른 드론의 종류에 대해 설명해 주세요.**

● 바이콥터 2개
● 트라이콥터 3개
● 쿼드콥터 4개 ★
● 펜타콥터 5개
● 헥사콥터 6개 ★
● 옥토콥터 8개 ★
● 데카콥터 10개
● 도데카콥터 12개로 구성되어 있습니다.

회전방향 : ■시계방향(CW)/오른쪽회전 ■반시계방향(CCW)/왼쪽회전

트라이콥터/3개
Tricopter

쿼드콥터/4개
Quadcopter

헥사콥터/6개
Hexacopter

옥토콥터/8개
Octocopter

★★☆**쿼드콥터, 헥사콥터, 옥토콥터 드론이 비행 중 1개의 프로펠러가 고장 시 증상에 대해서 설명해 주세요.**

● 쿼드콥터는 한 개의 프로펠러만 고장 나도 균형을 잃고 뒤집히며 추락하게 됩니다.
● 헥사콥터는 프로펠러 하나가 고장 나면 한쪽 방향으로 회전하며 서서히 하강하게 됩니다.
● 옥토콥터 이상급 드론은 불안정한 비행 상태가 되므로 즉시 안전하게 착륙시켜야 합니다.

★★★**GPS 모드, 자세 모드(ATTI), 매뉴얼 모드의 차이점에 대해 설명해 주세요.**

● GPS 모드는 자동으로 고도와 위치를 유지하여 경로 비행이 가능한 모드입니다.
● 자세 모드(ATTI)는 GPS 없이 고도와 기울기만 유지되며, 위치는 직접 제어해야 합니다.
● 매뉴얼 모드는 고도와 위치 모두 조종자가 수동으로 제어하는 비행 모드입니다.

★★★ 멀티콥터의 고도유지 및 비행 원리에 대해 설명해 주세요.

- 멀티콥터는 모터의 회전 속도를 조절하여 고도를 유지하고 비행합니다.
- 전진 및 후진 비행 : 전진 시 후방모터 회전 수가 상승하며, 후진 시 전방모터 회전 수가 상승합니다.
- 좌/우 회전(선회) : 좌회전 시 CW(시계방향 프로펠러)모터의 회전 수가 상승 합니다.(2, 4, 6번 모터)
- 좌/우 이동 : 좌측 이동 시 우측모터 회전 수가 상승하며, 우측이동 시 좌측모터 회전 수가 상승합니다.
- 우회전 시 CCW(반시계방향 프로펠러)모터의 회전 수가 상승 합니다.(1, 3, 5번 모터)

※참조)
- CW(시계방향, Clock Wise)
- CCW(반시계방향, Counter Clock Wise)

좌/우 회전

좌측키

좌회전 / 우회전

CW모터 회전수 상승 / CW모터 회전수 감소
CCW모터 회전수 감소 / CCW모터 회전수 상승

암기TIP
■ 좌회전 : 기체가 왼쪽(2글자) 회전 시 → CW(2글자) 프로펠러 회전수 상승
■ 우회전 : 기체가 오른쪽(3글자) 회전 시 → CCW(3글자) 프로펠러 회전수 상승

좌/우 이동

우측키

좌로이동 / 우로이동

좌측모터 회전수 감소 / 좌측모터 회전수 상승
우측모터 회전수 상승 / 우측모터 회전수 감소

★★☆ 좌회전(선회) 또는 우회전(선회) 시 회전수가 올라가는 모터는 어떻게 되나요?

- 좌회전(왼쪽) 시에는 우측 모터(CW)의 회전수가 증가합니다.
- 우회전(오른쪽) 시에는 좌측 모터(CCW)의 회전수가 증가합니다.

★★☆ 호버링 비행의 조건은 어떻게 되나요?

호버링은 어떤 물체가 제자리에서 정지 비행하는 상태를 말합니다. 호버링이 가능하려면 양력과 중력이 서로 같아야 합니다.

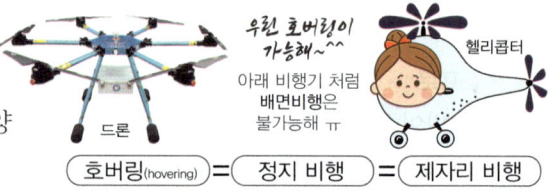

우린 호버링이 가능해~^^
아래 비행기 처럼 배면비행은 불가능해 ㅠ

드론 / 헬리콥터

호버링(hovering) = 정지 비행 = 제자리 비행

일반항공기인 고정익기는 호버링 비행이 불가능 하며, 회전익기인 드론과, 헬리콥터만 가능하다.

★☆☆ 토크현상에 대해 설명해 주세요.

※회전익 기체의 로터가 회전할 때, 반작용으로 기체 동체가 반대 방향으로 회전하려는 현상을 말합니다.

※참조: 토크(Torque)란 회전체를 돌리기 위한 힘을 의미

우린, 호버링을 못해~ㅠ
하지만, 이런 배면비행은 가능해ㅆ
출처 : 대한민국 공군

★★☆ 토크 상쇄란 무엇을 말하는지 설명해 주세요.

비행 시 기체가 한쪽으로 기울어지거나 돌아가는 현상을 방지하기 위하여, 프로펠러가 상호 작용 또는 반작용을 통해 기울어 지거나 돌아가는 현상을 잡아주게 됩니다. 헬기의 경우 테일로터를 통해 본체의 토크현상을 상쇄시켜 반토크를 만들어 줍니다.

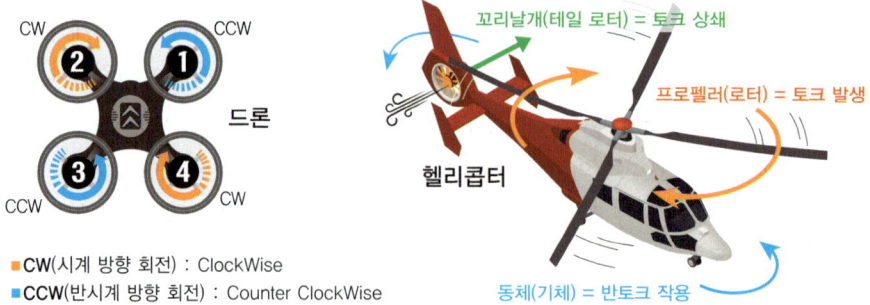

꼬리날개(테일 로터) = 토크 상쇄
프로펠러(로터) = 토크 발생
동체(기체) = 반토크 작용

CW / CCW
드론
CCW / CW
헬리콥터

■ CW(시계 방향 회전) : ClockWise
■ CCW(반시계 방향 회전) : Counter ClockWise

★★★ 드론 비행 시 기체에 작용되는 4가지 힘에 대해 설명해 주세요.

- **추력**(Thrust) : 드론을 앞으로 전진시키는 힘
- **양력**(Lift) : 드론을 공중으로 부양시키는 힘
- **중력**(Gravity) : 드론을 지구로 하강시키는 힘
- **항력**(Drag) : 드론이 앞으로 나아가는데 방해가 되는 저항력

★★★ 등속수평비행의 조건에 대해 설명해 주세요.

양력과 중력이 같아야 하며, 추력과 항력이 같아야 합니다.

※ 등속도비행이란? 전진하려는 추력과 그것을 방해하는 항력이 같아 속도의 변화가 없는 상태

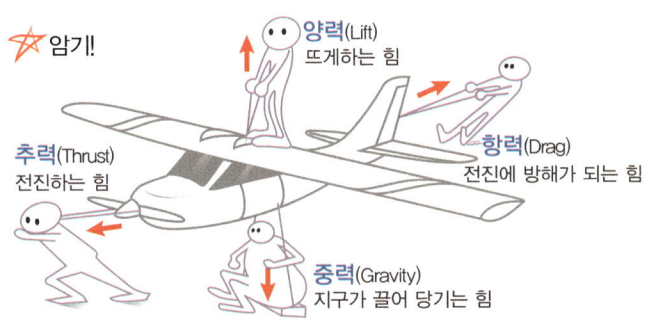

- **가속비행** : 추력 > 항력
- **감속비행** : 추력 < 항력
- **상승비행** : 양력 > 중력
- **하강비행** : 양력 < 중력
- **등속비행 / 균형비행** } : 추력 = 항력
- **수평비행 / 정지비행 / 호버링** } : 양력 = 중력

참조) 등속수평비행이란? 추력과 항력이 같아야 하며, 양력과 중력이 같아야 한다.

★★★ 멀티콥터와 헬리콥터의 차이점을 설명해 주세요.

헬리콥터는 기계적 장치를 이용해 방향을 제어하고, 멀티콥터는 전자변속기(ESC, Electronic Speed Controller)를 통해 모터의 회전수를 조절하여 방향을 제어합니다.

- 멀티콥터는 고정 피치(Fixed Pitch) 방식을 사용하며, 전자변속기를 통해 회전수를 조절하여 양력을 발생시키고, 로터가 반대 방향으로 회전하여 토크를 상쇄시키며 비행합니다.
- 헬리콥터는 가변 피치(Variable Pitch) 방식을 사용하며, 메인 로터의 블레이드 피치(날개의 기울기)를 기계적 장치(스와시플레이트 등)를 통해 조정하여 양력과 방향을 제어합니다.

메인 로터에서 발생하는 토크는 테일 로터가 반대 방향의 추력을 발생시켜 상쇄합니다.

※드론은 고정된 모터의 회전수를 통해 기동

※헬기는 회전 경사판(스와시 플레이트)를 통해 플래핑과 패더링의 피치각을 조절하고, 회전수를 제어하여 기동한다.

※핵심 차이점 요약(★★☆)
· 멀티콥터 : 고정 피치, 모터 회전수 조절, 전자 제어 중심
· 헬리콥터 : 가변 피치, 피치 각도 조정, 기계적 제어 중심

★★☆ **멀티콥터의 고도유지 및 비행 원리에 대해 설명해 보세요.**

모터의 회전 속도를 조절하여 고도를 유지하고 비행합니다.

모터 축간거리(1390mm = 1390급)

★☆☆ **멀티콥터 기체의 축간 거리에 대해 설명해 주세요**

모터의 축과 대각선 모터의 축과의 거리를 말합니다.

프로펠러 직경
(26inch)

★★☆ **모터에 2807-1300kv라고 표기되어 있다면, 의미에 대해 설명해 주세요.**

28은 모터의 직경이 28mm임을 의미하며, 07은 모터의 높이
가 7mm임을 나타냅니다. 1300kv는 무부하 상태에서 전압
1V를 가했을 때 분당 1300번 회전한다는 의미입니다.

높이(7mm)
2807 1300kv
분당 회전수(RPM)
직경(mm)
28mm

★☆☆ **에어포일(Airfoil)이란 무엇인지 설명해 주세요.**

에어포일은 공기 흐름을 따라 양력이 발생하도록 설계된 표면
을 말합니다. 공기가 이동하는 경로를 통해 양력을 효율적으로 만들어내는 구조입니다.
따라서 공기 저항을 양력으로 바꾸는 항공기의 부분은 모두 에어포일이라 할 수 있습니다.

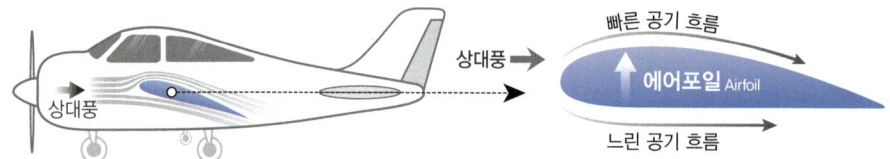

빠른 공기 흐름
상대풍 ➡
에어포일 Airfoil
상대풍
느린 공기 흐름

★★★ **브러쉬모터(BLC)와 브러쉬리스모터(BLDC)의 차이점에 대해 설명해 주세요.**

• 브러쉬리스 모터 : 마찰이 없어 발열이 적고, 수명이 길며, 효율이 좋습니다.
　　　　　　　　　동일한 힘에 비해 크기가 작고, 회전 변동도 적습니다.
　　　　　　　　　단점은 가격이 비싸고, 전자변속기(ESC)가 필요합니다.

• 브러쉬 모터 : 가격이 저렴하고, 구동이 간단하지만 수명이 짧고 발열이 많아 효율이 떨어집니다.

★★☆ **ESC(Electronic Speed Controller) 전자변속기의 기능에 대해 설명해 주세요.**

ESC는 FC로부터 신호를 받아 모터의 회전 속도를 제어하는 장치입니다.

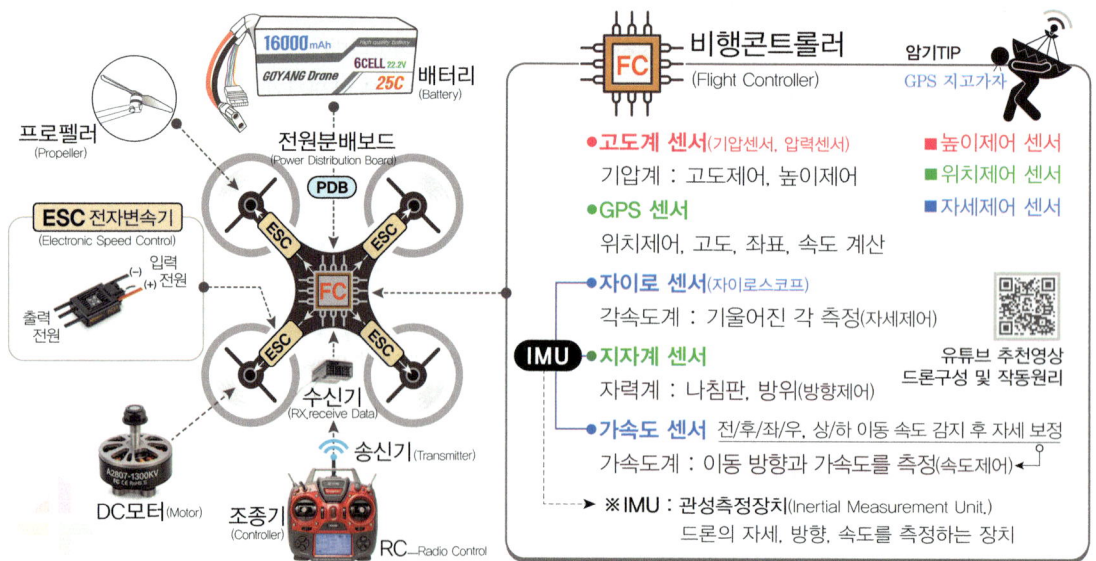

★☆☆ **레귤레이터(Regulator) 장치에 대해 설명해 주세요.**

레귤레이터는 ESC 변속기의 주요 부품으로, 전압을 일정하게 유지해주는 전압 조절 장치입니다.

★★☆ **비행제어장치인 FC(Flight Controller)의 역할에 대해 설명해 주세요.**

FC는 드론 두뇌에 해당하는 부품으로 MC(Main Controller), IMU, PMU, GPS, 자이로, 지자계, 가속도센서로부터 값을 받아 조종자의 명령에 따라 ESC에 속도 제어 신호를 전송합니다.

★★☆ **IMU(Inertial Measurement Unit)란 무엇인지 설명해 주세요.**

관성측정제어장치로 드론의 움직임 또는 기울어 짐을 감지하여 균형을 잡아주는 센서입니다.(속도와 방향, 중력, 가속도를 측정하는 장치). 참조) 사람 귀의 반고리관 역할

★★★ **IMU(Inertial Measurement Unit) 센서의 종류와 구성에 대해서 설명해 주세요.**

IMU는 자이로센서, 지자계센서, 가속도센서로 구성되어 있습니다.
※참조)
- 자이로 센서(자세) : 기체의 자세를 감지하여 수평을 제어하는 센서입니다.
- 지자계 센서(방향) : 진북과 자북을 구분하며 방향을 인식하는 장치입니다.
- 가속도 센서(속도) : 물체의 가속도와 충격의 세기를 측정하는 센서입니다.

★☆☆ **PMU(Power Measurement Unit)에 대해 설명해 주세요.**

PMU는 FC에 전력을 공급하는 전원 관리 장치입니다.

★☆☆ **지자계센서(Magnetometer Sensor)란 무엇인지 설명해 주세요.**

주로 GPS안테나 내부에 설치되어, 드론의 나침반 기능을 하는 센서로 기수(방향)를 제어하며, 전/후진 비행 시 방향의 오차를 줄이는 센서 입니다.

★★★ **드론에 사용되는 센서의 종류 및 기능에 대해 설명해 주세요.**

- GPS 센서는 드론의 위치, 속도, 시간 정보를 측정
- 지자계 센서는 드론이 방향을 인식
- 고도계(기압계) 센서는 드론이 일정한 고도를 유지
- 가속도 센서는 드론의 속도를 감지하고 유지
- 자이로 센서는 드론의 기울기와 자세측정 및 균형 유지
※암기Tip 앞 이니셜만 따서 gps를 지고가자

★☆☆ **초음파 센서(Ultrasonic Sensor)란 무엇인가요?**

드론 주변(근거리)의 장애물을 감지하여 회피하는 기능의 센서로, 속도와 거리를 측정하여 장애물을 감지하여 회피할 물체를 탐지하는 역할을 합니다.

★☆☆ **비전 포지셔닝(Vision position)이란 무엇인가요.**

카메라와 초음파 센서를 결합하여, 카메라로 촬영한 영상과 초음파 센서로 측정한 거리를 기반으로 GPS가 닿지 않는 실내에서도 안정적인 호버링을 가능하게 하는 기술입니다.

★★☆ **고도계와 GPS의 기능에 대해서 설명해 주세요.**

고도계는 기압을 감지하여 고도를 유지하거나 높이를 표시하며, GPS는 기체의 위치, 속도, 시간 등을 측정하는 데 사용됩니다.

★★☆ 무인멀티콥터 안전성 인증 검사를 받아야 하는 기체에 대해 설명해 주세요.

최대이륙중량이 25kg을 초과하는 멀티콥터는 안전성 인증검사 대상입니다

★★★ 안전성인증검사 주기는 어떻게 되나요?

상업용/비상업용 동일하게 2년 단위로 실시 합니다

★★★ 안전성인증검사(종류)에 대해서 설명해 주세요.

- **초도검사** : 국내에서 설계, 제작하거나 외국에서 국내로 도입한 비행장치의 안전성인증을 받기 위하여 최초로 실시하는 인증
- **정기검사** : 안전성인증의 유효기간 만료일이 도래되어 새로운 안전성인증을 받기 위하여 실시 하는 인증
- **수시검사** : 비행안전에 영향을 미치는 수리 또는 개조 후 기술기준에 적합한지 확인하기 위하여 실시하는 인증
- **재검사** : 초도, 정기, 수시인증에서 기술기준에 부적합한 사항에 대하여 정비 후 6개월 이내 재인증 실시

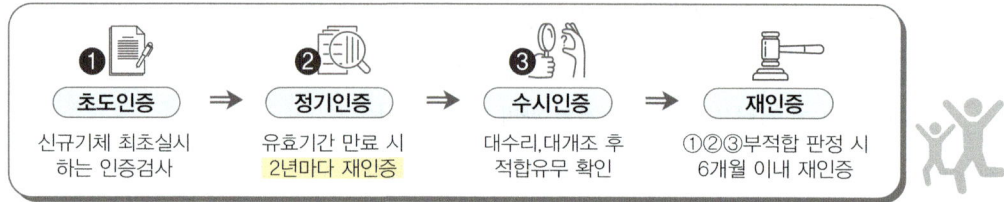

※참조)
· 안전성인증검사 담당 기관 : 항공안전기술원
· 안정성 인증검사를 받지 않고 비행 했을 시 : 벌금 500만 원

KIAST 항공안전기술원
안전성인증검사 담당기관

★★★ 기체의 3축에 대해 설명해 주세요.

- **피치_pitch(y축, 가로축)** : 드론 기체의 기수가 상하로 움직이며, 엘리베이터(Elevator)의 승강타에 의해 전후 기동이 이루어집니다.
- **롤_roll(x축, 세로축)** : 드론 기체의 기수가 좌우로 움직이며, 에일러론(Aileron)의 회전타에 의해 좌우 기동이 이루어집니다.
- **요_yaw(z축, 수직축)** : 드론 기체의 기수가 회전하며, 러더(Rudder)의 방향타에 의해 회전 기동이 이루어집니다.

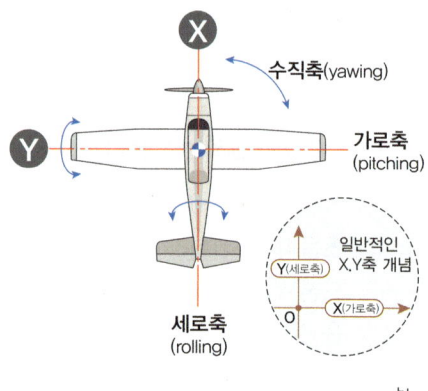

★★★ 베터리 1셀당 정격(기준)전압과 완충전압에 대해서 설명해 주세요.

리튬폴리머(Li-Po) 배터리는 셀당 기준전압이 3.7V이고, 완충전압은 4.2V입니다.

★★☆리튬폴리머 배터리(Li-Po)를 사용할 때 반드시 유의해야 할 사항들을 알려 주세요.

외부 충격, 고온·저온 환경, 장기 보관 등에 주의하여 안전하게 사용해야 합니다.

★★☆밀리암페어시(mAh)는 무엇을 의미하는지 설명해 보세요.

1시간 동안 사용할 수 있는 전류의 양을 나타내는 단위입니다.

★★☆배터리 C에 대한 의미에 대해 설명해 주세요.

배터리의 C는 방전율(C-rate)을 의미하며, 배터리가 전기를 얼마나 빠르게 방전(출력)할 수 있는지를 나타냅니다.

※참조) 장전율이 높은 배터리는 드론축구나 레이싱 드론처럼 순간적으로 높은 출력이 필요한 장비에 주로 사용

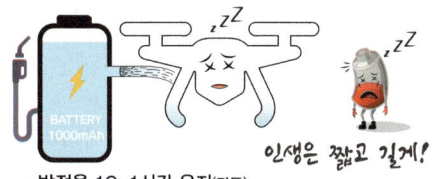

방전율 1C, 1시간 유지(작동)

방전율이 낮으면, 순간 발휘할 수 있는 힘이 약해하지만 사용(작동) 시간은 길지요.

★☆☆기체 사용전압은 몇 볼트 인가요?.

배터리 개당 기준전압이 22.2볼트이며, 2개를 사용하므로 44.4볼트 입니다.

※참조) 배터리 1개는 6셀로 구성

- 1셀 x 3.7V = 3.7V
- 2셀 x 3.7V = 7.4V
- 3셀 x 3.7V = 11.1V
- 4셀 x 3.7V = 14.8V
- 5셀 x 3.7V = 18.5V
- 6셀 x 3.7V = 22.2V

방전율 10C, 6분 유지(작동)

방전율이 높으면, 순간 발휘할 수 있는 힘이 커하지만 사용(작동) 시간은 짧아요.

우린 단 시간에 엄청난 힘이 필요해 그래서 방전율이 높으면 좋지~

■**배터리 정격용량**(16,000mAh)

16,000mAh은 1시간동안 16,000mA(16A)를 방전할 수 있음을 의미

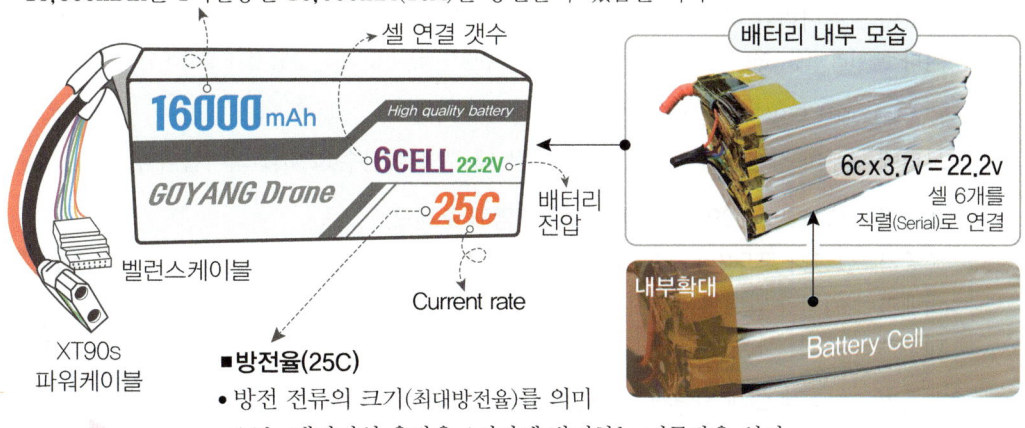

배터리 내부 모습

6c x 3.7v = 22.2v
셀 6개를
직렬(Serial)로 연결

내부확대

Battery Cell

XT90s 파워케이블

벨런스케이블

■**방전율**(25C)

- 방전 전류의 크기(최대방전율)를 의미
- 1C는 배터리의 용량을 1시간에 방전하는 전류량을 의미
- 16,000mAh의 경우 1시간 동안 16A 전류를 사용 가능하다는 의미
- 16A x 25C = 400A로 순간 전류가 400A로 흐른다는 의미
- 방전율이 높다는 것은, 순간 힘을 크게 발휘할 수 있다는 의미

★★☆현 기체에 사용되는 배터리에 대해 설명해 보세요.

리튬폴리머(Li-po) 6셀 배터리, 16000mAh 배터리 2개를 사용하며, 1셀당 정격 전압은 3.7V, 완충 전압은 4.2V이고, 각 배터리는 6셀 2팩이 직렬로 연결되어 정격 전압은 22.2V, 완충 전압은 25.2V입니다.

★★☆ 배터리 보관 방법에 대해 설명해 주세요.
직사광선을 피하고 서늘하고 습기가 없는 건조한 곳에 보관합니다.

★★★ 배터리 폐기 방법에 대해 설명해 주세요.
환기가 잘 되는 곳에서 고농도 소금물에 2~3일간 담가 완전히 방전시킨 후, 전문 폐기 업체를 통해 안전하게 처리합니다.

참조)
- 사용 시 : 비행 전마다 배터리를 완전히 충전하고, 저전력 경고 시 즉시 복귀 후 착륙하며, −10~40℃ 범위 내에서 사용합니다.
- 보관 시 : 열기나 직사광선을 피하고 18~25℃의 건조하고 환기 잘 되는 곳에 보관하며, 여름철 차량 보관을 삼가고 10일 이상 미사용 시 40~60%까지 방전 후 보관합니다.

★★☆ 배터리 취급 시 주의사항에 대해 설명해 주세요.
- 비행 전에는 배터리를 완전히 충전합니다.
- 사용 시 온도 변화와 충격에 주의합니다.
- 경고등이 켜지면 즉시 착륙합니다.
- 배터리는 반드시 전용 충전기로 충전합니다.
- 충전 중에는 항상 상태를 확인합니다.
- 충전이 완료되면 배터리를 즉시 분리합니다.
- 배터리는 −10~40℃범위 내에서만 사용합니다.

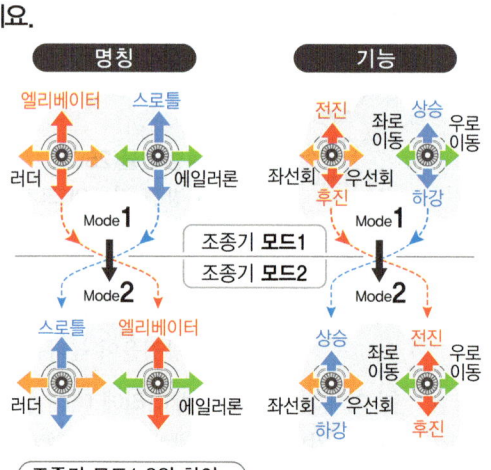

★★☆ 조종기에 사용되는 배터리 종류에 대해 설명해 주세요.
리튬이온 배터리와 리튬폴리머 배터리가 주로 사용되며, 리튬폴리머 배터리 사용 한계는 15%입니다. (배터리 잔량 15% 이하인 과방전 하는 경우 → 수명 단축, 성능 저하, 충전 불가 상태가 될 수 있음)

★★☆ KV(케이브이)란 무엇인지 설명해 주세요.
모터에 무부하 상태에서 전압 1V를 가했을 때 분당 회전수(RPM)를 의미합니다.

★★☆ 조종기 모드1과 모드2의 차이점에 대해 설명해 주세요.
조종기 모드1과 모드2의 차이점은 스로틀과 엘리베이터 위치가 반대이며, 멀티콥터 조종기는 대부분 모드2를 사용합니다.

★★☆ 조종기 주파수에 대해 설명해 주세요.
최근 조종기 주파수 대역은 2.4GHz와 5.8GHz가 주로 사용되며, 현재 사용 중인 조종기의 주파수는 2.4GHz입니다.

※참조
- 2.4Ghz : 카메라가 없는 드론에서 주로 사용
- 5.8Ghz : 카메라가 탑재된 드론에서는 2.4Ghz와 5.8Ghz를 혼용하여 사용

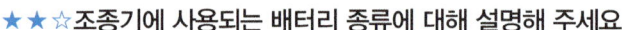

★★★ **취득하고자 하는 자격증의 정확한 명칭에 대해 설명해 주세요.**

"초경량비행장치 무인멀티콥터 조종자 증명" 입니다.

구술평가 문제은행

★★★ **비행 시 조종자 준수사항에 대해서 설명해 주세요.**

- **야**간비행 금지(일출 전.후)_★
- **비**행금지구역 및 관제권내 비행금지_★
- **한**도 150m이내 비행_★
- **사**람이 많은 곳 비행금지(인구 밀집지역)_★
- **낙**하물 투하금지_★
- 0.02% 이상, 음주 비행금지_★
- **가**시권 내 육안 비행 또는 시계비행_★
- 유인항공기 접근시 회피 기동(우측으로 기동)_☆
- 비행장치에 소유자 정보기재(인식표 부착)_☆ 등이 있습니다.

조종자 준수사항 주요내용　암기Tip!　야비한 사나이가!

야간비행 금지	비행금지구역/관제권 비행 금지	한도이내 비행_(150m이상 비행 금지)

야

일몰 후부터 일출 전까지
야간시간 비행 금지

비 ● 비행금지구역
－대통령실 인근/중심(P73A)으로 부터 **3.7km**
－휴전선 부근(P518)
－원전중심으로 부터 **18.6km**(P61,P62,P63,P64,P65)
　　　　　　　　　　　암기Tip! 2배차이
● 관제권
－비행장 공항 참조점(ARP)으로부터 **9.3km** 이내

한　150m　150m　ox
　　　　　　　150m　150m
150m

지면.수면 또는 구조물 최상단
(드론기체 반경 150m)
150m이상 고도에서 비행해야 할 경우
지방항공청 또는 국방부 허가 필요

사람이 많은 곳 비행 금지	낙하물 투하 금지	0.02% 이상, 음주비행금지	가시권 내 비행

사

인구가 밀집된 지역이나
그 밖에 사람이 많이 모인 장소의
상공에서 위험한 비행 금지

나

인명이나 재산에
위험을 초래할 우려가 있는
낙하물 투하 금지

이　알코올 수치 0.02% 이상

조종 업무를 정상적으로 수행할 수 없는
상태에서 조종하는 행위 또는
비행 중 주류 등을 섭취하거나 사용 금지

가

초경량비행장치 조종자는 항공기
또는 경량 항공기를 육안으로
식별하여 미리 피할 수 있도록 주의

★★★ **초경량비행장치 조종자 자격 분류에 대해 설명해 주세요.**

- 1종 : 최대이륙중량 25kg초과 ~ 자체중량 150kg 이하
- 2종 : 최대이륙중량 7kg초과 ~ 최대이륙중량 25kg 이하
- 3종 : 최대이륙중량 2kg초과 ~ 최대이륙중량 7kg 이하
- 4종 : 최대이륙중량 250g초과 ~ 최대이륙중량 2kg 이하

★★☆ **자격증 취득 연령 제한은 어떻게 되나요?**

1종, 2종, 3종은 만 14세 이상 가능하며, 4종은 만 10세 이상입니다.
참조) 지도조종자 만 18세 이상

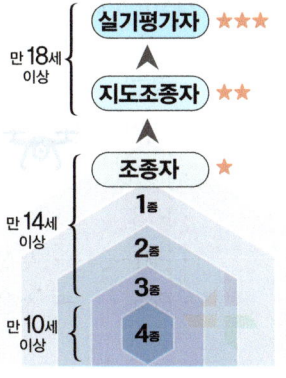

만 18세 이상 → **실기평가자** ★★★
▲
지도조종자 ★★
▲
조종자 ★
1종
2종
만 14세 이상
3종
만 10세 이상
4종

★☆☆ **멀티콥터 아워미터**(비행시간 기록장치)**의 시간 계산법에 대해 설명해 주세요.**

0.1은 6분과 같은 시간이며, 숫자 1은 60분을 의미합니다.
예를 들어, 0.3시간은 18분(18/60)과 같습니다.

★☆☆ **비행경력증명서에 표기된 훈련과 기장 시간에 대해 설명해 주세요.**

훈련은 교관과 함께 비행한 시간을 의미하며, 기장 시간은 단독으로 비행한 시간을 의미합니다.

★★☆ **비행 시 조종자가 휴대 소지해야 하는 것에 대해 설명해 주세요.**

조종자증명, 비행승인서, 비행기록부를 반드시 소지해야 하며, 필요 시에는 신고증명서(최대이륙중량 2kg초과 기체)와 안전성인증검사서(최대이륙중량 25kg초과 기체)를 추가로 지참해야 합니다.

③ 공역 및 비행장에 관련한 사항

★★★ **각 지방항공청별 관할 구역에대해 설명해 주세요.**

- 서울지방항공청 : 서울, 경기, 인천, 강원, 대전, 세종, 충청남도, 충청북도, 전라북도를 관할합니다.
- 부산지방항공청 : 부산광역시, 대구광역시, 울산광역시, 광주광역시, 경상남도, 경상북도, 전라남도를 관할합니다.
- 제주지방항공청 : 제주도를 관할합니다.

※특이사항! 전라북도는 서울지방항공청에, 전라남도는 부산지방항공청에 각각 속합니다.

★☆☆ **비행금지구역을 지정하는 이유는 무엇인가요?**

안전 확보, 국방 목적, 중요 국가시설 보호 등을 위해 항공기 및 비행장치의 비행을 제한합니다.

★★★ **비행금지구역을 나열하고 설명해 주세요.**

- P518 → 휴전선인근
- P73 → 청와대/대통령 집무실
- P61~P65 → 원자력발전소 및 연구소
- 공항의 관제구외 군부대 등 국가 중요시설로 지정된 곳이 이에 해당 됩니다.

※참조)

구역별 비행승인 관할

- P518 → 합동참모본부
- P73 → 수도방위사령부
- P61~64 → 부산지방항공청
- P65 → 서울지방항공청

★★☆비행제한구역 R75에 대해 설명해 주세요.

비행제한구역 R75는 비행허가를 받지 않은 항공기의 비행을 제한하도록 지정된 공역으로, 수도방위사령부 방공작전통제소에서 이를 관할합니다.

★★★P61~P65 비행금지구역에 대해 설명해 주세요.

- P61 부산, 고리 원자력발전소
- P62 경주, 월성 원자력발전소
- P63 영광, 한빛 원자력발전소
- P64 울진, 한울 원자력발전소
- P65 대전, 한국원자력연구소 입니다.
- ※참조) 원전 중심으로 부터 18.6km (10NM/해리)까지 비행금지구역

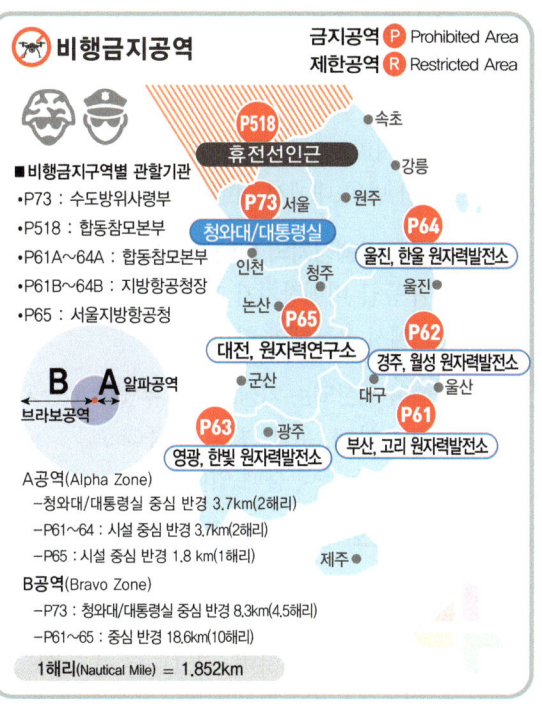

★★☆비행금지 공역의 범위에 대해 자세히 설명해 주세요.

- P61~64 알파공역은 2NM(3.7km), 브라보 공역은 10NM(18.6km)까지,
- P65 알파공역은 1NM(1.8km), 브라보 공역은 10NM(18.6km)까지 입니다.
- P73 청와대/대통령 집무실 반경은 2NM(3.7km)까지 입니다.(P73A, P73B에서 → P73 하나로 통일)
- ※참조) NM(노티컬 마일 = 해리)_Nautical Mile

★☆☆비행금지구역과 제한구역에서 비행승인허가는 어떻게 받아야 하나요?

드론원스탑 홈페이지를 통해 최소 3일 전, 지방항공청 또는 국방부의 비행 허가를 받아야 합니다.

★★☆장치 무게나 비행 목적에 관계없이 반드시 비행 승인이 필요한 지역에 대해 설명해 주세요.

비행금지구역, 비행장 주변 관제권, 고도 150m이상 비행 시 입니다.

★★☆공항과 원자력발전소 비행금지 구역의 범위에 대해 설명해 주세요.

공항 참조점(ARP, Airport Reference Point) 기준 반경 9.3km 이내, 원자력발전소는 중심으로부터 반경 18.6km 이내가 비행금지 구역입니다(이는 공항 관제권 금지 구역의 2배 거리입니다).

★★★관제권과 관제구에 대해서 설명해 주세요.

공항교통의 안전을 위해 국토교통부에서 지정·공고한 지역으로, 관제권은 공항 중심 참조점(ARP)으로부터 반경 9.3km 이내의 공역이며, 관제구는 지표면 또는 수면으로부터 200m 이상 높이의 공역을 말합니다.

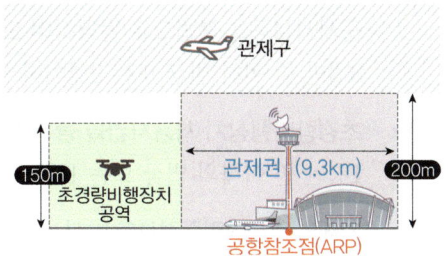

★★☆시계비행 및 계기비행에 대해 설명해 주세요.

시계비행은 조종사가 육안으로 지형이나 지물을 확인하며 비행하는 것이고, 계기비행은 조종사가 항공기에 장착된 계기만을 보고 비행하는 것을 말합니다.

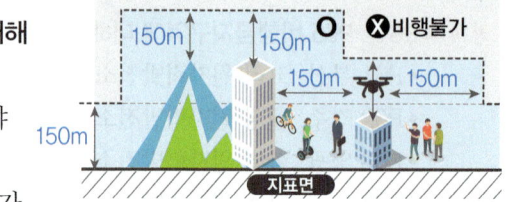

(150m = 500ft)

★★★초경량비행장치의 허용 비행고도와 비행거리에 대해서 설명해 주세요.

• 비행고도 : 지상 150m(500ft) 미만으로 비행해야 하며,

• 비행거리 : 조종자가 육안으로 식별(가시권 비행) 가능한 범위 내에서 비행해야 합니다.

★☆☆초경량 비행장치의 비행고도가 150m인 이유는 무엇인지 설명해 주세요.

상위 등급 비행장치가 150m 이상의 고도에서 운항하기 때문에, 충돌 방지를 위해 150m 미만의 고도에서 운행해야 합니다.

★★☆비행이 제한되는 기상조건은 무엇이 있는지 설명해 주세요.

눈, 비, 안개, 우박, 천둥, 강풍(5m/sec 초과), 돌풍이 불때 입니다.

★★☆절대고도와 진고도에 대해 설명해 주세요.

절대고도는 항공기와 현재 지표면 간의 높이를 의미하며, 진고도는 평균 해수면으로부터 항공기까지의 높이를 의미합니다.

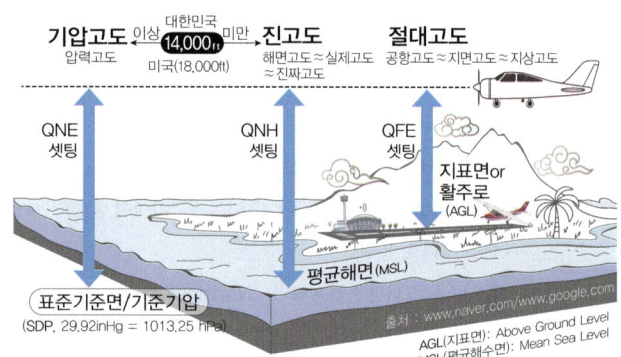

🚁❹ 일반지식 및 비상절차에 관련한 사항

★☆☆항공법에 규정하는 초경량비행장치에 대해 설명해 주세요.

항공기 및 경량항공기를 제외한 비행장치로서, 동력비행장치, 행글라이더·패러글라이더, 기구류, 무인비행장치(무인비행기·무인헬리콥터·무인멀티콥터·무인비행선) 등을 포함합니다.

★★★음주, 마약, 환각물질 섭취 후 비행 시 처벌 기준에 대해 설명해 주세요.

3천만 원 이하 벌금, 3년이하 징역에 처해 집니다.

★☆☆군사시설등을 불법으로 촬영하여 도서등으로 출판하는 경우 처벌기준에 대해 설명하시오.

3천만 원 이하 벌금 또는 3년이하 징역에 처합니다.

★★☆초경량비행장치 사용사업을 등록하지 않고 사업 시 처벌 기준에 대해 설명해 주세요.

1천만 원 이하의 벌금 또는 1년이하 징역에 처해 집니다.

★★☆기체의 안전성인증검사도 받지 않았고, 조종자증명도 없이 비행한 경우 처벌 기준은 어떻게 되나요.

1천만 원 이하 벌금, 1년이하 징역에 처해 집니다.

★★★ **관제공역, 통제공역, 주의공역 승인없이 비행 시 처벌 기준에 대해 설명해 주세요.**

5백만 원 이하 벌금에 처해 집니다. (22.12.8 부터 신설)

★★★ **비행승인 없이 비행금지구역, 비행제한구역, 관제권에서 비행 시 처벌기준에 대해 설명해 주세요.**

5백만 원 이하 벌금에 처해 집니다.

★★☆ **기체신고, 변경신고하지 않고 비행 시 처벌기준에 대해 설명해 주세요.**

6개월 이하 징역, 5백만 원 이하 벌금에 처해 집니다.

★★☆ **기체의 안전성인증검사를 받지 않고 비행 시 처벌 기준에 대해 설명해 주세요.**

5백만 원 이하 과태료에 처해 집니다. (1차 250만 원, 2차 375만 원, 3차 500만 원)

※과태료 부과 참조 : 1차 과태료(3차 과태료의 50%), 2차 과태료(3차 과태료의 75%)

드론 운영 주요내용 — Main Points of Drone Operation

비행/구분		최대이륙중량 기준					벌칙	담당기관
		250g이하	250g초과 2kg이하	2kg초과 7kg이하	7kg초과 25kg이하	25kg초과 150kg이하		
장치신고	비사업	X	X	O	O	O	–	한국교통안전공단 (21.1.1 시행)
	사업	O	O	O	O	O	–	
사업등록		O	O	O	O	O	1년이하, 1천만 원 이하 벌금	지방항공청
안전성인증		X	X	X	X	O	500만 원 이하 과태료	항공안전기술원
조종자증명		X	O(4종)	O(3종)	O(2종)	O(1종)	400만 원 이하 과태료	한국교통안전공단(21.3.1 시행)
비행승인		△	△	△	△	O	25kg이하(300만원이하), 25kg초과(500만원)이하 과태료 (금지/제한구역, 관제권 비행시)	지방항공청 또는 국방부
항공촬영신청		O	O	O	O	O	3년이하 징역, 3천만 원 이하 벌금 (군사시설 촬영 출판 시)	국방부
비행요령		조종자 준수사항에 따라 비행					300만 원 이하 과태료	–

※상기 기준은 자체중량 150kg 이하인 무인동력비행장치에 적용
※비행금지구역(P518, P73A, P61~65), 관제권, 비행제한구역(R75), 고도 150m 이상은 무게와 상관없이 비행승인 필요
※최대이륙중량 25kg 초과 기체는 상시 승인 필요(단, 초경량비행장치 비행공역에서는 승인 불 필요)
※△표기 : 비행 지역에 따라 신청 유무 달라질 수 있다는 의미(UA구역 비행승인 불 필요).

※**벌금과 과태료**
- 벌　금 : 법원 판결로 부과되며, 범죄 행위에 대해 법원이 판결을 통해 부과하는 형사 처벌의 한 종류
- 과태료 : 행정위반에 대해 행정기관이 부과하는 금전적 제재료

★★☆ **보험가입 대상이 보험을 가입하지 않고 비행 시 처벌 기준에 대해 설명해 주세요.**

5백만 원 이하 과태료에 처해집니다. (1차 250만 원, 2차 375만 원, 3차 5백만 원)

★★☆ **조종자 증명 없이 무면허 비행인 경우 처벌기준에 대해 설명해 주세요.**

4백만 원 이하 과태료에 처해집니다. (1차 200만 원, 2차 300만 원, 3차 400만 원)

★★★ **조종자 준수사항 위반시의 처벌기준에 대해 설명해 주세요.**

3백만 원 이하 과태료에 처해집니다. _(1차 150만 원, 2차 225만 원, 3차 300만 원)

※참조) 4차 이상도 300만 원(22.12.08 이전 200만 원)

★★★ **150m 이상 고도를 비행승인을 받지 않고 비행 시 처벌 기준에 대해 설명해 주세요.**

3백만 원 이하 과태료입니다_(1차 150만 원, 2차 225만 원, 3차 300만 원)

※참조) 2022.12.8 이전엔 200만 원

★★☆ **비행승인한 범위 외에서 비행시의 처벌 기준에 대해 설명해 주세요.**

3백만 원 이하 과태료 입니다.

★☆☆ **기체에 신고번호를 미표시 또는 거짓으로 표기한 경우 처벌 기준에 대해 설명해 주세요.**

1백만 원 이하의 과태료에 처해집니다. _(1차 50만 원, 2차 75만 원, 3차 100만 원)

★☆☆ **비행장치 말소신고를 하지 않을 경우 처벌 기준에 대해 설명해 주세요.**

30만 원 이하 과태료에 처해집니다. _(1차 15만 원, 22.5만 원 30만 원)

★☆☆ **사고보고를 하지 않거나 허위로 보고한 경우 처벌기준에 대해 설명해 주세요.**

30만 원 이하 과태료에 처해집니다. _(1차 15만 원, 22.5만 원 30만 원)

★★☆ **항만 시설의 공중에서 무허가 촬영 시 처벌기준에 대해 설명해 주세요.**

1천만 원 이하의 과태료에 처해집니다. _(국제선박항만보안법, 24년 7월 부터 시행)

★★★ **비행 중 사고 시 신고기관 및 보고 절차에 대해서 설명해 주세요.**

- 사고 발생을 인지한 즉시, 인명피해가 발생된 경우
  119, 112에 신고 후 인명구조를 위해 노력합니다.
- 사고조사를 위해 기체 및 현장을 보존하며,
  경량항공지 이상인 경우 "항공철도사고조사위원회"와 지
  방항공청에 신고해야 하며,
  초경량비행장치는 "한국교통안전공단"에 신고해야 합니다.
- 항공기 사고. 준사고의 경우에는 발생한것을 알게된 시점으로 부터 72시간 이내에 보고해야 합니다.

사고신고 기관 | 2025년 01월 부터 기관 분리

항공기·경량항공기 사고 신고/통보 | 초경량비행장치 사고 신고/통보

신고기관

항공철도 사고조사위원회 | TS 한국교통안전공단

★★☆ **1NM**(노티컬 마일 = 해리)**은 몇 Km인가요?**

1.852km 입니다(일점팔오이)

1NM(해리) = 1.852km

노티컬마일(해리)/NM_Nautical Mile

★☆☆ **1마력은 몇 kg/ms인가요?**

한 마리의 말이 75kg의 중량을 1초 동안 1m 움직일 수 있는 힘을 말합니다.

★★★ **NOTAM**(노탐, Notice To Air Missions)**이란 무엇인지 설명해 주세요.**

"항공고시보"라 하며 항공종사자들이 적시에 필히 인지해야 할 위험요인 외 관련 정보를 수록한 국가 공고문이며, 유효기간은 3개월입니다.

★★☆ **AIP**(Aeronautical Information Publication)**란 무엇인지 설명해 주세요.**

"항공정보간행물"이라 하며 영구적인 성격을 가진 일반사항으로 비행장치의 물리적 특성, 시설의 정보. 항공로를 구성하는 항행안전시설의 형식과 위치, 항공교통관리, 통신 및 제공되는 기상업무, 시설 및 업무와 관련된 기본절차를 포함하는 간행물 입니다.

※항공정보업무의 제공형태

항공안전법 시행규칙 제255조(항공정보)
② 제1항에 따른 항공정보는 다음 각 호의 어느 하나의 방법으로 제공한다.
1. **항공정보간행물**(AIP)
2. **항공고시보**(NOTAM)
3. **항공정보회람**(AIC)
4. 비행 전·후 정보(Pre-Flight and Post-Flight Information)를 적은 자료

★ ☆ ☆ **AIC**(Aeronautical Information Circular)**란 무엇인지 설명해 주세요.**

"항공정보회람"으로, 항공고시보 즉 노탐을 발행하거나 또는 항공정보간행물(AIP)에 수록할 정도는 아니지만, 항공정보 공고를 위해 발행하며, 절차 또는 시설의 중요한 변경사항을 장시간 사전 통보하는 경우 및 설명이나 조언이 필요한 정보와 행정적인 정보를 포함하는 간행물입니다.

★ ★ ★ **항공관련 3가지 법은 어떻게 되나요.**

- 항공안전법
- 항공사업법
- 공항시설법이 있습니다.

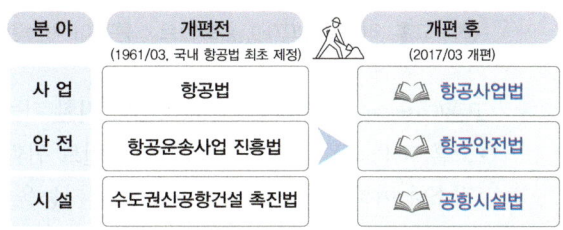

분야	개편전 (1961/03. 국내 항공법 최초 제정)		개편 후 (2017/03 개편)
사업	항공법		항공사업법
안전	항공운송사업 진흥법		항공안전법
시설	수도권신공항건설 촉진법		공항시설법

★ ★ ☆ **초경량비행장치 분류 중 무인동력비행장치에 대해 설명해 주세요.**

사람이 탑승하지 않은 상태에서 연료의 중량을 제외한 자체중량 12kg 초과, 150kg 이하의 무인비행기, 무인헬리콥터, 무인멀티콥터 입니다.

★ ★ ☆ **초경량비행장치의 신고 대상은 어떻게 되나요?**

- 사업용으로 사용되는 비행장치는 중량에 관계없이 신고하여야 하며, 비사업용이라 할지라도 최대 이륙중량 2kg을 초과하는 경우 신고대상입니다.
- 신고는 드론원스탑 사이트에서 합니다.

- 비사업용 : 2kg초과 신고대상
- 사 업 용 : 무게와 관계없이 신고

★ ★ ☆ **초경량비행장치의 신고 유형은 어떻게 되나요?**

신규신고, 변경신고, 이전신고, 말소신고 입니다.

★ ★ ★ **초경량비행장치 신규, 변경, 말소 신고는 어디서 하나요?**

드론원스탑을 통해 한국교통안전공단 드론관리처에 신고합니다.
※참조 드론원스탑) https://drone.onestop.go.kr/

★ ★ ☆ **초경량비행장치의 소유자가 변경 되었을 때 변경신고는 몇일 이내 해야 하나요.**

변경신고는 30일 이내 해야하며, 말소 및 멸실 신고는 15일 이내 입니다.

★ ★ ☆ **초경량비행장치의 신고번호를 받고난 후 기체에 표시하는 방법에 대해 설명해 주세요.**

한국교통안전공단에서 고시된 표준크기와 위치에 맞춰 표시하고 불가할 경우 최대한 식별이 용이한 곳에 표시합니다. 신고번호 및 소유자 이름, 전화번호, 소유자 주소등을 기재해야 합니다.

★☆☆ 비행촬영 허가는 어떻게 받아야 하는지 설명해 주세요.

드론원스탑 홈페이지에서 최소 4일전 국방부에 신청하여 허가를 받아야 합니다.

★☆☆ 비행승인과 촬영허가 담당 기관에 대해 설명해 주세요.

- 비행승인 담당 : 지방항공청
- 촬영허가 담당 : 국방부

2022년 12월부터 항공촬영 허가제가 신청제로 변경되어 군사시설 등 촬영금지시설을 제외한 촬영은 허가 없이 가능하며, 원스탑사이트에서 신청할 수 있습니다.

★★★ 페일세이프(Failsafe)란 무엇인지 설명해 주세요.

Failsafe란 송수신 불가로 통신 두절(노콘현상, No Control) 비상 상황 발생 시, 기체가 제자리에서 비행을 하거나 제자리 착륙 또는 이륙 지점으로 돌아오는 기능입니다.

 페일세이프 : 통신두절 상태

고홈, 리턴투홈(RTH), 홈포인트 : 통신이 가능한 상태

★★☆ 고홈(Go Home), 리턴투홈(RTH), 홈포인트 귀환 기능에 대해 설명해 주세요.

- 고홈(Go Home), 리턴투홈(RTH), 홈포인트 귀환 기능은 통신이 두절되지 않은 상태에서 지정된 장소나 이륙 지점으로 자동 복귀하는 기능을 말합니다.
- 자동복귀(RTH) 설정 시, 주변 장애물보다 높은 고도를 설정하여 충돌을 방지해야 하며, 너무 높은 귀환 고도 설정은 배터리 소모로 인한 추락을 초래할 수 있으므로 주의가 필요합니다.

★★☆ 비행 중 조종기와 기체의 연결이 끊기는 노콘 현상(No Control) 발생 시 어떻게 해야 하는지 설명해 주세요.

주변에 위험 상황을 알리고 예기치 않은 움직임을 방지하기 위해 스로틀을 50%(중간) 유지하며, 페일 세이프 기능을 활용하여 이륙 지점으로 돌아올 수 있도록 주변을 관리해야 합니다.

★★☆ 비행 중 배터리 저전압 시 대체방법에 대해 설명해 주세요.

배터리 저전압 경고음 또는 적색 LED 발광 시 안전한 착륙장소를 탐색하여 즉시 착륙 합니다. 참고로, 이를 예방하기 위해서는 완충된 배터리를 사용하고 비행 가능한 시간을 수시 확인해야 합니다.

★★★ 초경량비행장치의 양보 순위에 대해 설명해 주세요.

동력을 사용하는 초경량 비행장치의 조종자는 모든 항공기, 경량 항공기 및 동력을 사용하지 않는 초경량 비행장치(행글라이더, 패러글라이더, 낙하산, 기구류)에 대해 진로를 양보하고 우측으로 회피 기동을 해야 합니다.

★★☆ 초령량비행장치는 몇 kg이하의 비행체를 말하나요?

자체중량 150kg 이하의 모든 비행체 입니다.

★☆☆ 지면효과에 대해 설명해 주세요?

회전익 비행체가 이착륙 시, 기체와 지면 사이에서 공기가 압축되어 부양력이 증가하는 현상입니다.

★★☆ **베르누이법칙에 대해 설명해 보세요.**

- 유체(액체, 기체)는 속도가 빨라질수록 압력이 낮아지고, 속도가 느려질수록 압력이 높아진다는 원리를 설명하는 법칙입니다.
- 비행기 날개인 '에어포일(Airfoil)'의 윗면은 굴곡져 있어 공기의 흐름이 빨라지고 압력이 낮아지며, 날개의 아랫면은 상대적으로 평평하여 공기의 흐름이 느리고 압력이 높아집니다.
- 이로 인해 압력은 높은 곳에서 낮은 곳으로 이동하려는 성질이 있어, 날개 아랫면에서 윗면으로 향하는 상승력(양력)이 발생하게 됩니다.

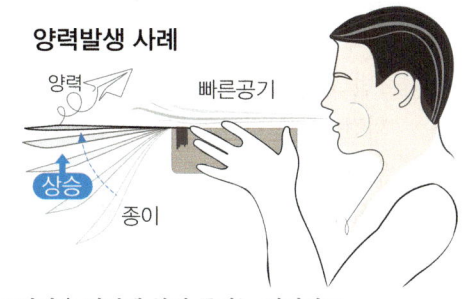

양력발생 사례

양력
빠른공기
상승
종이

※바람을 약하게 불면 종이는 떨어지고, 바람을 세게 불면 종이는 양력 발생으로 상승한다.

⑤ 이륙 중 엔진고장 및 이륙포기에 관련한 사항

★★☆ **비행 전 기체 점검 단계에서 모터, 프로펠러 외 이상 발견 시의 조치 사항에 대해 설명해 주세요.**

즉시 이륙을 포기하고, 문제의 부품을 수리하거나 교환한 후, 비행 전 기체 점검 절차를 다시 시작합니다.

★★☆ **비행 전 시동 시 프로펠러나 모터에서 이상 징후 발생 시 조치사항에 대해 설명해 주세요.**

즉시 이륙을 포기하고, 해당 부품에 대해 정밀 점검을 실시한 후 이상 부품을 수리하거나 교환합니다. 이후 비행 전 기체 점검 절차부터 다시 시작합니다.

★★★ **비행 중 기체 이상 발생 등 비상조치 사항에 대해 설명해 주세요.**

① 주변 사람들에게 큰 소리로 "비상" 사항을 알리고,
② GPS 고장 시 자세 모드로 전환 후,
③ 안전한 장소로 빠른 시간 내 착륙 또는 불시착 시킵니다.

비상

★★★ **이륙 중 비정상적인 움직임이나 동력 손실이 발생한 경우 어떻게 해야 하나요?**

주변에 위험 상황을 알리고 즉시 착륙하거나 불시착한 후 배터리를 분리하고 기체를 점검합니다.

★★☆ **이륙 포기(비행금지)의 기상조건에 대해 설명해 주세요.**

비행할 기체의 기상 한계치를 점검 후 비행해야 합니다.
일반적으로,

- 강풍 5m/s이상인 경우
- 폭우 및 번개가 치는 기상
- 안개가 많아 시야확보가 어려운 기상
- 지구 자기장 지수 Kp 5이상인 경우 비행을 금지해야 합니다.

※참조) Kp, 행성 규모 지자기 지수 Planetary K-index를 의미

★☆☆ 멀티콥터 1번 모터(CCW) 하나가 고장일 때 증상에 대해 설명해 보세요.

기체는 반시계(CCW) 방향으로 회전합니다.

1번 모터(CCW)가 고장 나면, 해당 모터의 반작용 토크가 상실되며, 이로 인해 시계(CW) 방향으로 회전하는 모터들의 토크가 상대적으로 강해져 드론은 반시계(CCW) 방향으로 회전하게 됩니다.

일반적으로,

- 시계(CW) 방향 프로펠러 고장 시 → 기체는 시계(CW) 방향으로 회전

  −CW 토크 약해지고 CCW 토크 우세 → 기체는 반시계(CCW)방향 반토크 상승으로 우측으로 회전

- 반시계(CCW) 방향 프로펠러 고장 시 → 기체는 반시계(CCW) 방향으로 회전

  −CCW 토크는 약해지고 CW 토크 우세 → 기체는 시계(CW)방향 반토크 상승으로 반시계 방향으로 회전

※ 기억 포인트

특정 모터가 고장 나면, 기체는 해당 모터의 회전방향과 같은 방향으로 요잉(회전)합니다.

−CCW 고장 → 기체 CCW 회전

−CW 고장 → 기체 CW 회전

※참조

· **Torque란?** 토크는 회전력을 의미하며, 이는 회전체를 돌리기 위한 힘

· **반토크(Counter−Torque)란?** 회전하는 물체에서 발생하는 주회전 방향의 반대 방향으로 작용하는 회전력을 의미

· **토크 상쇄란?** 회전하는 물체(헬리콥터/드론)의 전체적인 회전력(토크)을 균형 있게 조정하여 기체가 안정적으로 정지하거나 일정한 방향을 유지하도록 하는 것.

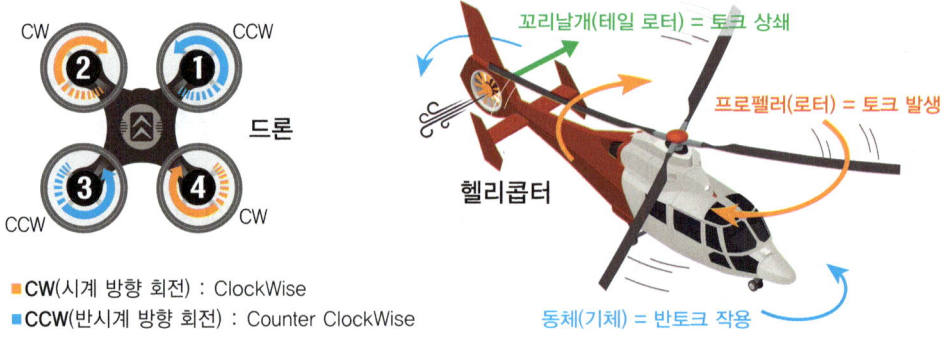

■ **CW**(시계 방향 회전) : ClockWise
■ **CCW**(반시계 방향 회전) : Counter ClockWise

FAQ 조종자(1.2종) 실기 시험, 자주 묻는 질문

■ 실기 비행 시험

- **Q.** 실기시험 날짜는 교육원에서 지정하나요?

  A. 네 맞습니다.

  [교육생, 실기 시험 결제] → [교육원, 교육생과 협의 후 시험일자 지정] → [수험표 출력 가능]

- **Q.** 실기시험은 언제까지 취소 또는 연기할 수 있나요?

  A. 시험 시행일 전주(前週) 월요일 자정(23:59)까지 교육기관을 통해 취소 또는 연기해야 합니다.
  이후에는 취소, 연기, 환불이 불가능합니다.

- **Q.** 실기 시험 접수 후 실기 시험이 취소될 수 있나요?

  A. 5인 미만 접수 또는 취소로 인해 응시생 5인 미안인 경우 시험은 취소되며, 재접수 하셔야 합니다.

- **Q.** 실기 시험용 기체는 응시생이 직접 준비해야 하나요?

  A. 네, 원칙적으로 응시자가 직접 기체를 준비해야 합니다.
  다만 현실적인 준비 여건을 고려하여 교육원에서 기체와 배터리를 준비하여 교관이 동반합니다.

- **Q.** 시험 중 기체가 파손되면 응시자가 책임을 져야 하나요?

  A. 교육원 사전 공지한 기준에 따릅니다. 대부분의 경우, 기체 파손 시 응시자가 배상해야 합니다.

- **Q.** 앞선 응시생이 기체를 파손한 경우, 후순위 응시생은 어떻게 되나요?

  A. 예비 기체가 없는 경우 자동 탈락됩니다. 따라서 시험 중 위험한 비행은 절대 삼가해야 합니다.

- **Q.** 날씨가 나쁘면(우천, 강풍, 태풍 등) 평가 시 감안해 주나요?

  A. 그렇지 않습니다. 날씨와 관계없이 정해진 합격 기준에 따라 평가 합니다.

- **Q.** 시험 당일 태풍이나 폭우 예보가 있어도 시험장에 가야 활불 되나요?

  A. 반드시 시험장에 참석해야 합니다.
  시험장 참석 후, 시험이 불가능할 경우에만 현장에서 환불 신청이 가능합니다.

- **Q.** 기상으로 인해 시험장에서 시험 응시를 취소한 경우, 원하는 날짜에 다시 시험 볼 수 있나요?

  A. 응시 일자의 혜택은 없습니다. 신규 접수 부터 다시 진행해야 합니다.

- **Q.** 실기 시험 시간은 어떻게 되며, 비행 중 배터리 부족 시 교체할 수 있나요?

  A. 실기 시험에는 정해진 시간 제한은 없으나, 비행 중에는 배터리 교체가 허용되지 않습니다.

- **Q.** 실기 시험 중 잠시 쉬었다 진행할 수 있나요?

  A. 시험 기동 중에는 불가능하며, 기동과 기동 사이에는 가능함 [특히, 비상착륙 및 정상접근 이후].

- **Q.** 실기 시험 합격 여부를 시험장에서 알수 있나요?

  A. 합격 여부는 현장에서 발표되지 않습니다. 시험 당일 오후 6시 지정된 사이트를 통해 발표됩니다.

- **Q.** 시험 중 구호를 작게 해도 되나요?

  A. 평가자가 명확히 들을 수 있도록 큰 소리로 하는게 좋습니다.

■ 실기 구술 시험

- **Q.** 구술평가는 평균 몇 문제가 출제되나요?

  A. 평가자에 따라 다르지만, 평균 5문항 이상 출제됩니다.

- **Q.** 실기 비행은 완벽한데, 구술평가에서 "0"점이면 탈락하나요?

  A. 탈락 됩니다.

무인멀티콥터 실기시험. 구술평가 – **311**

참 / 고 / 문 / 헌

- 초경량비행장치 조종자 표준교재 　　　　　　한국교통안전공단
- 무인수직이착륙기 조종자 표준교재 　　　　　한국교통안전공단 2025
- 무인비행장치 조종자 증명 세부평가기준 　　한국교통안전공단
- 조종자 표준교재_항공법규 　　　　　　　　국토교통부 2025
- 조종자 표준교재_항공기상 　　　　　　　　국토교통부 2025
- 조종자 표준교재_비행이론(헬리콥터) 　　　국토교통부 2025
- 조종자 표준교재_공중항법 　　　　　　　　국토교통부 2025
- 무인항공살포기의안전사용 매뉴얼 　　　　　농촌진흥청
- 초경량비행장치 조종교육교관과정 교육 교재 　한국교통안전공단
- 국방부 초경량비행장치 비행승인업무 지침서 　국방부
- 초경량비행장치 조종자 증명 시험 종합 안내서 　한국교통안전공단
- 초경량비행장치(무인비행장치) 조종교육교관과정 교재 　한국교통안전공단
- 드론기술 Q&A와 전문용어 　　　　　　　　이강희, 비행연구원
- 초경량비행장치 무인멀티콥터 　　　　　　　권희춘, 김병구, 한솔아카데미
- 드론 무인비행장치 　　　　　　　　　　　　서일수, 장경석, SD에듀
- 초경량비행장치 드론조종자격시험 　　　　　BTB P&D 연구소
- 초경량비행장치 드론 무인멀티콥터 필기 　　안승용, 영진닷컴
- 드론 초경량비행장치 조종자 자격 　　　　　김종복, 오석봉 외, 도서출판 성안당
- 드론 무인멀티콥터 조종자격 　　　　　　　박익범, 한대희 외, 도서출판 성안당
- 드론 초경량비행장치 조종자격 필기.실기 　김재윤, 권승주 외, 구민사
- 드론 지도조종자 교관과정 　　　　　　　　한성철, 김인옥, 구민사
- 드론 무인멀티콥터 조종자 자격시험 　　　　김종복, 이종대, 동양북스
- 드론조종자격시험 무인컬티콥터 　　　　　　류영기, 박장환, 골든벨
- NCS 드론 유지 운용, 드론 운용 조종 　　　https://www.ncs.go.kr
- 국토교통부 　　　　　　　　　　　　　　　https://www.molit.go.kr
- 네이버 　　　　　　　　　　　　　　　　　https://www.naver.com
- 구글 　　　　　　　　　　　　　　　　　　https://www.google.com
- 법제처 　　　　　　　　　　　　　　　　　https://www.moleg.go.kr
- 국방기술품질원 　　　　　　　　　　　　　https://www.dtaq.re.kr
- 비행원리 〉 항공기의 축과 운동 　　　　　　https://www.youtube.com/@Sabinz
- ChatGPT
- 두산백과
- 나무위키